高职高专国家示范性院校机电类专业课改教材

机械设计基础项目教程

主　编　金　莹　程联社
副主编　雷艳惠　张李娴　张小粉　陈为全
参　编　杨彩红　马永杰　朱建平
主　审　朱凤芹

西安电子科技大学出版社

内容简介

本书按项目教学法、任务引领的思路进行编写，力求探索当前职业教育的新形式，强调职业技能实际应用能力的培养，内容和形式全部焕然一新。

全书共六个项目，内容包括机械基础知识、常用机构、常用连接、常用机械传动、通用机械零部件及机械传动系统设计。项目下设有模块任务，并根据模块任务的特点，设计了相应的技能训练；每个模块任务配有一些思考题与练习题，以帮助学生掌握和巩固所学内容，加强应用所学理论知识解决实际问题的能力。

本书采用最新行业标准，内容简明扼要，理论联系实际，突出能力培养。本书可作为高职院校机械工程类和近机械类专业教学用书，参考学时为80～100学时，也可供非机械类相关专业师生及有关工程技术人员参考。

图书在版编目(CIP)数据

机械设计基础项目教程/金莹，程联社主编. 一西安：西安电子科技大学出版社，2011.8(2015.1重印)

高职高专国家示范性院校机电类专业课改教材

ISBN 978-7-5606-2602-4

Ⅰ. ① 机…　Ⅱ. ① 金…　② 程…　Ⅲ. ① 机械设计一高等职业教育一教材　Ⅳ. ① TH122

中国版本图书馆 CIP 数据核字(2011)第105576号

策　　划　秦志峰
责任编辑　雷鸿俊　秦志峰
出版发行　西安电子科技大学出版社(西安市太白南路2号)
电　　话　(029)88242885　88201467　　邮　　编　710071
网　　址　www.xduph.com　　电子邮箱　xdupfxb001@163.com
经　　销　新华书店
印刷单位　陕西华沐印刷科技有限责任公司
版　　次　2011年8月第1版　2015年1月第2次印刷
开　　本　787毫米×1092毫米　1/16　印　张　21
字　　数　499千字
印　　数　3001～5000册
定　　价　36.00元
ISBN 978-7-5606-2602-4/TH・0113

XDUP 2894001-2

*** **如有印装问题可调换** ***

本社图书封面为激光防伪覆膜，谨防盗版。

前　　言

为了适应高职高专职业教育的发展趋势，按照高等职业教学要求，结合高职教育人才培养模式、课程体系和教学内容等相关改革的要求，培养和造就适应生产、建设、管理、服务第一线需要的高素质、高技能专门人才，编者结合“机械设计基础”课程的教学规律、多年的教学经验以及现代科学技术对学生机械设计方面的能力要求编写了此书。在编写过程中力求做到突出高职特色，本着强调基础、注重能力、突出应用、力求创新的总体思路，优化整合课程内容，删去了不必要的内容。

本书在编写过程中突出以下特点：

（1）打破课程传统学科体系，遵循学生职业能力培养规律，以项目为依据将课程内容进行层次化重构，教学内容与后续专业课程紧密衔接，突出了实践性和应用性。

（2）项目教学与创新思维方式相结合，突出项目化。

（3）降低学习起点，理论以够用为度，突出实践性；增强知识的可用性和实用性，加强动手能力和思维能力的培养及训练。

（4）项目下设有模块任务，并根据模块任务的特点，设计了相应的技能训练，具有很强的实践性。

（5）为了便于自学和提高应用能力，书中每个模块后附有归纳总结和一定数量的思考题与练习题，以加强应用所学理论知识解决实际问题的能力。

（6）全书均采用机械设计最新国家标准和法定的计量单位。

参加本书编写的有：杨凌职业技术学院程联社（项目一），山东大王职业学院陈为全（项目二）、朱建平（项目六），咸阳职业技术学院雷艳惠和西北农林科技大学张李娴（项目三），咸阳职业技术学院金莹、张小粉（项目四），河南农业职业技术学院杨彩红、马永杰（项目五）。本书由金莹、程联社担任主编，由雷艳惠、张李娴、张小粉、陈为全担任副主编。全书由金莹负责统稿。

本书由陕西工业职业技术学院朱凤芹副教授担任主审，承蒙朱老师认真细致的审阅，她提出了许多宝贵的修改意见和建议，对编写给予了很大帮助，在此谨致以诚挚的谢意。

由于编者水平有限，书中难免存在不足之处，欢迎读者和同行提出宝贵意见。E-mail：xiaojinzi2005@126.com。

编　者

2011 年 4 月

前言

目　　录

项目一　机械基础知识

知识要求：1. 掌握本课程的研究对象；
2. 了解本课程的性质、内容和任务；
3. 掌握机械设计的基本要求、一般程序及设计方法；
4. 掌握平面机构运动简图的绘制及机构的运动条件。

技能要求：掌握机械、机构及构件的区别，了解机械设计的基本要求，掌握平面机构的运动条件。

任务提出与任务分析

1. 任务提出

机器是人类生产和生活中的重要工具，使用机器生产的水平是衡量一个国家的技术水平和现代化程度的重要标志。图 1-1-1 所示是我们生活中常见的脚踏缝纫机，它的工作原理是通过将脚踏在踏板上摆动从而带动大带轮驱动缝纫机运动。机器包括一个或若干个机构，驱动每个机构的原动件可能有一个或多个。图 1-1-2 所示为常见的液压挖掘机，其工作装置由三个油缸作为驱动原动件。那么为什么有的机构需要一个原动件，有的则需要多个？机构的确定运动与原动件的个数有什么关系？如何绘制其机构运动简图？

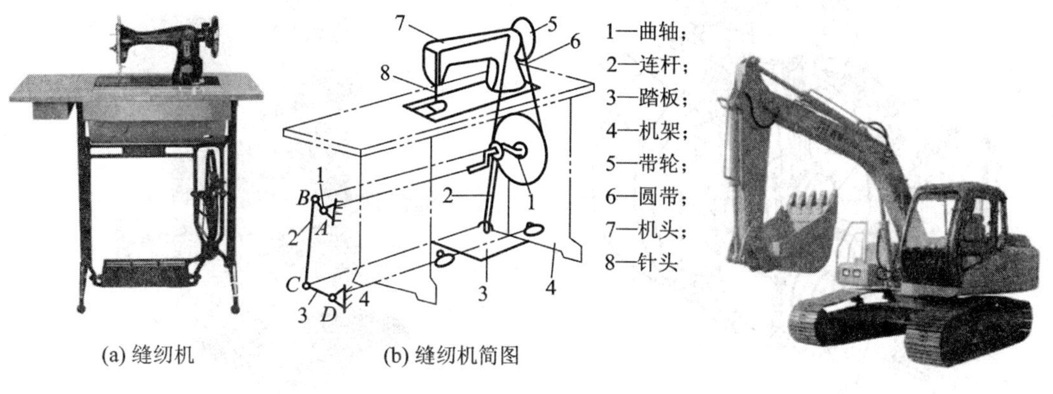

(a) 缝纫机　(b) 缝纫机简图

图 1-1-1　脚踏缝纫机

图 1-1-2　液压挖掘机

2. 任务分析

本任务要求结合实际，正确认识更多的机器，区分实际生产和生活中哪些是机器，哪些不是机器，同时区分机器和机构，认识构件和零件。不仅要了解机构组成部分及连接方式，而且要明白该机构具有哪些条件才能完成有关动作。

相关知识

1.1.1　机器与机构

1. 机器的组成及功能

图1-1-3所示为单缸内燃机，它由机架(汽缸体)1、曲轴2、连杆3、活塞4、进气阀5、排气阀6、推杆7、凸轮8和齿轮9、10组成。当燃烧的气体推动活塞4作往复运动时，通过连杆3使曲轴2作连续转动，从而将燃气的压力能转换为曲柄的机械能。齿轮、凸轮和推杆的作用是按一定的运动规律按时开闭阀门，完成吸气和排气。这种内燃机中有三种机构：① 曲柄滑块机构，由活塞4、连杆3、曲轴2和机架1构成，作用是将活塞的往复直线运动转换成曲柄的连续转动；② 齿轮机构，由齿轮9、10和机架1构成，作用是改变转速的大小和方向；③ 凸轮机构，由凸轮8、推杆7和机架1构成，作用是将凸轮的连续转动变为推杆的往复移动，完成有规律地启闭阀门的工作。这样，当燃气推动活塞运动时，各构件协调地动作，加上汽化、点火等装置的配合，就可以把燃气的热能转化为曲轴转动的机械能。

图1-1-4所示为数控铣削加工机床，通过将零件的加工程序输入机床的数控装置中，数控装置控制伺服系统和其他驱动系统，再驱动机床的工作台、主轴等装置的运动，从而完成零件的加工。

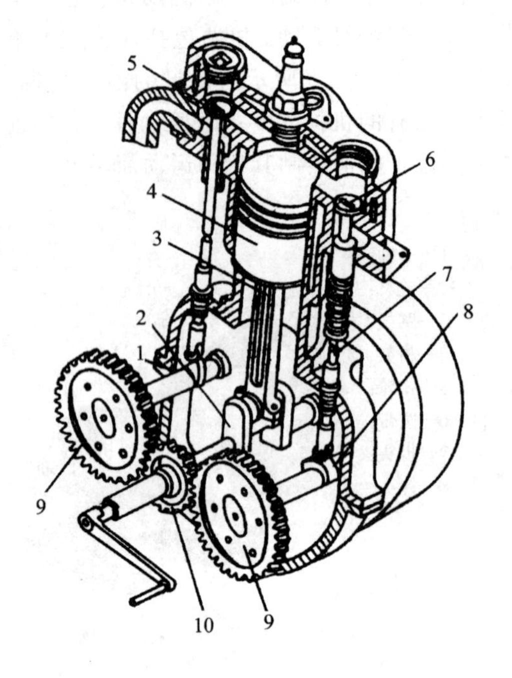

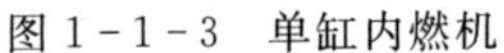
图1-1-3　单缸内燃机

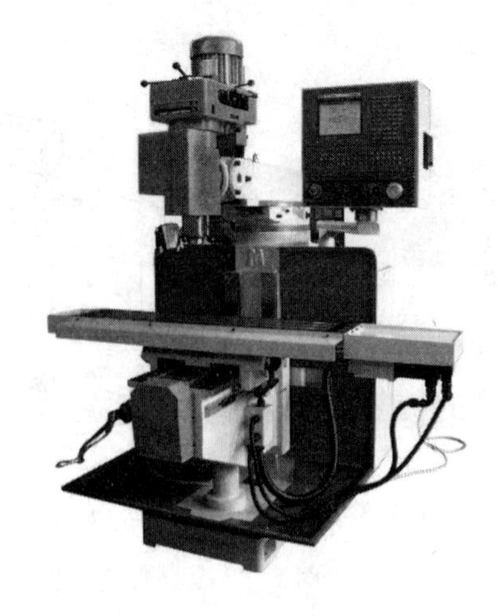
图1-1-4　数控铣削加工机床

由以上实例可以看出，尽管机器的种类很多，其结构、功能和用途各异，但从组成和作用上来分析，机器都具有以下共同的特征：① 任何机器都是由许多实体组合而成的；

② 各运动实体之间具有确定的相对运动；③ 能实现能量的转换，代替或减轻人类的劳动，完成有用的机械功。我们把同时具有以上三个特征的实物组合称为机器。

机器按照构造、用途、性能等可分为以下四类：

(1) 动力机器：如电动机、发电机、内燃机等，用来实现机械能与其他形式能量间的转换。

(2) 加工机器：如普通机床、数控机床、工业机器人等，主要用来改变物料的结构形状、性质和状态。

(3) 运输机器：如汽车、飞机、输送机等，主要用来改变物料的空间位置。

(4) 信息机器：如计算机、摄像机、复印机、传真机等，主要用来获取或处理各种信息。

机器按其基本组成可以分为以下四类：

(1) 动力源：机械动力的来源。

(2) 传动机构：把原动机的运动和功率传递给工作机的中间环节。

(3) 执行机构：能完成机械预期的动作。

(4) 自动控制装置：实现机、电、气、液、计算机综合控制。

在各种机器中，传动机构和执行机构在使用中最主要的目的是实现速度、方向或运动状态的改变，或实现特定运动规律的要求。毫无疑问，传动机构和执行机构在实现机器的各种功能中担当着最重要的角色。

2. 机构

机构是用来传递机械运动和动力的各实物的组合。如图 1-1-1(b)所示的缝纫机踏板机构是由踏板 3、连杆 2、曲轴 1 和机架 4 组成的，各实物之间用运动副连接。由此可见，机构具有机器的前两个特征，是机器的组成部分。

机器与机构的区别在于：机器的主要功用是利用机械能做功或实现能量的转换；机构的主要功用在于传递或转变运动的形式，不能做机械功，也不能实现能量转换。例如，发动机、机床、轧钢机、纺织机和拖拉机等都是机器，而钟表、仪表、千斤顶、机床中的变速装置或分度装置等都是机构。通常的机器必包含一个或一个以上的机构。图 1-1-3 所示的单缸内燃机，其中就有一个曲柄连杆机构，用来将汽缸内活塞的往复运动转变为曲柄(曲轴)的连续转动。

如果不考虑做功或实现能量转换，只从结构和运动的观点来看，机器和机构没有区别，所以将它们总称为机械，即机械是机器与机构的总称。

3. 构件与零件

构件是机构中参加运动的单元体，具有独立的运动特性。它是机器或机构中最小的运动单元，一个构件可以是不能拆开的单一整体，如图 1-1-3 所示的曲轴 2；也可以是几个相互之间没有相对运动的物体组合而成的刚性体，如图 1-1-5 所示内燃机中的连杆就是由连杆体 1、连杆盖 2 和连接连杆体和连杆盖的螺钉 3 组成的，内燃机工作时，连杆作为一个整体参加运动。

零件是机械中的制造单元，是组成机械的不可拆开的基本单元，如图 1-1-5 中的连接螺钉、连杆体、连杆盖等。机械中的零件按功能和结构特点又可分为通用零件和专用零件。各种机械中普遍使用的零件称为通用零件，如螺钉、键、齿轮、轴承等。仅在某些专门行业中才用到的零件称为专用零件，如内燃机活塞、机床床身、汽轮机叶片等。

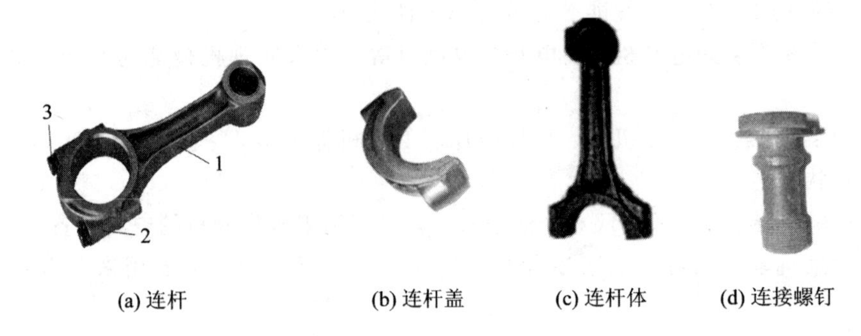

(a) 连杆　(b) 连杆盖　(c) 连杆体　(d) 连接螺钉

图 1-1-5　连杆

4. 本课程的性质、内容和任务

1）本课程的性质

本课程是一门研究常用机构、通用零件与部件以及一般机器的基本设计理论和方法的课程，是机械工程类各专业中的主干课程，它介于基础课程与专业课程之间，具有承上启下的作用，是一门重要的技术基础课程。

2）本课程的内容

（1）研究机械中常用机构和机械零部件的工作原理、结构特点、基本设计理论和设计方法，并简要介绍机械系统方案设计的有关知识。

（2）研究机械零部件选用和设计问题，具体机械零部件包括：

① 常用连接，包括螺纹连接、轴毂连接及销连接。

② 常用机械传动，包括齿轮传动、带传动、链传动及螺杆传动。

③ 通用机械零部件，包括轴、滚动轴承、滑动轴承、联轴器、离合器及制动器。

3）本课程的任务

（1）获得认识、使用和维护机械设备的一些基本知识。

（2）运用有关设计手册、图册、标准、规范等有关设计资料的能力。

（3）掌握常用机构和通用零、部件的设计理论和方法。

（4）通过课程设计的训练，了解机器设计原则和主要内容，用所学的有关知识设计机械传动装置和简单机械的能力。

（5）掌握典型零件的实验方法和培养实验技能。

（6）了解常用的现代设计方法及机械发展动向。

5. 机械设计的基本要求、一般程序和设计方法

1）机械设计的基本要求

机械设计包括两部分：一是在原有机械的基础上，重新设计或改造局部，从而改变或提高机械的性能；另一种是应用新技术、新方法开发创造新的机械，完成特定的工作任务。

机械产品设计应满足以下几个基本要求：

（1）实现预期的功能。

（2）满足可靠性要求。

(3) 满足经济要求。

(4) 操作方便、工作安全。

(5) 造型美观、污染要少。

2) 机械设计的一般程序

一部新机器，从提出设计任务到形成定型产品，一般可分为以下几个阶段：

(1) 明确设计任务。

(2) 方案设计。

(3) 技术设计。

(4) 制造及试验。

3) 机械零件的标准化、系列化和通用化

机械零件的标准化是依据对零件尺寸、结构、材料等方面的要求，制定出各式各样的标准，设计者只需根据设计手册或产品目录选定型号和尺寸，向专业商店或工厂订购。我国的标准已经形成了一个庞大的体系，主要有国家标准、行业标准等。为了与国际接轨，我国的某些标准正在迅速向国际标准靠拢。常见的标准代号有GB、JB、ISO等，它们分别代表中华人民共和国国家标准、机械工业标准、国际标准化组织标准。

系列化是指同一产品，为了满足不同的使用要求，在基本结构和基本尺寸相同的条件下，规定出若干个辅助尺寸不同的产品，构成一个产品系列。通用化是指在不同种类的产品或不同规格的同类产品中尽量采用同一结构和尺寸的零部件。

机械零件的标准化、系列化和通用化简称“三化”，在机械设计中应大力推行“三化”，其在机械设计中的优点主要表现在：① 减轻了设计工作量，有利于提高设计质量并缩短生产周期；② 减少了刀具和量具的规格，便于设计与制造，从而降低其成本；③ 便于组织标准件的规模化、专门化生产，易于保证产品质量、节约材料、降低成本；④ 提高互换性，便于维修；⑤ 便于国家的宏观管理与调控以及内、外贸易；⑥ 便于评价产品质量，解决经济纠纷。

4) 机械设计方法

机械零件的设计方法很多，如理论设计法、类比法、实验法、计算机辅助设计法等。一般的设计步骤如下：

(1) 根据使用要求，选择零件的类型及结构形式。

(2) 按工作情况，确定作用在零件上的载荷。

(3) 根据工作要求，合理选择零件材料。

(4) 分析零件的主要失效形式，按照相应的设计准则，确定零件的基本尺寸。

(5) 设计零件的结构及尺寸，并进行必要的强度、刚度校核计算。

(6) 绘制零件工作图。

1.1.2　平面机构及其运动简图

1. 运动副及其分类

1) 运动副

构件和运动副是机构中最基本的组成部分。如前所述构件是运动的单元体。机构中任一构件与另一构件都是直接地以一定方式相连接的，这种连接是一种具有相对运动的活动连接。两构件直接接触并能产生相对运动的活动连接称为运动副。

如图 1-1-3 所示的单缸内燃机中，活塞与汽缸体、活塞与连杆等的连接都是两个构件直接接触并能产生相对运动的活动连接，这种连接都是运动副。

不同形式(即连接方式)的运动副，对机构的运动产生的影响不同。因此我们在研究机构的运动时还要对运动副的类型进行分析。

2) 运动副的分类

两构件组成运动副，其接触部分不外乎是点、线或面，而构件间允许产生的相对运动与它们的接触情况有关。运动副可分为平面运动副和空间运动副，按照组成运动副两构件的接触形式不同，常见的平面运动副又可分为低副和高副两大类。

(1) 低副。两构件以面接触所形成的运动副称为低副。根据组成低副的两构件间相对运动的形式又可分为两种：

① 转动副。组成运动副的两构件间的相对运动为转动，称为转动副(或回转副)，也称铰链，如图 1-1-6(a)所示。

② 移动副。组成运动副的两构件间的相对运动为移动，称为移动副，也称滑块，如图 1-1-6(b)所示。

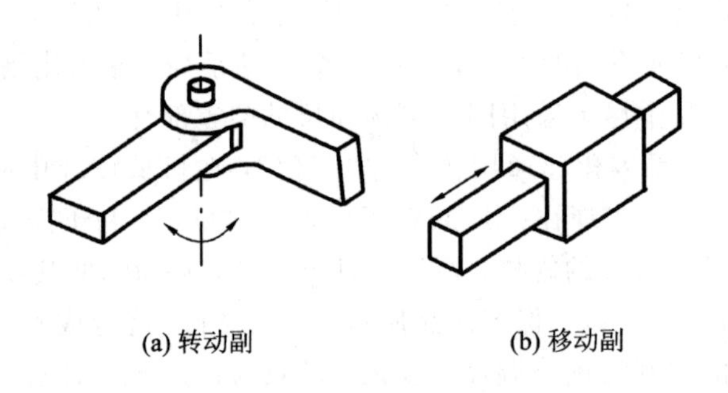

(a) 转动副　　(b) 移动副

图 1-1-6　平面低副

低副的特点是相对运动表面之间单位面积上受力小，不易磨损，寿命长。低副的相对运动形式是绕相互接触的圆柱面中心相对转动或沿某一直线相对移动。

(2) 高副。以点或线接触所形成的运动副称为高副。如图 1-1-7(a)中所示的齿轮啮合以及凸轮与从动件、车轮与钢轨等均为高副。

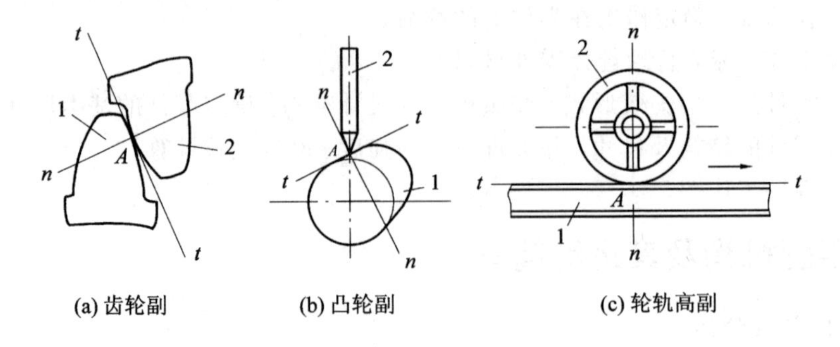

(a) 齿轮副　　(b) 凸轮副　　(c) 轮轨高副

图 1-1-7　平面高副

高副的特点是单位面积上受力大，易磨损，寿命短。高副的相对运动形式是绕接触点(线)转动或沿过切点的切线方向移动。

此外，常用的运动副还有球面副、螺旋副等，它们都属于空间运动副，即两构件的相对运动为空间运动，如图 1－1－8(a)、(b)所示。

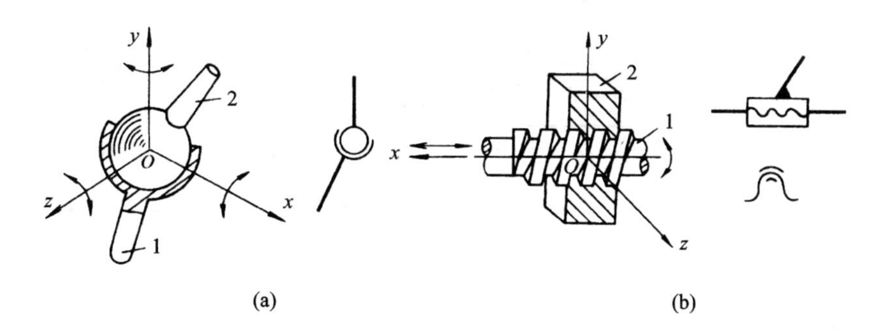

图 1－1－8　空间运动副

2. 运动链和机构

两个以上的构件以运动副连接而构成的系统称为运动链。构成首末相连的封闭环的运动链称为闭链(如图 1－1－9(a)所示)，否则称为开链(如图 1－1－9(b)所示)。在运动链中选取一个构件加以固定(称为机架)，当另一构件(或少数几个构件)按给定的规律独立运动时，其余构件均随之作一定的运动，这种运动链就称为机构。机构中输入运动的构件称为原动件，其余的可动构件则称为从动件。由此可见，机构是由原动件、从动件和机架三部分组成的。

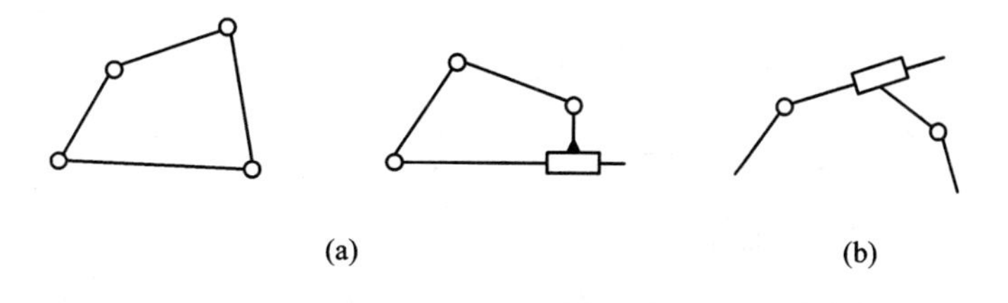

图 1－1－9　运动链

3. 平面机构的运动简图

1) 机构运动简图的概念

对机构进行分析，目的在于了解机构的运动特性，即组成机构的各构件是如何工作的，故只需要考虑与运动有关的构件数目、运动副类型及相对位置，而无需考虑机构的真实外形和具体结构，因此常用一些简单的线条和符号画出图形进行方案讨论和运动、受力分析。这种撇开实际机构中与运动关系无关的因素，并用按一定比例及规定的简化画法表示各构件间相对运动关系的工程图形称为机构运动简图。如图 1－1－10 所示为内燃机的运动简图。

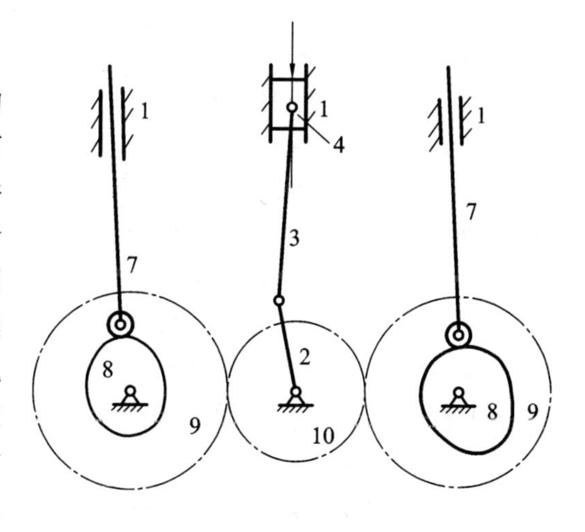

图 1－1－10　内燃机的运动简图

只要求定性地表示机构的组成及运动原理而不严格按比例绘制的机构图形称为机构示意图。

2) 运动副及构件的规定表示方法

常用构件和运动副的简图符号见表 1-1-1。

表 1-1-1　机构运动的简图符号

名称		简图符号	名称		简图符号
构件	轴、杆		机架	机架	
	三副元素构件	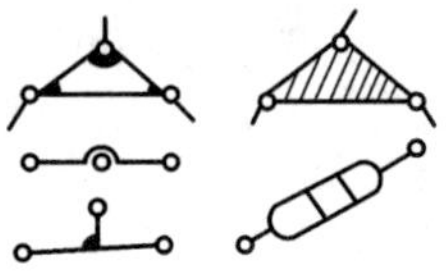		机架是转动副的一部分	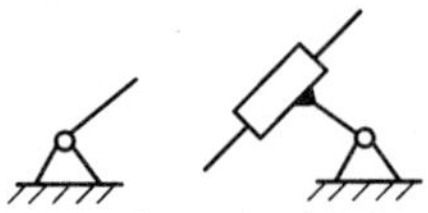
	构件的永久连接	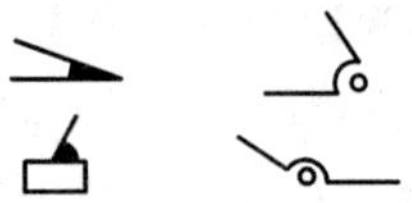		机架是移动副的一部分	
平面低副	转动副	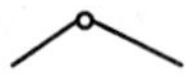	平面高副	齿轮副：外啮合、内啮合	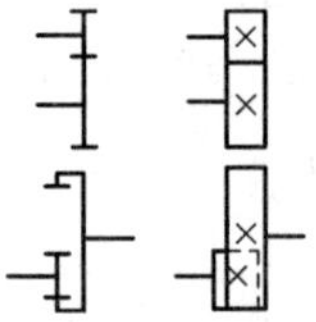
	移动副	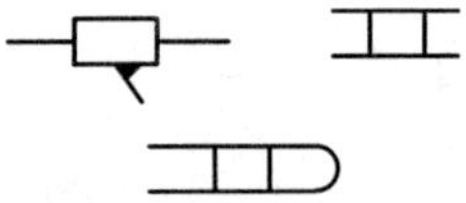		凸轮副	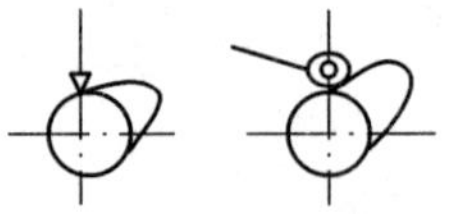

3) 机构运动简图的绘制

(1) 机构运动简图的功用。运用机构运动简图可方便地分析机械机构的原理、运动特性及受力情况。

(2) 绘制机构运动简图的要求。

① 构件的数目与实际相同。

② 运动副的性质、数目与实际相符。

③ 运动副之间的相对位置以及构件尺寸与实际机构成比例。

(3) 绘制机构运动简图的步骤。

① 分清构件。弄清机构的结构，观察机构的运动传递情况，找出机架、主动件和从动件。从主动件开始，沿传动线路分析各构件的相对运动情况，确定运动关系。

② 确定构件数目、运动副的类型和数目。计算出构件数目，分析构件间的连接关系，确定运动副的类型和数目。

③ 选取视图平面。选取能够全面反映机构运动特征的平面作为视图平面，比如平面机构，取构件运动平面作为视图平面。

④ 选择适当的比例尺，绘制机构运动简图。定出各运动副之间的相对位置，并以简单的线条和规定的符号画出机构运动简图。图中各运动副的顺序标以大写英文字母，各构件标以阿拉伯数字，并将主动件的运动方向用箭头标明。

⑤ 选定机构运动简图的比例尺：

$$\mu_l=\frac{\text{构件实际尺寸(m)}}{\text{构件图示尺寸(mm)}}$$

⑥ 检验机构是否满足运动确定的条件。

例 1-1-1　绘制图 1-1-3 所示内燃机的机构运动简图。

解　① 分清固定件(机架)，确定主动件、从动件及数目。

由图 1-1-3 可知，汽缸体 1 是机架，缸内活塞 4 是主动件。曲柄 2、连杆 3、推杆 7(两个)、凸轮 8(两个)和齿轮 9(两个)、10 是从动件。

② 确定运动副的类型和数目。由活塞开始，机构的运动路线如下：

活塞 → 连杆 → 曲柄～小齿轮 → 大齿轮～凸轮 → 滚子 → 推杆

注：～表示两构件同轴。

活塞与机架构成移动副，活塞与连杆构成转动副；连杆 3 与曲柄 2 构成转动副；小齿轮 10 与大齿轮 9(两个)构成高副，凸轮与滚子(两处)构成高副；滚子与推杆(两处)7 构成转动副；推杆 7 与机架(两处)构成移动副。曲柄、大齿轮、小齿轮、凸轮与机架(六处)分别构成转动副。

③ 选择适当的投影面，这里选择齿轮的旋转平面为正投影面，确定各运动副之间的相对位置。

④ 选择恰当的比例尺，按照规定的线条和符号，绘制出该机构的运动简图，并注明原动件及标注构件号(见图 1-1-10)。

例 1-1-2　绘制如图 1-1-11(a)、(b)所示的颚式破碎机主体机构的运动简图。

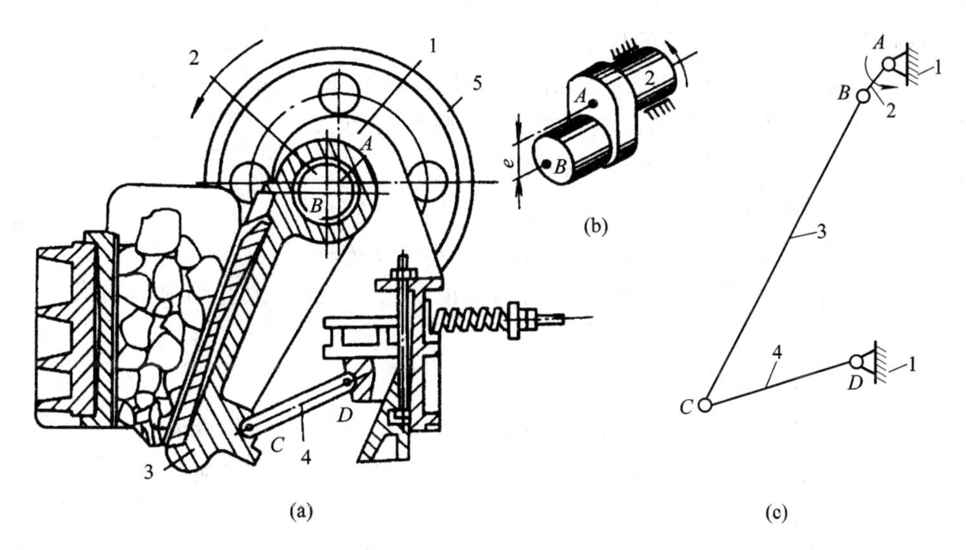

1—机架；2—偏心轴；3—动颚板；4—肘板；5—惯性轮

图 1-1-11　颚式破碎机及其主体机构运动简图

① 机构分析。颚式破碎机主机体机构由机架1(固定构件)、偏心轴2(主动件)、动颚板3(工作执行件)和肘板4共四个构件组成，惯性轮5与机构运动分析无关，故不作考虑。当惯性轮带动偏心轴绕轴线转动时，驱使动颚板作平面运动，从而挤压将矿石轧碎。

② 确定运动副的类型。主动件偏心轴与机架组成转动副 A，偏心轴与动颚板组成转动副 B，肘板与动颚板组成转动副 C，肘板与机架组成转动副 D。

③ 选择视图平面。该机构中各运动副的轴线互相平行，即所有的活动构件在同一平面，所以选定构件的运动平面为视图平面。

④ 按适当的比例，根据各转动副之间的尺寸和位置关系，画出四个转动副的位置，再用线段和符号绘制出机构运动简图，如图1-1-11(c)所示。

1.1.3　平面机构的自由度

1. 自由度

由上述分析可知，两个构件以不同的方式相互连接，就可以得到不同形式的相对运动。而没有用运动副连接的作平面运动的构件，独自的平面运动有三个，即沿 x 轴方向和 y 轴方向的两个移动以及在 xOy 平面上绕任意点的转动(见图1-1-12)，构件的这种独立运动称为自由度。作平面运动的自由构件具有三个独立的运动，即具有三个自由度。

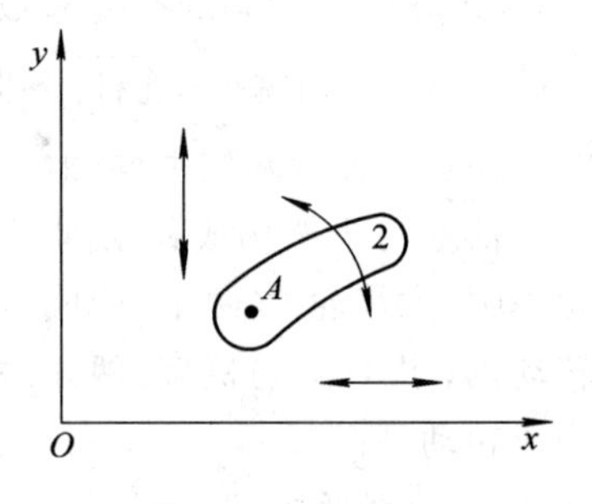

图1-1-12　自由构件

2. 约束

当两构件之间通过某种方式连接而形成运动副时(如图1-1-13所示)，构件2与固联在坐标轴上的构件1在 A 点铰接，构件2沿 x 轴方向和沿 y 轴方向的独立运动受到限制。这种限制构件独立运动的作用称为约束。

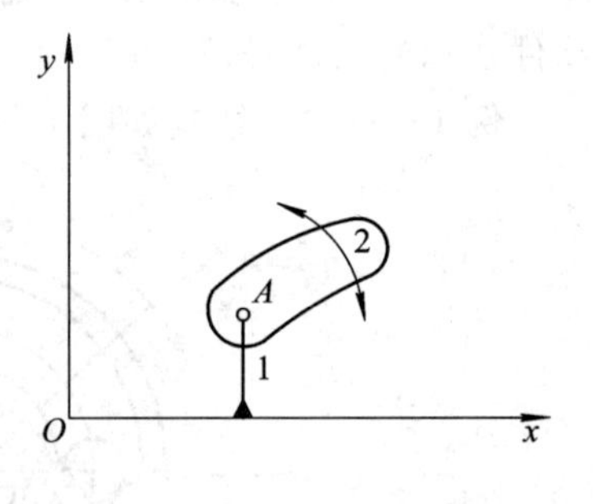

图1-1-13　平面约束

对平面低副，由于两构件之间只有一个相对运动，即相对移动或相对转动，说明平面低副构成受到两个约束，因此有低副连接的构件将失去两个自由度。

对平面高副(如齿轮副或凸轮副，见图1-1-7(a)、(b))，构件2既可相对构件1绕接触点转动，又可沿接触点的切线方向移动，只是沿公法线方向的运动被限制。可见组成高副时的约束为1，即失去一个自由度。

3. 机构自由度的计算

机构相对机架(固定构件)所具有的独立运动数目，称为机构的自由度。

在平面机构中，设机构的活动构件数为 n，在未组成运动副之前，这些活动构件共有 $3n$ 个自由度。用运动副连接后便引入了约束，并失去了自由度，一个低副因有两个约束而将失去两个自由度，一个高副有一个约束而将失去一个自由度。若机构中共有 P_L 个低副、P_H 个高副，则平面机构的自由度 F 的计算公式为

$$F = 3n - 2P_L - P_H \tag{1-1-1}$$

如图 1-1-11 所示的颚式破碎机工作装置，共有 4 个构件，活动件为 $n=3$ 个，连接成 4 个低副和 0 个高副，则该机构的自由度为

$$F=3\times3-2\times4=1$$

如图 1-1-14 所示的搅拌机，其活动构件数 $n=3$，低副数 $P_L=4$，高副数 $P_H=0$，则该机构的自由度为

$$F=3n-2P_L-P_H=3\times3-2\times4-0=1$$

在计算平面机构自由度时，应注意如下三种特殊情况。

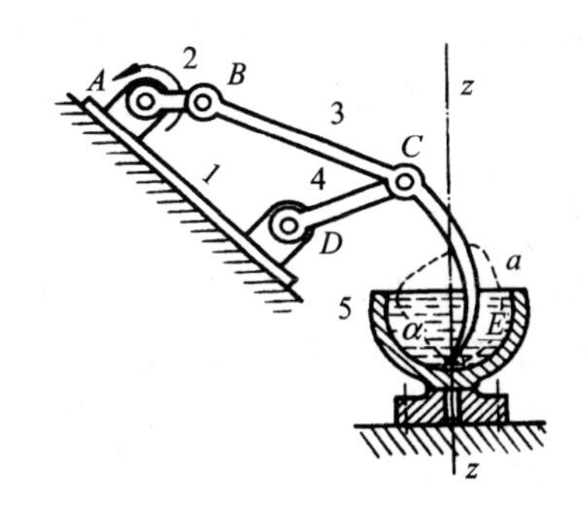

图 1-1-14　搅拌机

1）复合铰链

两个以上的构件共用同一转动轴线所构成的转动副，称为复合铰链。

图 1-1-15 所示为三个构件在 A 点形成复合铰链。从左视图可见，这三个构件实际上构成了轴线重合的两个转动副，而不是一个转动副，故转动副的数目为 2 个。推而广之，对由 k 个构件在同一轴线上形成的复合铰链，转动副的数目应为 $k-1$ 个，计算自由度时应注意这种情况。

图 1-1-16 所示的圆盘锯主体机构中，A、B、E、D 四点均为由三个构件组成的复合铰链，每处应有两个转动副，因此，该机构 $n=7$，$P_L=10$，$P_H=0$，其自由度为

$$F=3n-2P_L-P_H=3\times7-2\times10-0=1$$

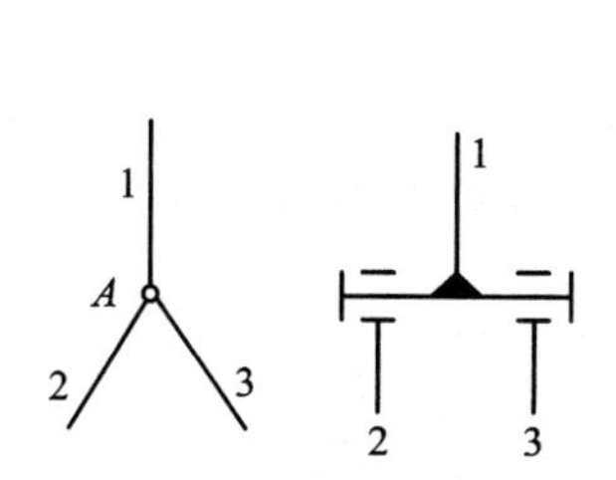

图 1-1-15　复合铰链

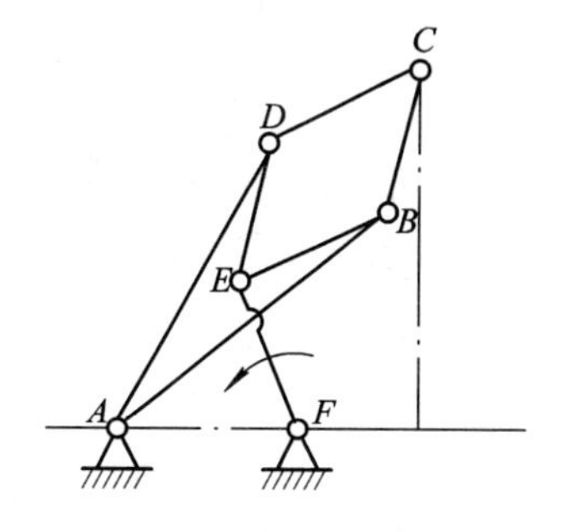

图 1-1-16　圆盘锯主体机构

2）局部自由度

与机构整体运动无关的构件的独立运动称为局部自由度。

在计算机构自由度时，局部自由度应略去不计。图 1-1-17(a)所示的凸轮机构中，滚子绕本身轴线的转动，完全不影响从动件 2 的运动输出，因而滚子转动的自由度属局部自由度。在计算该机构的自由度时，应将滚子与从动件 2 看成一个构件，如图 1-1-17(b)所示，由此，该机构的自由度为

$$F=3n-2P_L-P_H=3\times2-2\times2-1=1$$

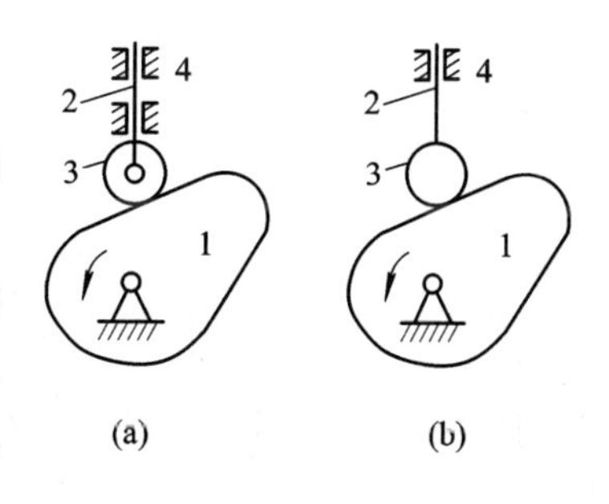

图 1-1-17　局部自由度

局部自由度虽不影响机构的运动关系，但可以变滑动摩擦为滚动摩擦，从而减轻了由于高副接触而引起的摩擦和磨损。因此，在机械中常见具有局部自由度的结构，如滚动轴承、滚轮等。

3）虚约束

机构中不产生独立限制作用的约束称为虚约束。

在计算自由度时，应先去除虚约束。虚约束常出现在下面几种情况中：

(1) 两构件在连接点上的运动轨迹重合，则该运动副引入的约束为虚约束。

如图 1-1-18(b)所示的机构中，由于 EF 平行并等于 AB 及 CD，杆 5 上 E 点的轨迹与杆 3 上 E 点的轨迹完全重合，因此，由 EF 杆与杆 3 连接点上产生的约束为虚约束，计算时，应将其去除，如图 1-1-18(a)所示。这样，该机构的自由度为

$$F=3n-2P_L-P_H=3\times3-2\times4-0=1$$

但如果不满足上述几何条件，则 EF 杆带入的约束为有效约束，如图1-1-18(c)所示。此时机构的自由度为

$$F=3n-2P_L-P_H=3\times4-2\times6-0=0$$

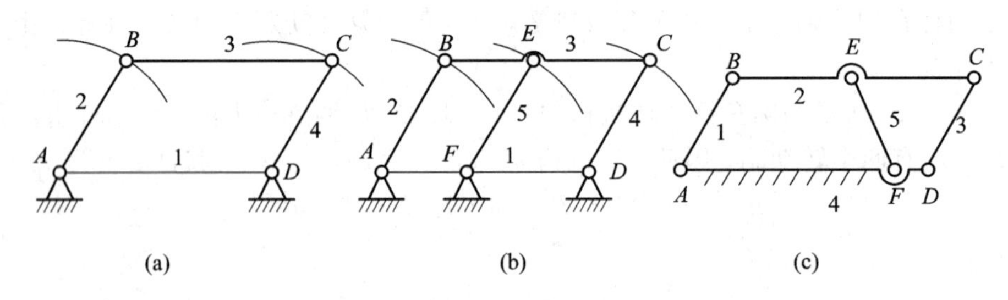

图 1-1-18 两构件在连接点上的运动轨迹重合

(2) 两个构件组成多个轴线重合的转动副(见图 1-1-19(a))或两个构件组成多个方向一致的移动副(见图 1-1-19(b)、(c))时，只需考虑其中一处的约束，其余的均为虚约束。

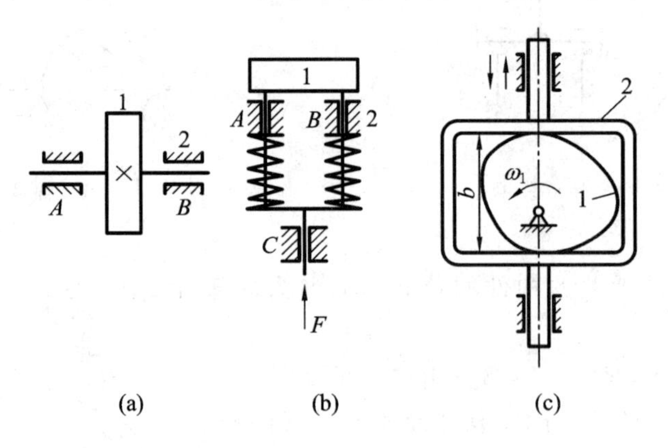

图 1-1-19 两个构件间形成多处运动副的虚约束

(3) 机构中对运动不起作用的对称部分引入的约束为虚约束。

图 1-1-20 所示的行星轮系，从传递运动而言，只需要一个齿轮 2 即可满足传动要求，装上三个相同的行星轮的目的在于使机构的受力均匀，因此，其余两个行星轮引入的高副均为虚约束，应除去不计，该机构的自由度为(C 处为复合铰链)

$$F=3n-2P_L-P_H=3\times3-2\times3-2=1$$

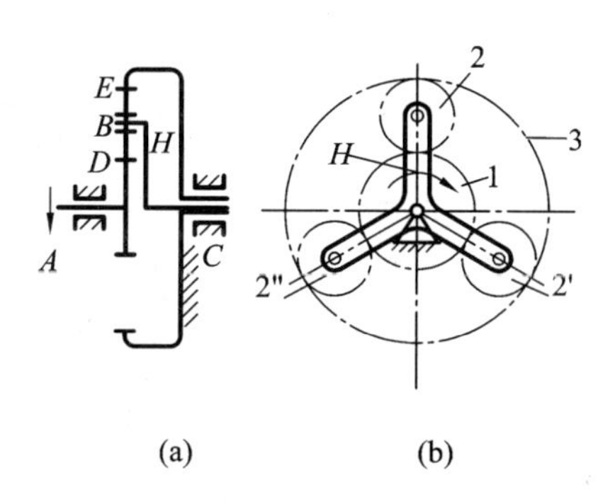

图 1-1-20　对称结构引入的虚约束

虚约束虽对机构运动不起约束作用，但能改善机构的受力情况，提高机构的刚性，因而在机构设计中被广泛采用。应注意的是，虚约束对机构的几何条件要求较高，故对制造、安装精度要求较高，当不能满足几何条件时(见图 1-1-18(c))，虚约束就会变成实约束而使机构不能运动。

例 1-1-3　计算图 1-1-21(a)所示的筛料机构的自由度。

解　① 检查机构中有无三种特殊情况：由图中可知，机构中滚子自转为局部自由度；顶杆 DF 与机架组成两导路重合的移动副 E'、E，故其中之一为虚约束；C 处为复合铰链。去除局部自由度和虚约束以后，应按图 1-1-20(b)计算自由度。

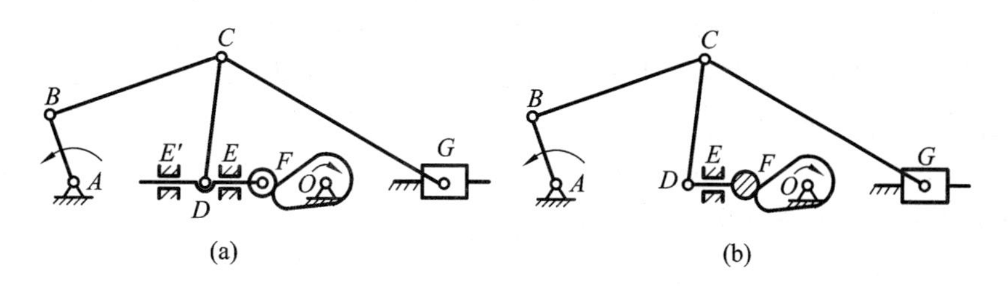

图 1-1-21　筛料机构

② 计算机构自由度：机构中的可动构件数为 $n=7$，$P_L=9$，$P_H=1$，故该机构的自由度为

$$F=3n-2P_L-P_H=3\times7-2\times9-1=2$$

4. 机构具有确定运动的条件

机构能否实现预期的运动输出，取决于其运动是否具有可能性和确定性。如图 1-1-22 所示，由 3 个构件通过 3 个转动副连接而成的系统就没有运动的可能性，因其自由度为 $F=3n-2P_L-P_H=3\times2-2\times3-0=0$，故不能称其为机构。图 1-1-23 所示的五杆系统，若取构件 1 作为主动件，则其自由度为

$$F=3n-2P_L-P_H=3\times4-2\times5-0=2$$

当构件 1 处于图示位置时，构件 2、3、4 则可能处于实线位置，也可能处于虚线位置。显然，从动件的运动是不确定的，故也不能称其为机构。如果给出两个主动件，即同时给定构件 1、4 的位置，则其余从动件的位置就唯一确定了(即图 1-1-23 中的实线)，此时，该系统则可称为机构。

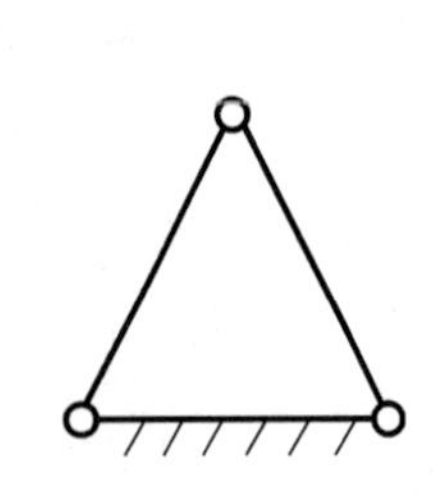

图 1-1-22　衍架机构

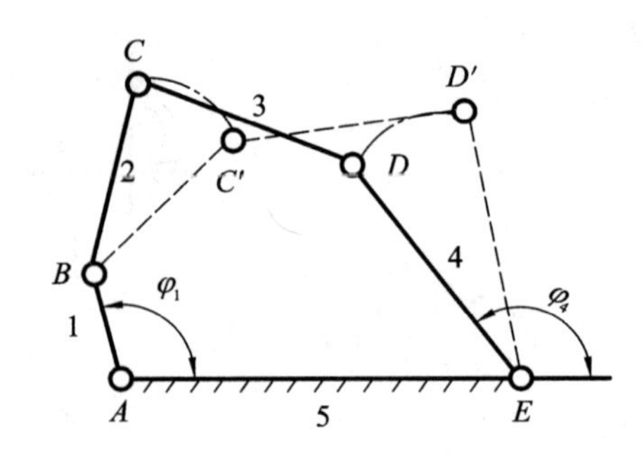

图 1-1-23　五杆系统

当主动件的位置确定以后，其余从动件的位置也随之确定，则称机构具有确定的相对运动。那么究竟取一个还是几个构件作主动件，这取决于机构的自由度。

机构的自由度就是机构具有的独立运动的数目。由此可见，机构具有确定运动的条件为：机构的原动件数目 W 等于机构的自由度数目 F，即

$$W=F>0$$

在分析机构或设计新机构时，一般可以用自由度计算来检验所作的运动简图是否满足具有确定运动的条件，以避免机构组成原理错误。如图 1-1-24(a)所示的构件组合体，其自由度为

$$F=3n-2P_{L}-P_{H}=3\times3-2\times4-1=0$$

这说明此构件系统不是机构，从动件无法实现预期的运动。图 1-1-24(b)、(c)为改进方案，经计算，自由度为

$$F=3n-2P_{L}-P_{H}=3\times4-2\times5-1=1$$

故满足机构具有确定运动的条件。

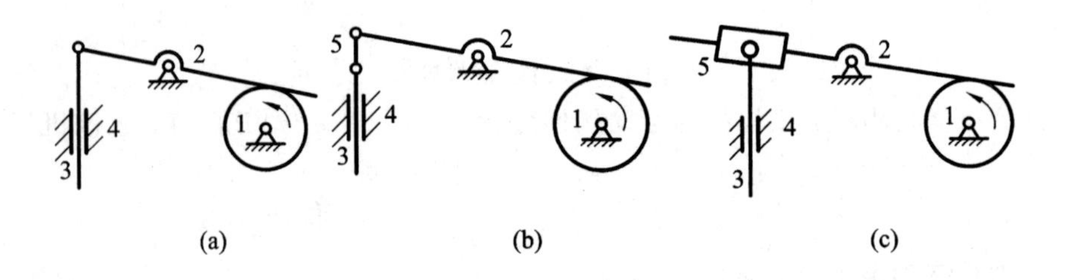

图 1-1-24　构件组合体

探索与实践

如图 1-1-2 所示的液压挖掘机运动简图的绘制步骤如下：

(1) 机构分析。如图 1-1-25(a)所示，机构由转台 1、动臂 2、动臂缸 3 及活塞 4、斗杆缸筒 5 及活塞杆 6、斗杆 7、转斗缸筒 8 及活塞杆 9、铲斗 10 共 10 个构件组成，三个液压缸为原动件，分别驱动动臂 2 绕 A 点转动，斗杆 7 绕 F 点转动，铲斗 10 绕 I 点转动；铲斗 10 为工作构件。

(2) 确定运动副类型。有 A、B、C、D、E、F、G、H、I 共 9 个转动副，三个液压缸构成三个移动副。

(3) 测量主要尺寸，计算长度比例和图示长度。经测量得 $L_{AC}=1.8$ m，$L_{AF}=3.3$ m，$L_{CF}=1.7$ m，$L_{FI}=1.4$ m。设图样最大尺寸为60 mm，则长度比例尺

$$\mu_l=\frac{l_{\max}}{60}=\frac{3.3+1.4}{60}\approx0.08\ \mathrm{m/mm}$$

计算各杆长度：

$$AF=\frac{3.3}{0.08}\approx41.3\ \mathrm{mm}$$

$$AC=\frac{1.8}{0.08}=22.5\ \mathrm{mm}$$

$$CF=\frac{1.7}{0.08}\approx21.3\ \mathrm{mm}$$

$$FI=\frac{1.4}{0.08}=17.5\ \mathrm{mm}$$

(4) 绘制机构运动简图。

① 按各运动副间的图示距离和相对位置，选择适当的瞬时位置，用规定的符号表示各运动副；B、D、G、H 等各点的位置对主体运动影响不大，其位置可适当选取。

② 用直线将同一构件上的运动副连接起来，并标上件号、铰点名和原动件的运动方向，即得所求的机构运动简图，如图 1-1-25(b)所示。

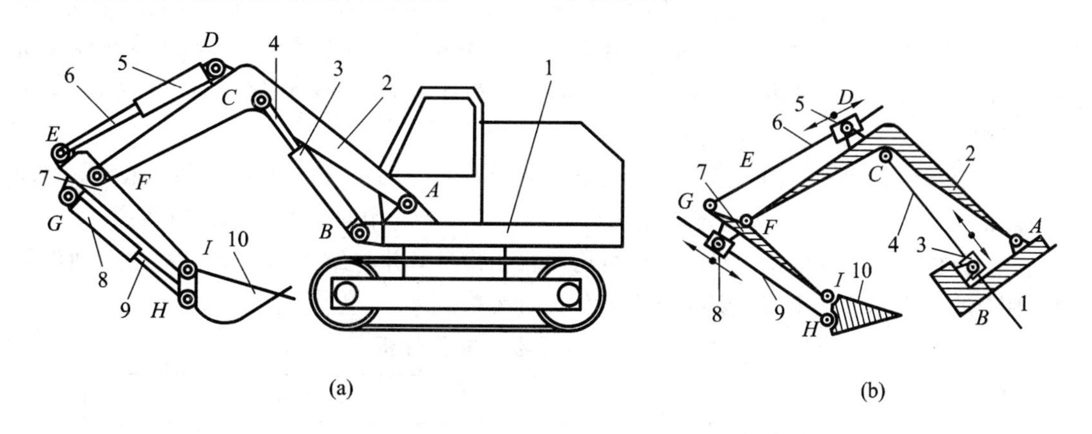

图 1-1-25　液压挖掘机工作装置图

(5) 检验机构是否满足运动确定的条件。由以上分析可知：挖掘机工作装置共有 10 个构件，活动件为 $n=9$ 个，连接成 9 个转动副、3 个移动副，则该机构的自由度为

$$F_{\mathrm{W}}=3\times9-2\times12=3$$

即机构的自由度数目等于原动件数目，此机构运动确定。

技能训练——机构运动简图绘制

目的要求：

(1) 掌握根据实际机构或模型的结构测绘平面机构运动简图的基本方法。

(2) 掌握平面机构自由度的计算及验证机构具有确定运动的条件。

(3) 掌握对机构进行分析的方法。

设备和工具：

(1) 各种机器实物或机构模型。

(2) 钢板尺、钢卷尺、内卡钳、外卡钳、量角器等。

(3) 自备绘图工具。

训练内容：

(1) 以指定2～3种机构模型或机器为研究对象，进行机构运动简图的绘制。

(2) 分析所画各机构的构件数、运动副类型和数目，计算机构的自由度，并验证它们是否具有确定的运动。

实施步骤：

(1) 仔细观察被测机构或机构模型，了解其名称、用途和结构，找出原动件并记录其编号。

(2) 确定构件数目。使被测的机构或机构模型缓慢地运动，从原动件开始，循着运动传递的路线仔细观察机构运动。分清机构中哪些构件是活动构件、哪些是固定构件，从而确定机构中的原动件、从动件、机架及其数目。

(3) 判定各运动副的类型和数目。仔细观察各构件间的接触情况及相对运动的特点，判定各运动副是低副还是高副，并准确计算出其数目。

(4) 绘制机构示意图。选定最能清楚地表达各构件相互运动关系的面为视图平面，选定原动件的位置，按构件连接的顺序，用简单的线条和规定的符号在草稿纸上徒手绘出机构示意图，然后在各构件旁标注数字1、2、3、…，在各运动副旁标注字母A、B、C、…，并确定机构类型。

(5) 绘制机构运动简图。仔细测量与机构运动有关的尺寸(如转动副间的中心距、移动副导路的位置或角度等)，按选定的比例尺μ_l在表1-1-2中绘出机构运动简图。

(6) 分析机构运动的确定性。计算机构的自由度数，并将结果与实际机构的原动件数相对照，若与实际情况不符，要找出原因并及时改正。

表1-1-2　测绘结果及分析

<table>
<tr><td>编号</td><td></td><td>机构名称</td><td colspan="2"></td><td>比例尺(m/mm)</td><td></td></tr>
<tr><td>机构运动简图</td><td colspan="3"></td><td>机构运动的确定性</td><td colspan="2">$F=3n-2P_L-P_H$
$=3\times(\quad)-2\times(\quad)-(\quad)$
$=(\quad)$
原动件数：

运动是否确定：
理由：</td></tr>
</table>

归纳总结

1. 机器的特征：① 任何机器都是由许多实体组合而成的；② 各运动实体之间具有确定的相对运动；③ 能实现能量的转换、代替或减轻人类的劳动，完成有用的机械功。

2. 机构的特征：① 由许多实体组合而成；② 各运动实体之间具有确定的相对运动。

3. 构件和零件：构件是机构中参加运动的单元体；零件是机械中的制造单元，是组成机械的不可拆开的基本单元。

4. 运动副是两构件之间的可动连接。

5. 运动副的分类：

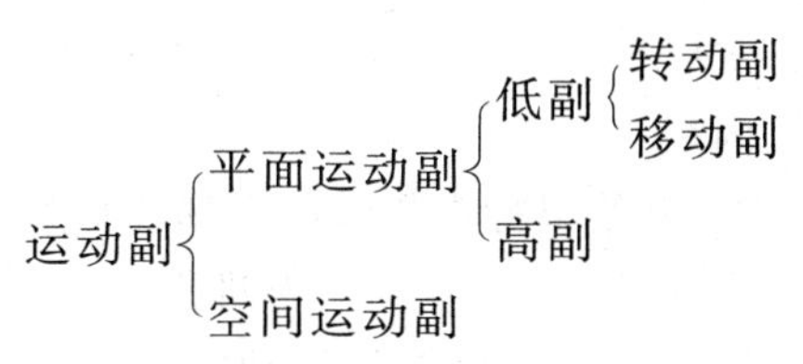

6. 机构的独立运动称为机构的自由度，计算公式为

$$F=3n-2P_{\mathrm{L}}-P_{\mathrm{H}}$$

7. 计算自由度应注意的三个问题：① 复合铰链；② 局部自由度；③ 虚约束。

8. 机构具有确定运动的条件为：机构的原动件数目 W 等于机构的自由度数目 F，即

$$W=F>0$$

思考与练习

思考题：

1. 试判别下述结论是否正确，并说明理由。

(1) 图 1-1-26(a)中构件 1 相对于构件 2 能沿切向 At 移动，沿法向 An 向上移动和绕接触点 A 转动，所以构件 1 与 2 组成的运动副保留三个相对运动。

(2) 图 1-1-26(b)中构件 1 与 2 在 A' 和 A'' 两处接触，所以构件 1 与 2 组成两个高副。

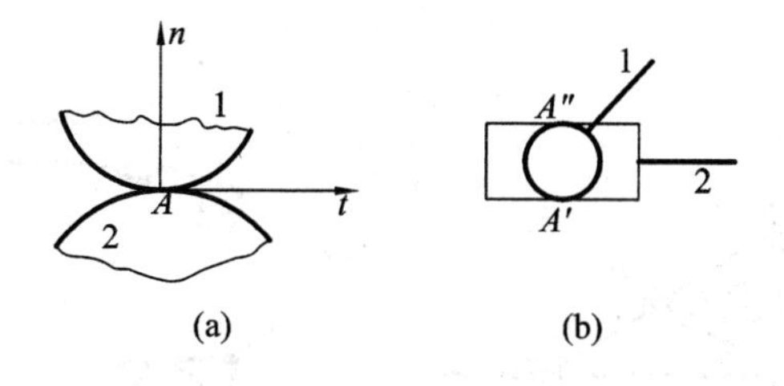

图 1-1-26　思考题 1 图

2. 局部自由度不影响整个机构运动，虚约束不限制构件独立运动，为什么实际机构中还采用局部自由度、虚约束的结构？

练习题：

一、判断题

1. 机构是由两个以上构件组成的。　(　　)

2. 运动副的主要特性是两个构件以点、线、面的形式相接触。　(　　)

3. 机构具有确定相对运动的条件是机构的自由度大于零。　(　　)

4. 转动副限制了构件的转动自由度。　(　　)

5. 固定构件(机架)是机构不可缺少的组成部分。　(　　)

6. 4 个构件在一处铰接，则构成 4 个转动副。 （ ）

7. 机构的运动不确定，就是指机构不能具有相对运动。 （ ）

8. 虚约束对机构的运动不起作用。 （ ）

二、选择题

1. 下面所列设备中，属于机器的有______。

A. 汽车　B. 车床　C. 摩擦压力机　D. 机械式手表

E. 机械式计算器　F. 内燃机

2. 经过优选、简化、统一，并给以标准代号的零部件称为______。

A. 通用件　B. 系列件　C. 标准件　D. 安全保险件

3. 为使机构运动简图能够完全反映机构的运动特性，则运动简图相对与实际机构的______应相同。

A. 构件数、运动副的类型及数目　B. 构件的运动尺寸

C. 机架和原动件　D. A、B 和 C

4. 下面对机构虚约束的描述中，不正确的是______。

A. 机构中对运动不起独立限制作用的重复约束称为虚约束，在计算机构自由度时应除去虚约束

B. 虚约束可提高构件的强度、刚度、平稳性和机构工作的可靠性等

C. 虚约束应满足某些特殊的几何条件，否则虚约束会变成实约束而影响机构的正常运动。为此，应规定相应的制造精度要求。虚约束还使机器的结构复杂，成本增加

D. 设计机器时，在满足使用要求的情况下，含有的虚约束越多越好

三、分析计算题

1. 计算图 1-1-27 所示各机构的自由度，并判断其是否有确定的运动(标有箭头的构件为原动件)。

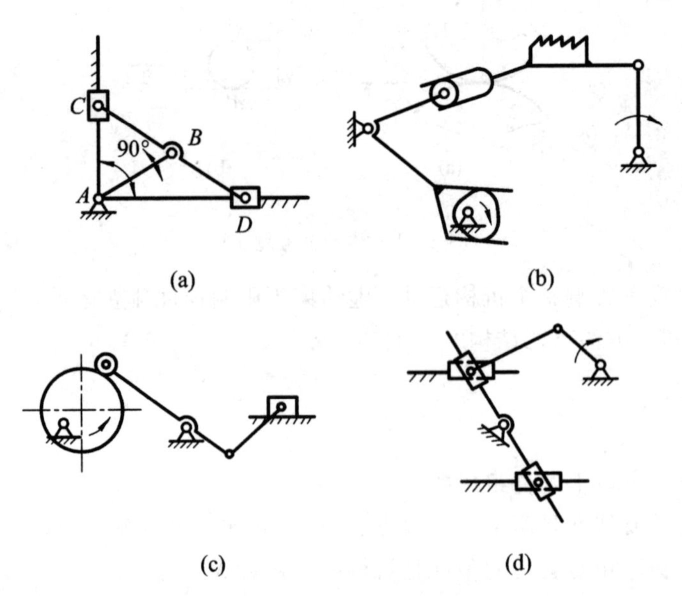

图 1-1-27　分析计算题 1 图

2. 图 1-1-28 所示各机构在组成上是否合理？如不合理，请针对错误提出修改方案。

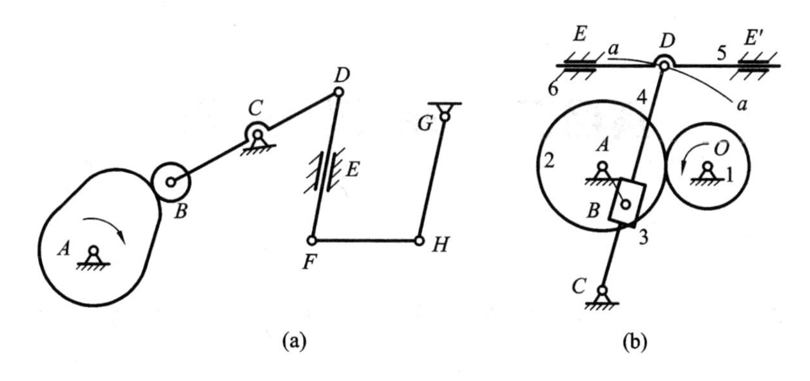

图 1-1-28　分析计算题 2 图

3. 绘制图 1-1-29 所示机构的机构运动简图。

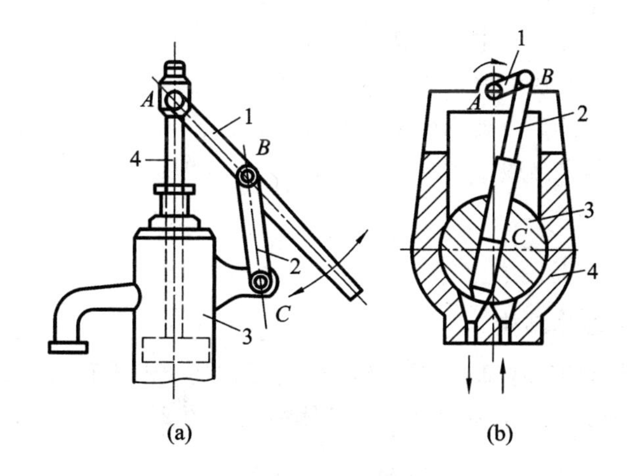

图 1-1-29　分析计算题 3 图

项目二 常用机构

模块一 设计汽车内燃机中的曲柄滑块机构

知识要求：1. 分析汽车内燃机的结构和工作原理；
2. 阐述平面连杆机构的设计方法；
3. 设计内燃机中的曲柄滑块机构；
4. 绘制曲柄滑块机构的运动简图。

技能要求：1. 能够分析内燃机的组成和工作；
2. 培养学生的设计应用能力。

任务情境

1. 汽车内燃机的基本结构

往复活塞式内燃机的组成部分主要有曲柄连杆机构、机体和汽缸盖、配气机构、供油系统、润滑系统、冷却系统、启动装置等。具体结构如图 2-1-1 所示。

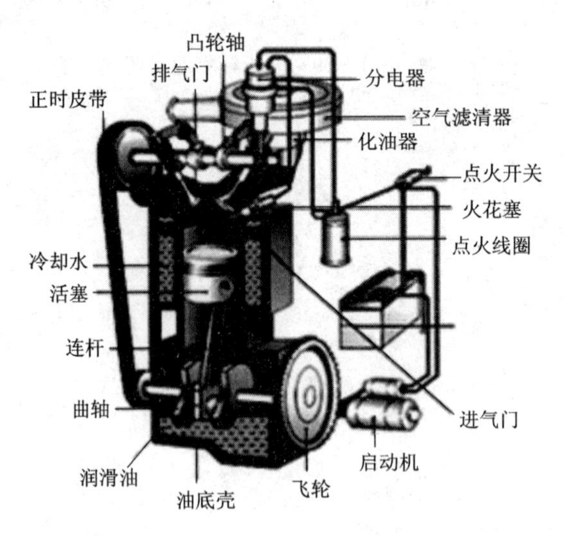

图 2-1-1 四冲程内燃机的结构

2. 汽车内燃机的工作原理

在内燃机中，为了将热能转化为机械能，其汽缸内部要进行进气、压缩、做功、排气等过程。排气过程结束，又紧接着开始下一个进气过程，就这样周而复始地进行循环。每进气、压缩、做功、排气一次叫做一个循环。四冲程内燃机是活塞每走四个行程，即曲轴每转两圈完成一个工作循环。其工作过程如图 2-1-2 所示。

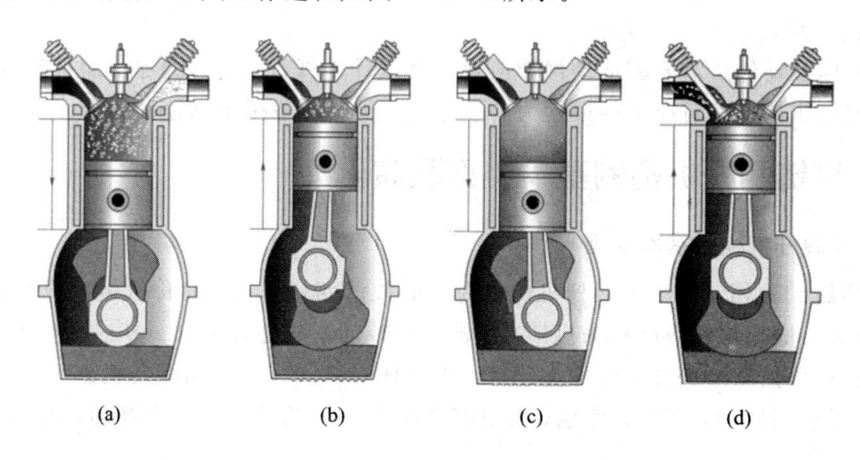

(a)　(b)　(c)　(d)

图 2-1-2　单缸四冲程内燃机的工作过程

任务提出与任务分析

1. 任务提出

已知内燃机曲柄连杆机构的行程速度变化系数 $k=1.4$，行程 $H=200$ mm，偏距 $e=50$ mm，如何设计该曲柄滑块机构？

2. 任务分析

内燃机是和我们的生产生活密切相关的机器，内燃机中的曲柄滑块机构是内燃机必不可少的专用零部件。为了合理地设计出内燃机曲柄滑块机构的具体参数，我们必须了解内燃机的结构和工作原理，掌握平面机构的组成、机构运动确定的条件和四杆机构的工作特性，以及掌握四杆机构的设计计算方法，以设计出符合要求的内燃机曲柄滑块机构。

相关知识

2.1.1　平面连杆机构的类型和特点

根据构件间的相对运动可将连杆机构分为平面连杆机构和空间连杆机构。所有构件间的相对运动均为平面运动且只用低副连接的机构称为平面连杆机构，又称为平面低副机构。根据构件数目分为四杆机构、五杆机构等。而在平面连杆机构中最常见的形式则是平面四杆机构，它同时也是多杆机构的基础。

平面连杆机构具有以下优点：

(1) 平面连杆机构的运动副都是低副，组成运动副的两构件之间为面接触，因而承受的压强小，便于润滑，磨损较轻，可以承受较大的载荷。

(2) 构件形状简单，加工方便，构件之间的接触是由构件本身的几何约束来保持的，所以构件工作可靠。

（3）在原动件等速连续运动的条件下，当各构件的相对长度不同时，可使从动件实现多种形式的运动，满足多种运动规律的要求。

（4）利用平面连杆机构中的连杆可以满足多种运动轨迹的要求。

平面连杆结构具有以下缺点：

（1）根据从动件所需要的运动规律或轨迹来设计连杆机构比较复杂，而且精度不高。

（2）连杆机构运动时产生的惯性力难以平衡，所以不适用于高速的场合。

2.1.2 铰链四杆机构的基本类型及演化

1. 铰链四杆机构的基本类型

全部用转动副相连的平面四杆机构称为平面铰链四杆机构，简称铰链四杆机构。如图 2-1-3 所示，固定构件 AD 称为机架，与机架用转动副相连接的杆 AB 或杆 CD 称为连架杆，不与机架直接连接的杆 BC 称为连杆。连架杆 AB 或杆 CD 如能绕机架上的转动副中心 A 或 D 做整周转动，则称为曲柄；若仅能在小于 360°的某一角度内摆动，则称为摇杆。

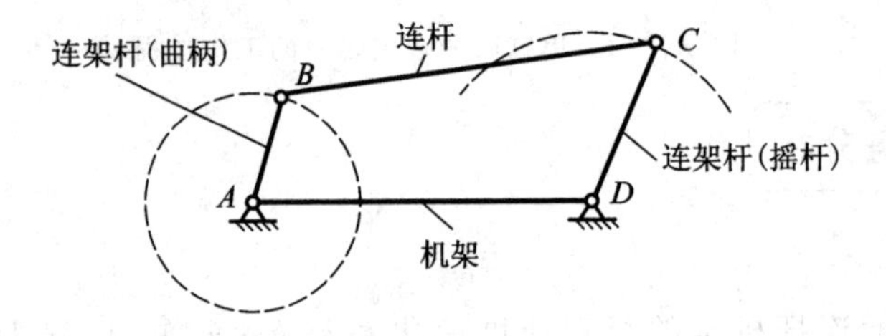

图 2-1-3 铰链四杆机构

对于铰链四杆机构来说，机架和连架杆总是存在的，因此可按照连架杆是否有曲柄存在，把铰链四杆机构分为三种基本类型：曲柄摇杆机构、双曲柄机构和双摇杆机构。本节重点介绍生产生活中应用广泛的曲柄摇杆机构。

在铰链四杆机构中，若两个连架杆，一个为曲柄，另一个为摇杆，则此铰链四杆机构称为曲柄摇杆机构。通常曲柄为原动件，并作匀速转动；而摇杆为从动件，作变速往复摆动。

图 2-1-4(a) 所示为牛头刨床横向自动进给机构。当齿轮 1 转动时，驱动齿轮 2(曲柄)转动，再通过连杆 3 使摇杆 4 往复摆动，摇杆另一端的棘爪便拨动棘轮 5，带动进丝杆 6 作单向间歇运动。图 2-1-4(b) 是其曲柄摇杆机构的运动简图。

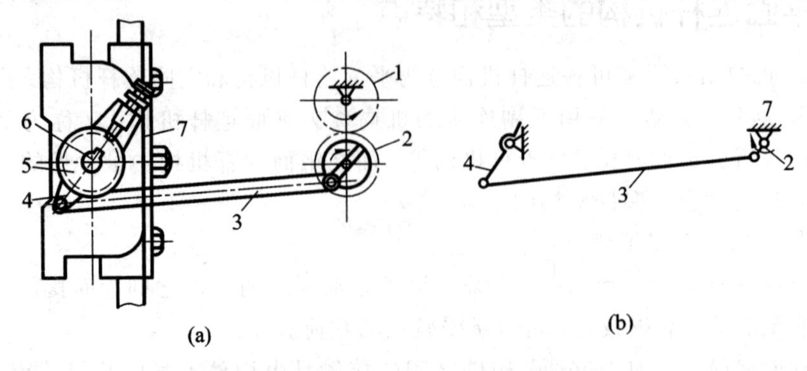

图 2-1-4 牛头刨床横向自动进给机构

图 2-1-5 所示为调整雷达天线俯仰角的曲柄摇杆机构。曲柄 1 缓慢地匀速转动，通过连杆 2 使摇杆 3 在一定角度范围内摆动，从而调整天线俯仰角的大小。

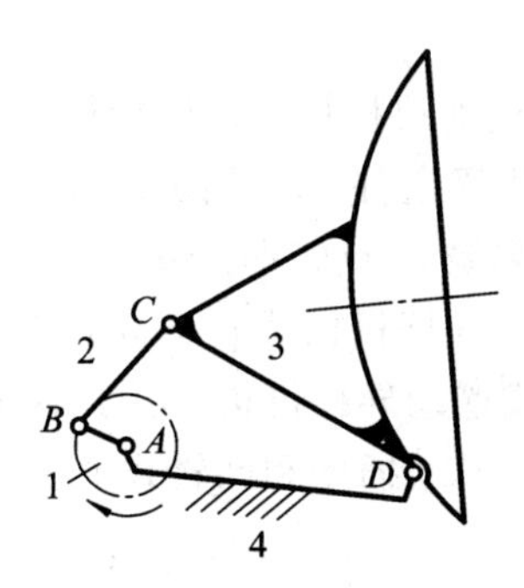

图 2-1-5　雷达调整机构

2. 铰链四杆机构的演化

在实际应用的机械中，除了铰链四杆机构的三种基本类型得到广泛应用外，还有其他类型的平面四杆机构，这些机构可以看成是由铰链四杆机构演化而来的。下面分析几种常用的演化机构。

1）曲柄滑块机构

如图 2-1-6(a)所示的曲柄摇杆机构，杆 1 为曲柄，杆 3 为摇杆，现把杆 4 做成环形槽，槽的中心在 D 点，而把杆 3 做成弧形滑块，与环形槽相配合，如图 2-1-6(b)所示。图 2-1-6(a)和(b)所示的机构中尽管转动副 D 的形状发生了变化，但其相对运动的性质却是等效的。如果将环形槽的半径 CD 增加到无穷大，转动副 D 的中心移到无穷远处，则环形槽变成了直槽，而转动副变成了移动副，机构演化成偏置曲柄滑块机构，如图 2-1-6(c)所示。图中 e 为曲柄中心 A 至直槽中心线的垂直距离，称为偏心距。当 $e=0$ 时，称为对心曲柄滑块机构，如图 2-1-6(a)所示。因此可以认为，曲柄滑块机构是由曲柄摇杆机构演化而来的。

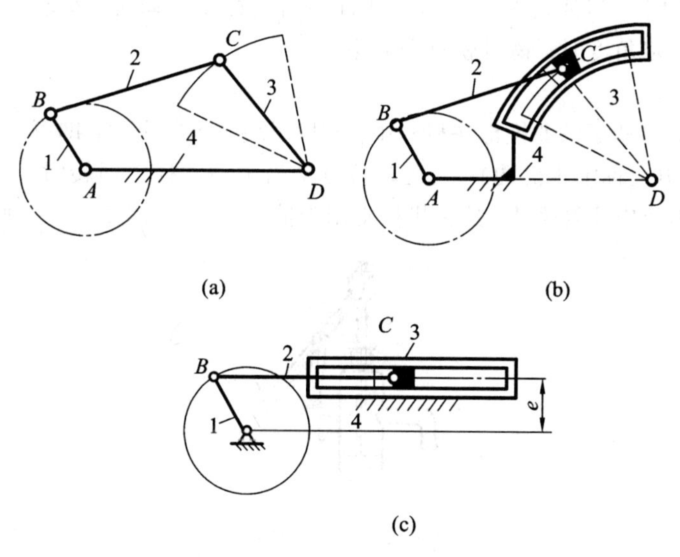

图 2-1-6　曲柄摇杆机构的演化

曲柄滑块机构广泛应用在活塞式内燃机、空气压缩机、插床、剪床、冲床蒸汽机等机械中。

2）导杆机构

导杆机构可以看成是改变曲柄滑块机构中的固定构件演化而来的。如图 2-1-7(a)所示的曲柄滑块机构，若改取杆 1 为固定件，即得图 2-1-7(b)所示的导杆机构。杆 4 称为导杆，滑块 3 相对导杆滑动并一起绕 *A* 点转动。通常取杆 2 为原动件。当 $l_1 < l_2$ 时，杆 2 和杆 4 可整周转动，称为曲柄转动导杆机构或转动导杆机构；当 $l_1 > l_2$ 时，杆 4 只能往复摆动，称为曲柄摆动导杆机构，或摆动导杆机构。由于导杆机构的传动角始终等于 90°，具有很好的传力性能，故用于牛头刨床、插床和回转式油泵之中。

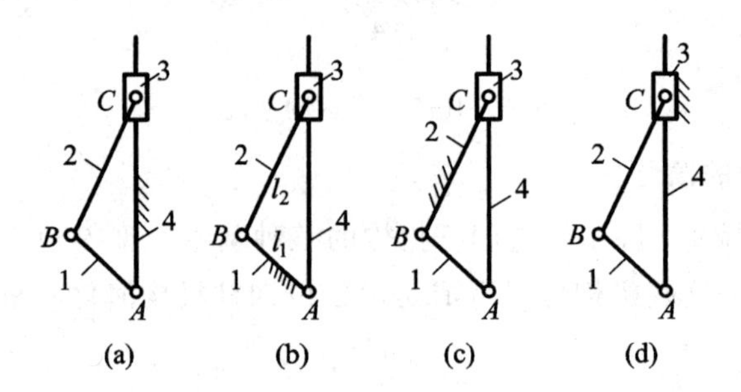

图 2-1-7　曲柄滑块机构的演化

3）摇块机构

在图 2-1-7(a)所示的曲柄滑块机构中，若取杆 2 为固定构件，即可得图 2-1-7(c)所示的摆动滑块机构(或称摇块机构)。此时，滑块只能绕 *C* 点摆动，称为摇块，其运动特点是若杆 1 作整周回转或摆动时，导杆 4 相对滑块 3 移动，并一起绕 *C* 点摆动。这种机构广泛应用于摆动式内燃机和液压驱动装置中。例如在图 2-1-8 所示卡车车厢自动翻转卸料机构中，当油缸 3 中的压力油推动活塞杆 4 运动时，车厢 1 便绕回转副中心 *B* 倾转，当达到一定角度时，物料就自动卸下。

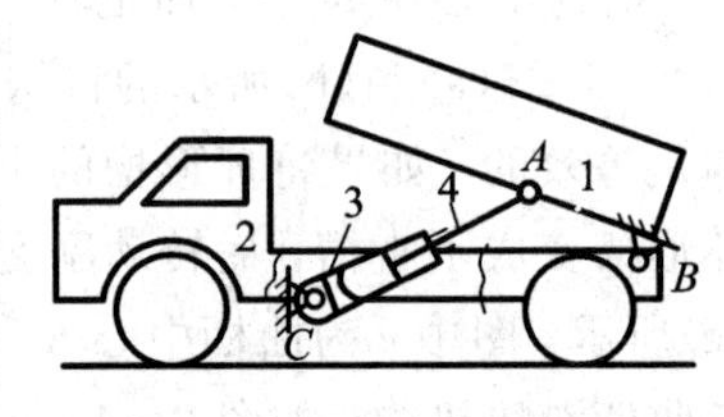

图 2-1-8　自卸货车

4）定块机构

在图 2-1-7(a)所示的曲柄滑块机构中，若取滑块 3 为固定件，即可得图 2-1-7(d)所示的固定滑块机构(或称定块机构)，其运动特点是当主动件杆 1 回转时，杆 2 绕 *C* 点摆动，杆 4 仅相对固定滑块作往复移动。这种机构常用于抽水唧筒(如图 2-1-9 所示)和抽油泵中。

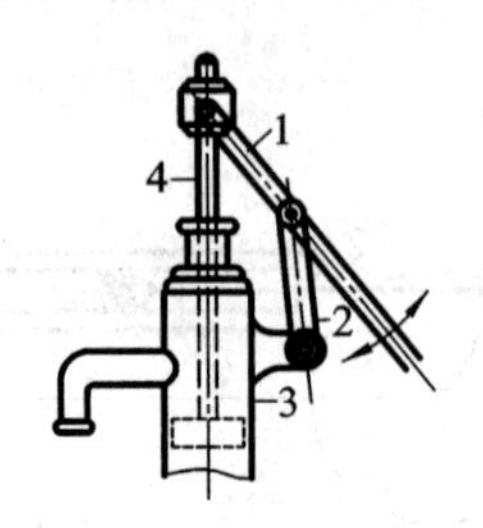

图 2-1-9　抽水唧筒

5）偏心轮机构

图 2-1-10 所示为偏心轮机构。杆 1 为圆盘，其几何中心为 B，因运动时该圆盘绕偏心 A 转动，故称之为偏心轮。A、B 之间的距离 e 称为偏心距。按照相对运动的关系，可画出该机构的运动简图，如图 2-1-10(b)所示。由图可知，偏心轮是回转副 B 扩大到包括回转副 A 而形成的，偏心距 e 即是曲柄的长度。

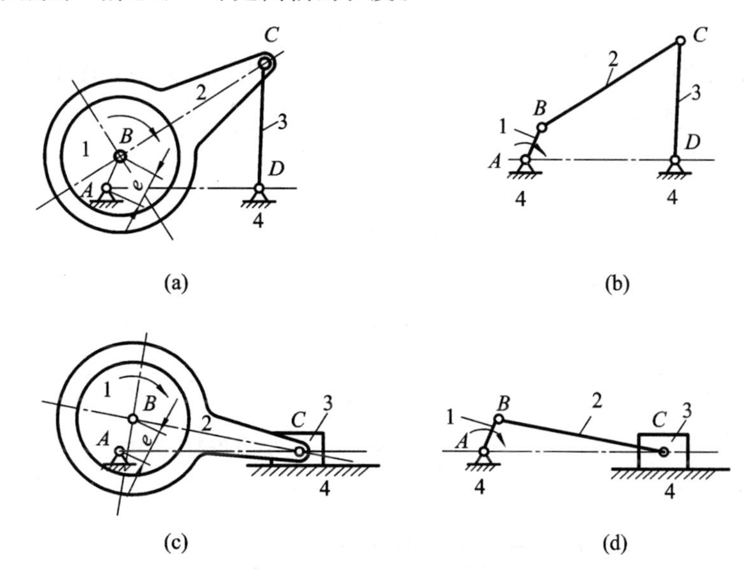

图 2-1-10　偏心轮机构

同理，图 2-1-10(c)所示的偏心轮机构可用图 2-1-10(d)来表示。

当曲柄长度很小时，通常都把曲柄做成偏心轮，这样不仅增大了轴颈的尺寸，提高了偏心轴的强度和刚度，而且当轴颈位于中部时，还可安装整体式连杆，使结构简化。因此，偏心轮广泛应用于传力较大的剪床、冲床、颚式破碎机、内燃机等机械中。

2.1.3　平面四杆机构的基本特性

1. 铰链四杆机构曲柄存在的条件

在铰链四杆机构中，能作整周转动的连架杆称为曲柄。而曲柄是否存在则取决于机构中各杆的长度关系，即欲使曲柄能作整周转动，各杆长度必须满足一定的条件，也就是曲柄存在的条件。下面就来讨论铰链四杆机构曲柄存在的条件。

图 2-1-11(a)所示的铰链四杆机构 $ABCD$ 各杆的长度分别为 a、b、c、d。先假定构件 1 为曲柄，则在其回转过程中杆 1 和杆 4 一定可实现拉直共线和重叠共线两个特殊位置，即构成△BCD，如图 2-1-11(b)、(c)所示。

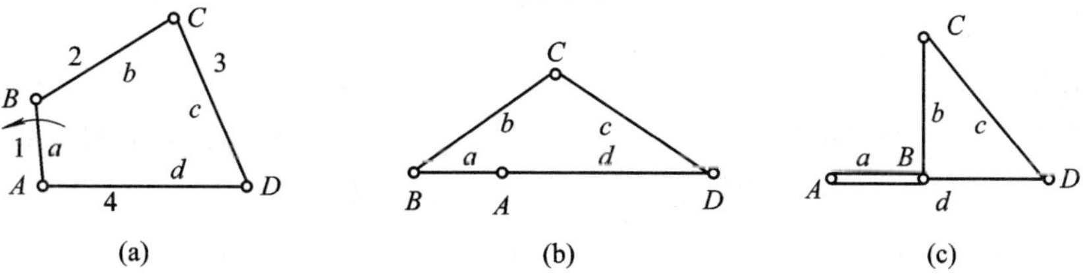

图 2-1-11　铰链四杆机构的运动过程

由三角形边长关系可得：

在图 2-1-11(b)中

$$a+d<b+c$$

在图 2-1-11(c)中

$$d-a+b>c \quad 即\ a+c<b+d$$

$$d-a+c>b \quad 即\ a+b<c+d$$

当运动过程中四构件出现如图 2-1-12 所示的共线情况时，上述不等式就变成了等式。因此，以上三个不等式可改写为

$$a+d \leqslant b+c \tag{2-1-1}$$

$$a+c \leqslant b+d \tag{2-1-2}$$

$$a+b \leqslant c+d \tag{2-1-3}$$

将以上三式的任意两式相加，可得

$$a \leqslant b \tag{2-1-4}$$

$$a \leqslant c \tag{2-1-5}$$

$$a \leqslant d \tag{2-1-6}$$

由式(2-1-4)～式(2-1-6)可知，曲柄 AB 必为最短杆，BC、CD、AD 杆中必有一个最长杆。

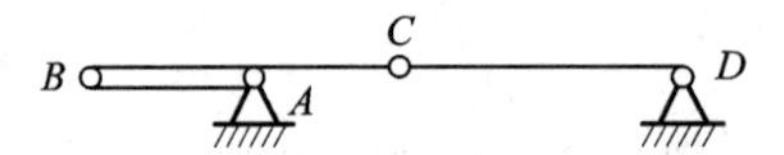

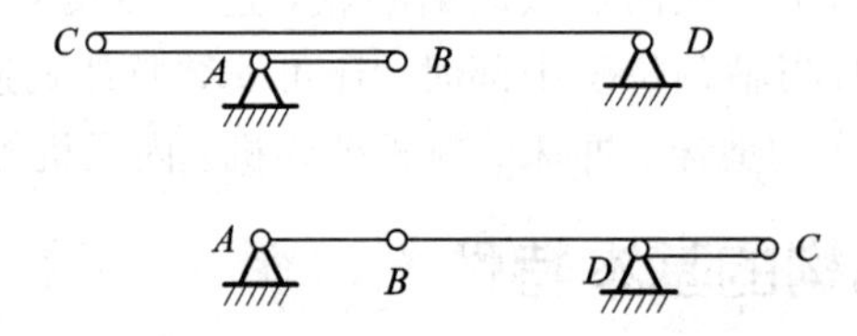

图 2-1-12　运动中可能出现的四杆机构共线情况

从以上分析可推出机构有曲柄存在的条件如下：

(1) 最长杆与最短杆的长度之和小于或等于其余两杆长度之和。

(2) 最短杆或其相邻杆应为机架。

根据有曲柄的条件可得以下推论：

(1) 当最长杆与最短杆长度之和小于或等于其余两杆长度之和时：① 最短杆为机架时得到双曲柄机构；② 最短杆的相邻杆为机架时得到曲柄摇杆机构；③ 最短杆的对面杆为机架时得到双摇杆机构。

(2) 当最长杆与最短杆的长度之和大于其余两杆长度之和时，只能得到双摇杆机构。

应指出的是：当铰链四杆机构中最短杆与最长杆长度之和大于其余两杆长度之和时，则不论哪一杆为机架，都不存在曲柄，而只能是双摇杆机构。但要注意，该双摇杆机构与前者的双摇杆机构有本质上的区别，前者双摇杆机构中的连杆能作整周转动，而后者双摇杆中的连杆只能作摆动。

判断铰链四杆机构有无曲柄存在的逻辑过程如图 2－1－13 所示。

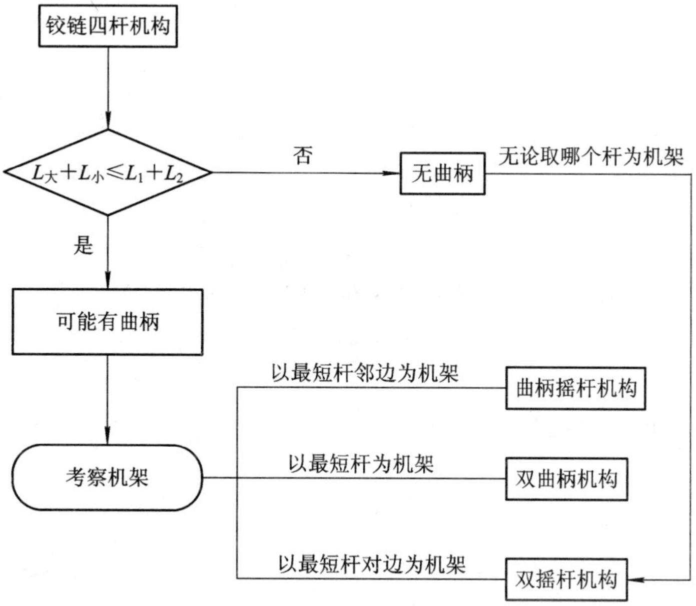

铰链四杆机构

$L_{大}+L_{小}\leqslant L_1+L_2$

否

无曲柄

无论取哪个杆为机架

是

可能有曲柄

考察机架

以最短杆邻边为机架　曲柄摇杆机构

以最短杆为机架　双曲柄机构

以最短杆对边为机架　双摇杆机构

注：$L_{大}$、$L_{小}$分别代表铰链四杆机构中尺寸最大和最小的杆件；
L_1、L_2分别代表其余两杆件的尺寸。

图 2－1－13　判断铰链四杆机构有无曲柄存在的逻辑过程

2. 压力角和传动角

在生产中，不仅要求平面连杆机构能实现预定的运动规律，而且希望运转轻便，效率高。图 2－1－14 所示的曲柄摇杆机构，如不计各杆质量和运动副中的摩擦，则连杆 BC 为二力杆，它作用于从动摇杆上的力 F 是沿 BC 方向的。作用在从动件上的驱动力 F 与该力作用点绝对速度 v_c 之间所夹的锐角 α 称为压力角。由图可见，力 F 在 v_c 方向的有效分力 $F_t=F\cos\alpha$，即压力角越小，有效分力就越大。也就是说，压力角可作为判断机构传动性能的指标。在连杆设计中，为了度量方便，习惯用压力角 α 的余角 γ（连杆和从动件摇杆之间所夹的锐角）来判断传力性能，γ 称为传动角。因 $\gamma=90°-\alpha$，所以 α 越小，γ 越大，机构传力性能越好，反之，α 越大，γ 越小，机构传力越费劲，传动效率越低。

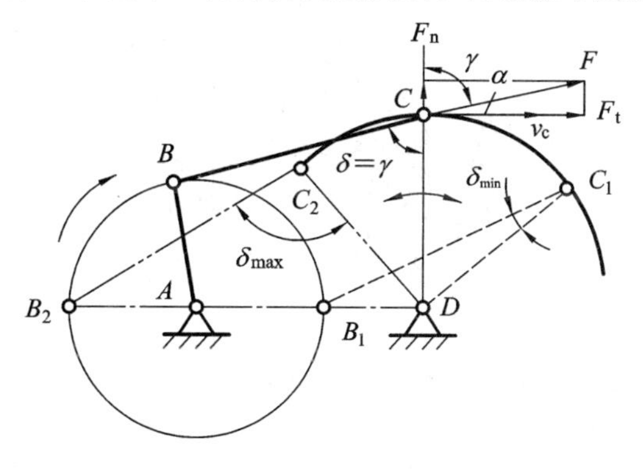

图 2－1－14　压力角和传动角

机构运转时，传动角是变化的，为了保证机构正常工作，必须规定最小传动角 γ_{min} 的下限。对于一般机械通常取 $\gamma_{min} \geqslant 40° \sim 50°$；对于颚式破碎机、冲床等大功率机械，最小传动角应当取大一些，可取 $\gamma_{min} \geqslant 50°$；对于小功率的控制机构和仪表，$\gamma_{min}$ 可略小于 40°。

铰链四杆机构运转时，其最小传动角出现的位置可由下述方法求得。如图 2-1-14 所示，当连杆与从动件的夹角 δ 为锐角时，则 $\gamma=\delta$；若 δ 为钝角，则 $\gamma=180°-\delta$。因此，这两种情况下分别出现 δ_{min} 和 δ_{max} 的位置即为可能出现 γ_{min} 的位置。由图可知，在△BCD 中，BC 和 CD 为定长，BD 随 δ 而变化，即 δ 变大，则 BD 变长；δ 变小，则 BD 变短。因此，当 $\delta=\delta_{max}$ 时，$BD=BD_{max}$；当 $\delta=\delta_{min}$ 时，$BD=BD_{min}$。对于图 2-1-14 所示的机构，$BD_{max}=AD+AB_2$，$BD_{min}=AD-AB_1$，即此机构在曲柄与机架共线的两个位置出现最小传动角。

对于曲柄滑块机构，当原动件为曲柄时，最小传动角出现在曲柄与机架垂直的位置，如图 2-1-15 所示。对于图 2-1-16 所示的导杆机构，由于在任何位置时主动曲柄通过滑块传给从动杆的力的方向，与从动杆上受力点的速度方向始终一致，所以传动角始终等于 90°。

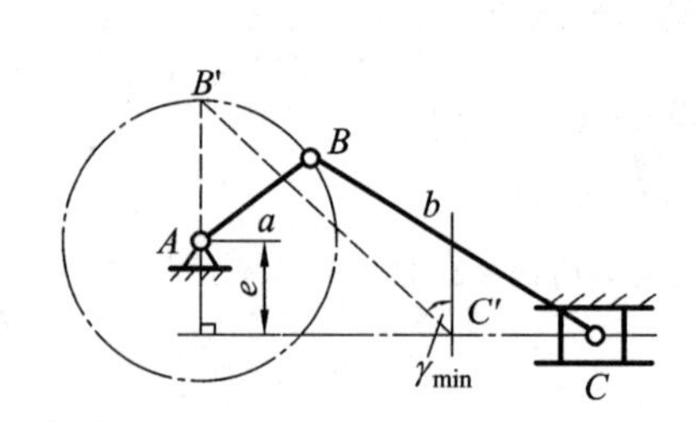

图 2-1-15 偏置曲柄滑块机构的最小传动角

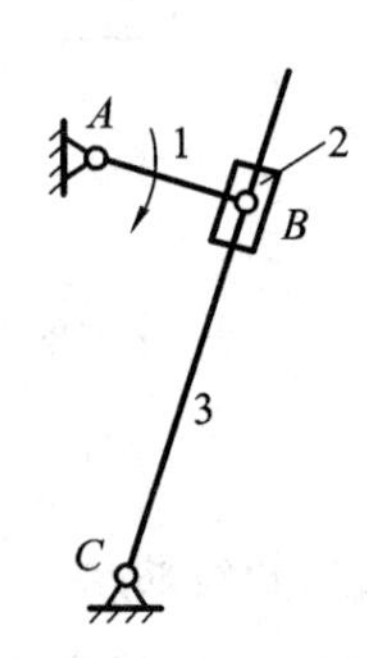

图 2-1-16 导杆机构

3. 急回运动

图 2-1-17 所示的曲柄摇杆机构，当曲柄 AB 为原动件并作等速回转时，摇杆 CD 为从动件并作往复摆动，曲柄 AB 在回转一周的过程中有两次与连杆 BC 共线。这时摇杆 CD 分别处在左右两个极限位置 C_1D、C_2D。在这两个极限位置时曲柄所在直线之间所夹的锐角 θ 称为极位夹角。

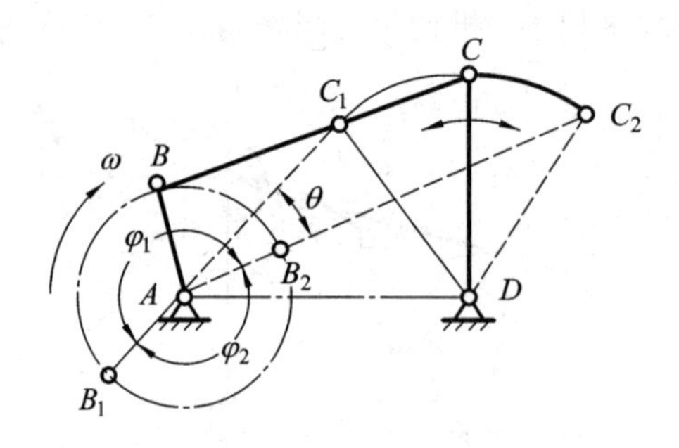

图 2-1-17 曲柄摇杆机构的极位夹角

曲柄顺时针从 AB_1 转到 AB_2，转过角度 $\varphi_1=180°+\theta$，摇杆从 C_1D 转到 C_2D，所需时间为 t_1，C 点的速度为 $v_1=\widehat{C_1C_2}/t_1$。曲柄继续顺时针从 AB_2 转到 AB_1，转过角度 $\varphi_2=180°-\theta$，摇

杆从 C_2D 转到 C_1D，所需时间为 t_2，C 点平均速度为 $v_2=\widehat{C_1C_2}/t_2$。由于 $\varphi_1>\varphi_2$，所以 $t_1>t_2$，$v_1<v_2$，说明当曲柄等速转动时，摇杆来回摆动的速度不等，返回时速度较大。机构的这种性质，称为机构的急回特性。牛头刨床、往复式输送机等机械就是利用这种急回特性来缩短非生产时间，提高生产率。

机构的急回特性通常用行程速度变化系数 K 来表示，即

$$K=\frac{v_2}{v_1}=\frac{\widehat{C_1C_2}/t_2}{\widehat{C_1C_2}/t_1}=\frac{t_1}{t_2}=\frac{\varphi_1}{\varphi_2}=\frac{180°+\theta}{180°-\theta} \tag{2-1-7}$$

$$\theta=180°\frac{K-1}{K+1} \tag{2-1-8}$$

上式表明：机构有无急回特性，取决于行程速度变化系数 K 或极位夹角 θ。

若 $\theta=0$，$K=1$，机构无急回特性；若 $\theta>0$，$K>1$，机构有急回特性，且 θ 越大，机构的急回特性越显著。设计新机械时，总是根据该机械的急回要求先给出 K 值然后由式(2-1-8)算出极位夹角 θ，再确定各构件的尺寸。

4. 死点位置

对于图 2-1-18 所示的曲柄摇杆机构，当摇杆 CD 为主动件时，在曲柄与连杆共线的位置，机构的传动角 $\gamma=0°$，这时主动件 CD 通过连杆作用于从动件 AB 上的力 F 恰好通过其回转中心，因此不论连杆 BC 对曲柄的作用力 F 有多大，都不能使 AB 杆转动，机构的这种位置称为死点。死点位置会使机构的从动件出现卡死或运动不确定的现象。为了消除死点位置的不良影响，可以对从动曲柄施加外力，或利用飞轮及构件自身的惯性作用，使机构顺利通过死点位置。

工程上有时也利用死点来实现一定的工作要求。如图 2-1-19 所示的飞机起落架，当机轮放下时 BC 杆与 CD 杆共线，机构处在死点位置，地面对机轮的力不会使 CD 杆转动，使降落可靠。

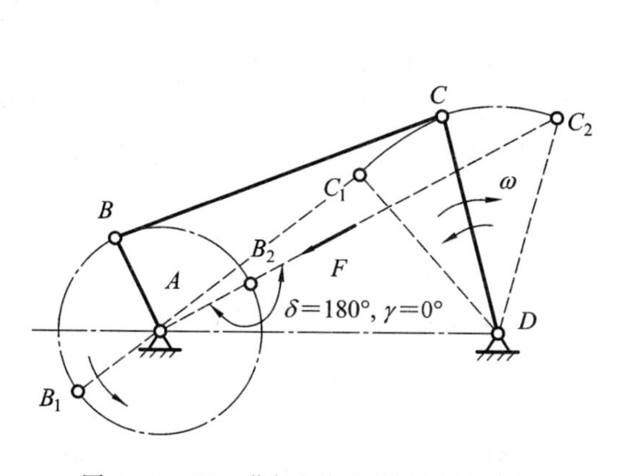

图 2-1-18　曲柄摇杆机构的死点位置

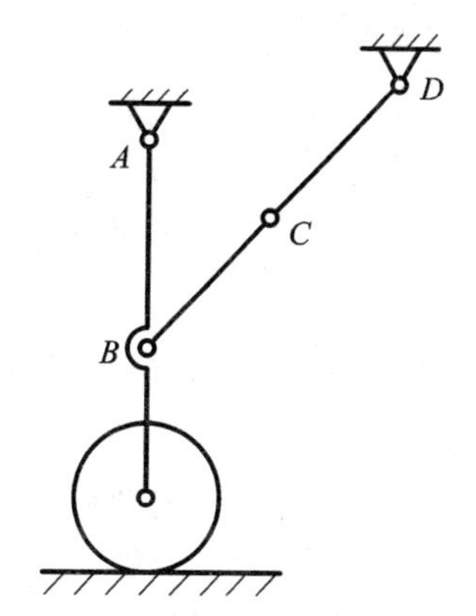

图 2-1-19　起落架机构

2.1.4　平面连杆机构的设计方法

平面四杆机构的设计是指根据已知条件来确定机构各构件的尺寸，一般可归纳为两类问题：

(1) 按照给定的运动规律设计四杆机构。例如要求满足给定的行程速度变化系数以实现预期的急回特性。

(2) 按照给定的运动轨迹设计四杆机构。例如要求连杆上某点能沿着给定轨迹运动等。

在进行四杆机构设计时，往往还需要满足一些附加的几何条件或动力条件。通常先按运动条件来设计四杆机构，然后再检验其他条件，如检验最小传动角、是否满足曲柄存在的条件及机构的运动空间尺寸等。

平面四杆机构的设计方法有图解法、解析法和实验法三种。图解法直观、清晰，一般比较简单易行，但其精度稍差；实验法也有类似之处，而且工作也比较繁琐；解析法精确度较好，但计算求解较复杂。下面主要介绍用图解法设计四杆机构。

1. 按给定连杆位置设计四杆机构

如图 2-1-20 所示，已知连杆长度 BC 以及它所处的三个位置 B_1C_1、B_2C_2、B_3C_3，要求设计该铰链四杆机构。

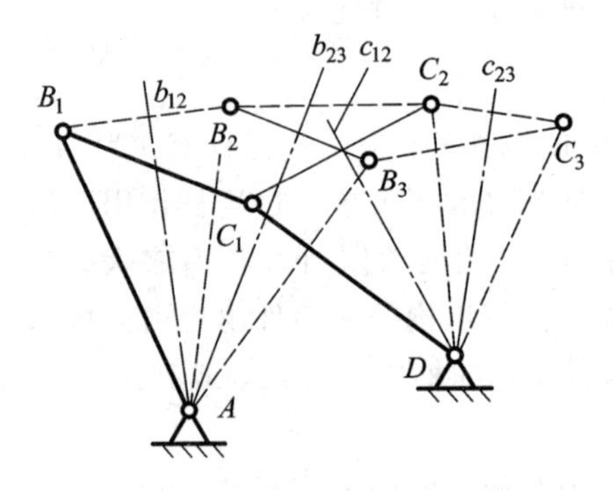

图 2-1-20 按给定连杆位置设计四杆机构

由于连杆上铰链点 $B(C)$是在以 $A(D)$为圆心的圆弧上运动的，已知 $B_1(C_1)$、$B_2(C_2)$、$B_3(C_3)$的位置，就可以求出圆心 $A(D)$。分别作 B_1、B_2 和 B_2、B_3连线的垂直平分线 b_{12}、b_{23}，其交点就是固定铰链中心 A；同理作 C_1、C_2 和 C_2、C_3连线的垂直平分线 c_{12}、c_{23}，其交点就是固定铰链中心 D。连接 A、B_1、C_1、D 就是所求的铰链四杆机构。

由求解过程可知，给定 BC 的三个位置只有一个解，如给定两个位置，则 A、D 两点可分别在 b_{12}、c_{12}上任取，因此有无穷多解，在设计时可按实际情况给定辅助条件，即可得一个确定解。

2. 按给定两连架杆的对应位置设计四杆机构

设已知机架 AD 的长度、连架杆 AB 的长度及连架杆 AB、CD 的两组对应位置 α_1、φ_1 和 α_2、φ_2，试设计该铰链四杆机构。

此问题的关键是求铰链 C 的位置。如图 2-1-21 所示，采用刚化反转法将 AB_2C_2D 刚化后绕 D 点反转($\varphi_1-\varphi_2$)角，C_2D 和 C_1D 重合，AB_2 转到 $A'B'_2$ 的位置。此时可以将此机构看成是以 CD 为机架、以 AB 为连杆的四杆机构，问题转化为按连杆的位置设计四杆机构。

现举例加以说明。如图 2-1-22(a)所示，已知四杆机构一连架杆 AB 和机架 AD 的长度，连架杆 AB 和另一连架杆上标线 ED 的三组对应位置 φ_1、ψ_1、φ_2、ψ_2 及 φ_3、ψ_3，要求设计该铰链四杆机构。

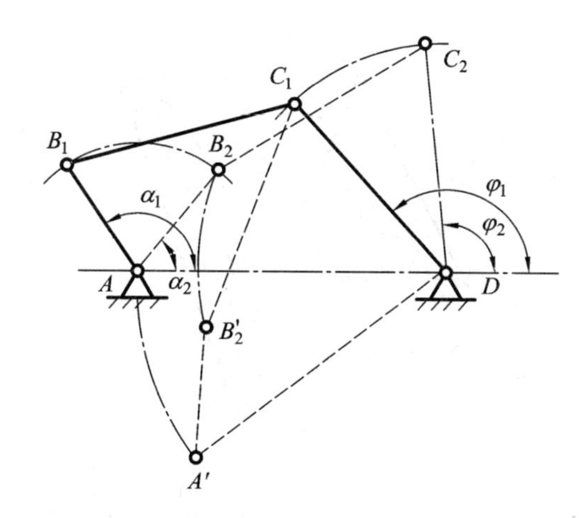

图 2-1-21　按给定两连架杆的对应位置设计四杆机构

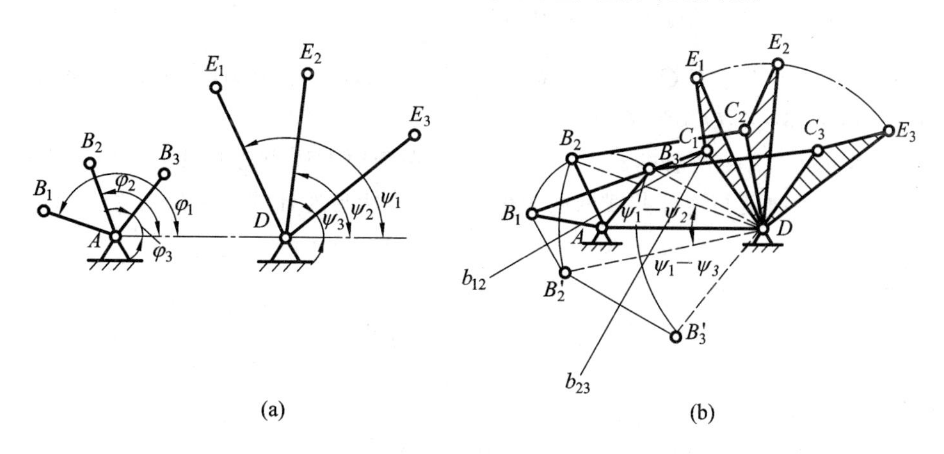

图 2-1-22　按给定两连架杆的三组对应位置设计四杆机构

设计步骤如下：

(1) 选取适当的比例尺 μ_l，按给定条件画出两连架杆对应位置，并连接 DB_2 和 DB_3，如图 2-1-22(b)所示。

(2) 用反转法将 DB_2 和 DB_3 分别绕 D 点反转$(\psi_1-\psi_2)$、$(\psi_1-\psi_3)$，得 B_2' 和 B_3'。

(3) 作 B_1B_2' 和 $B_2'B_3'$ 的垂直平分线 b_{12} 和 b_{23} 交于 C_1 点，连接 A、B_1、C_1、D 即为要求的该铰链四杆机构。

(4) 杆 BC 和杆 CD 的长度 l_{BC}、l_{CD} 为

$$l_{BC}=\mu_l \cdot B_1C_1 \qquad l_{CD}=\mu_l \cdot C_1D$$

3. 按给定行程速度变化系数 K 设计四杆机构

1) 曲柄摇杆机构

设已知摇杆 CD 的长度 c、摆角 ψ 和行程速度变化系数 K，试设计该曲柄摇杆机构。

设计的关键是确定固定铰链 A 的位置。设计步骤如下：

(1) 选取适当的比例尺 μ_l，按 c 和 ψ 作出摇杆的两个极限位置 C_1D 和 C_2D，如图 2-1-23 所示。

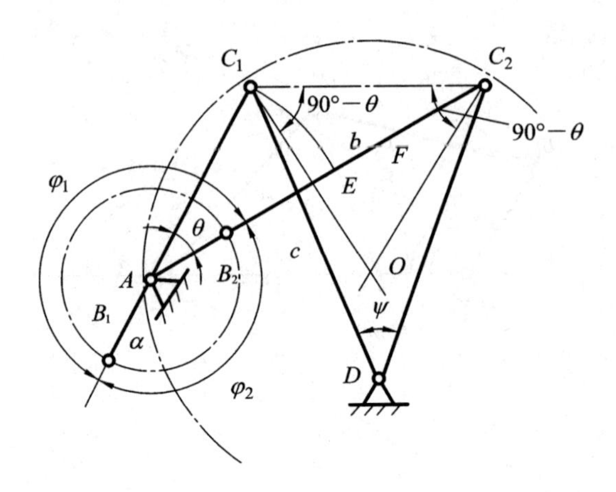

图 2-1-23　按给定行程速度变化系数设计曲柄摇杆机构

(2) 按式 $\theta=180°\dfrac{K-1}{K+1}$算出极位夹角 θ。

(3) 连接 C_1C_2，作$\angle C_1C_2O=\angle C_2C_1O=\angle 90°-\theta$，以 O 为圆心、OC_1 为半径作圆 η，C_1C_2 所对的圆心角$\angle C_1OC_2=2\theta$。

(4) 在圆 η 上，C_1C_2所对的圆周角为 θ，因此在圆周上适当选取 A 点，使$\angle C_1AC_2=\theta$，则 AC_1、AC_2 即为曲柄与连杆共线的两个位置。设曲柄与连杆的长度分别为 a 和 b，则

$$\mu_l\cdot AC_1=b-a,\quad \mu_l\cdot AC_2=a+b$$

于是曲柄的长度为

$$a=\frac{\mu_l(AC_2-AC_1)}{2}$$

连杆的长度为

$$b=\frac{\mu_l(AC_2+AC_1)}{2}$$

2) 曲柄滑块机构

已知曲柄滑块机构的行程速度变化系数 K、行程 H 和偏心距 e，试设计该曲柄滑块机构(如图 2-1-24 所示)。

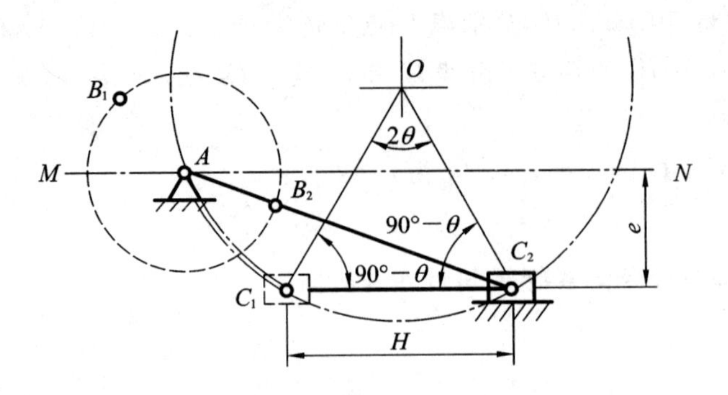

图 2-1-24　偏置曲柄滑块机构的设计

作图步骤如下：

(1) 按给定行程速度变化系数 K，求出极位夹角 θ，即

$$\theta=180°\frac{K-1}{K+1}$$

(2) 按给定的行程 H，画出滑块的两个极限位置 C_1 和 C_2。

(3) 以 C_1C_2 为底作等腰三角形$\triangle C_1OC_2$，使$\angle C_1C_2O=\angle C_2C_1O=\angle 90°-\theta$，$\angle C_1OC_2=2\theta$。以 O 为圆心、OC_1 为半径作圆。

(4) 作与 C_1C_2 相距为 e 的平行线 MN，此线与圆交于 A 点，A 点即为曲柄与机架的固定铰链中心。

(5) 作直线 AC_1 和 AC_2 得到曲柄与连杆的两个共线位置，由 $AC_1=B_1C_1-AB_1$、$AC_2=B_2C_2+AB_2$ 可得曲柄 AB 及连杆 BC 的长度。

3) 导杆机构

已知摆动导杆机构的机架长度 d 和行程速度变化系数 K，试设计该机构。

取比例尺 μ_l，作 $AD=d/\mu_l$。由 K 算出 θ，由图 2-1-25 可知，极位夹角 θ 等于导杆的摆角 ψ，因此作$\angle ADB_1=\angle ADB_2=\theta/2$，作 AB_1(或 AB_2)垂直于 B_1D(或 B_2D)，则 AB 就是曲柄，其长度 $a=\mu_l \cdot AB_1$。

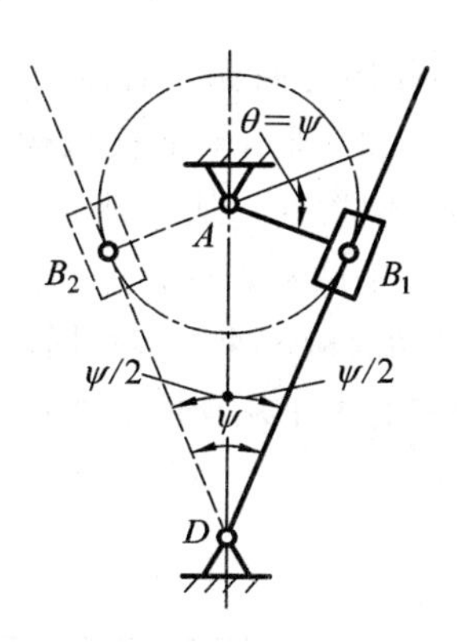

图 2-1-25　按给定行程速度变化系数设计导杆机构

探索与实践

内燃机曲柄滑块机构的设计过程和结果如下：

(1) 按给定行程速度变化系数 K，按照式(2-1-8)求出极位夹角 θ，即

$$\theta=\frac{180°(K-1)}{K+1}=\frac{180°(1.4-1)}{1.4+1}=30°$$

(2) 选取长度尺寸比例 $\mu_l=1:1$，计算已知滑块行程的图上距离 $H=200$ mm，画出滑块的两个极限位置 C_1 和 C_2。

(3) 以 C_1C_2 为底作等腰三角形$\triangle C_1OC_2$，使$\angle C_1C_2O=\angle C_2C_1O=\angle 90°-\theta$，$\angle C_1OC_2=2\theta=60°$。以 O 为圆心、OC_1 为半径作圆。

(4) 作与 C_1C_2 相距为 e 的平行线 MN，此线与圆交于 A 点，A 点即为曲柄与机架的固定铰链中心。

(5) 作直线 AC_1 和 AC_2 得到曲柄与连杆的两个共线位置，由 $AC_1=B_1C_1-AB_1$、$AC_2=B_2C_2+AB_2$ 可得曲柄 AB 及连杆 BC 的长度，如图 2-1-26 所示。

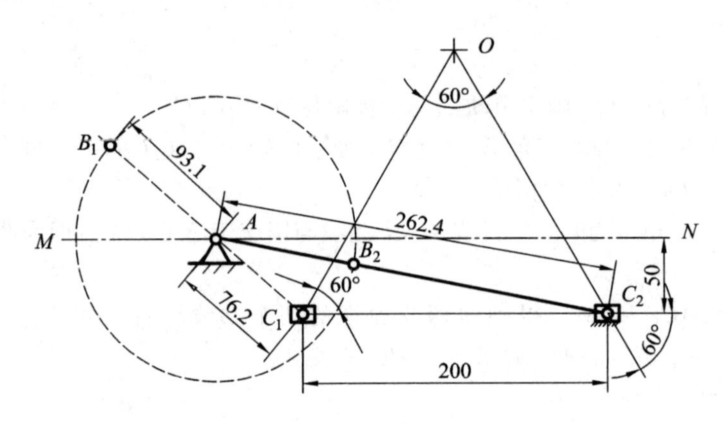

图 2-1-26　内燃机曲柄滑块机构的设计

拓展知识——双曲柄机构和双摇杆机构

1. 双曲柄机构

在铰链四杆机构中，若两连架杆均为曲柄，则称为双曲柄机构。在双曲柄机构中，两个曲柄可以分别为主动件。图 2-1-27 所示双曲柄机构，若取曲柄 AB 为主动件，当主动曲柄从 AB 顺时针回转 180°到 AB_1 位置时，从动曲柄 CD 顺时针回转到 C_1D，转过角度 φ_1；主动曲柄 AB 继续回转 180°，从动曲柄 CD 转过角度 φ_2。显然 $\varphi_1>\varphi_2$，$\varphi_1+\varphi_2=360°$。所以双曲柄机构的运动特点是：主动曲柄匀速回转一周，从动曲柄随之变速回转一周，即从动曲柄每回转的一周中，其角速度有时大于从动曲柄的角速度，有时小于从动曲柄的角速度。

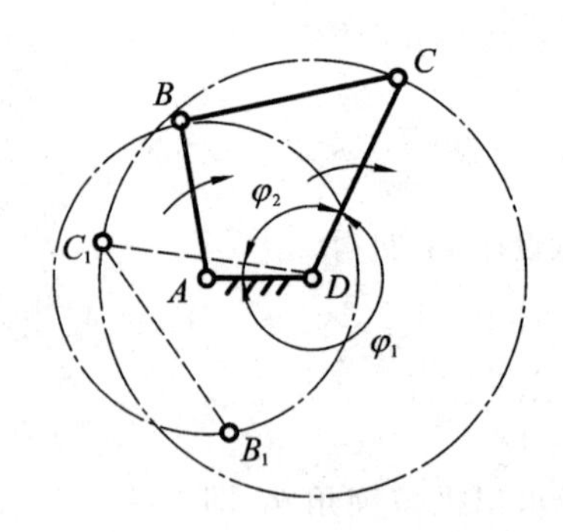

图 2-1-27　双曲柄机构

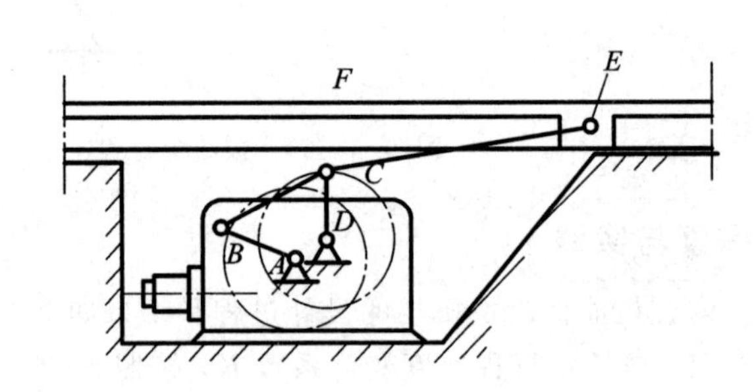

图 2-1-28　惯性筛

图 2-1-28 所示的惯性筛，$ABCD$ 就是双曲柄机构，这是双曲柄机构的应用实例。惯性筛机构中，主动曲柄 AB 与从动曲柄的长度不等，当主动曲柄等速回转一周时，从动曲柄 CD 变速回转一周，该机构具有急回特性，使筛子 EF 获得了加速度，从而将被筛选的材料分离。

双曲柄机构中，用得最多的是平行双曲柄机构。在平行双曲柄机构中，主动曲柄与从动曲柄的旋转方向一致，旋转的角速度也相同。图 2-1-29 所示的机车车辆机构就是平行四边形机构(平行双曲柄机构)，它使各车轮与主动轮具有相同的速度，当曲柄、机架与连杆共线时，会出现运动不确定的情况。其内含有一个虚约束，以防止在曲柄与机架共线时运动不确定。

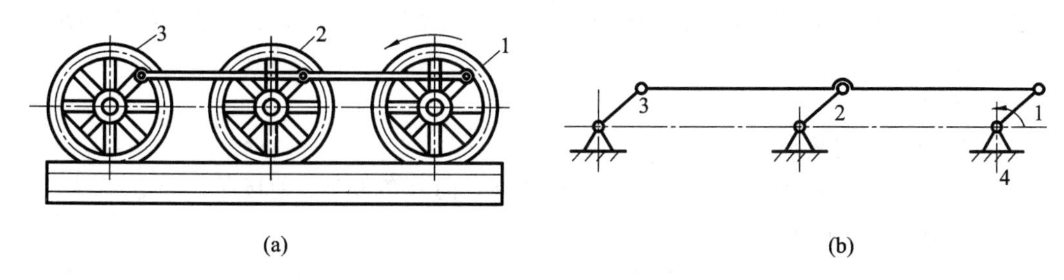

图 2-1-29　机车车辆机构

2. 双摇杆机构

在铰链四杆机构中，若连架杆均为摇杆则称为双摇杆机构，如图 2-1-30 所示。

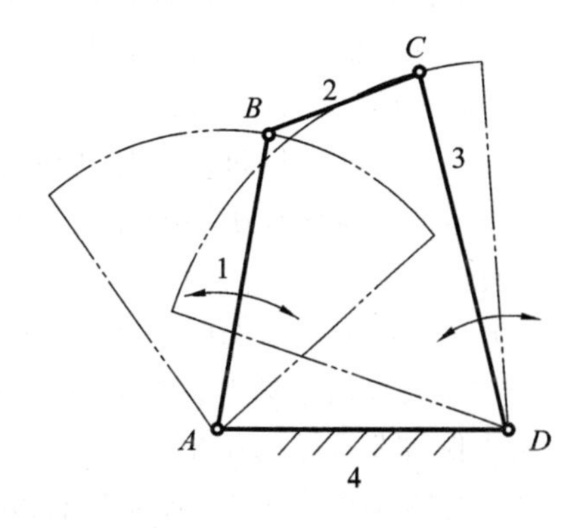

图 2-1-30　双摇杆机构

在双摇杆机构中，两摇杆可以分别为主动件，当连杆与摇杆共线时(图 2-1-30 中 AB 与 BC、DC 与 BC)，机构处于死点位置。双摇杆机构有两个死点位置。

图 2-1-31 所示为利用双摇杆机构的鹤式起重机，当 CD 杆摆动时，连杆 BC 上悬挂重物的点 M 在近似水平直线上移动。图 2-1-32 所示的摇头机构也是双摇杆机构的应用，电动机安装在摇杆 4 上，铰链 A 处装有一个与连杆 1 固接在一起的蜗轮。电动机转动时，电动机轴上的蜗杆带动蜗轮迫使连杆 1 绕 A 点作整周转动，从而使连杆 2 和 4 作往复摆动，达到风扇摇头的目的。

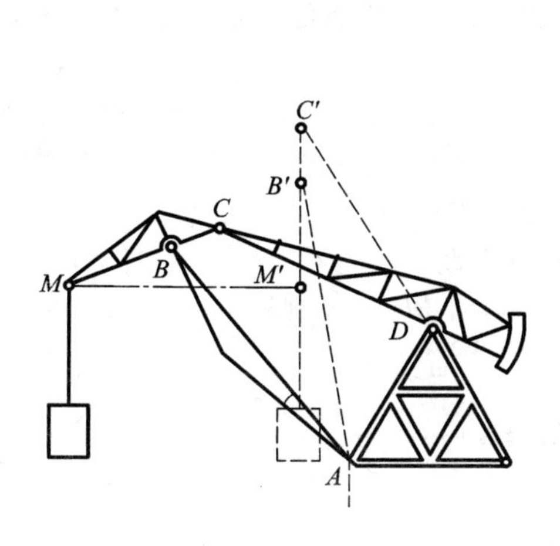

图 2-1-31　鹤式起重机

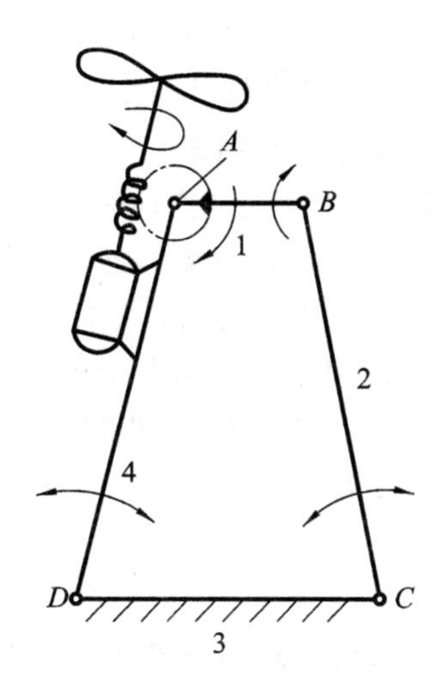

图 2-1-32　摇头机构

技能训练——平面四杆机构的组装与特性观察

目的要求：

(1) 验证铰链四杆机构存在整转副和曲柄的条件、急回特性、压力角和传动角、止点位置等运动特性。

(2) 认识平面机构组装中构件间的运动干涉问题及解决办法，培养学生的空间想象力和动手能力。

设备和工具：

(1) 机构运动实验台及零件柜。

(2) 工具：一字螺丝刀、十字螺丝刀、呆扳手、内六角扳手、钢板尺、卷尺。

(3) 自备铅笔、稿纸、三角板、圆规等文具。

训练内容：

(1) 验证铰链四杆机构存在整转副的条件。

(2) 验证铰链四杆机构存在曲柄的条件。

(3) 验证曲柄摇杆机构的急回特性。

(4) 验证曲柄摇杆机构的传动角对传力性能的影响。

(5) 验证曲柄摇杆机构的死点位置。

训练步骤：

(1) 从零件柜中任选四个杆，使最短杆和最长杆之和小于其余两杆长度之和，用销和螺钉将其连成封闭运动链。轮流选择四个构件为机架，观察其周转副及曲柄的存在情况，并按实验报告要求填写结果。

(2) 更换或调整杆长，使最短杆和最长杆之和等于其余两杆长度之和，重复以上过程。

(3) 更换或调整杆长，使最短杆和最长杆之和大于其余两杆长度之和，重复以上过程。

(4) 选择四个杆，在实验台上组成一个曲柄摇杆机构。

① 在曲柄转轴上安装一皮带轮，用于连续转动曲柄，观察摇杆运动的极限位置、急回特性、最小传动角位置，感受用力大小及运动的灵活性。

② 在保持曲柄摇杆机构不变的前提下，调整机架或其他杆的长度，直至曲柄转动非常灵活为止，观察体会构件长度对摇杆摆角、急回程度、最小传动角及传力性能的影响，并按实验报告要求填写结果。

③ 当摇杆主动往复摆动时，在摇杆上装一手柄，用手连续摆动摇杆，观察曲柄运动的卡死和不确定(反转)现象。之后，在曲柄轴上安装一飞轮，重复以上操作，观察其能否克服死点和运动不确定现象，并按实验报告要求填写结果。

④ 通过皮带传动，用电动机驱动曲柄摇杆机构转动。

(5) 拆卸机构，用棉纱和润滑油擦拭实验台和构件，清点、整理构件及工具，将零件柜复原，待指导老师检查后方可离开。

归纳总结

1. 四杆机构的组成：机架、连架杆、连杆。

2. 四杆机构的类型特点及应用。

(1) 曲柄摇杆机构：曲柄等速转动，摇杆往复摆动；牛头刨床横向自动进给机构，雷达天线俯仰角的调整机构。

(2) 双曲柄机构：两连架杆均为曲柄；惯性筛。

(3) 双摇杆机构：两连架杆均为摇杆；鹤式起重机，风扇摇头机构。

3. 曲柄存在的条件：

(1) 最长杆与最短杆的长度之和小于或等于其余两杆长度之和。

(2) 最短杆或其相邻杆应为机架。

根据有曲柄的条件可得以下推论：

(1) 杆与最短杆长度之和小于或等于其余两杆长度之和时：①最短杆为机架时得到双曲柄机构；②最短杆的相邻杆为机架时得到曲柄摇杆机构；③最短杆的对面杆为机架时得到双摇杆机构。

(2) 当最长杆与最短杆的长度之和大于其余两杆长度之和时，只能得到双摇杆机构。

4. 曲柄摇杆机构的特性。

(1) 急回运动。机构的急回特性通常用行程速度变化系数 K 来表示，即

$$K=\frac{\text{从动件回程平均速度}}{\text{从动件工作平均速度}}=\frac{\widehat{C_1C_2}/t_2}{\widehat{C_1C_2}/t_1}=\frac{t_1}{t_2}=\frac{\varphi_1}{\varphi_2}=\frac{180^\circ+\theta}{180^\circ-\theta}$$

(2) 死点位置。摇杆为主动件时，死点在曲柄与连杆共线的位置。为了消除死点位置的不良影响，可以对从动曲柄施加外力，或利用飞轮及构件自身的惯性作用，使机构顺利地通过死点位置。

(3) 压力角和传动角。传动角 γ 和压力角 α 之间的关系为：$\gamma=90^\circ-\alpha$。在曲柄与机架共线的两个位置出现最小传动角。

5. 四杆机构的演化。

四杆机构的演化过程为：曲柄滑块机构→导杆机构→摇块机构→定块机构→偏心轮机构(曲柄很短时，做成偏心轮)。

6. 平面四杆机构的设计。

不同的设计任务和设计要求，应采用不同的设计方法。图解法是常用的一种简便直观、易于理解的设计方法，常用于解决给定机构中某构件位置的设计任务。

思考与练习

思考题：

1. 铰链四杆机构曲柄存在的条件是什么？

2. 根据图 2-1-33 中所注尺寸判断下列铰链四杆机构是曲柄摇杆机构、双曲柄机构还是双摇杆机构，并说明为什么。

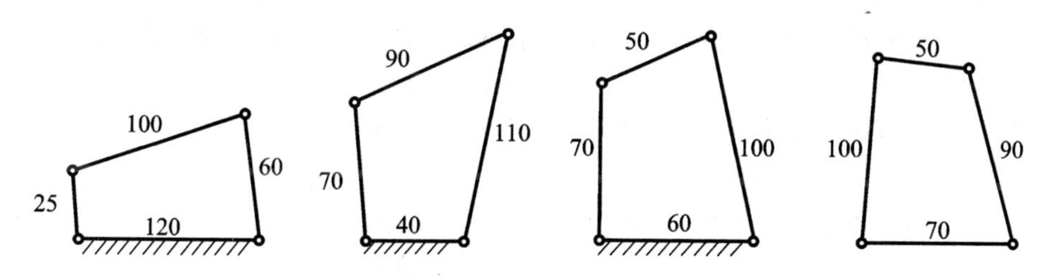

图 2-1-33　思考题 2 图

3. 什么是铰链四杆机构？铰链四杆机构有哪些类型？

4. 何为机构的压力角和传动角？其大小说明了什么问题？

5. 何为平面四杆机构的死点位置？如何克服机构的死点位置？

练习题：

一、判断题

1. 在铰链四杆机构中，当最短杆与最长杆长度之和大于其余两杆长度之和时，为双曲柄机构。　　(　　)

2. 曲柄摇杆机构的摇杆两极限位置间的夹角称为极位夹角。　　(　　)

3. 在平面连杆机构的“死点”位置，从动件运动方向不能确定。　　(　　)

4. 摆动导杆机构若以曲柄为主动件，导杆一定具有急回特性。　　(　　)

5. 铰链四杆机构中的曲柄一定是最短杆。　　(　　)

6. 曲柄极位夹角 θ 越大，行程速度变化系数 K 也越大，机构的急回特性越显著。　　(　　)

7. 在实际生产中，机构的死点位置对工作都是不利的。　　(　　)

8. 四杆机构的死点位置与哪个构件为原动件无关。　　(　　)

二、填空题

1. 曲柄摇杆机构中，______两个极限位置所夹的锐角称为极位夹角。

2. 平面连杆机构的行程速度变化系数 K ______或曲柄的极位夹角 θ ______时，机构有急回特性。

3. 在铰链四杆机构中，不与机架相连的杆称为______，与机架相连的杆称为______。

4. 生产中常常利用急回特性来缩短______，从而提高工作效率。

5. 当曲柄摇杆机构的______为主动件时，机构有死点位置。

6. 在铰链四杆机构中，能作整周圆周运动的连架杆称为______，能绕机架作往复摆动的连架杆称为______。

7. 铰链四杆机构的三种基本形式是______机构、______机构和______机构。

8. 平面连杆机构的急回特性系数 $K=$______。

9. 四杆机构中若对杆两两平行且相等，则构成______机构。

三、选择题

1. 铰链四杆机构中，若最长杆与最短杆之和大于其他两杆之和，则机构有______。

A. 一个曲柄　　B. 两个曲柄　　C. 两个摇杆

2. 家用缝纫机踏板机构属于______。

A. 曲柄摇杆机构　　B. 双曲柄机构　　C. 双摇杆机构

3. 机械工程中常利用______的惯性储能来越过平面连杆机构的“死点”位置。

A. 主动构件　　B. 从动构件　　C. 连接构件

4. 对心曲柄滑块机构曲柄 r 与滑块行程 H 的关系是______。

A. $H=r$　　B. $H=2r$　　C. $H=3r$

5. 内燃机中的曲柄滑块机构工作时是以______为主动件。

A. 曲柄　　B. 连杆　　C. 滑块

6. 下列机构中适当选择主动件时，______必须具有急回运动特性，______必须出现“死点”位置。

A. 曲柄摇杆机构　　B. 双摇杆机构　　C. 不等长双曲柄机构

D. 平行双曲柄机构　　E. 对心曲柄滑块机构　　F. 摆动导杆机构

7. 摆动导杆机构的牛头刨床具有急回运动特性。已知该机构在工作行程中需要 3 s，空回行程需要 2 s，则该机构的极位夹角值为______。

A. 36°　　B. 30°　　C. 20°　　D. 26°

8. 曲柄滑块机构由______机构演化而成。

A. 曲柄摇杆　　B. 双曲柄　　C. 导杆机构　　D. 摇块机构

9. 在曲柄摇杆机构中，只有当______为主动件时，才会出现死点位置。

A. 摇杆　　B. 连杆　　C. 机架　　D. 曲柄

10. 四杆机构处于死点时，其传动角 γ 为______。

A. 0°　　B. 90°　　C. 0°～90°

11. 单缸内燃机属于______机构。

A. 曲柄摇杆　　B. 摇块　　C. 导杆　　D. 曲柄滑块

12. 曲柄摇杆机构中，若曲柄为原动件时，其最小传动角在______位置之一。

A. 曲柄与连杆的两个共线　　B. 摇杆的两个极限

C. 曲柄与机架的两个共线

13. 下列平面连杆机构中，可能具有急回特性的是______。

A. 对心曲柄滑块机构　　B. 双摇杆机构

C. 平行双曲柄机构　　D. 曲柄摇杆机构

14. 一机构四个杆的长度分别为 40、60、90、55，且长度为 40 的杆为机架，则该机构为______机构。

A. 曲柄摇杆　　B. 双曲柄　　C. 双摇杆

四、分析计算题

1. 图示 2-1-34 为一铰链四杆机构，已知各杆长度：$l_{AB}=10$ cm，$l_{BC}=25$ cm，$l_{CD}=20$ cm，$l_{AD}=30$ cm。当分别固定构件 1、2、3、4 机架时，它们各属于哪一类机构？

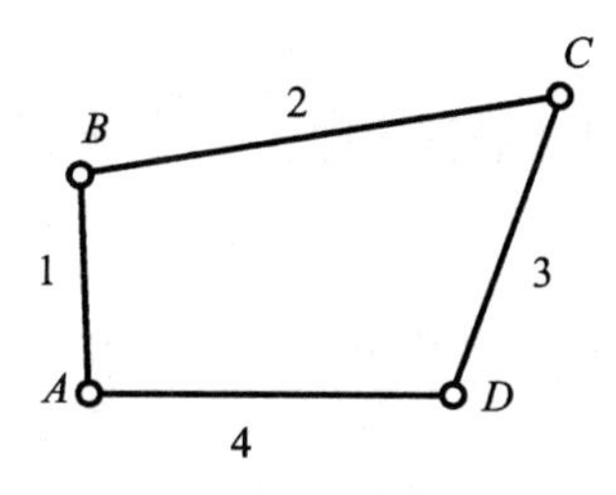

图 2-1-34　分析计算题 1 图

2. 一曲柄摇杆机构如图 2-1-35 所示，已知 $l_{AB}=15$ cm，$l_{BC}=l_{CD}=35$ cm，$l_{AD}=40$ cm。试求出机构中摇杆 CD 的最大摆角及极位夹角 θ 的值。

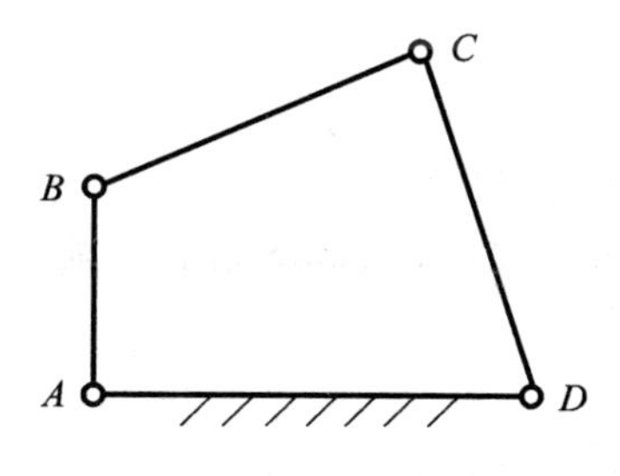

图 2-1-35　分析计算题 2 图

3. 图 2-1-36 所示为一偏置式曲柄滑块机构，已知 $l_{AB}=18$ cm，$l_{BC}=55$ cm，偏距 $e=10$ mm。试求该机构的行程速比系数 K 值。

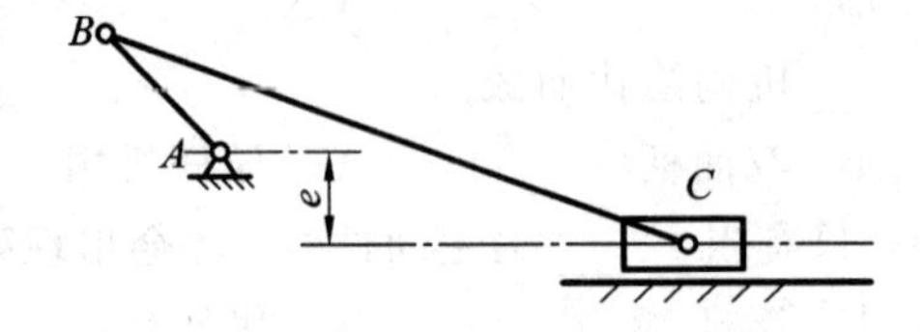

图 2-1-36　分析计算题 3 图

4. 设计一铰链四杆机构，已知其摇杆 DC 的行程速比系数 $K=1.2$，摇杆长度 $l_{DC}=150$ mm，摇杆的两个极限位置与机架所成的夹角 $\psi'=30°$，$\psi''=90°$。求曲柄长度 l_{AB} 及连杆长度 l_{BC}。机架水平放置。

5. 在图 2-1-37 所示的铰链四杆机构中，已知 $l_{BC}=50$ cm，$l_{CD}=35$ cm，$l_{AD}=30$ cm，AD 为机架。

(1) 若此机构为曲摇杆机构，且 AB 为曲柄，求 l_{AB} 的最大值；

(2) 若此机构为双曲柄机构，求 l_{AB} 的最大值；

(3) 若此机构为双摇杆机构，求 l_{AB} 的数值。

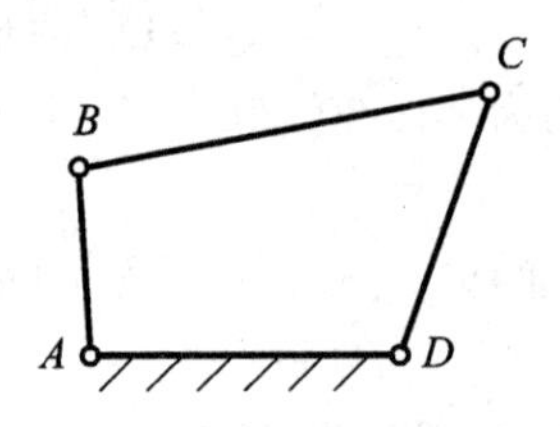

图 2-1-37　分析计算题 5 图

模块二　设计汽车内燃机配气机构中的盘形凸轮机构

知识要求：1. 掌握凸轮机构的基本组成、类型及应用；

2. 掌握凸轮机构的工作过程；

3. 掌握凸轮机构常用的运动规律和选择；

4. 设计内燃机配气机构用凸轮机构。

技能要求：认识凸轮机构，学会凸轮机构轮廓的设计方法。

任务情境

图 2-2-1 所示是内燃机的配气机构，配气机构的功用是根据发动机的工作顺序和工作过程定时开启和关闭进气门和排气门，使可燃混合气或空气进入汽缸，并使废气从汽缸内排出，实现换气过程。

配气机构可从不同角度来分类：按气门的布置分为气门顶置式和气门侧置式；按凸轮轴的布置位置分为下置式、中置式和上置式(如图 2-2-2 所示)；按曲轴和凸轮轴的传动

图 2-2-1　内燃机的配气机构

方式分为齿轮传动式、链条传动式和齿带传动式；按每汽缸气门数目分，有二气门式和四气门式等。目前大部分内燃机采用凸轮轴下置式和气门顶置式结构。

配气机构主要由气门传动组和气门组组成，如图 2-2-3 所示。气门依靠气门弹簧作用力落座，与气门座紧密座合，保证了汽缸的密封性能；曲轴通过皮带、链条或齿轮驱动凸轮轴旋转，由凸轮轴凸起通过挺杆、摇臂等驱动气门打开(凸轮轴也可直接驱动气门打开)，所以，气门的打开和关闭特性取决于凸轮轴的设计。

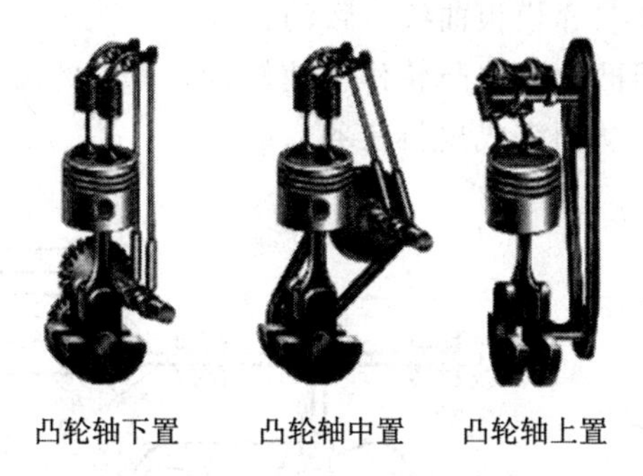

图 2-2-2　配气机构凸轮轴的布置方式

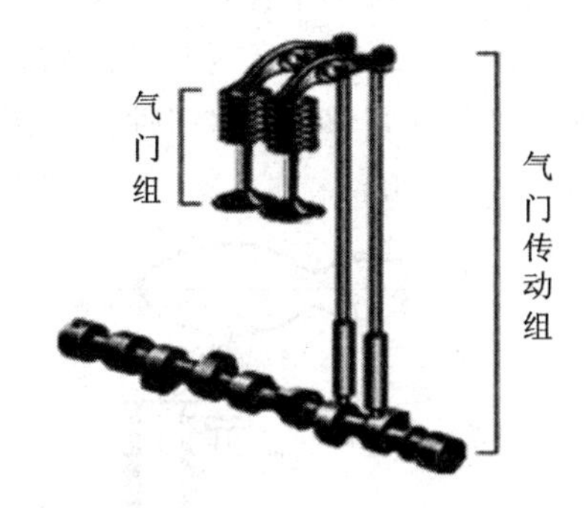

图 2-2-3　配气机构的组成

任务提出与任务分析

1. 任务提出

用作图法设计汽车内燃机配气机构对心直动盘形凸轮轮廓曲线。已知凸轮的基圆半径 $r_0=13$ mm，推程 $h=8$ mm，推程角为 60°，近休止角为 220°，远休止角为 20°，回程角为 60°，凸轮顺时针匀速转动，从动件推程和回程中按等加速等减速规律运动。

2. 任务分析

内燃机配气机构中运用到了凸轮机构，凸轮机构由哪些部件组成？它是如何工作的？其分类及应用又是怎样的？设计该凸轮机构中的轮廓曲线，需要了解图解法的设计原理、凸轮机构的工作过程、从动件的运动规律及机构实现预期工作要求的参数。

相关知识

2.2.1 凸轮机构的应用、类型及特点

1. 凸轮机构的基本组成

凸轮是一种具有曲线轮廓或凹槽的构件，它通过与从动件的高副接触，在运动时可以使从动件获得连续或不连续的任意预期运动规律。凸轮机构是机械中的一种常用机构，在自动化和半自动化机械中应用非常广泛。

凸轮机构一般是由凸轮 1、从动件 2 和机架 3 三个基本构件组成的高副机构。在凸轮机构中，凸轮通常作为主动件作等速连续运动，借助其轮廓曲线(或凹槽)使从动件作相应的运动(移动或摆动)，如图 2-2-4 所示。

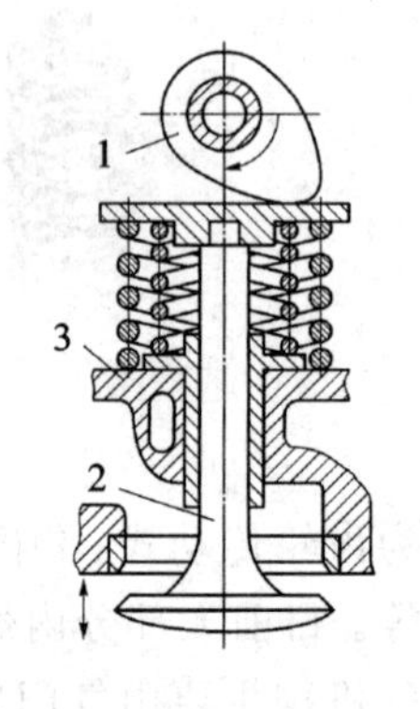

图 2-2-4 内燃机的凸轮机构

2. 凸轮机构的应用

如图 2-2-5 所示的靠模切削机构，工件 1 回转，凸轮 3 作为靠模被固定在床身上，刀架 2 在弹簧的作用下与凸轮轮廓紧密接触。当拖板 4 纵向移动时，刀架 2 在靠模板(凸轮)曲线轮廓的推动下作横向移动，从而切削出与靠模板曲线一致的工件。

图 2-2-6 所示为自动送料机构，带凹槽的圆柱凸轮作等速转动，槽中的滚子带动从动件 2 作往复移动，将工件推至指定的位置从而完成送料任务。

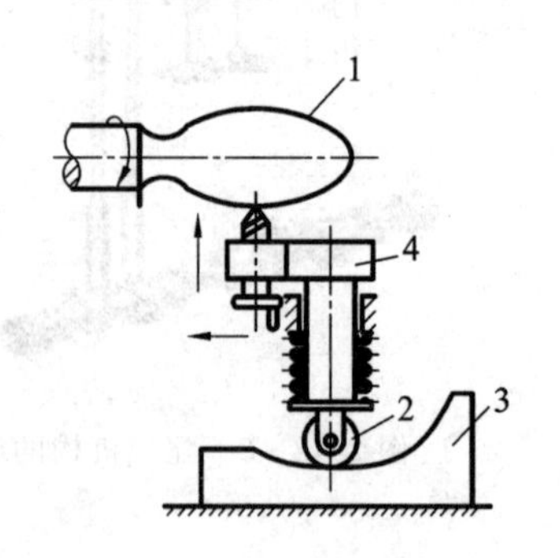

图 2-2-5 靠模切削机构

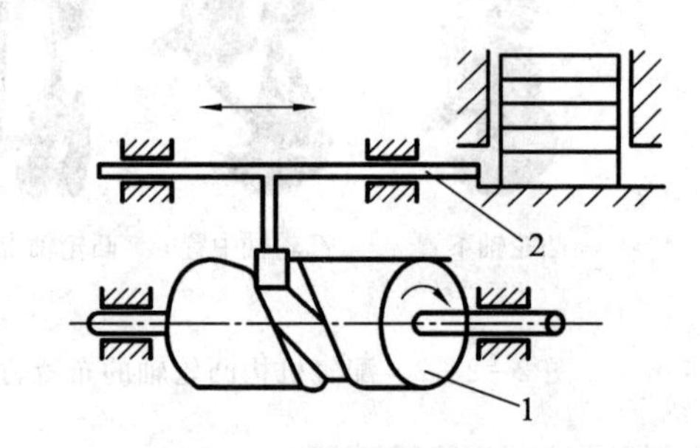

图 2-2-6 自动送料机构

3. 凸轮机构的分类

凸轮机构的种类很多，主要从以下几个角度进行分类。

1) 按凸轮的形状分类

(1) 盘形凸轮(见图 2-2-7(a))。它是凸轮中最基本的形式。凸轮是绕固定轴转动且向径变化的盘形零件，凸轮与从动件互作平面运动，是平面凸轮机构。

(2) 移动凸轮(见图 2-2-7(b))。它可看做回转半径无限大的盘形凸轮，凸轮作往复直线移动，也是平面凸轮机构的一种。

(3) 圆柱凸轮(见图 2-2-7(c))。它可看做移动凸轮绕在圆柱体上演化而成的，从动件与凸轮之间的相对运动为空间运动，是一种空间凸轮机构。圆柱凸轮可以用圆柱体上的

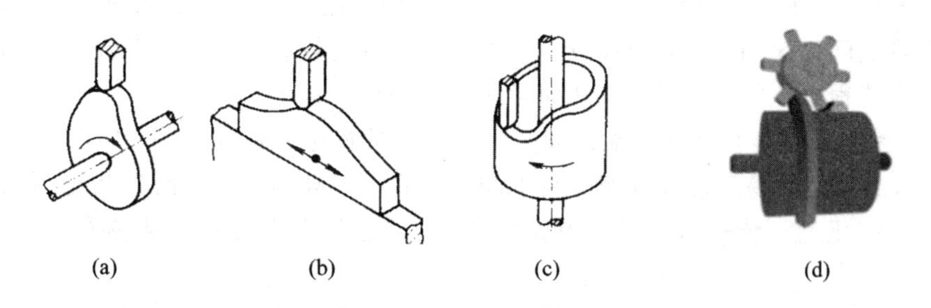

图 2-2-7　凸轮机构的类型

凹槽来控制从动件的运动规律，也可以用圆柱体的端面轮廓曲线来控制。

(4) 曲面凸轮(见图 2-2-7(d))。当圆柱表面用圆弧面代替时，就演化成曲面凸轮，它也是一种空间凸轮机构。

2) 按锁合方式分类

锁合是指使从动件与凸轮始终保持接触。按锁合方式，凸轮机构主要分为以下两种：

(1) 力锁合的凸轮机构。依靠重力、弹簧力锁合的凸轮机构，如图 2-2-8(a)、(b)、(c)所示。

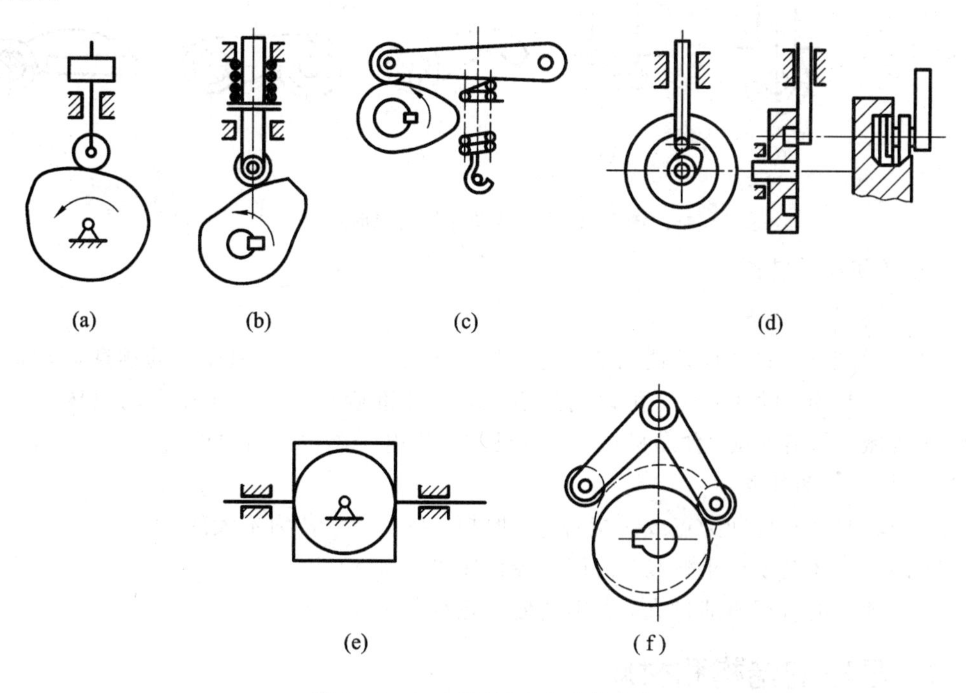

图 2-2-8　不同锁合方式的凸轮

(2) 形锁合的凸轮机构。依靠凸轮几何形状锁合的凸轮机构，如沟槽凸轮、等径及等宽凸轮、共轭凸轮等，如图 2-2-8(d)、(e)、(f)所示。

3) 按从动件的形式分类

(1) 尖顶从动件。如图 2-2-9(a)所示，尖顶能与复杂的凸轮轮廓保持接触，从而实现任意预期的运动规律。但由于凸轮与从动件之间通过点或线接触，容易产生磨损，所以只适用于受力较小的低速凸轮机构。

(2) 滚子从动件。在从动件端部装一滚子，即成为滚子从动件，如图 2-2-9(b)所示。滚子与凸轮之间为滚动摩擦，磨损较小，并且可以承受较大的载荷。其缺点是凸轮上凹陷的轮廓未必能很好地与滚子接触，从而影响实现预期的运动规律。

(3) 平底从动件。在从动件端部固定一平板，即成为平底从动件，如图 2-2-9(c)所示。平底与凸轮之间易于形成油膜，利于润滑，适用于高速运行，而且凸轮驱动从动件的力始终与平底垂直，传动效率高。其缺点也是凸轮上凹陷的轮廓未必能很好地与平底接触。

在凸轮机构中，从动件不仅有不同的类型，而且也可有不同的运动形式。根据从动件的运动形式不同，可以把从动件分为直动从动件(如图 2-2-9(a)、(b)、(c)所示)和摆动从动件(如图 2-2-9(d)、(e)、(f)所示)两种。在直动从动件中，若导路轴线通过凸轮的回转轴，则称为对心直动从动件(如图 2-2-4 所示)，否则称为偏置直动从动件。将各种不同类型的从动件和凸轮组合起来，就可得到各种不同类型的凸轮机构，如图 2-2-4 所示的凸轮机构可命名为对心直动平底从动件盘形凸轮机构。

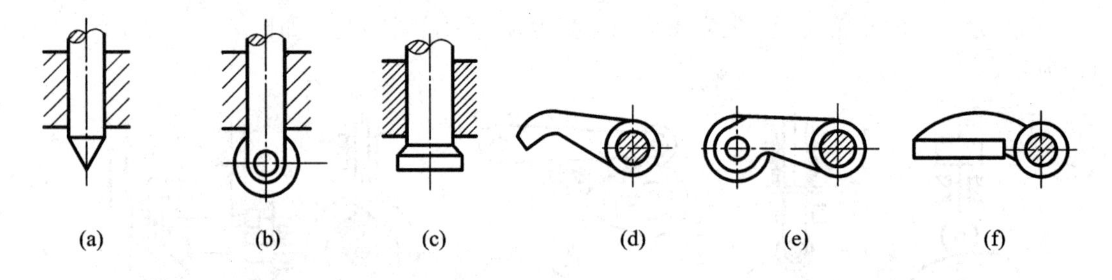

图 2-2-9 从动件的结构形式

4. 凸轮机构的特点

1) 凸轮机构的优点

对于凸轮机构，只需设计适当的凸轮轮廓，便可使从动件得到任意的预期运动，而且其结构简单、紧凑、设计方便，可以高速启动，动作准确可靠，因此在自动机床、轻工机械、纺织机械、印刷机械、食品机械、包装机械和机电一体化产品中得到了广泛应用。

2) 凸轮机构的缺点

(1) 凸轮与从动件间为点或线接触，易磨损，只宜用于传力不大的场合。

(2) 凸轮轮廓精度要求较高，需用数控机床进行加工。

(3) 从动件的行程不能过大，否则会使凸轮变得笨重。

2.2.2 凸轮的结构和材料

1. 凸轮的结构

1) 凸轮在轴上的固定方式

当凸轮轮廓尺寸接近于轴的直径时，凸轮与轴可制作成一体，如图 2-2-10(a)所示；当其尺寸相差比较大时，凸轮与轴分开制造，凸轮与轴通过键连接，如图 2-2-10(b)所示，或通过销连接，如图 2-2-10(c)所示。当凸轮与轴的相对角度需要自由调节时，可采用图 2-2-10(d)所示的方式用弹性锥套和螺母连接。

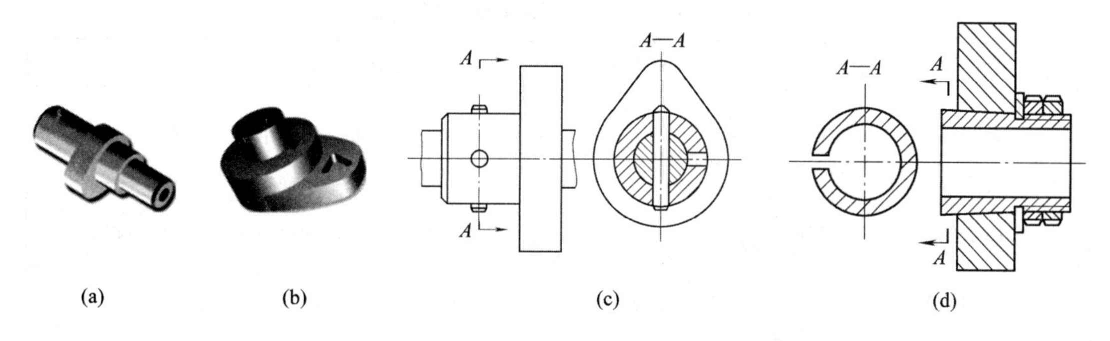

图 2-2-10　凸轮结构

2）滚子及其连接

如图 2-2-11 所示为常见的几种滚子结构。图 2-2-11(a)为专用的圆柱滚子及其连接方式，即滚子与从动件底端用螺栓连接。图 2-2-11(b)、(c)为滚子与从动件底端用销轴连接，其中图(c)为滚子直接采用合适的滚动轴承代替。但无论上述哪种情况，都必须保证滚子能自由转动。

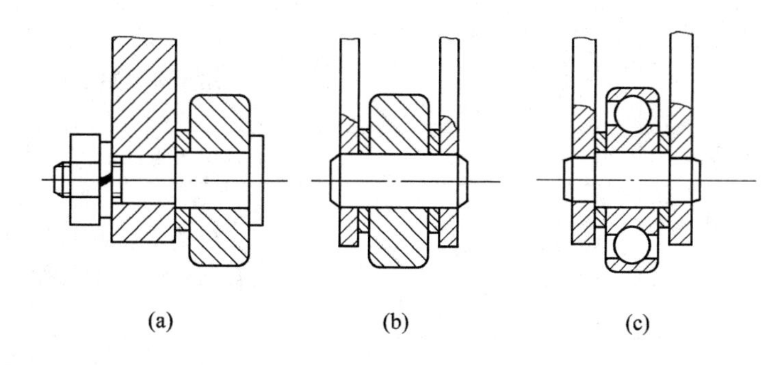

图 2-2-11　滚子结构

2. 凸轮机构的材料

在选择凸轮和从动件材料时，首先要求有较高的耐磨性，以便在长期工作中能保持足够的精度，不会因磨损而失效；其次要求材料摩擦系数小、加工方便、经济等。

1）凸轮常用材料

对于载荷很大的凸轮用合金钢或滚珠轴承钢来制造，并考虑采用高频淬火、淬火(低温回火)、氮化等热处理方法，使凸轮工作表面有较高的硬度及耐磨性。

为了提高凸轮的耐磨性和抗腐蚀性，常用硬青铜、高级黄铜制造凸轮，对钢制凸轮表面可以镀铬。一般承载不大的凸轮要求不高时，可以用碳素钢制造，并且可不经过淬火。对轻载机构，从动件运动精度要求不高时，也可采用塑料制造凸轮。

2）从动件的材料

尖顶从动件的尺寸比凸轮小，并且只用它的尖端与凸轮接触，因此容易磨损。从更换易损零件力求简便、经济的观点出发，一般应当选择比凸轮软一些的材料制造尖顶从动件(或滚子从动件的滚子)。滚子从动件的工作条件是相对滚动，磨损较小，因此，对耐磨性要求较低，但它对滚子轴的材料和热处理的要求与尖顶从动件相同。从动件与凸轮的材料列于表 2-2-1 中，供参考选用。

表 2-2-1 凸轮与从动件的材料

名称	材 料	热处理及硬度	适 用 场 合
凸轮	50	调质；22～27HRC	速度、载荷中等的场合
	50；40Cr	高频淬火；52～58HRC	
	15Cr；20Cr；20CrMn	渗碳层厚 0.5～1.5 mm；淬火(低温回火)；56～63HRC	中等载荷凸轮，表面硬度较高
	40Cr；GCr15	淬火(低温回火)；50～63HRC	重载荷凸轮，有较高的硬度和强度
	38CrMOAlA	氮化；750～1000HV (62～69HRC)	表面硬度很高，有高耐磨性
	QSn10-1；QAl9-4		硬青铜，用于仪器凸轮(轻载)
	塑料		用于轻载荷，精度要求不高
从动件	45；50	42～48HRC	与高硬度凸轮相配，比凸轮硬度低 10 个 HRC 左右
	20Cr	渗碳层厚 1 mm；淬火硬度 56～62HRC	用于高硬度、高耐磨性的从动件
	T8；10；GCr15		用于重载荷的从动件
	QSn10-1；QAl7-4 ZH Si80-3-3 ZHAl66-6-3-2	(青铜) (黄铜)	用于要求从动件硬度较低的结构，从动件长度容易修配
	塑料		用于轻载荷，长度容易修配

2.2.3 从动件常用运动规律

1. 平面凸轮机构的基本尺寸和运动参数

图 2-2-12 所示为尖顶移动从动件盘形凸轮机构，以凸轮轴心 O 为圆心，以凸轮轮廓的最小向径 r_0 为半径所作的圆称为基圆，r_0 为基圆半径，凸轮以等角速度 ω 逆时针转动。在图示位置，尖顶与 A 点接触，A 点是基圆与开始上升的轮廓曲线的交点，此时从动件的尖顶离凸轮轴心最近。凸轮转动，向径增大，从动件按一定规律被推上远处，到向径最大的 B 点与尖顶接触时，从动件被推向最远处，这一过程称为推程。与之对应的转角($\angle BOB'$)称为推程运动角 δ_t，从动件移动的距离 AB' 称为行程，用 h 表示。接着$\overset{\frown}{BC}$与尖顶接触，从动件在最远处停止不动，对应的转角称为远休止角 δ_s。凸轮继续转动，尖顶与向径逐渐变小的 CD 段轮廓接触，从动件返回，这一过程称为回程，对应的转角称为回程运动角 δ_h。圆弧 DA 与尖顶接触时，从动件在最近处停止不动，对应的转角称为近休止角 δ_s'。当凸轮继续回转时，从动件重复上述的升一停一降一停的运动循环。通常推程是凸轮机构的工作行程，而回程则是凸轮机构的空回行程。

从动件的位移 s 与凸轮的转角 δ 的关系可以用曲线来表示，该曲线称为从动件的位移

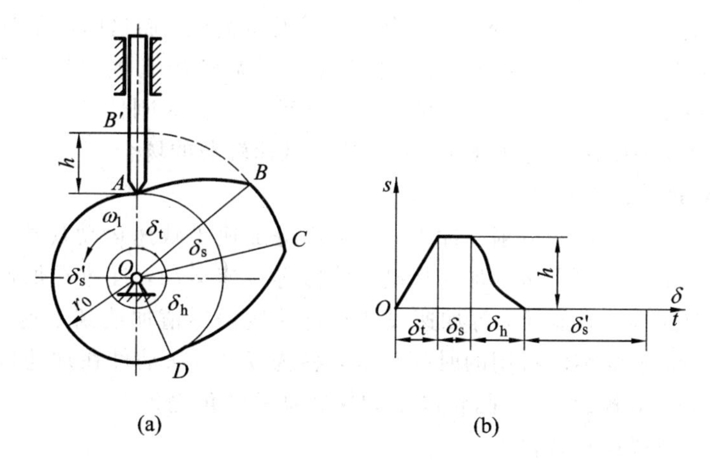

图 2-2-12　凸轮机构的运动过程

曲线(也称为 $s-\delta$ 曲线)，如图 2-2-12(b)所示。由于大多数凸轮作等速转动，转角与时间成正比，因此横坐标也代表时间 t。位移曲线直观地表示了从动件的位移变化规律，它是凸轮轮廓设计的依据。

由上述讨论可知，对已有的凸轮机构，从动件的运动规律完全取决于凸轮的轮廓形状，而设计凸轮轮廓曲线时，必须首先根据工作要求确定从动件的运动规律，并按此运动规律设计凸轮轮廓曲线，以实现从动件预期的运动规律。

下面介绍几种常用的从动件运动规律，供设计凸轮时参考。

2. 常用的从动件运动规律

1) 等速运动规律

从动件上升或下降的速度为一常数的运动规律称为等速运动规律。

设凸轮以等角速度 ω_1 回转，当凸轮转过推程运动角 δ_t 时，推杆等速上升 h，其推程的运动方程为

$$\left.\begin{aligned} s &= \frac{h\delta}{\delta_t} \\ v &= \frac{h\omega_1}{\delta_t} \\ a &= 0 \end{aligned}\right\} \qquad (2-2-1)$$

从动件运动的速度为常数时的运动规律，称为等速运动规律。在推程阶段，凸轮以等角速度 ω 转动，经过 T 时间，凸轮转过的推程运动角为 δ_t，而从动件等速完成的行程为 h。从动件的位移 s 与凸轮转角 φ 成正比，其推程运动线图如图 2-2-13 所示，即位移曲线为一过原点的倾斜直线。

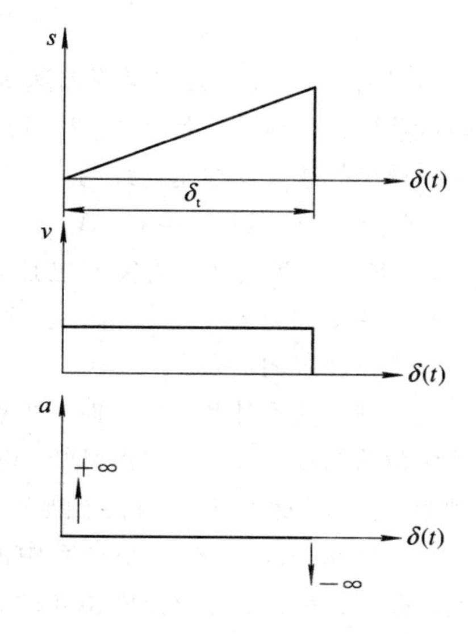

图 2-2-13　等速运动规律

在回程阶段，凸轮以等角速度 ω 转动，经过 T' 时间，凸轮转过回程运动角 δ_h，而从动件等速下降 h。同理，可推得从动件在回程阶段的运动方程。由图 2-2-13 可知，从动件在运动开始时，凸轮开始转动的瞬间，速度由零突变

为 v_0，运动终止时，速度由 v_0 突变为零，由于速度发生突变，而这时的加速度在理论上达到无穷大(当然由于材料的弹性变形，实际上不能达到无穷大)，致使从动件突然产生非常大的惯性力，因而使凸轮机构受到极大的冲击，这种冲击称为刚性冲击，这对工作是不利的。因此，如果单独采用这种运动规律，只适用于低速轻载的场合。

2) 等加速等减速运动规律

凸轮转速较高时，为了避免刚性冲击，可采用等加速等减速运动规律。所谓等加速等减速运动，是指一个行程中先做等加速运动，后做等减速运动，且通常加速度与减速度的绝对值相等。按照这种运动规律，等加速段从动件速度由零值加速到末速 v_{max} 和等减速段由初始 v_{max} 减速到末速为零值所用的时间相等，各为 $T/2$，从动件在加速段和减速段所完成的位移也必然相等，各为 $h/2$。凸轮以 ω 匀速转动的转角也各为 $\delta/2$。

推程时，等加速段运动方程为

$$\left.\begin{aligned} s &= \frac{2h\delta^2}{\delta_t^2} \\ v &= \frac{4h\omega_1\delta}{\delta_t^2} \\ a &= \frac{4h\omega_1^2}{\delta_t^2} \end{aligned}\right\} \qquad (2-2-2)$$

推程时，等减速段运动方程为

$$\left.\begin{aligned} s &= h - \frac{2h(\delta_t - \delta)^2}{\delta_t^2} \\ v &= \frac{4h\omega_1(\delta_t - \delta)}{\delta_t^2} \\ a &= \frac{-4h\omega_1^2}{\delta_t^2} \end{aligned}\right\} \qquad (2-2-3)$$

图 2-2-14 所示为推程等加速等减速运动规律的运动位移曲线图。由图 2-2-14(b)可知，这种运动规律的速度曲线是连续的，不会产生刚性冲击。但在图 2-2-14(c)中 O、A、B 三处加速度有突变，表明所产生的惯性力突变也是有限值的，由此引起的冲击称为柔性冲击。因此，这种运动规律可用于中速轻载的场合。

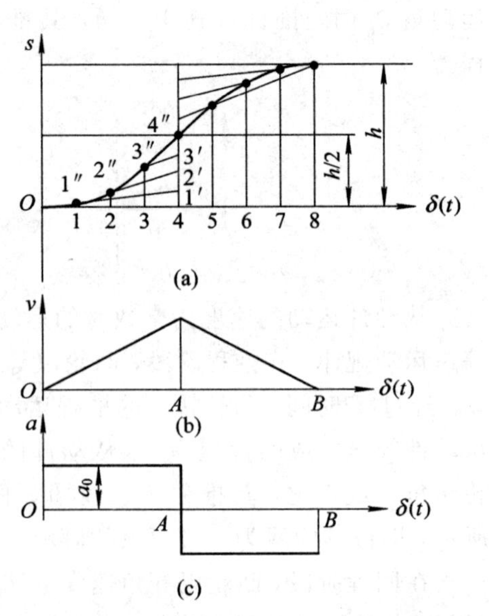

图 2-2-14　等加速等减速运动规律

当用图解法设计凸轮轮廓时，通常需要绘制从动件的位移曲线。由运动方程可知，其位移曲线为一抛物线，因此可按抛物线画法绘制。如图 2-2-14(a)所示，在 s—δ 坐标系中的纵、横坐标轴上，将 $h/2$ 和 $\delta/2$ 对应分成相同的若干等份，得分点 1′、2′、3′…和 1、2、3、…(图中分 4 等份)。再将点 O 与 1′、2′、3′…相连，得连线 $O1'$、$O2'$、$O3'$、…，这些连线分别与由点 1、2、3、…作纵坐标轴的平行线交于点 1″、2″、3″…，再将点 O、1″、2″、3″…连成光滑曲线，即得等加速段的位移曲线，如图 2-2-14(a)所示。等减速段的抛物线可用同样的方法按相反的次序画出。

3）余弦加速度运动规律

当质点在圆周上作匀速运动时，质点在该圆直径上的投影所构成的运动规律称为简谐运动规律。从动件作简谐运动时，其加速度是按余弦规律变化的，故这种运动规律称为余弦加速度运动规律。

当推程的加速度按余弦规律变化时，其推程的运动方程式为

$$\left.\begin{aligned} s &= \frac{h[1-\cos(\pi\delta/\delta_t)]}{2} \\ v &= \frac{\pi h\omega_1 \sin(\pi\delta/\delta_t)}{2\delta_t} \\ a &= \frac{\pi^2 h\omega_1^2 \cos(\pi\delta/\delta_t)}{2\delta_t^2} \end{aligned}\right\} \qquad (2-2-4)$$

图 2-2-15 所示为推程余弦加速度运动规律的运动线图。由此图可见，这种运动规律在始末位置加速度有突变，故也会引起柔性冲击，因此在一般情况下它也只适用于中速中载场合，当从动件作升—降—升运动循环时，若在推程和回程中都采用这种运动规律，则可用于高速凸轮机构。

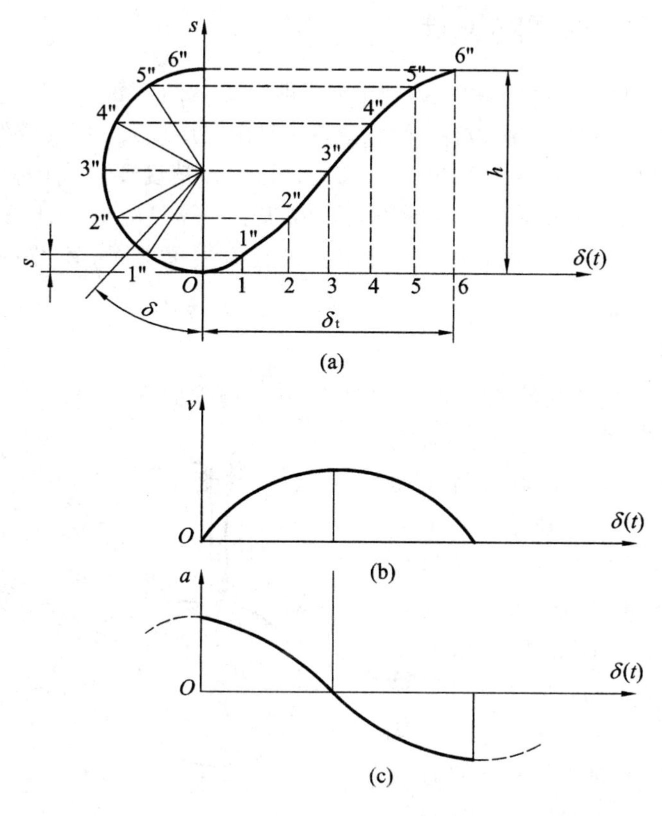

图 2-2-15　余弦加速度运动规律

这种运动规律位移曲线的画法如图 2-2-15(a)所示。以从动件的行程 h 为直径画半圆，将此半圆和横坐标轴上的推程运动角 δ 对应分成相同等份(图中为 6 等份)，再过半圆

周上各分点作水平线与 δ 中的对应等分点的垂直线各交于一点，过这些点连成光滑曲线即为所画的推程位移曲线。

上述几种运动规律是最基本、最常用的运动规律。此外，还有正弦加速度等运动规律，其运动特点是加速度是连续的，故在整个运动过程中既无刚性冲击又无柔性冲击，它们多用于高速凸轮机构中。

有时为了满足使用要求，也可以对位移曲线图进行局部修改，或将几种运动规律加以组合使用，以便获得较理想的运动特性和动力特性。对某些低速且运动规律要求又不甚严格的凸轮机构，还可以用圆弧和直线作为凸轮轮廓。总之，设计时必须根据实践中的使用要求和具体条件来选择从动件的运动规律。

3. 从动件运动规律的选择

在选择从动件运动规律时，应根据机器工作时的运动要求来确定。如机床中控制刀架进刀的凸轮机构，要求刀架进刀时作等速运动，则从动件要选择等速运动规律，至于行程始末端，可以通过拼接其他运动规律的曲线来消除冲击；对无一定运动要求，只需要从动件有一定位移量的凸轮机构，如夹紧送料等凸轮机构，可只考虑加工方便，采用圆弧、直线等组成的凸轮轮廓；对于高速机构，应减小惯性力、改善动力性能，可选用正弦加速度运动规律或其他改进型的运动规律。

2.2.4　盘形凸轮轮廓的设计

从动件的运动规律和凸轮基圆半径确定后，即可进行凸轮轮廓设计。其设计方法有图解法和解析法两种。图解法简便易行，而且直观，但作图误差大、精度较低，适用于低速或对从动件运动规律要求不高的一般精度凸轮设计。对于精度要求高的高速凸轮、靠模凸轮，必须用解析法列出凸轮轮廓曲线的方程，借助于计算机辅助设计精确地设计凸轮轮廓。另外，采用的加工方法不同，则凸轮轮廓的设计方法也不同。本节只介绍用图解法设计凸轮轮廓。

1. 反转法原理

用图解法设计凸轮轮廓的原理是“反转法”，基本原理如下：

图 2-2-16 所示为一对心尖顶直动从动件盘形凸轮机构，当凸轮以等角速度 ω 绕轴心 O 转动时，从动件按预期的运动规律运动。现设想在整个凸轮机构(从动件、凸轮、导路)上加一个与凸轮角速度 ω 大小相等、方向相反的角速度 $-\omega$，于是凸轮静止不动，而从动件与导路一起以角速度 $-\omega$ 绕凸轮转动，且从动件仍以原来的运动规律相对导路移动(或摆动)。由于从动件尖顶与凸轮轮廓始终接触，所以加上反转角速度后从动件尖顶的运动轨迹就是凸轮轮廓曲线。

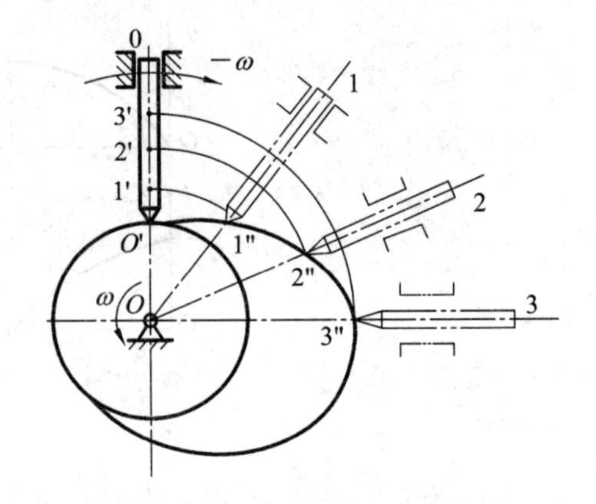

图 2-2-16　凸轮反转法绘图原理

把原来转动的凸轮看成是静止不动的，而把原来静止不动的导路及原来往复移动的从动件看成为反转运动的这一原理，称为“反转法”原理。假若从动件是滚子，则滚子中心可看做是从动件的尖顶，其运动轨迹就是凸轮的理论轮廓曲线，凸轮的实际轮廓曲线是与理论轮廓曲线相距滚子半径 r_T 的一条等距曲线。

2. 作图法设计凸轮轮廓曲线

当从动件的运动规律已经选定并作出位移曲线之后，各种平面的凸轮轮廓曲线都可以用作图法求出。作图法的依据为“反转法”原理。

1) 尖顶对心移动从动件盘形凸轮轮廓的设计

具体设计步骤见后面的“探索与实践”。

2) 尖顶偏置移动从动件盘形凸轮轮廓的设计

已知偏距为 e，基圆半径为 r_0，凸轮以角速度 ω 顺时针转动，从动件的位移线图如图 2-2-17(b)所示。设计该凸轮的轮廓曲线。

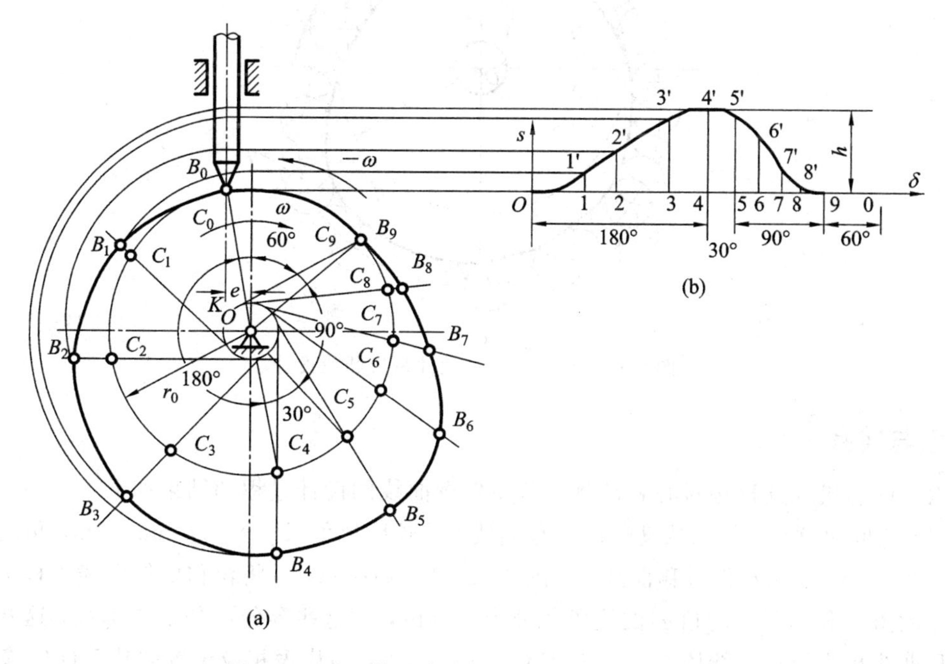

图 2-2-17　偏置直动尖顶从动件盘形凸轮设计

设计步骤如下：

(1) 以与位移线图相同的比例尺作出偏距圆(以 e 为半径的圆)及基圆，过偏距圆上任一点 K 作偏距圆的切线作为从动件导路，并与基圆相交于 B_0 点，该点也就是从动件尖顶的起始位置。

(2) 从 OB_0 开始按 $-\omega$ 方向在基圆上画出推程运动角 180°(δ_t)、远休止角 30°(δ_s)、回程运动角 90°(δ_h)及近休止角 60°(δ_s')，并在相应段与位移线图对应划分出若干等份，得点 C_1、C_2、C_3、…。

(3) 过各等分点 C_1、C_2、C_3、…向偏距圆作切线，作为从动件反转后的导路线。

(4) 在以上的导路线上，从基圆上的点 C_1、C_2、C_3、…开始向外量取相应的位移量得 B_1、B_2、B_3…，即 $B_1C_1 = 11'$、$B_2C_2 = 22'$、$B_3C_3 = 33'$、…，得出反转后从动件尖顶的

位置。

(5) 将 B_1、B_2、B_3、…点连成光滑曲线就是凸轮的轮廓曲线。

3) 滚子从动件盘形凸轮轮廓的设计

将滚子中心看做尖顶，按上述方法作出轮廓曲线 η(称为理论轮廓曲线)，然后以 η 上各点为圆心，以滚子半径 r_g 为半径作一系列的圆，最后作出这些圆的包络线 η'，η'就是滚子从动件盘形凸轮的轮廓曲线(即为实际轮廓曲线)，如图 2-2-18 所示。从图中可知，滚子从动件盘形凸轮的基圆半径是在理论轮廓上度量的。

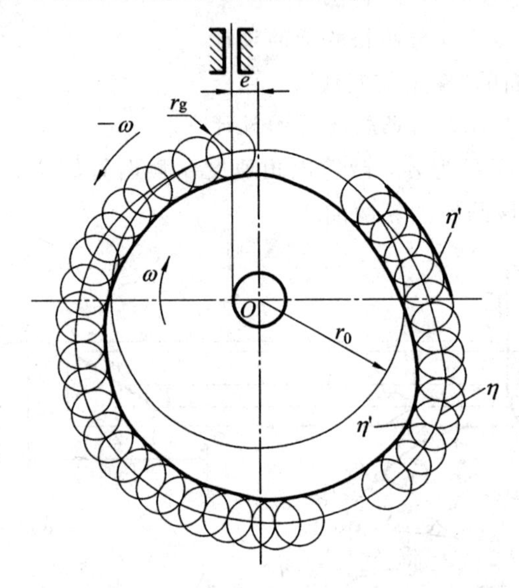

图 2-2-18　滚子从动件盘形凸轮设计

探索与实践

汽车内燃机配气机构对心直动盘形凸轮轮廓曲线的设计过程和结果如下：

(1) 选取比例尺，作出从动件的位移曲线。选长度比例尺 μ_l=0.5 mm/mm，角度比例尺 μ_φ=2°/mm，画从动件位移曲线，如图 2-2-19(a)所示，并将位移曲线图横坐标上代表推程运动角 φ 和回程运动角 φ'的线段各分为 6 等份，过这些等分点分别作垂线，这些垂线与位移曲线相交所得的线段 11′、22′、33′、…、1212′，即代表相应位置的从动件位移量。

(2) 选取与位移曲线图相同的比例尺。任取一点 O 为圆心，以已知基圆半径 r_0/μ_l=13 mm/0.5 mm=26 mm 为半径作凸轮的基圆。过 O 点画从动件导路与基圆交于 B_0点。

(3) 自 OB_0 开始，沿 $-\omega$ 方向在基圆上量取各运动阶段的凸轮转角 60°、20°、60°、220°。再将这些角度各分为与从动件位移曲线图同样的等份，从而在基圆上得相应的等分点 B_1、B_2、B_3、…，连接 OB_1、OB_2、OB_3、…即代表机构在反转后各瞬时位置从动件尖顶相对导路(即移动方向)的方向线。

(4) 在 OB_1、OB_2、OB_3、…的延长线上分别截取 A_1B_1=11′、A_2B_2=22′、A_3B_3=33′、…，就得到机构反转后从动件尖顶的一系列位置点 A_1、A_2、A_3、…。

(5) 将 A_1、A_2、A_3、…连成一条光滑的封闭曲线，即为凸轮轮廓曲线，如图 2-2-19(b)所示。

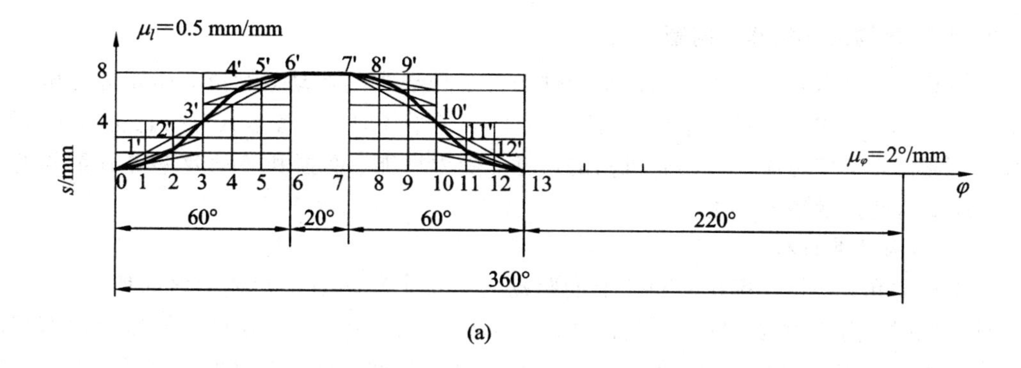

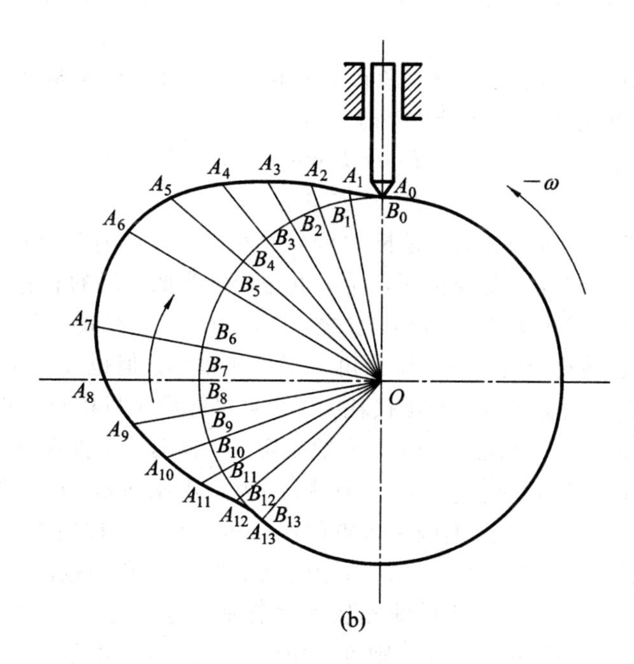

图 2-2-19　尖顶式对心直动盘形凸轮轮廓设计

拓展知识——凸轮轮廓的加工及凸轮机构设计的其他问题

1. 凸轮轮廓的加工方法

凸轮轮廓的加工方法通常有两种：铣、锉削加工和数控加工。

1）铣、锉削加工

对于低速、轻载场合的凸轮，可以应用“反转法”原理在未淬火凸轮轮坯上通过作图法绘制出轮廓曲线，采用铣床或用手工锉削办法加工而成。必要时可进行淬火处理，用这种方法加工出来的凸轮其变形难以得到修正。

2）数控加工

数控加工是目前常用的一种凸轮加工方法。加工时应用解析法求出凸轮轮廓曲线上各点的极坐标(ρ，θ)值，然后用专用编程软件进行编程，在数控线切割机床上对淬火后的凸轮进行切割加工。此方法加工出的凸轮精度高，适用于高速、重载的场合。

2. 凸轮机构设计的其他问题

凸轮机构在工作时，除主要保证从动件满足工作要求的运动规律外，还要考虑机构受力情况和结构是否紧凑。具体来讲，选择从动件滚子半径时，应考虑其对凸轮轮廓的影响；选择基圆半径时，应考虑它对凸轮机构的尺寸、受力性能、磨损和传动效率等有重要的影响。下面就这些问题展开讨论。

1）压力角及其校核

所谓压力角，是指作用在从动件上的驱动力与该力作用点绝对速度之间所夹的锐角。在不计摩擦时，高副中构件间的力是沿法线方向作用的，因此，凸轮机构的压力角即是凸轮轮廓曲线上某点的法线方向(受力方向)与从动件的运动速度方向之间所夹的锐角。凸轮轮廓上各点的压力角不等。

如图 2-2-20 所示为尖顶直动从动件凸轮机构。当不计凸轮与从动件之间的摩擦时，作用于从动件的力 F 可分解成两个分力，即

$$\left.\begin{aligned} F_1 &= F\cos\alpha \\ F_2 &= F\sin\alpha \end{aligned}\right\} \tag{2-2-5}$$

F_1 分力与从动件运动方向相同，是推动从动件产生速度的有效分力；F_2 垂直于从动件，作用于从动件的导路上，是导路的正压力，也是产生摩擦损耗的有害分力。显然，压力角 α 越小，有效分力越大，有害分力越小；反之，压力角越大，有效分力越小，有害分力越大。凸轮机构因为有运动规律的要求，压力角 α 不可能很小。但也要防止压力角过大的情况，压力角过大，不仅有害分力大、摩擦损耗大，而且可能发生机构自锁现象。为保证机构正常运转，对凸轮的最大压力角加以限制，一般规定为：移动从动件在升程$[\alpha]=30°$；摆动从动件在升程$[\alpha]=45°$，回程时$[\alpha]=80°$。其中$[\alpha]$为许用压力角。凸轮轮廓曲线画好后，要进行压力角的校核，即凸轮轮廓曲线上各点的压力角不能大于许用压力角，即 $\alpha\leqslant[\alpha]$。

一般的做法是按图 2-2-21 所示，在凸轮轮廓曲线上取升程范围内曲率半径较大的点(视觉比较陡的地方)，在该点绘出法线和从动件的速度方向线，其夹角就是该点的压力角。经比较，若压力角大于许用压力角，则可采用增大基圆半径的方法减小压力角。

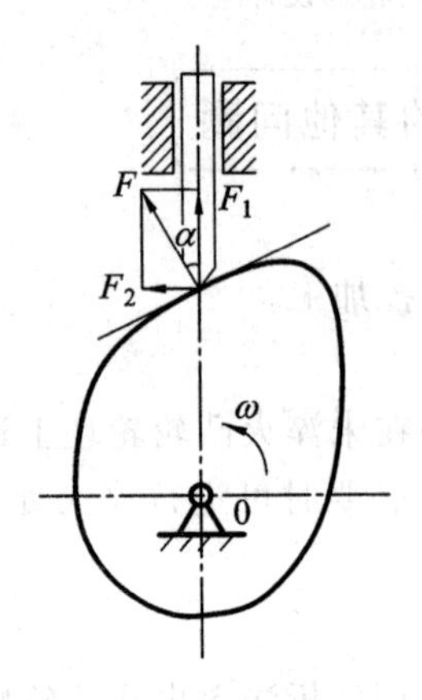

图 2-2-20　凸轮机构的压力角

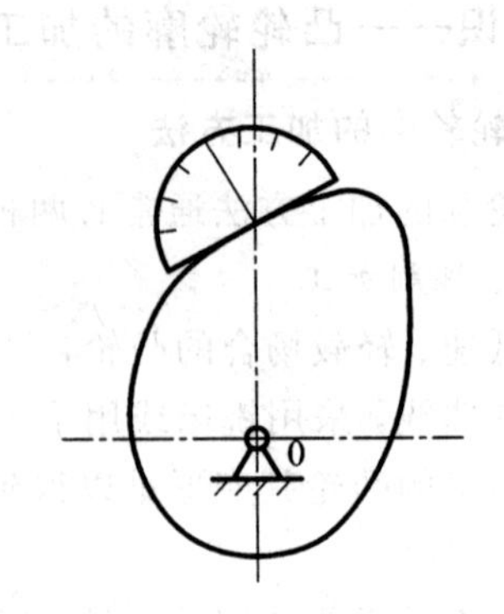

图 2-2-21　压力角的测量

2）基圆半径的选择

选择凸轮基圆半径的影响因素有以下两方面：

（1）基圆半径的大小直接影响压力角的大小，从而影响凸轮的工作能力。如图 2-2-22 所示，同一个凸轮预选两种半径的基圆 r_{01}、r_{02} 且 $r_{01}<r_{02}$，当凸轮转过 δ 角时，从动件都位移 h 值，从图中可知，两种基圆半径，其压力角不同，$\alpha_1>\alpha_2$。也就是基圆半径小的压力角比基圆半径大的压力角大。为得到较好的凸轮传力性能，提高传动效率，凸轮的压力角应该取小些，即基圆半径应该取大些。

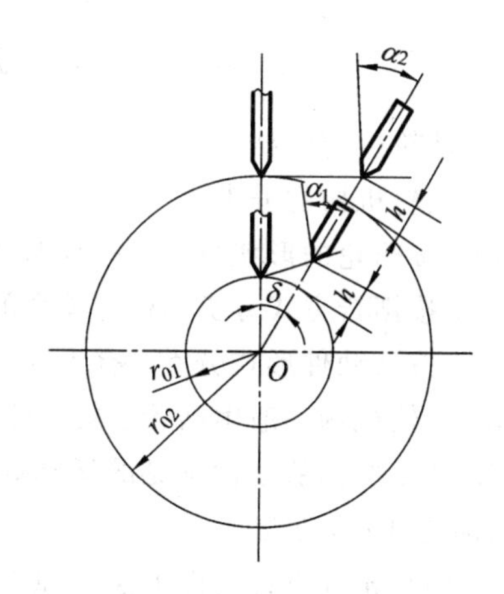

图 2-2-22　基圆半径与压力角的关系

（2）凸轮机构工作时，有较大的轴压力，为提高传动刚度，凸轮的支承轴直径不能太小，这样凸轮基圆半径就要取大些。一般情况下，为使凸轮机构紧凑些，在传动刚度允许的情况下，凸轮基圆半径尽量取小一些。具体设计可按下列经验公式确定：

当 $e=0$ 时，偏距圆的切线就是过 O 点的径向线（即从动件反转后的导路线），按上述相同方法即得到对心直动尖顶从动件盘形凸轮的轮廓曲线。

$$r_0=1.8r+r_g+(6\sim10\ \text{mm})$$

式中，r_0 为凸轮基圆半径（mm）；r 为凸轮轴半径（mm）；r_g 为凸轮从动件滚子半径（mm）。

3）滚子半径的选择

滚子从动件由于摩擦和磨损小而在凸轮机构中得以广泛应用。滚子半径的大小又直接影响凸轮机构的传动性能，若从受力情况、强度和耐磨性考虑，滚子半径越大越好，但是，滚子半径的增大，又会影响凸轮轮廓曲线。因此，要正确选择滚子半径。

首先了解滚子半径 r_g 与凸轮轮廓曲率半径 ρ 和实际凸轮轮廓曲率半径 ρ' 的关系。如图 2-2-23(a)所示，凸轮外凸部分理论轮廓最小曲率半径是 ρ_{min}，实际轮廓曲率半径是 $\rho'=\rho_{min}-r_g$，若 $\rho_{min}>r_g$，则 $\rho'>0$，这时实际轮廓是较为圆滑的曲线。若 $\rho_{min}<r_g$，则 $\rho'<0$，滚子的包络线有一部分互相干涉而变尖，如图 2-2-23(b)所示，工作时，不仅变尖部分极易损坏，而且因相交部分在加工时被切去使从动件的运动失真。

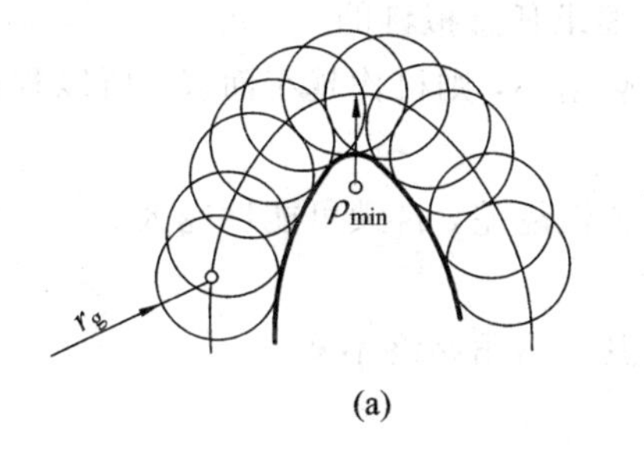

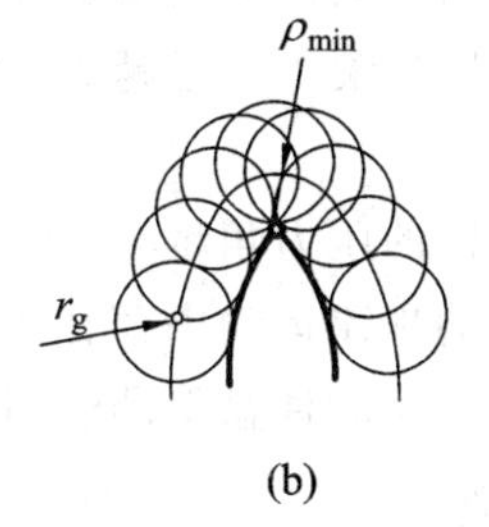

图 2-2-23　滚子半径的选择

因此，选择滚子半径 r_g 时，考虑到强度和传力情况，r_g 应该取大些，但考虑到滚子半径过大，大于曲线突出部分曲率半径而使曲线变尖，则 r_g 又要取小些。一般取 $r_g=(0.1\sim0.5)r_0$，然后校验 $r_g\leqslant0.8\rho_{min}$。这样既能有足够的强度和较好的传力性能，又能使凸轮升程轮廓曲线和回程轮廓曲线中间的过渡弧较圆滑而不变尖。

归纳总结

1. 凸轮机构的结构简单，紧凑，能够实现复杂的运动规律。

2. 凸轮机构的分类。

(1) 按凸轮的形状分类：有盘形凸轮、移动凸轮、圆柱凸轮、曲面凸轮。

(2) 按锁合方式分类：有力锁合的凸轮机构、形锁合的凸轮机构。

(3) 按从动件形式分类：有尖顶从动件、滚子从动件、平底从动件。

3. 凸轮机构一般由凸轮、从动件和机架三个构件组成。

4. 凸轮机构从动件常见的运动规律有：等速运动规律、等加速等减速运动规律、简谐(余弦加速度)运动规律。

5. 凸轮轮廓设计的图解法的原理是“反转法”。

6. 从动件的运动规律完全取决于凸轮的轮廓形状。

7. 基圆半径的选择：要考虑结构紧凑性和压力角的大小。

8. 滚子半径的选择：要考虑耐磨性和凸轮轮廓曲线。

思考与练习

思考题：

1. 凸轮机构是由哪些构件组成的？是怎么分类的？

2. 什么叫从动件的位移曲线？

3. 等速运动规律和等加速等减速运动规律各有何特点？

4. 当凸轮不是尖顶从动件时，能否直接绘出实际轮廓线？

5. 什么是“运动失真”现象？其产生原因是什么？

6. 两个不同轮廓曲线的凸轮，是否可以使从动件实现同样的运动规律？为什么？

练习题：

一、判断题

1. 凸轮压力角指凸轮轮廓上某点的受力方向和其运动速度方向之间的夹角。　(　　)

2. 凸轮机构从动件的运动规律是可按要求任意拟订的。　(　　)

3. 凸轮机构的滚子半径越大，实际轮廓越小，则机构越小而轻，所以我们希望滚子半径尽量大。　(　　)

4. 凸轮机构的压力角越小，则其动力特性越差，自锁可能性越大。　(　　)

5. 等速运动规律运动中存在柔性冲击。　(　　)

6. 直动平底从动件盘形凸轮机构中，其压力角始终不变。　(　　)

二、选择题

1. 要使常用凸轮机构正常工作，必须以凸轮____。

A. 作从动件并匀速转动

B. 作主动件并变速转动

C. 作主动件并匀速转动

2. 在要求______的凸轮机构中，宜使用滚子式从动件。

A. 传力较大　　B. 传动准确、灵敏　　C. 转速较高

3. 使用滚子式从动杆的凸轮机构，为避免运动规律失真，滚子半径 r 与凸轮理论轮廓曲线外凸部分最小曲率半径 ρ 之间应满足______。

A. $r>\rho_{min}$　　B. $r=\rho_{min}$　　C. $r<\rho_{min}$

4. 凸轮与移动式从动杆接触点的压力角在机构运动时是______。

A. 恒定的　　B. 变化的　　C. 时有时无变化的

5. 当凸轮转角 δ 和从动杆行程 h 一定时，基圆半径 r_0 与压力角 α 的关系是______。

A. r_0 愈小则 α 愈小　　B. r_0 愈小则 α 愈大　　C. r_0 变化而 α 不变

6. 在减小凸轮机构尺寸时，应首先考虑______。

A. 压力角不超过许用值

B. 凸轮制造材料的强度

C. 从动件的运动规律

7. 凸轮与从动件接触处的运动副属于______。

A. 高副　　B. 转动副　　C. 移动副

三、填空题

1. 凸轮机构主要是由______、______和固定机架三个基本构件所组成的。

2. 按凸轮的外形，凸轮机构主要分为______凸轮和______凸轮两种基本类型。

3. 从动杆与凸轮轮廓的接触形式有______、______和平底三种。

4. 以凸轮的理论轮廓曲线的最小半径所作的圆称为凸轮的______。

5. 凸轮理论轮廓曲线上某点的法线方向(即从动杆的受力方向)与从动杆速度方向之间的夹角称为凸轮在该点的______。

6. 等速运动凸轮在速度换接处从动杆将产生______冲击，引起机构强烈的振动。

四、分析计算题

1. 画出图 2-2-24 中各图的压力角。

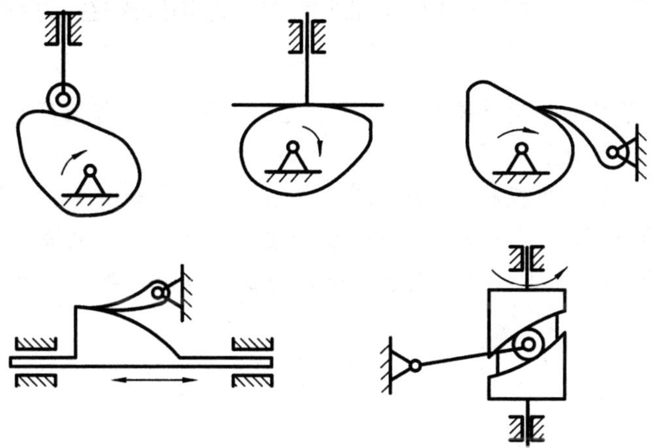

图 2-2-24　分析计算题 1 图

2. 按图 2-2-25 等加速等减速凸轮轮廓曲线绘制出从动杆位移曲线。

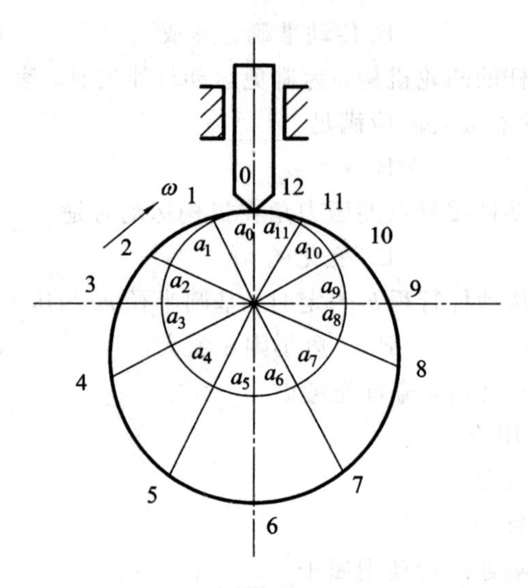

图 2-2-25　分析计算题 2 图

3. 设计一尖顶对心直动从动件盘形凸轮机构。凸轮顺时针匀速转动，基圆半径 r_0 = 40 mm，从动件的运动规律如下：

δ	0～90°	90°～180°	180°～240°	240°～360°
运动规律	等速上升	停止	等加速等减速下降	停止

4. 试用作图法设计一个对心直动从动件盘形凸轮。已知理论轮廓基圆半径 r_0 = 50 mm，滚子半径 r_g = 15 mm，凸轮顺时针匀速转动，当凸轮转过 120°时，从动件以等速运动规律上升 30 mm；再转过 150°时，从动件以余弦加速度运动规律回到原位；凸轮转过其余 90°时，从动件静止不动。

模块三　蜂窝煤压制机中的间歇运动机构

知识要求：1. 了解间歇运动机构在设计中对从动件的动、停时间和位置的要求及对其动力性能的要求。

2. 掌握棘轮机构、槽轮机构的工作原理、运动特点、功能和适用场合。

技能要求：掌握常用的一些间歇运动机构的工作原理、运动特点和功能，并了解其适用场合。在进行机械系统方案设计时，能够根据工作要求，正确选择机构的类型。

任务情境

1. 冲压式蜂窝煤机的基本结构

冲压式蜂窝煤成型机是我国城镇蜂窝煤(通常又称煤饼，在圆柱形饼状煤中冲出若干通孔)生产厂的主要生产设备，它将煤粉加入转盘上的模筒内，经冲头冲压成蜂窝煤。

如图 2-3-1(a)所示是冲压式蜂窝煤成型机的示意图，其中 1 为模筒转盘，2 为滑梁，3 为冲头，4 为扫屑刷，5 为脱模盘。实际上冲头与脱模盘都与上下移动的滑梁连成一体，当滑梁下冲时冲头将煤粉压成蜂窝煤，脱模盘将已压成的蜂窝煤脱模。在滑梁上升过程中扫屑刷将刷除冲头和脱模盘上黏附的煤粉。模筒转盘上均布了模筒，转盘的间歇运动使加料后的模筒进入加压位置，成型后的模筒进入脱模位置，空的模筒进入加料位置，如图 2-3-1(b)所示。

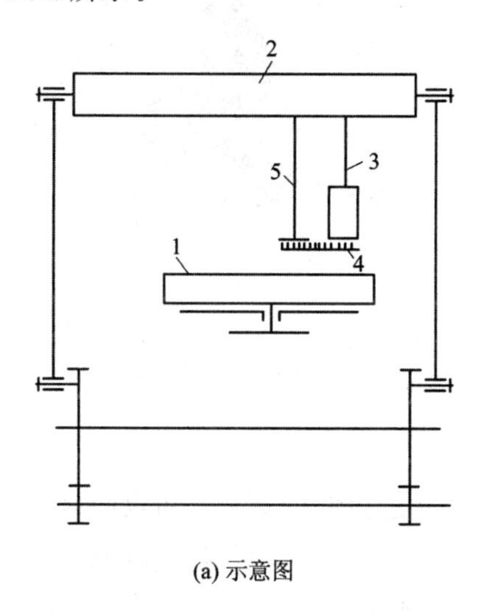

(a) 示意图

(b) 实物图

图 2-3-1　冲压式蜂窝煤成型机

2. 冲压式蜂窝煤机的工作原理

冲压式蜂窝煤成型机通过加料、冲压成型、脱模、扫屑、模筒转模间歇运动及输送六个动作来完成整个工作过程。

任务提出与任务分析

1. 任务提出

已知一冲压式蜂窝煤成型机的转盘采用槽轮间歇运动机构。已知槽数 z 按工位要求选定为 6，按结构情况确定中心距 $A=300$ mm，试设计该槽轮间歇运动机构。

2. 任务分析

冲压式蜂窝煤成型机是和我们生活密切相关的机器，转盘的间歇运动机构是冲压式蜂窝煤成型机必不可少的构件。为了合理地设计出转盘的间歇运动机构，我们必须了解槽轮机构是如何组成并工作的，它的运动原理是什么，有什么运动特点，其主要参数及几何尺寸应如何确定和计算。

相关知识

在机器工作时，当主动件作连续运动时，常需要从动件产生周期性的运动和停歇，实现这种运动的机构称为间歇运动机构。最常见的间歇运动机构有棘轮机构、槽轮机构、不完全齿轮机构和凸轮式间歇机构等，它们广泛用于自动车床的进给机构、送料机构及刀架的转位机构等。

2.3.1　棘轮机构

1. 棘轮机构的工作原理

图 2－3－2 所示为棘轮机构，它主要由摇杆、棘爪、棘轮、弹簧片和制动爪组成。弹簧用来使制动爪和棘轮保持接触。摇杆与棘轮的回转轴线重合。

当摇杆逆时针摆动时，棘爪插入棘轮的齿槽中，推动棘轮转过一定角度，而制动爪则阻止棘轮顺时针转动，使棘轮静止不动。因此，当摇杆作连续的往复摆动时，棘轮将作单向间歇运动。

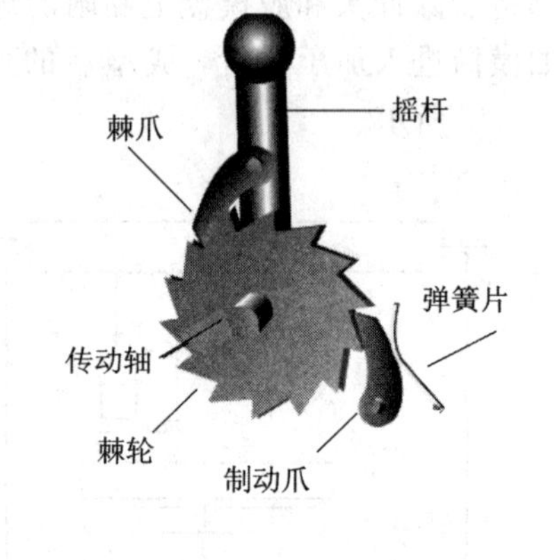

图 2－3－2　棘轮机构

2. 棘轮机构的分类和应用

1）棘轮机构的分类

棘轮机构按棘轮的运动方向可分为单向棘轮机构(见图 2－3－2)和双向棘轮机构(见图 2－3－3)；按棘轮的齿形可分为棘齿棘轮机构(见图 2－3－2)、矩形齿棘轮机构(见图 2－3－3(a))和无棘齿的摩擦式棘轮机构(见图 2－3－4)。

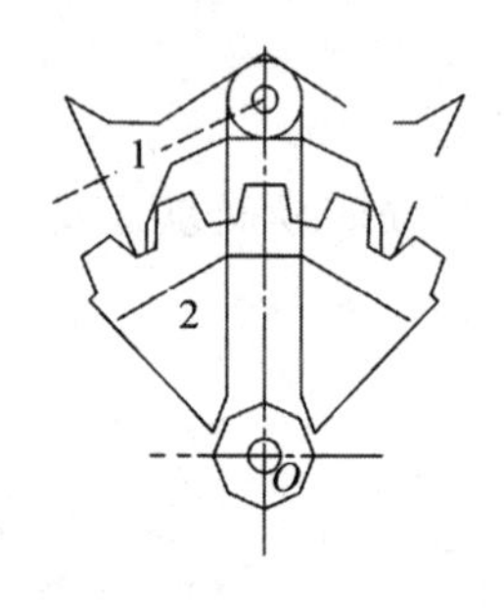

(a) 矩形齿双向棘轮机构　　　　(b) 回转棘爪双向棘轮机构

图 2－3－3　双向棘轮机构

(1) 单向棘轮机构。图 2－3－2 为一单向棘轮机构，由于棘轮的转角只能是相邻两齿所夹中心角的整数倍，因此它属于有级棘轮间歇运动机构。图 2－3－4 为单向摩擦式棘轮机构，当摇杆作逆时针摆动时，通过棘爪与棘轮的摩擦力使棘轮转过一个角度；当摇杆作顺时针摆动时，制动爪与棘轮的摩擦力阻止了棘轮的转动，实现了间歇运动。由此可见，棘轮的转角仅与摇杆的摆角有关，任意改变摇杆的摆角就可任意改变棘轮的转角。因此，摩擦式棘轮机构属于无级单向棘轮间歇运动机构。需要指出的是，摩擦式棘轮机构具有无噪声的优点。

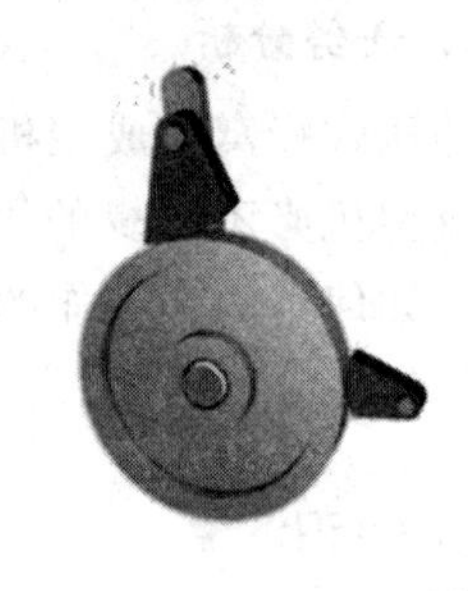

图 2－3－4　摩擦式棘轮机构

（2）双向棘轮机构。可使棘轮作双向间歇运动。图 2－3－3(a)采用具有矩形齿的棘轮，当棘爪 1 处于实线位置时，棘轮 2 作逆时针间歇转动；当棘爪 1 处于虚线位置时，棘轮则作顺时针间歇运动。图 2－3－3(b)采用回转棘爪，当棘爪 1 按图示位置放置时，棘轮 2 将作逆时针间歇转动。若将棘爪提起，并绕本身轴线转 180°后再插入棘轮棘槽时，棘轮将作顺时针间歇转动。若将棘爪提起并绕本身轴线转动 90°，棘爪将被架在壳体顶部的平台上，使轮与爪脱开，此时棘轮将静止不动。

2）棘轮机构的特点及应用

棘轮机构结构简单、制造方便，运动可靠，转角可调，但在工作时有较大的冲击与噪声、运动精度不高，因此常用于低速轻载场合。

棘轮机构多用于机床及自动机械的进给机构上。如牛头刨床工作台的横向移动机构，就是采用图 2－3－3 所示的双向棘轮机构。此外，棘轮机构也常用作停止器和制动器。如图 2－3－5 所示，这类停止器广泛用于卷扬机、提升机以及运输机中。

图 2－3－5　提升机的棘轮停止器

3．棘轮转角的调节

（1）调节摇杆摆动角度的大小，以控制棘轮的转角。图 2－3－6 所示的棘轮机构是利用曲柄摇杆机构带动棘轮作间歇运动的。可利用调节螺钉改变曲柄长度 r 以实现摇杆摆角大小的改变，从而控制棘轮的转角。

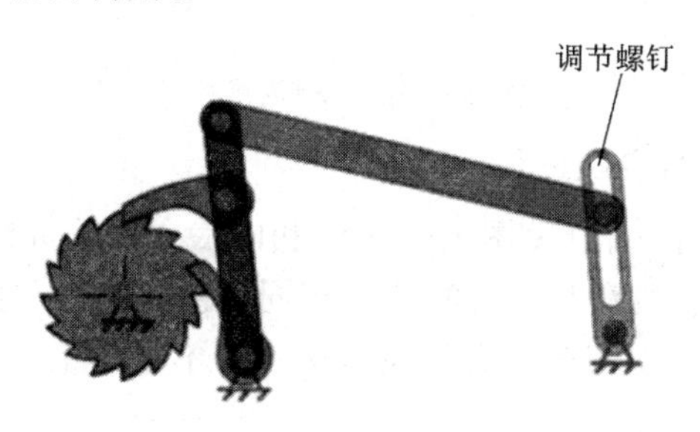

图 2－3－6　改变曲柄长度调节棘轮转角

（2）用遮板调节棘轮转角。如图 2－3－7 所示，在棘轮的外面罩一遮板(遮板不随棘轮一起转动)，使棘爪行程的一部分在遮板上滑过，不与棘轮的齿接触，通过变更遮板的位置即可改变棘轮转角的大小。

图 2－3－7　用遮板调节棘轮转角

2.3.2 槽轮机构

1. 槽轮机构的工作原理

槽轮机构又称为马氏机构。如图 2-3-8 所示为单圆柱销槽轮机构，它由主动拨盘 1、从动槽轮 2 及机架 3 组成。拨盘 1 以等角速度 ω_1 作连续回转，槽轮 2 作间歇运动。当拨盘上的圆柱销 A 没有进入槽轮的径向槽时，槽轮 2 的内凹锁止弧面被拨盘 1 上的外凸锁止弧面卡住，槽轮 2 静止不动。当圆柱销 A 进入槽轮的径向槽时，锁止弧面被松开，则圆柱销 A 驱动槽轮 2 转动。当拨盘上的圆柱销离开径向槽时，下一个锁止弧面又被卡住，槽轮又静止不动。由此将主动件的连续转动转换为从动槽轮的间歇转动。

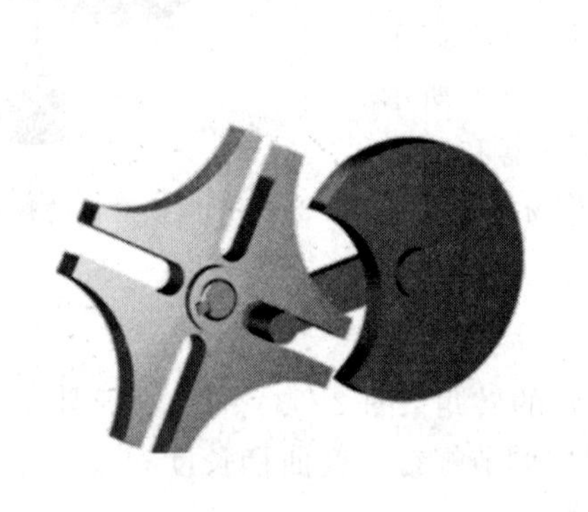

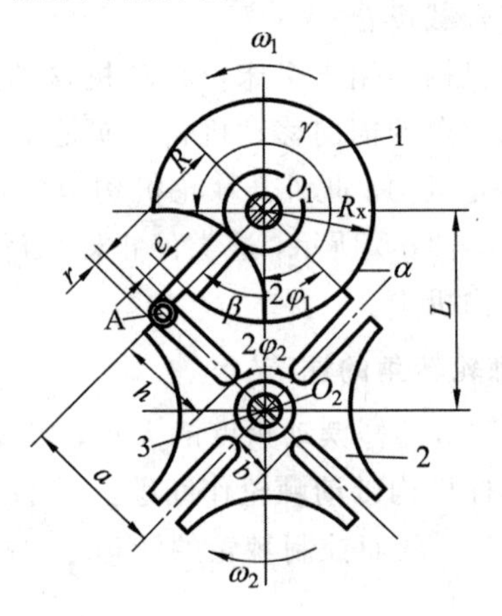

图 2-3-8　槽轮机构

2. 槽轮机构的类型、特点及应用

槽轮机构有外啮合槽轮机构(见图 2-3-8)和内啮合槽轮机构(见图 2-3-9)，前者拨盘与槽轮的转向相反，后者拨盘与槽轮的转向相同，它们均为平面槽轮机构。此外还有空间槽轮机构(见图 2-3-10)，对于这种槽轮机构本书不予讨论。

1—拨盘；2—槽轮

图 2-3-9　内啮合槽轮机构

图 2-3-10　空间槽轮机构

槽轮机构的特点是结构简单、工作可靠、机械效率高、传动平稳、能间歇地进行转位，但因圆柱销突然进入与脱离径向槽时存在柔性冲击，所以不适用于高速场合。此外，槽轮的转角不可调节，故只能用于定转角的间歇运动机构中。六角车床上用来间歇地转动刀架的槽轮机构(见图 2-3-11)、电影放映机中用来间歇地移动胶片的槽轮机构(见图 2-3-12)

及化工厂管道中用来开闭阀门等的槽轮机构都是其具体应用的实例。

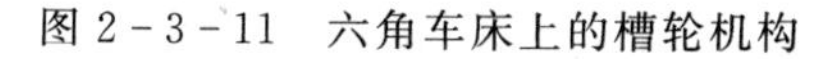

图 2-3-11　六角车床上的槽轮机构

图 2-3-12　电影放映机中的槽轮机构

3. 槽轮机构的主要参数

槽轮机构的主要参数是槽数 z 和拨盘圆柱销数 k。

如图 2-3-8 所示，为了使槽轮 2 在开始和终止转动时的瞬时角速度为零，以避免圆柱销与轮槽发生撞击，圆柱销进入或脱出径向槽的瞬时，槽的中心线 O_2A 应与 O_1A 垂直。设 z 为均匀分布的径向槽数目，则槽轮 2 转过 $2\varphi_1 = 2\pi/z$ 弧度时，拨盘 1 的转角 $2\varphi_1$ 将为

$$2\varphi_1 = \pi - 2\varphi_2 = \pi - \frac{2\pi}{z} \tag{2-3-1}$$

在一个运动循环内，槽轮 2 的运动时间 t_m 对拨盘 1 的运动时间 t 之比值 τ 称为运动特性系数。当拨盘 1 等速转动时，这个时间之比可用转角之比来表示。对于只有一个圆柱销的槽轮机构，t_m 和 t 分别对应于拨盘 1 转过的角度 $2\varphi_1$ 和 2π。因此其运动特性系数 τ 为

$$\tau = \frac{t_m}{t} = \frac{2\varphi_1}{2\pi} = \frac{\pi - \frac{2\pi}{z}}{2\pi} = \frac{1}{2} - \frac{1}{z} = \frac{z-2}{2z} \tag{2-3-2}$$

为保证槽轮运动，其运动特性系数 τ 应大于零。由式(2-3-2)可知，运动特性系数大于零时，径向槽的数目应等于或大于 3。但槽数 $z=3$ 的槽轮机构，由于槽轮的角速度变化很大，圆柱销进入或脱出径向槽的瞬时，槽轮的角速度也很大，会引起较大的震动和冲击，所以很少应用。由式(2-3-2)可知，这种槽轮机构的运动特性系数 τ 总是小于 0.5，即槽轮的运动时间总小于静止时间 t_s。

如果拨盘 1 上装有数个圆柱销，则可以得到 $\tau>0.5$ 的槽轮机构。设均匀分布的圆柱销的数目为 k，则一个循环中，槽轮 2 的运动时间为只有一个圆柱销时的 k 倍，即

$$\tau = \frac{k(z-2)}{2z} \tag{2-3-3}$$

运动系数 τ 还应当小于 1($\tau = 1$ 表示槽轮 2 与拨盘 1 一样作连续转动，不能实现间歇运动)，由式(2-3-3)得

$$k < \frac{2z}{z-2} \tag{2-3-4}$$

由式(2-3-4)可知，当 $z=3$ 时，圆柱销的数目可为 1～5；当 $z=4$ 或 $z=5$ 时，圆柱销的数目可为 1～3；而当 $z\geq 6$ 时，圆柱销的数目可为 1 或 2。

槽数 $z>9$ 的槽轮机构比较少见，因为当中心距一定时，z 越大槽轮的尺寸也越大，转动时的惯性力矩也增大。由式(2-3-2)可知，当 $z>9$ 时，槽数虽增加，τ 的变化却不大，起不到明显的作用，故 z 常取 4～8。

槽轮机构中拨盘上的圆柱销数以及径向槽的几何尺寸等均可视运动要求的不同而定。圆柱销的分布和径向槽的分布可以不均匀，同一拨盘(杆)上若干个圆柱销离回转中心的距离可以不同，同一槽轮上各径向槽的尺寸也可以不同。槽轮各部分尺寸如表 2-3-1 所示。

表 2-3-1　单圆柱销外啮合槽轮机构的几何尺寸函数表达式

名　　称	符　　号	计算公式
圆柱销回转半径	R_1	$R_1=A\sin(180°/z)$
圆柱销直径	D	$D=R_1/3$
拨盘外形半径	R_t	$R_t=R_1+0.5D+2$
槽轮半径	R_2	$R_2=A\cos(180°/z)$
槽深	H	$H=A-R_1+2$
槽顶一侧壁厚	e	$e=0.3D$。$e\leqslant 4$ 时，取 $e=4$ mm
锁止弧半径	R_x	$R_x=R_1-0.5D-e$
锁止弧张开角	J	$J=180°(1-2/z)$
槽轮转动半角	S	$S=180°/z$
拨盘转动半角	W	$W=90°-S$

2.3.3　不完全齿轮机构

1. 不完全齿轮机构的工作原理和类型

不完全齿轮机构是由普通渐开线齿轮机构演化而成的间歇运动机构，其基本结构形式分为外啮合与内啮合两种，如图 2-3-13 和图 2-3-14 所示。这种机构的主动轮 1 为只有一个齿或几个齿的不完全齿轮，从动轮 2 具有若干个与主动轮 1 相啮合的轮齿及锁止弧，可实现主动轮的连续转动和从动轮的有停歇转动。在图 2-3-13 所示的机构中，主动轮 1 每转 1 转，从动轮 2 转 1/8 转，从动轮 1 转停歇 8 次。停歇时从动轮上的锁止弧与主动轮上的锁止弧密合，保证了从动轮停歇在确定的位置上而不发生游动现象。

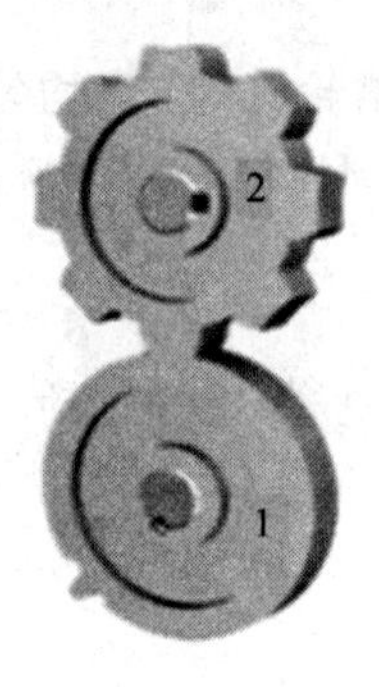

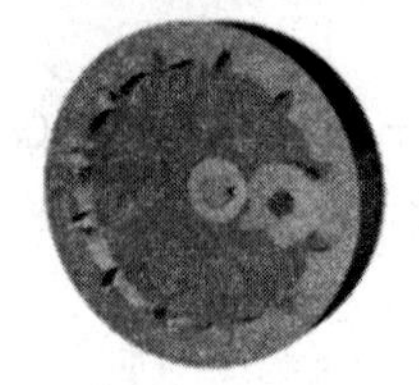

图 2-3-13　外啮合不完全齿轮机构　　图 2-3-14　内啮合不完全齿轮机构

2. 不完全齿轮机构的特点及用途

不完全齿轮机构结构简单、制造方便，从动轮的运动时间和静止时间的比例不受机构结构的限制。该机构的主要缺点是当主动轮匀速转动时，从动轮在运动期间也保持匀速转动，但是当从动轮由停歇而突然达到某一转速，以及由某一转速突然停止时，都会像等速运动规律的凸轮机构那样产生刚性冲击。因此它不适用于主动轮转速很高的场合，一般仅用于低速、轻载的场合，如计数器、电影放映机和某些具有特殊运动要求的专用机械中。

拓展知识——凸轮式间歇运动机构

凸轮式间歇运动机构是利用凸轮的轮廓曲线，推动轮盘上的滚子，将凸轮的连续转动变为从动轮盘的间歇运动的一种间歇运动机构。它主要用于传递轴线互相垂直交错的两部件间的间歇运动。图 2-3-15 所示为凸轮式间歇运动机构的一种形式。图 2-3-16 所示为另一种常用形式。

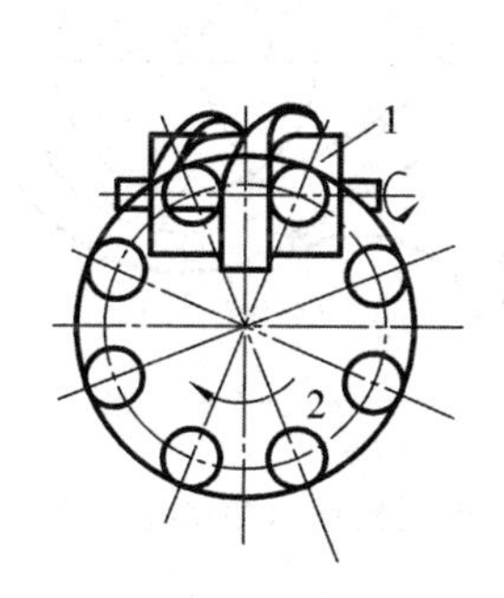

图 2-3-15　圆柱凸轮式间歇运动机构

图 2-3-16　蜗杆式间歇运动机构

图 2-3-15 所示为圆柱凸轮式间歇运动机构，主动件是带有螺旋槽的圆柱凸轮 1，从动件是端面上装有若干个均匀分布的滚子的圆盘 2，其轴线与圆柱凸轮的轴线垂直交错。

图 2-3-16 分度转位机构为蜗杆式间歇运动机构，主动件为凹形圆弧面旋转体 1(类似于一个圆弧面蜗杆)，从动盘 2 的圆周上有若干呈放射状均匀分布的滚子(类似于蜗轮的轮齿)。

凸轮式间歇运动机构的优点是结构简单、运转可靠、传动平稳、无噪声，适用于高速、中载和高精度分度的场合，故在轻工机械、冲压机械和其他自动机械中得到了广泛的应用。其缺点是凸轮加工比较复杂，装配与调整要求也较高，因而使它的应用受到了限制。

探索与实践

槽轮间歇运动机构的设计过程和结果如下。

由表 2-3-1 中的公式可知：

(1) 槽数 z：按工位要求选定为 6(已知)。

(2) 中心距 A：按结构情况确定 $A=300$ mm(已知)。

(3) 圆柱销回转半径：$R_1=A\sin(180°/z)=300\sin(30°)=150$ mm。

(4) 圆销直径 D：$D=R_1/3=150/3=50$ mm。

(5) 拨盘外形半径：$R_t=R_1+0.5D+2=150+0.5\times50+2=177$ mm。

(6) 槽轮半径：$R_2=A\cos(180°/z)=300\cos30°=259.8$ mm。

(7) 槽深：$H=A-R_1+2=300-150+2=152$ mm。

(8) 槽顶一侧壁厚：$e=0.3D=0.3\times50=15$ mm。

(9) 锁止弧半径：$R_x=R_1-0.5D-e=150-0.5\times50-15=110$ mm。

(10) 锁止弧张开角：$J-180°(1-2/z)=180°\times2/3-120°$。

(11) 槽轮转动半角：$S=180°/z=30°$。

(12) 拨盘转动半角：$W=90°-S=90°-30°=60°$。

其设计结构如图 2-3-17 所示。

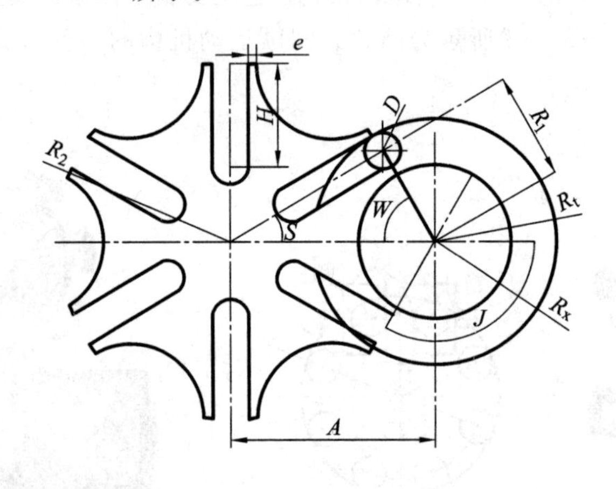

图 2-3-17　单圆柱销六槽槽轮机构

归纳总结

1. 棘轮机构主要由摇杆、棘爪、棘轮、弹簧和制动爪组成。

2. 棘轮机构的分类：按棘轮的运动方向可分为单向棘轮机构和双向棘轮机构；按棘轮的齿形可分为棘齿棘轮机构、矩形齿棘轮机构和无棘齿的摩擦式棘轮机构。

3. 棘轮机构的特点：棘轮机构结构简单、制造方便、运动可靠、转角可调，但工作时有较大的冲击与噪声、运动精度不高，常用于低速轻载的场合。

4. 棘轮转角的调节：

(1) 调节摇杆摆动角度的大小，以控制棘轮的转角。

(2) 用遮板调节棘轮转角。

5. 槽轮机构又称为马氏机构，由主动拨盘、从动槽轮及机架组成。

6. 槽轮机构的分类：主要分为平面槽轮机构和空间槽轮机构。其中平面槽轮机构又分为外啮合槽轮机构和内啮合槽轮机构。

7. 槽轮机构的特点是结构简单、工作可靠、机械效率高、传动平稳、能间歇地进行转位，但因圆柱销突然进入与脱离径向槽时存在柔性冲击，所以不适用于高速场合。

8. 槽轮机构的主要参数是槽数 z 和拨盘圆柱销数 k，其中

$$k<\frac{2z}{z-2}$$

9. 不完全齿轮机构可分为外啮合与内啮合两种。

10. 不完全齿轮机构会产生刚性冲击，因此它不适用于主动轮转速很高的场合，一般仅用于低速、轻载的场合。

11. 凸轮式间歇运动机构的优点是结构简单、运转可靠、传动平稳、无噪声，适用于高速、中载和高精度分度的场合。

思考与练习

思考题：

1. 什么是间歇运动？有哪些机构能实现间歇运动？
2. 棘轮机构与槽轮机构都是间歇运动机构，它们各有什么特点？
3. 止回棘爪的作用是什么？
4. 调节棘轮转角大小有哪些方法？

练习题：

一、判断题

1. 间歇运动机构的主动件，在任何时候也不能变成从动件。（　　）
2. 能使从动件得到周期性的时停、时动的机构，都是间歇运动机构。（　　）
3. 棘轮机构必须具有止回棘爪。（　　）
4. 单向间歇运动的棘轮机构必须要有止回棘爪。（　　）
5. 外啮合槽轮机构的槽轮是从动件，而内啮合槽轮机构的槽轮是主动件。（　　）
6. 止回棘爪和锁止圆弧的作用是相同的。（　　）
7. 棘轮机构和间歇齿轮机构在运行中都会出现严重的冲击现象。（　　）
8. 棘轮的转角大小是可以调节的。（　　）
9. 利用调位遮板，既可以调节棘轮的转向，又可以调节棘轮转角的大小。（　　）
10. 摩擦式棘轮机构可以做双向运动。（　　）

二、填空题

1. 所谓间歇运动机构，就是在主动件作________运动时，从动件能够产生周期性的________、________运动的机构。
2. 棘轮机构主要由________、________和________等构件组成。
3. 棘轮机构的主动件是________，从动件是________，机架起固定和支撑的作用。
4. 双向作用的棘轮，它的齿槽是________的，一般单向运动的棘轮齿槽是________的。
5. 槽轮机构主要由________、________、________和机架等构件组成。
6. 槽轮的静止可靠性和不能反转，是通过槽轮与曲柄的________实现的。
7. 不论是外啮合还是内啮合的槽轮机构，________总是从动件，________总是主动件。
8. 间歇齿轮机构在传动中，存在着严重的________，所以只能用在低速和轻载的场合。
9. 改变棘轮机构摇杆摆角的大小，可以利用改变曲柄________的方法来实现。
10. 能实现间歇运动的机构，除棘轮机构和槽轮机构等以外，还有________机构和________机构。
11. 有一外槽轮机构，已知槽轮的槽数 $z=4$，转盘上装有一个拨销，则该槽轮机构的运动系数 $\tau=$________。

12. 对于原动件转一圈，槽轮只运动一次的槽轮机构来说，槽轮的槽数应不少于________；机构的运动系数总小于________。

三、选择题

1. ______当主动件作连续运动时，从动件能够产生周期性的时停、时动的运动。

A. 只有间歇运动机构，才能实现　　B. 除间歇运动机构外，其他机构也能实现

2. 棘轮机构的主动件是______。

A. 棘轮　　B. 棘爪　　C. 止回棘爪

3. 当要求从动件的转角经常改变时，下面的间歇运动机构中______是合适的。

A. 间歇齿轮机构　　B. 槽轮机构　　C. 棘轮机构

4. 利用______可以防止棘轮的反转。

A. 锁止圆弧　　B. 止回棘爪

5. 利用______可以防止间歇齿轮机构的从动件反转和不静止。

A. 锁止圆弧　　B. 止回棘爪

6. 棘轮机构的主动件在工作中是作______的。

A. 往复摆动运动　　B. 直线往复运动　　C. 等速旋转运动

7. 槽轮机构的主动件是______。

A. 槽轮　　B. 曲柄　　C. 圆柱销

8. 槽轮机构的主动件在工作中是作______运动的。

A. 往复摆动　　B. 等速旋转

9. 双向运动的棘轮机构______止回棘爪。

A. 有　　B. 没有

10. 槽轮转角的大小是______。

A. 能够调节的　　B. 不能调节的

11. 槽轮机构主动件的锁止圆弧是______。

A. 凹形锁止弧　　B. 凸形锁止弧

12. 槽轮的槽形是______。

A. 轴向槽　　B. 径向槽　　C. 弧形槽

13. 外啮合槽轮机构从动件的转向与主动件的转向是______。

A. 相同的　　B. 相反的

14. 在传动过程中有严重冲击现象的间歇机构是______。

A. 间歇齿轮机构　　B. 棘轮机构

15. 为了使槽轮机构的槽轮运动系数 k 大于零，槽轮的槽数 z 应大于______。

A. 2　　B. 3　　C. 4　　D. 5

四、分析计算题

1. 已知一槽轮机构中，圆柱销的转动半径 $R=45$ mm，圆柱销半径 $r_1=8$ mm，槽轮每次转角为 60°。试计算该机构的几何尺寸。

2. 有一外啮合槽轮机构，已知槽轮槽数 $z=6$，槽轮的停歇时间为 1 s，槽轮的运动时间为 2 s。求槽轮机构的运动特性系数及所需的圆柱销数目。

项目三　常 用 连 接

模块一　设计台式钻床中立柱的螺纹连接

知识要求：1. 分析螺纹连接的类型；
2. 分析螺纹连接的结构；
3. 提高螺纹连接强度的措施；
4. 螺栓连接的强度计算；
5. 螺栓组连接的结构设计。

技能要求：螺纹连接的设计计算。

任务情境

钻床指用钻头在工件上加工孔的机床，其结构简单，加工精度相对较低，可钻通孔、盲孔，更换特殊刀具，可扩、锪孔，铰孔或进行攻丝等加工。

钻床由头部、主轴、工作台、立柱和底座等组成，如图 3-1-1 所示。电动机用螺栓固定在头部，并用三角皮带驱动主轴，通过三角皮带从皮带轮的一阶传到另一阶的方法使主轴获得 3～5 个不同的速率。主轴为转动部分，在套筒中转动及上下运动，带动麻花钻头进刀或从工件中拉出。

图 3-1-1　台式钻床

工作台支持在钻床的立柱上，它可作垂直及水平运动到所需的工作位置，也可绕轴旋转。底座是全钻床构造的支持件，它是一个带有孔或槽的铸件，立柱与底座之间用螺栓连接，而底座与地面之间采用螺柱连接。

任务提出与任务分析

1. 任务提出

如图 3-1-1 所示，台式钻床立柱用四个螺栓与底座连接，已知载荷 $F_Q=25$ kN，试分析其受力情况并设计螺栓的直径尺寸。

2. 任务分析

螺栓连接实际上是螺纹连接的一种常见形式，本任务首先要明确螺纹的类型、螺纹的主要参数、螺纹连接件的材料和许用应力，其次要明确螺栓连接的受力情况及强度计算要求，最后进行螺栓组连接的结构设计。掌握以上知识后，才能设计出符合要求螺栓的直径尺寸。

相关知识

3.1.1 螺纹连接的基本知识

1. 螺纹的形成及类型

1）螺纹的形成

如图 3-1-2 所示，将一底边长度 CB 等于 πd_2 的直角三角形△ACB 绕在一直径为 d_2 的圆柱体上，并使底边 CB 绕在圆柱体的底边上，则斜边 AB 在圆柱体上便形成一条螺旋线。取一平面图形(三角形、梯形或矩形)，使它的一边靠在圆柱体的母线上并沿螺旋线移动，移动时始终保持该图形位于圆柱体的轴截面内，即可得到相应的螺纹。

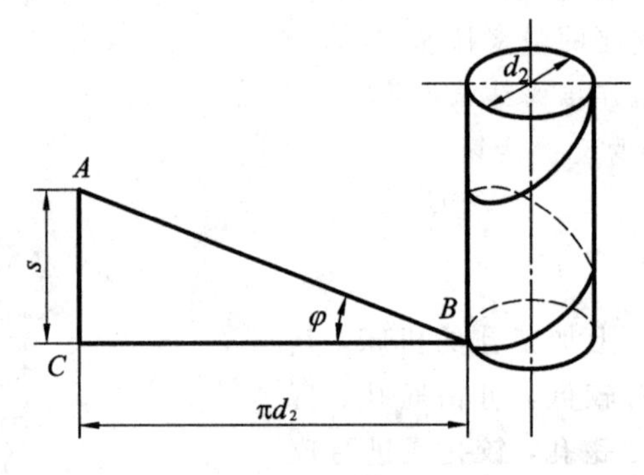

图 3-1-2 螺纹的形成

2）螺纹的类型

(1) 根据母体形状，螺纹分为圆柱螺纹和圆锥螺纹。

(2) 根据牙型不同(见图 3-1-3)，螺纹分为三角形螺纹、矩形螺纹、梯形螺纹、锯齿形螺纹和圆弧形螺纹。其中三角形螺纹主要用于连接，梯形、锯齿形和矩形螺纹主要用于传动，圆弧形螺纹多用于排污设备、水闸闸门等的传动螺旋及玻璃器皿的瓶口螺旋。

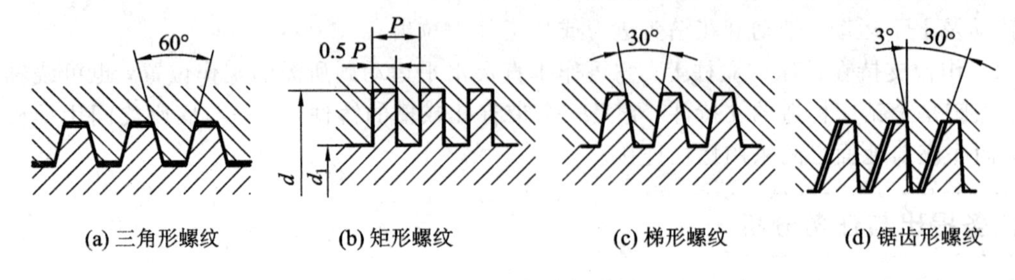

图 3-1-3 螺纹的牙型

(3) 根据螺旋线的绕行方向(见图 3-1-4(a)、(b))，可分为左旋螺纹和右旋螺纹。螺纹的旋向判断方法为：规定将螺杆直立时螺旋线向右上升为右旋螺纹，向左上升为左旋螺纹。或者采用左右手定则：用左(右)手握住螺杆，将螺杆竖立，从螺杆前方向后看，若左(右)手大拇指侧的螺纹线较高，则为左(右)旋螺纹。机械制造中一般采用右旋螺纹，有特殊要求时，才采用左旋螺纹，比如煤气罐等危险设备中使用的螺纹。

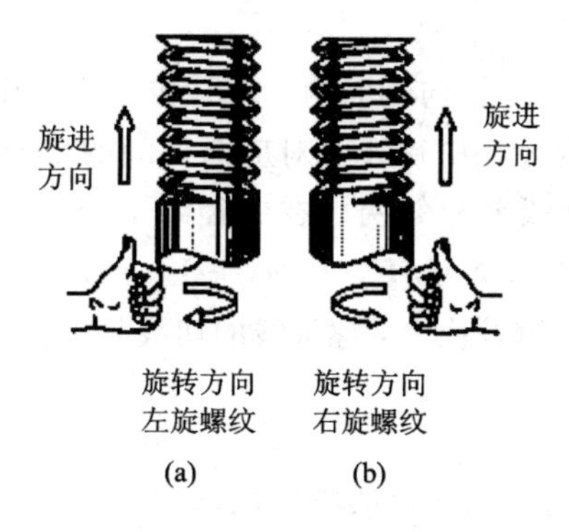

图 3-1-4 螺纹的旋向

(4) 根据螺旋线的数目(见图 3-1-5(a)、(b))，可分为单线螺纹($n=1$)和等距排列的多线螺纹($n\geqslant 2$)。为了制造方便，螺纹一般不超过 4 线。

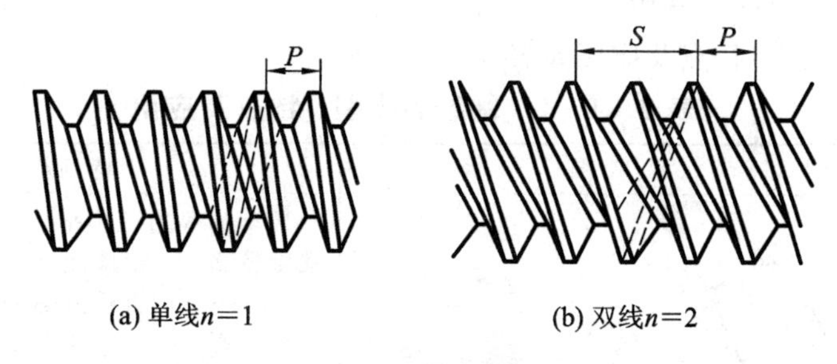

图 3-1-5 螺纹的线数

(5) 根据螺纹所处位置，可分为内螺纹和外螺纹。在圆柱或圆锥外表面形成的螺纹称为外螺纹，在其内表面上形成的螺纹为内螺纹。

(6) 根据用途不同，螺纹分为连接螺纹和传动螺纹。

2. 螺纹的主要参数

下面以图 3-1-6 所示的圆柱普通螺纹为例说明螺纹的主要几何参数。

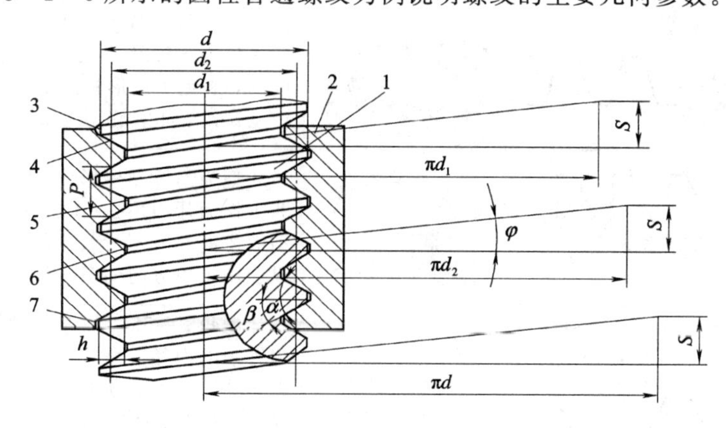

图 3-1-6 螺纹的主要参数

(1) 大径 $d(D)$：与外螺纹牙顶或内螺纹牙底相重合的假想圆柱体的直径，是螺纹的最大直径。在螺纹的标准中称为公称直径。

(2) 小径 $d_1(D_1)$：与外螺纹牙底或内螺纹牙顶相重合的假想圆柱体的直径，是螺纹的最小直径。常作为强度计算直径。

(3) 中径 $d_2(D_2)$：在螺纹的轴向剖面内，牙厚和牙槽宽相等处的假想圆柱体的直径。

(4) 螺距 P：螺纹相邻两牙在中径线上对应两点间的轴向距离。

(5) 导程 S：同一条螺旋线上相邻两牙在中径线上对应两点间的轴向距离。螺纹线数为 n，单线螺纹 $S=P$，多线螺纹 $S=nP$，如图 3-1-5 所示。

(6) 升角 φ：在中径 d_2 的圆柱面上，螺旋线的切线与垂直于螺纹轴线的平面间的夹角。

$$\tan\varphi = \frac{S}{\pi d_2} = \frac{nP}{\pi d_2} \tag{3-1-1}$$

(7) 牙型角 α、牙型斜角 β：在螺纹的轴向剖面内，螺纹牙型相邻两侧边的夹角称为牙型角，牙型侧边与螺纹轴线的垂线间的夹角称为牙型斜角 β，对称牙型的 $\beta=\alpha/2$。

(8) 螺纹牙的高度 h：内外螺纹旋合后，螺纹接触面在垂直于螺纹轴线方向上的距离。

3. 常用螺纹的特点及应用

常用螺纹的类型、特点及应用如表 3-1-1 所示。

表 3-1-1　螺纹的类型、特点及应用

螺纹类型	牙 型 图	特点及应用
三角形螺纹		牙型为等边三角形，牙型角 $\alpha=60°$，牙根强度较高，自锁性能好，是最常用的连接螺纹。同一公称直径按螺距大小分为粗牙螺纹和细牙螺纹。一般情况下用粗牙螺纹，细牙螺纹常用于薄壁零件或变载荷的连接，也可作为微调机构的调整螺纹
矩形螺纹		牙型为正方形，牙型角 $\alpha=0°$，牙厚为螺距的一半，尚未标准化。其传动效率较其他螺纹高，故多用于传动。其缺点是牙根强度较低，磨损后间隙难以补偿，传中精度较低，目前已逐渐被梯形螺纹所代替
梯形螺纹		牙型为等腰梯形，牙型角 $\alpha=30°$。其传动效率比矩形螺纹略低，但工艺性好，牙根强度高，避免了矩形螺纹的缺点，是最常用的传动螺纹，如螺旋压力机
锯齿形螺纹		牙型为不等腰梯形，工作面牙型角 $\alpha=3°$，非工作面牙型角 $\alpha=30°$。它兼有矩形螺纹传动效率高和梯形螺纹牙根强度高的优点，但只能用于单方向的螺旋传动中
管螺纹		牙型角 $\alpha=55°$，属于英制螺纹，公称直径为管子的内径。管螺纹连接紧密，内外螺纹无间隙。它可分为圆柱管螺纹和圆锥管螺纹，前者用于低压场合，后者用于高温高压或密封性要求较高的管连接

3.1.2　螺栓连接

1. 螺栓连接及连接件

螺纹连接的主要类型有螺栓连接、双头螺柱连接、螺钉连接和紧定螺钉连接，下面主要说明螺栓连接的特点和应用。

1）螺栓连接

螺栓连接是将螺栓穿过被连接件上的光孔并用螺母锁紧，这种连接结构简单、装拆方便、应用广泛。螺栓连接按螺栓受力情况可分为普通螺栓连接和铰制孔用螺栓连接两种。

普通螺栓连接用于被连接件厚度不大并开有通孔，通孔和螺栓杆之间留有间隙的场合，如图 3-1-7(a)所示。

铰制孔用螺栓连接的被连接件上为铰制孔，螺栓杆和通孔之间为过渡配合，可对被连接件进行准确的定位，主要用于传递横向载荷，如图 3-1-7(b)所示。

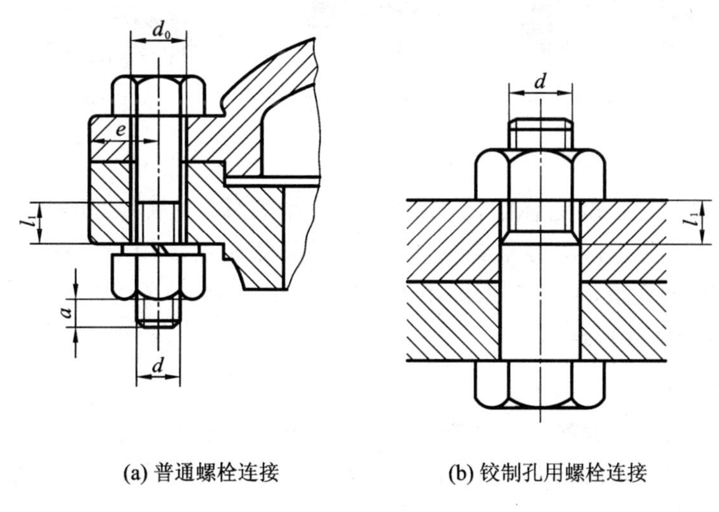

(a) 普通螺栓连接　　(b) 铰制孔用螺栓连接

图 3-1-7　螺栓连接

说明：

① 普通螺栓的螺纹余量长度 l_1：静载荷 $l_1 \geqslant (0.3 \sim 0.5)d$，变载荷 $l_1 \geqslant 0.75d$；铰制孔用螺栓的静载荷 l_1 应尽可能小于螺纹伸出长度 $a=(0.2 \sim 0.3)d$。

② 螺纹轴线到边缘的距离 $e=d+(3 \sim 6)$ mm。

③ 螺栓孔直径 d_0：普通螺栓 $d_0=1.1d$；铰制孔用螺栓：d_0按 d 查有关标准。

2）螺栓连接件

螺纹连接件的类型很多，在机械制造中常见的螺纹连接件有螺栓、双头螺柱、螺钉、螺母和垫圈等。这类零件大多已标准化，设计时可根据有关标准选用。下面介绍标准螺栓连接件的图例、结构特点及应用。

(1) 六角螺栓。螺栓头部多为六角形，螺栓杆部有部分螺纹和全螺纹两种，如图 3-1-8 所示。螺纹有 A、B、C 三个精度等级，A 级精度最高，常用 C 级。

(2) 六角螺母。螺母的形状有六角形、圆形、方形等，其中六角螺母最常用，如图 3-1-9 所示。按螺母的厚度不同又可分为普通螺母、薄螺母和厚螺母。螺母的制造精度同螺栓制造精度对应，有 A、B、C 三级，分别与同级螺栓配用。

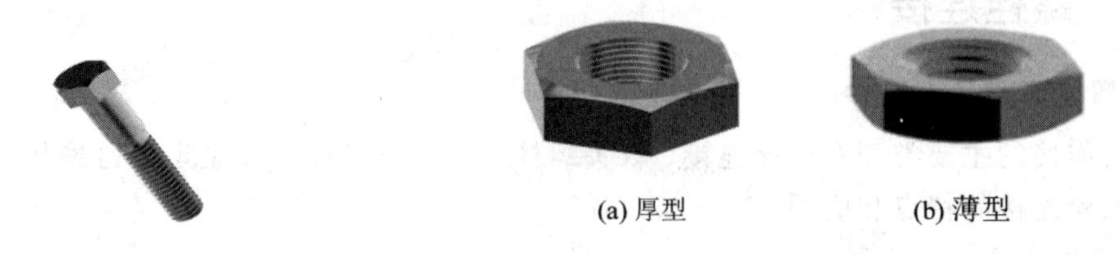

图 3-1-8　六角螺栓　　图 3-1-9　六角螺母

（3）垫圈。垫圈放置在螺母和被连接件之间，起保护支承表面等作用，常用的有平垫圈、弹簧垫圈和斜垫圈，如图 3-1-10 所示。平垫圈可增加被连接件的支承面积，减小接触处压强，防止旋紧螺母时损伤被连接件表面；弹簧垫圈还兼有防松的作用；斜垫圈用于倾斜面的支承。

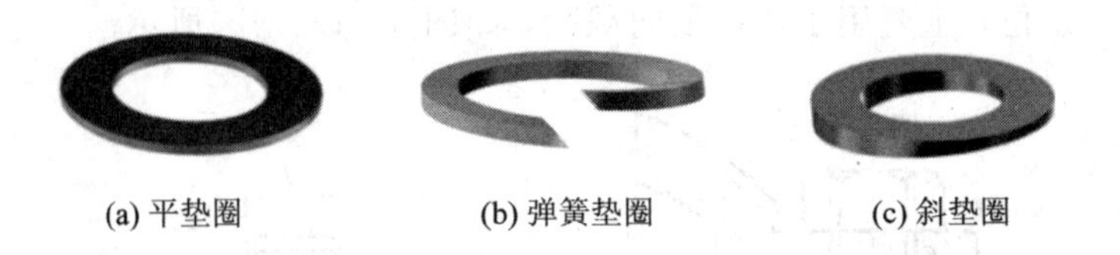

图 3-1-10　垫圈

根据国家标准规定，螺纹连接件分 A、B、C 三个等级，A 级精度的公差小，精度最高，用于要求配合精确、防止振动等重要零件的连接；B 级精度多用于受载较大且经常装拆、调整或承受变载荷的连接；C 级精度多用于一般的螺纹连接。

2. 螺纹连接的预紧与防松

1）螺纹连接的预紧

螺纹连接装配时，一般都要拧紧螺纹，使连接螺纹在承受工作载荷之前，受到预先作用的力，这就是螺纹连接的预紧，预先作用的力称为预紧力。螺纹连接预紧的目的在于增加连接的可靠性、紧密性和防松能力。

如图 3-1-11 所示，在拧紧螺母时，需要克服螺纹副相对扭转的阻力矩 T_1 和螺母与支承面之间的摩擦阻力矩 T_2，即拧紧力矩 $T=T_1+T_2$。

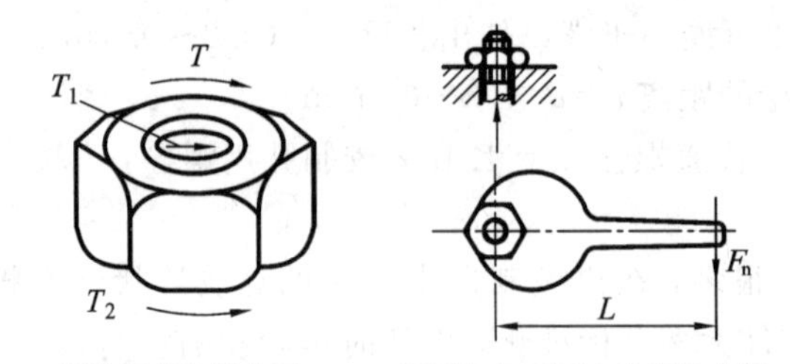

图 3-1-11　螺纹连接的预紧

对于 M10～M64 的粗牙普通螺栓，若螺纹连接的预紧力为 Q_0，螺栓直径为 d，则拧紧

力矩 T 可以按以下近似公式计算：

$$T \approx 0.2Q_0 d \quad (\mathrm{N \cdot mm}) \qquad (3-1-2)$$

预紧力的控制方法有多种。对于一般的普通螺栓连接，预紧力凭装配经验控制；对于较重要的普通螺栓连接，可用测力矩扳手(见图 3-1-12)或者定力矩扳手(见图 3-1-13)来控制预紧力的大小；对于预紧力控制有精确要求的螺栓连接，可采用测量螺栓伸长的变形量来控制预紧力的大小；而对于高强度螺栓连接，可以采用测量螺母转角的方法来控制预紧力的大小。一般规定，拧紧后螺纹连接件的预紧力不得超过其材料屈服极限 δ_s 的 80%。

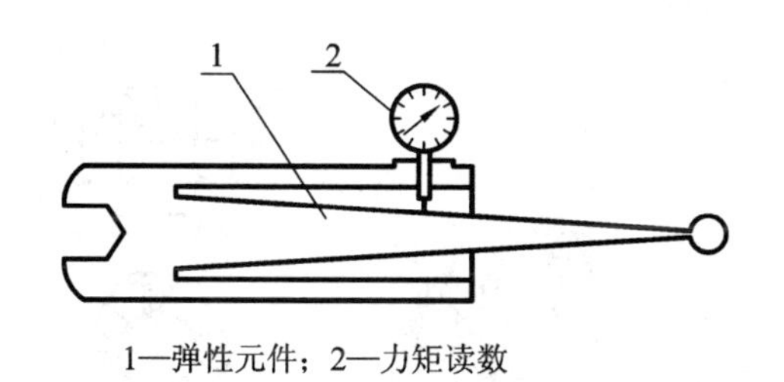

1—弹性元件；2—力矩读数

图 3-1-12　测力矩扳手

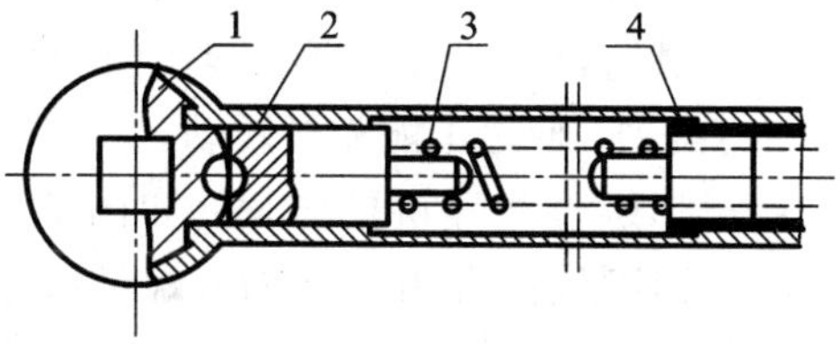

1—扳手卡盘；2—圆柱销；3—弹簧；4—螺钉

图 3-1-13　定力矩扳手

2) 螺纹连接的防松

螺纹连接防松的实质就是防止螺纹副的相对转动。

(1) 防松的原因。

① 在冲击、振动和变载的作用下，螺纹之间的摩擦力可能突然消失而影响正常工作。

② 在高温或温度变化较大时，螺栓与被连接件因温度不同而存在变形差异或材料的蠕变，也可能导致连接的松脱。

(2) 螺纹连接的防松措施及方法。螺纹连接后，可以根据具体情况，选用合理的防松措施和防松方法。常用的防松方法如下：

① 摩擦防松。摩擦防松是采用各种结构措施使螺旋副元素间的摩擦力不随连接的外载荷波动而变化，保持较大的摩擦力。

• 双螺母防松：如图 3-1-14(a)所示，利用两个螺母对顶拧紧作用使螺栓始终受到附加拉力和附加摩擦力的作用，使螺纹副轴向张紧，从而达到防松的目的。这种防松方法结构简单，常用于平稳、低速和重载的连接。其缺点是在载荷剧烈变化时不太可靠，而且螺杆加长，增加一个螺母后使结构尺寸变大，这样既增加了重量也不经济。

• 弹簧垫圈防松：如图 3-1-14(b)所示，拧紧螺母，弹簧垫圈被压平后，其弹力使螺纹副沿轴向上张紧，而且垫圈斜口方向也可对螺母起到防松的作用。这种防松方法结构简单，使用方便，但垫圈弹力不均，因而防松也不太可靠，一般用于不太重要的连接。

• 自锁螺母防松：如图 3-1-14(c)所示，在螺母上端做成有槽的弹性结构，在装配前这一部分的内螺纹尺寸略小于螺栓的外螺纹。装配时利用弹性使螺母稍稍扩张，螺纹之间得到紧密的配合，保持经常的表面摩擦力，从而达到防松的目的。这种防松方法简单、可靠，可多次装拆而不降低防松能力，一般用于重要场合。

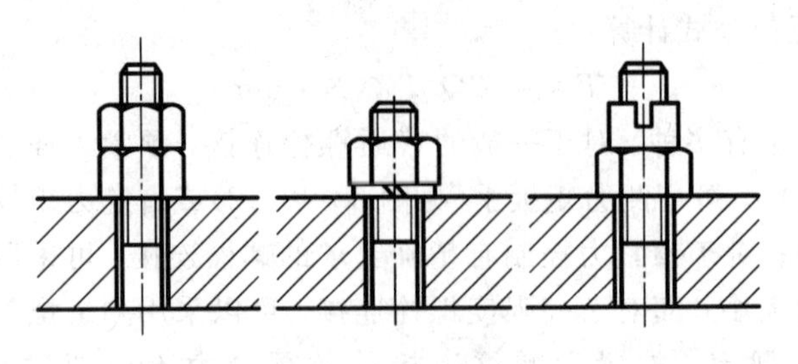

图 3-1-14　摩擦防松

② 机械防松。机械防松是利用便于更换的元件来约束螺旋副，使之不能相对转动。

• 槽形螺母与开口销防松：如图 3-1-15 所示，将螺母拧紧后，把开口销插入螺母槽与螺栓尾部孔内，并将开口销尾部扳开，阻止螺母与螺栓的相对转动。其特点是防松可靠，一般用于受冲击或载荷变化较大的连接。

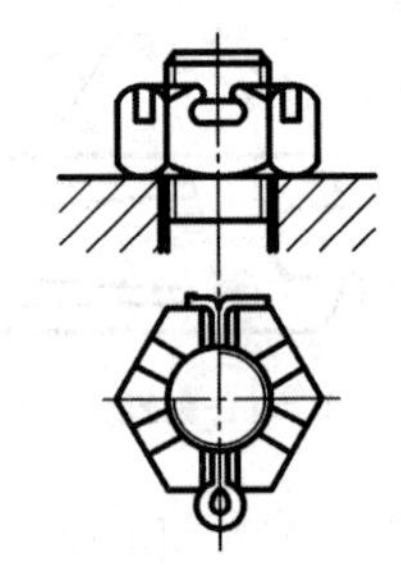

图 3-1-15　槽形螺母与开口销防松

• 止动垫圈防松：如图 3-1-16 所示为单耳止动垫圈，将止动片的一折边弯起贴在螺母的侧面上，另一折边弯下贴在被连接件的侧壁上，从而避免螺母转动而松脱。这种连接防松可靠，但只能用于连接部分可容纳弯耳的场合。

图 3-1-17 所示为圆螺母用带翅止动垫圈，将垫片内翅嵌入螺母轴的内槽中，待螺母拧紧后，再将垫片的外翅之一嵌入圆螺母的缺口中，即可防止螺母松脱，常用于轴上螺纹的防松。

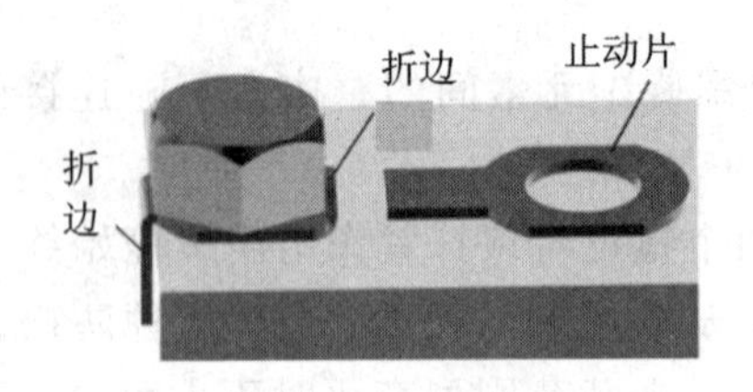

图 3-1-16　止动垫圈防松

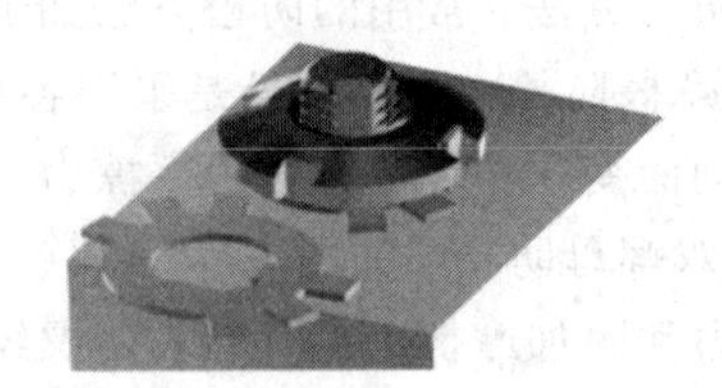

图 3-1-17　圆螺母止动垫圈防松

• 串联钢丝防松：如图 3-1-18 所示，将钢丝插入各螺钉头部的孔内，使其相互制约，从而达到防松的目的。这种防松方法一般用于螺钉组的连接，连接可靠，但装拆不便。

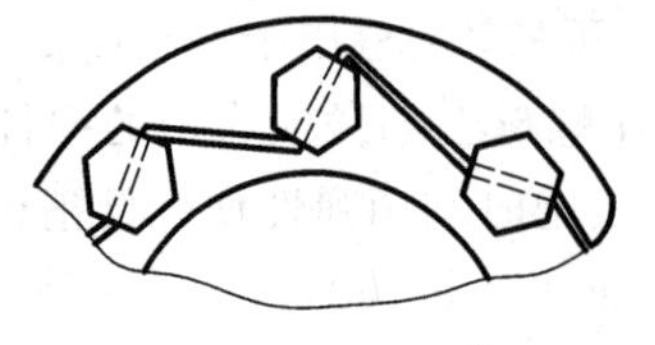

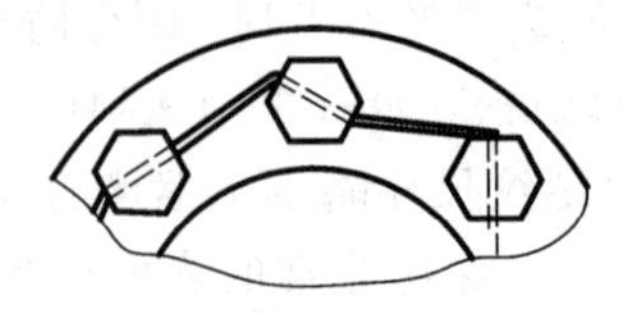

图 3-1-18　串联钢丝防松

③ 破坏螺纹副的不可拆防松。如图 3-1-19 所示，在螺母拧紧后，采用焊接、黏合、冲点等方法防松。

• 焊接防松：拧紧螺母后，将其与螺栓上的螺纹焊住，以起到永久性防松的作用，如图 3-1-19(a)所示。这种防松方法常用于装配后不可拆卸的场合。

• 黏合防松：将黏合剂涂于螺纹旋合表面，拧紧螺母后使其自行固化，效果良好，如图 3-1-19(b)所示。

• 冲点防松：用冲头冲 2～3 点，以起到永久性防松的作用，如图 3-1-19(c)所示。

以上连接方法一般用于永久性连接，方法简单可靠，使螺纹连接不可拆卸。

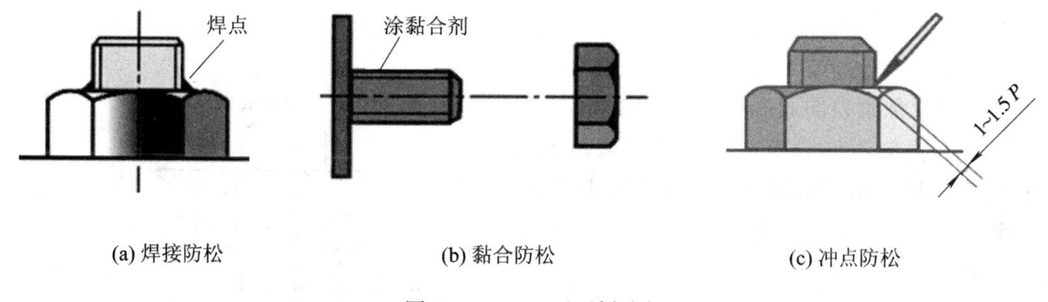

图 3-1-19　不可拆防松

3.1.3　螺栓连接的强度计算

1. 螺栓连接失效形式及强度计算依据

螺栓连接通常是成组使用的，称为螺栓组。在进行螺栓组的设计计算时，首先要确定螺栓的数目和布置，再进行螺栓受载分析，从螺栓组中找出受载最大的螺栓，计算该螺栓所受的载荷。螺栓组的强度计算，实际上是计算螺栓组中受载最大的单个螺栓的强度。由于螺纹连接件已经标准化，各部分结构尺寸是根据等强度原则及经验确定的，所以，螺栓连接的设计只需根据强度理论进行计算确定其螺纹直径即可，其他部分尺寸可查有关标准选用。

螺栓连接中的单个螺栓受力分为轴向载荷(受拉螺栓)和横向载荷(受剪螺栓)两种。受拉力作用的普通螺栓连接，其主要失效形式是螺纹部分的塑性变形或断裂，经常装拆时也会因磨损而发生滑扣，其设计准则是保证螺栓的静力或者疲劳拉伸强度；受剪切作用的铰制孔用螺栓连接，其主要失效形式是螺杆被剪断，螺杆或者被连接件的孔壁被压溃，故其设计准则为保证螺栓和被连接件具有足够的剪切强度和挤压强度。

2. 受拉螺栓连接

1) 松螺栓连接

松螺栓连接在装配时不拧紧螺母，螺栓不受预紧力的作用，工作时螺纹只受轴向工作载荷 F 的作用。这种连接在拉杆装置、起重吊钩、定滑轮等装置中应用。如图 3-1-20 所示起重机吊钩尾部的松螺栓连接，螺栓工作时受轴向力 F 的作用，其强度计算条件为

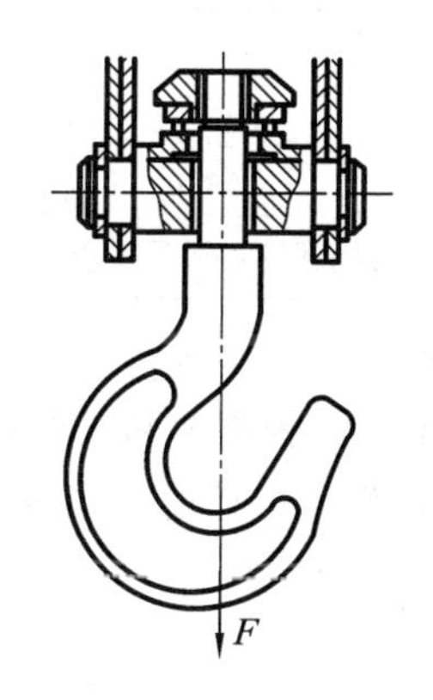

图 3-1-20　松螺栓连接

$$\sigma = \frac{E}{\frac{\pi}{4}d_1^2} \leqslant [\sigma] \qquad (3-1-3)$$

式中：$[\sigma]$——松螺栓连接的许用拉应力(MPa)；

d_1——螺纹危险截面的直径，即螺纹的小径。

由式(3-1-3)可得设计公式为

$$d_1 \geqslant \sqrt{\frac{4F}{\pi[\sigma]}} \qquad (3-1-4)$$

由上式求得满足强度条件的螺纹小径 d_1，再按螺纹标准从有关设计手册中查得螺纹的公称直径 d。

2) 紧螺栓连接

(1) 只受预紧力的紧螺栓连接。如图 3-1-21 所示，在横向工作载荷 F 的作用下，被连接件的结合面间有相对滑动趋势。为了防止滑动，由预紧力 F_P 所产生的摩擦力应大于或等于横向工作载荷 F，即 $F_P fm \geqslant F$。

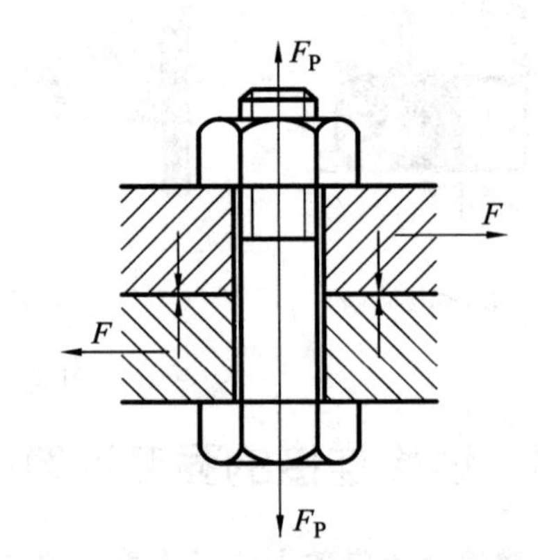

图 3-1-21　横向外载荷的普通螺栓连接

引入可靠性系数 K_f，整理得

$$F_P \geqslant \frac{K_f F}{mf} \qquad (3-1-5)$$

式中：F_P——螺栓所受轴向预紧力(N)；

F——螺栓连接所受横向工作载荷(N)；

f——接合面摩擦因数，可查表 3-1-2；

m——摩擦面数目；

K_f——可靠性因数，一般取 $K_f = 1.1 \sim 1.3$。

表 3-1-2　接合面间的摩擦系数

被连接件	表面状态	f
钢或铸铁零件	干燥加工表面	0.10～0.16
	有油加工表面	0.06～0.10
钢结构	喷砂处理	0.45～0.55
	涂富锌处理	0.35～0.40
	轧制表面、用钢丝刷清理浮锈	0.30～0.35
铸铁对榆杨木(或混凝土、砖)	干燥表面	0.40～0.50

拧紧螺母时，螺母受到预紧力 F_P 产生的拉应力和螺纹副摩擦力矩产生的扭矩切应力的同时作用，根据材料力学的第四强度理论，可知相当应力 $\sigma_{ca} \approx 1.3\sigma$，所以受横向载荷作用的普通螺栓连接的强度校核与设计计算公式分别为

$$\sigma_{ca} = \frac{4 \times 1.3F_P}{\pi d_1^2} \leqslant [\sigma] \qquad (3-1-6)$$

$$d_1 \geqslant \sqrt{\frac{4 \times 1.3F_0}{\pi[\sigma]}} \qquad (3-1-7)$$

式中：F_0——螺栓所受预紧力(N)；

$[\sigma]$——紧螺栓连接的许用拉应力(MPa)；

σ_{ca}——相当应力(MPa)；

d_1——螺栓小径(mm)。

(2) 承受轴向静载荷的紧螺栓连接。这种承载形式在紧螺栓连接中比较常见，也是最重要的一种螺栓连接形式。汽缸与汽缸盖螺栓组连接就是这种连接的典型例子。在这种连接中，螺栓实际承受的总拉力 F_Σ 并不等于预紧力 F_0 和轴向工作载荷 F 之和。

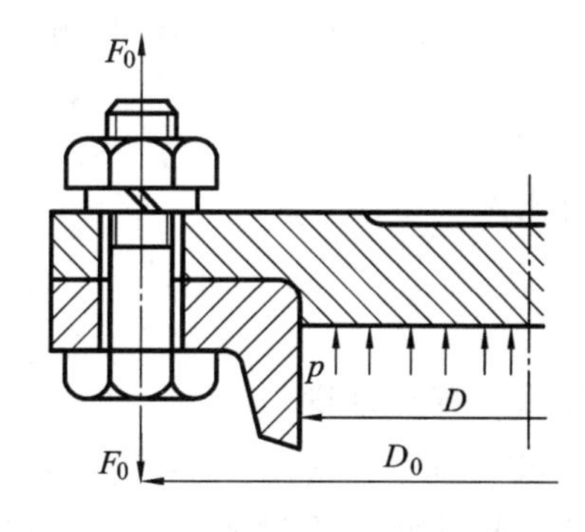

图 3-1-22　压力容器的螺栓受力

图 3-1-22 所示为汽缸端盖的螺栓组，其每个螺栓承受的平均轴向工作载荷为

$$F = \frac{p\pi D^2}{4z} \qquad (3-1-8)$$

式中，p 为缸内气压，D 为缸径，z 为螺栓数。

图 3-1-23 为汽缸盖螺栓组中一个螺栓连接的受力情况。假定所有零件材料都服从胡克定律，零件中的应力没有超过比例极限。图 3-1-23(a)所示为螺栓未被拧紧，螺栓与被连接件均不受力时的情况。图 3-1-23(b)所示为螺栓被拧紧后，螺栓受预紧力 F_0，被连接件受预紧压力 F_0的作用而产小压缩变形 δ_1 的情况。图 3-1-23(c)所示为螺栓受到轴向外载荷(由汽缸内压力而引起的)F 作用时的情况，螺栓被拉伸，变形增量为 δ_2，根据变形协调条件，δ_2 即等于被连接件压缩变形的减少量。此时被连接件受到的压缩力将减小为 F'_0，称为残余预紧力。显然，为了保证被连接件间密封可靠，应使 $F'_0>0$，即 $\delta_1>\delta_2$。此时螺栓所受的轴向总拉力 F_Σ 应为其所受的工作载荷 F 与残余预紧力 F'_0之和，即

$$F_\Sigma = F + F'_0 \qquad (3-1-9)$$

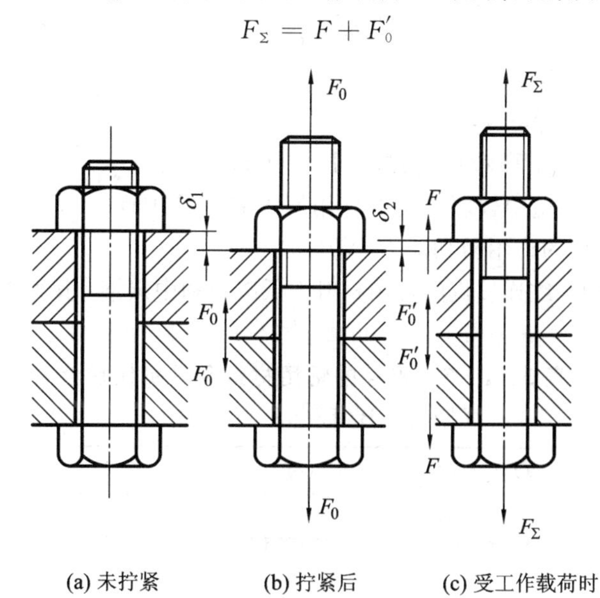

图 3-1-23　螺栓受力与变形

不同的应用场合，对残余预紧力 F_0' 有着不同的要求，一般可参考以下经验数据来确定：对于一般的连接，若工作载荷稳定，取 $F_0'=(0.2\sim0.6)F$；若工作载荷不稳定，取 $F_0'=(0.6\sim1.0)F$；对于汽缸、压力容器等有紧密性要求的螺栓连接，取 $F_0'=(1.5\sim1.8)F$。

当选定残余预紧力 F_0' 后，即可按式(3-1-9)求出螺栓所受的总拉力 F，同时考虑到可能需要补充拧紧及扭转剪应力的作用，将 F_Σ 增加30%，则螺栓危险截面的拉伸强度条件为

$$\sigma=\frac{1.3F_\Sigma}{\pi d_1^2/4}\leqslant[\sigma] \tag{3-1-10}$$

设计公式为

$$d_1\geqslant\sqrt{\frac{4\times1.3F_\Sigma}{\pi[\sigma]}} \tag{3-1-11}$$

3. 受剪螺栓连接

如图3-1-24所示，这种连接在装配时螺杆与孔壁间采用过渡配合，无间隙，螺母不必拧得很紧。工作时螺栓连接承受横向载荷 F_R，螺栓在连接接合面处受剪切力的作用，螺栓杆与孔壁间相互挤压。因此，应分别按挤强度和压剪切强度条件进行计算。

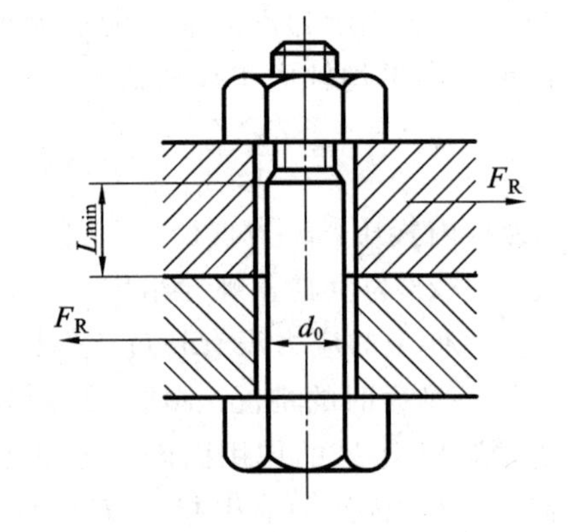

图3-1-24　受横向外载荷的铰制孔用螺栓连接

螺栓杆与孔壁之间的挤压强度为

$$\sigma_p=\frac{F_R}{d_0L_{min}}\leqslant[\sigma_p] \tag{3-1-12}$$

螺栓杆的剪切强度条件为

$$\tau=\frac{4F_R}{m\pi d_0^2}\leqslant[\tau] \tag{3-1-13}$$

式中：F_R——横向载荷(N)；

d_0——螺杆的直径(mm)；

L_{min}——螺栓杆与孔壁接触面的最小长度(mm)；

$[\sigma_p]$——螺栓与孔壁中较弱材料的许用挤压应力(MPa)；

$[\tau]$——螺栓材料的许用剪切应力(MPa)。

一般条件下工作的螺纹连接件的常用材料为低碳钢和中碳钢，其力学性能见表3-1-3。螺纹连接材料的许用应力$[\sigma]$、$[\tau]$、$[\sigma_p]$可查表3-1-4和表3-1-5。

表3-1-3　螺栓的常用材料及其机械性能

(摘自GB/T3098.1—2010)　　　　MPa

钢号	Q215(A2)	Q235(A3)	35	45	40Cr
强度极限 σ_b	335～410	375～460	530	600	980
屈服强度 σ_s ($d\leqslant16\sim100$ mm)	185～215	205～235	315	355	785

注：螺栓直径 d 小时，取偏高值。

表 3-1-4　螺栓连接的许用应力和安全系数

连接情况	受载荷情况	许用应力[σ]和安全系数 S
松连接	轴向静载荷	$[\sigma]=\frac{\sigma_s}{S}$。S=1.2～1.7(未淬火的钢取小值)
紧连接	轴向静载荷 横向静载荷	$[\sigma]=\frac{\sigma_s}{S}$ 控制预紧力时，S=1.2～1.5 不控制预紧力时，S 查表 3-1-5
用螺栓连接	横向静载荷	$[\tau]=[\sigma_s]/2.5$ 被连接件为钢时，$[\sigma_p]=\sigma_s/1.25$ 连接件为铸铁时，$[\sigma_p]=\sigma_b/(2\sim2.5)$
	横向变载荷	$[\tau]=[\sigma_s]/(3\sim3.5)$ $[\sigma_p]$ 按静载荷取值的 20%～30%计算

表 3-1-5　紧螺栓连接的安全系数 S(不控制预紧力时)

材料	静载荷			变载荷	
	M6～M16	M16～M30	M30～M60	M6～M16	M16～M30
碳素钢	4～3	3～2	2～1.3	10～6.5	6.5
合金钢	5～4	4～2.5	2.5	7.5～5	5

3.1.4　螺纹连接件的材料和许用应力

1. 螺纹连接件的材料

螺栓的常用材料有 Q215、Q235、15、35 和 45 钢等，重要和有特殊要求的场合可采用 15Cr、40Cr、30CrMnSi 和 15MnVB 等机械性能较高的合金钢。有防蚀或导电要求时，也可采用铜及其合金以及其他有色金属。常用螺栓材料的机械性能见表 3-1-3。

2. 螺纹连接的许用应力和安全系数

螺栓的许用应力及安全系数见表 3-1-4。不控制预紧力的紧螺栓连接中，安全系数 S 的选择与螺栓直径 d 有关，d 越小，S 越大，许用应力$[\sigma]$也就越低。这是因为，如果不控制预紧力，螺栓直径越小，拧紧时螺杆因过载而损坏的可能性就越大。在设计时，因 d 未知，而 S 的选择与 d 有关，因此要用试算法，即根据经验，先假定一个螺栓直径，再根据这个直径查取 S，然后根据强度计算公式计算出 d_1 值，若 d_1 的计算值与所假定的直径相对应，则可将假定值作为设计结果，否则必须重算。

3.1.5　螺纹连接设计时应注意的问题

1. 螺栓组连接的结构设计

机器中多数螺纹连接件一般都是成组使用的，其中螺栓组连接最具有典型性。在结构设计时，应考虑以下几方面的问题。

1）形状简单

连接接合面的几何形状通常设计成轴对称的简单几何形状，同时应和机器的结构形状相适应，如圆形、环形、矩形、框形和三角形等，如图 3－1－25 所示。这样不但便于加工制造，而且便于对称布置螺栓，使螺栓组的对称中心和连接接合面的形心重合，从而保证连接接合面受力比较均匀。

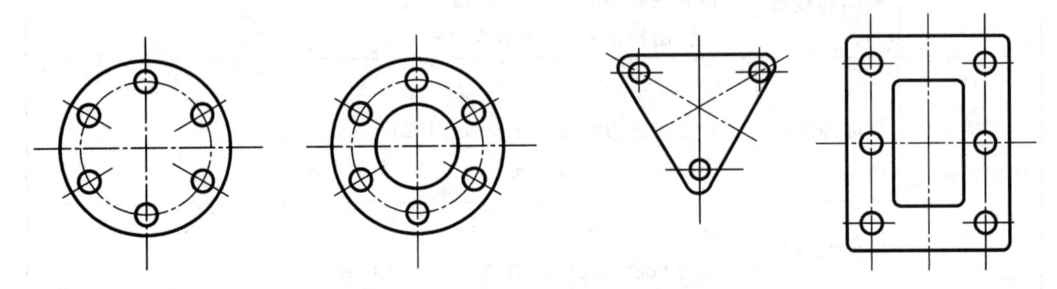

图 3－1－25　螺栓组连接接合面的形状

2）使螺栓受力均匀

螺栓的布置应使各螺栓的受力合理。对于铰制孔用螺栓连接，不要在平行于工作载荷的方向上成排地布置八个以上的螺栓，以免载荷分布过于不均。当螺栓连接承受弯矩或转矩时，应使螺栓的位置适当靠近连接接合面的边缘，尽量使螺栓布置在远离形心的地方，以减小螺栓的受力，如图 3－1－26 所示。若螺栓组同时承受较大的横向、轴向载荷，应采用销、套筒、键等零件来承受横向载荷，以减小螺栓的尺寸结构，如图 3－1－27 所示。

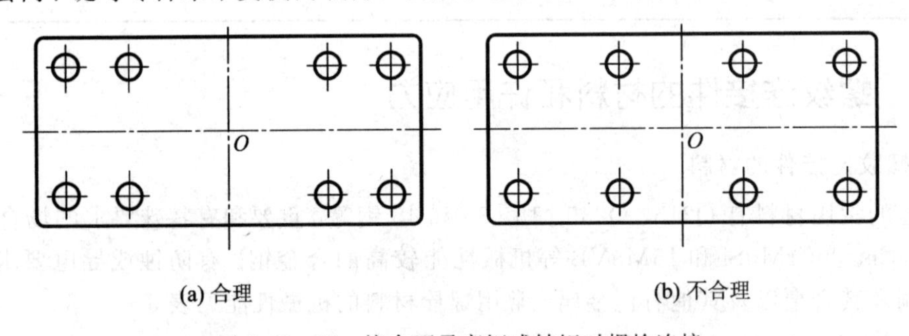

(a) 合理　　(b) 不合理

图 3－1－26　接合面承弯矩或转矩时螺栓连接

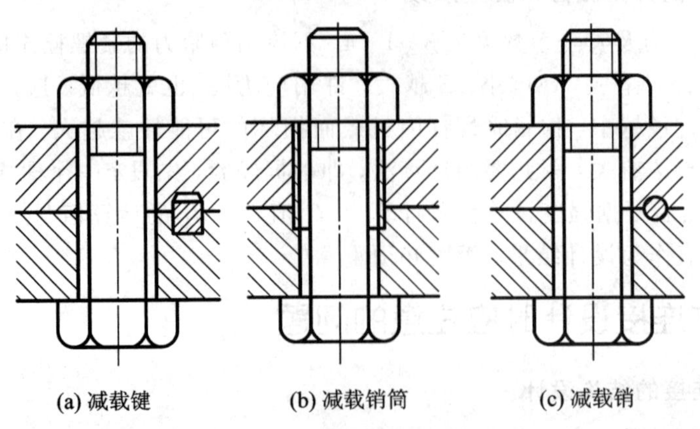

(a) 减载键　　(b) 减载销筒　　(c) 减载销

图 3－1－27　承受横向载荷的减载装置

3）便于分度

分布在同一圆周上的螺栓数目，应取成 4、6、8 等偶数，以便在圆周上钻孔时的分度和画线。同一螺栓组中螺栓的材料、直径和长度均应相同，如图 3－1－28(a)所示。

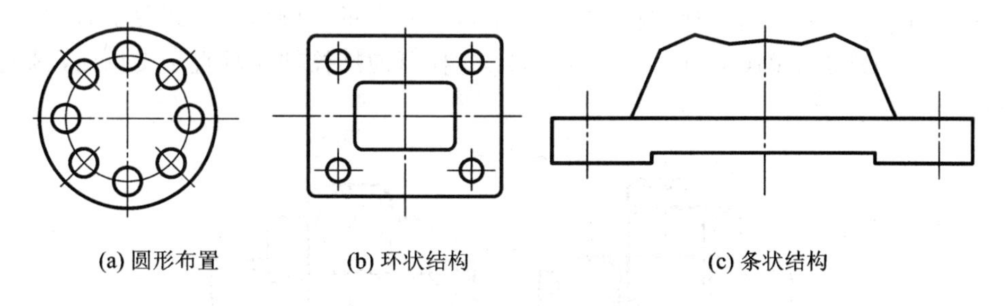

(a) 圆形布置　(b) 环状结构　(c) 条状结构

图 3－1－28　接面合的形状

4）尽量减少加工面

接合面较大时应采用环状结构，如图 3－1－28(b)所示。采用图 3－1－28(c)所示的条状结构或凸台结构可以减少加工面，且能提高连接的平稳性和连接刚度。

5）螺栓的排列应有合理的间距和边距

为了装配方便和保证支承强度，螺栓的各轴线之间以及螺栓轴线和机体壁之间应有合理的间距和边距，间距和边距的最小尺寸根据扳手空间确定，如图 3－1－29 所示，其尺寸请查阅有关设计手册。对于压力容器等紧密性要求较高的连接，螺栓间距 t 不得大于表 3－1－6 所推荐的数值。

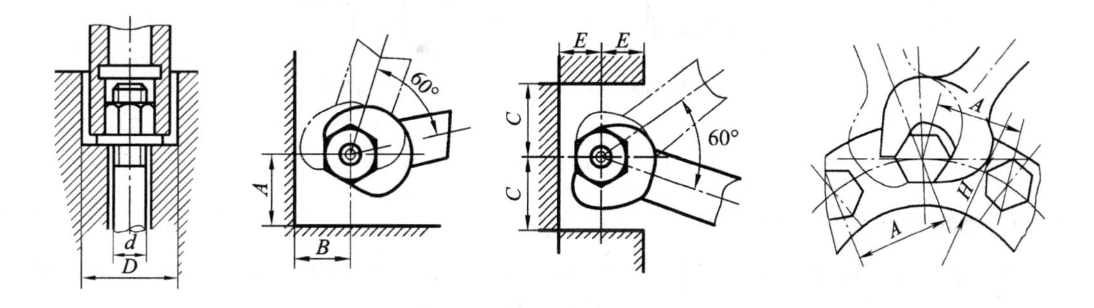

图 3－1－29　扳手的空间尺寸

表 3－1－6　紧密连接的螺栓间距

	容器工作压力 p/MPa					
	≤1.6	1.6～4	4～10	10～16	16～20	20～30
	t/mm					
	$7d$	$4.5d$	$4.5d$	$4d$	$3.5d$	$3d$

注：同一组螺栓连接中各螺栓的直径和材料均应相同，d 为螺纹的公称直径。

6）避免螺栓承受偏心载荷

避免螺栓承受偏心载荷，应减小载荷相对于螺栓轴心线的偏距，保证螺母与螺栓头部支承面平整并与螺栓轴线相垂直。对于铸件、锻件、焊件等零件的粗糙表面，应加工成凸台(见图3-1-30(a))或沉头座(见图3-1-30(b))；支承面倾斜时应采用斜面垫圈(见图3-1-31(a))或球面垫圈(见图3-1-31(b))。这样可使螺栓轴线垂直于支承面，避免承受偏心载荷。

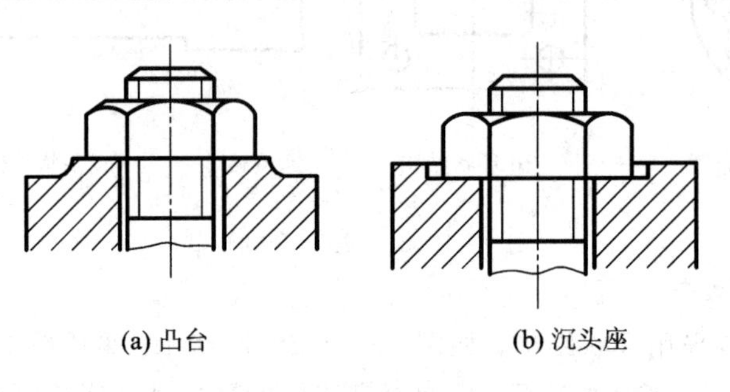

图3-1-30　凸台与沉头座的应用

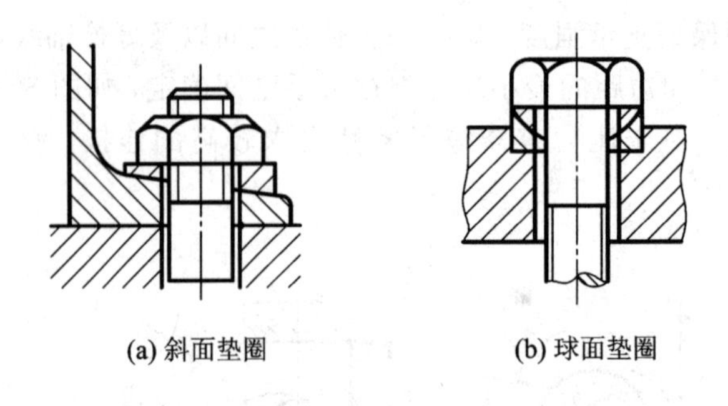

图3-1-31　斜面与球面垫圈的应用

2. 提高螺栓连接强度的措施

螺栓连接的强度主要取决于螺栓的强度。影响螺栓强度的因素很多，如材料、结构、尺寸、工艺、螺纹牙间、载荷分布、应力幅度、机械性能等。

1）改善螺纹牙间的载荷分配

实验表明，螺栓所受载荷约1/3集中在螺母与被连接件接触面处的第一圈螺纹上，以后各圈受载逐渐递减，第八圈以后的螺纹牙几乎不受载。为改善各牙受力分布不均匀的情况，可采用下述方法。

(1) 悬置螺母。悬置螺母的旋合部分全部受拉，其变形性质与螺栓相同，从而可以减小两者的螺距变化差，使螺纹牙上的载荷分布趋于均匀，如图3-1-32(a)所示。

(2) 内斜螺母。内斜螺母下端(螺栓旋入端)受力大的几圈螺纹处制成10°～15°的斜角，使螺栓螺纹牙的受力面由上而下逐渐外移。这样，螺栓旋合段下部的螺纹牙在载荷作用下容易变形，而载荷将向上转移使载荷分布趋于均匀，如图3-1-32(b)所示。

(3) 环槽螺母。这种结构可以使螺母内缘下端(螺栓旋入端)局部受拉，其作用和悬置螺母相似，但载荷均布的效果不及悬置螺母，如图3-1-32(c)所示。

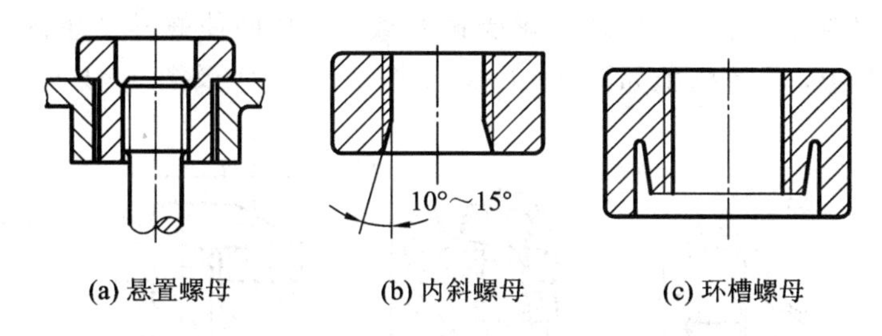

图 3-1-32　改善螺纹牙间的载荷分配

2）减小螺栓的应力变化幅度

对于受变载荷作用的螺栓，其应力也在一定的幅度内变动，减小螺栓刚度或增大被连接件刚度等皆可使螺栓的应力变化幅度减小。为减轻这种影响，可采用弹性元件和金属垫片等，如图 3-1-33 所示。

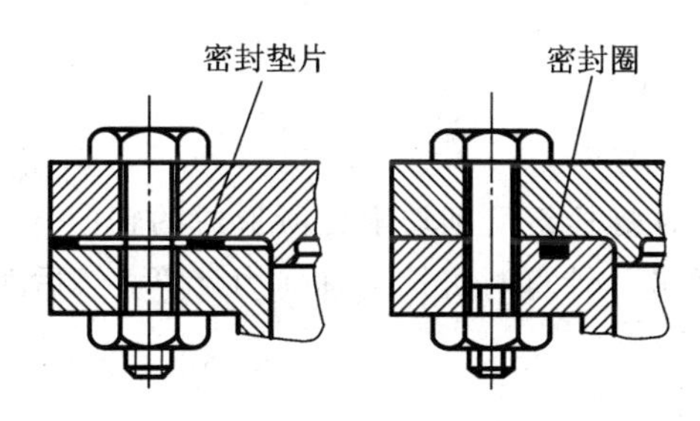

图 3-1-33　减小应力幅度

3）减小应力集中

螺纹的牙根、螺栓头部与栓杆铰接处，都有应力集中，是产生断裂的危险部位。其中螺纹牙根的应力集中对螺栓的疲劳强度影响很大。适当增大螺纹牙根过渡处圆角半径、在螺纹结束部位采用退刀槽等，都能使截面变化均匀，减小应力集中，提高螺栓的疲劳强度，如图 3-1-34 所示。

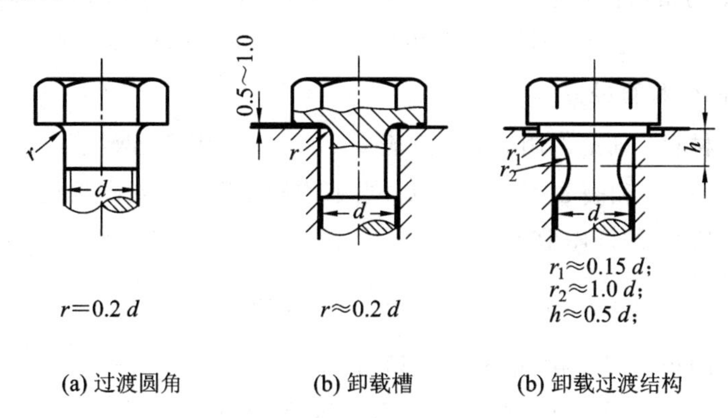

图 3-1-34　减少应力集中

4）避免附加应力

当被连接件、螺母或螺栓头部的支承面粗糙(见图 3-1-35(a))、被连接件因刚度不够而弯曲(见图 3-1-35(b))、钩头螺栓(见图 3-1-35(c))以及装配不良等都会使螺母与支承面的接触点偏离螺栓轴线，使螺栓承受偏心载荷，从而使螺栓产生附加的弯曲应力。这种情况应尽量避免，具体措施如图 3-1-30、图 3-1-31 及图 3-1-34 所示。

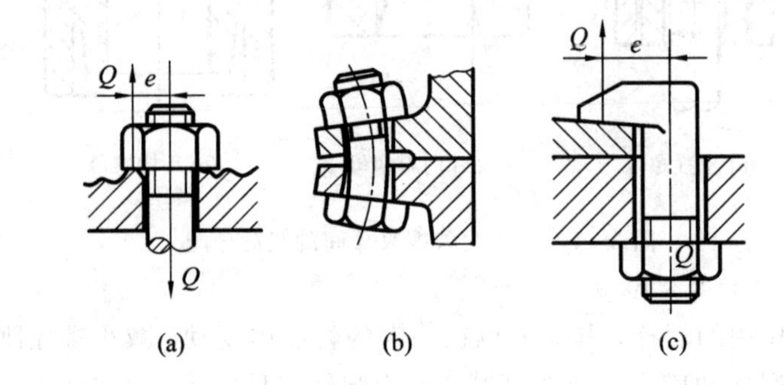

图 3-1-35　螺栓承受偏心载荷

探索与实践

1. 受力分析

如图 3-1-1 所示，立柱螺栓组受到切削力所形成的轴向力、立柱本身所受的重力以及切削时对立柱所形成的弯矩。计算时可按纯轴向力计算，然后对直径增大 20%，对弯矩所形成的弯曲应力进行修正。

2. 确定普通螺栓的直径

(1) 确定每个螺栓所受的轴向工作载荷 F。

$$F=\frac{F_Q}{z}=\frac{25\times 10^3}{4}=6250\ \text{N}$$

(2) 计算每个螺栓总的轴向力 F_Σ。由式(3-1-9)得

$$F_\Sigma=F+F_0'$$

根据立柱螺栓连接的紧密性要求，取 $F_0'=(0.2\sim0.6)F$，即 $F_0'=0.4F=2500$ N，因此

$$F_\Sigma=F+F_0'=6250+2500=8750\ \text{N}$$

3. 确定螺栓的公称直径 d

(1) 选择螺栓材料，确定许用应力。查表 3-1-3，选用 35 钢，其 $\sigma_b=530$ MPa，$\sigma_s=315$ MPa。由表 3-1-4 和表 3-1-5 可见，当不控制预紧力，对碳素钢 $S=4$(为了安全起见，安全系数取大值)，则许用应力

$$[\sigma]=\frac{\sigma_s}{S}=\frac{315}{4}=78.75\ \text{MPa}$$

(2) 计算螺栓的小径 d_1。由式(3-1-11)得

$$d_1\geqslant\sqrt{\frac{4\times1.3F_\Sigma}{\pi[\sigma]}}=\sqrt{\frac{4\times1.3\times8750}{\pi\times78.75}}\geqslant13.56\ \text{mm}$$

对 d_1 增大 20%，则

$$d_1\geqslant13.56\times(1+0.20)=16.28\ \text{mm}$$

查普通螺纹基本尺寸，取 $d=20$ mm，$d_1=17.294$，$P=2.5$ mm。

拓展知识——其他螺纹连接

1. 其他类型的螺纹连接

前面我们已经介绍了螺栓连接和连接件，下面就螺纹的其他连接即双头螺栓连接、螺钉连接和紧定螺钉连接简单了解一下它们的特点和应用。

1）双头螺栓连接

如图 3-1-36 所示，将螺栓一端旋入被连接件的螺纹孔中，另一端穿过另一被连接件的通孔后，再与螺母配合来完成连接。其特点是两被连接件中，有一个被连接件上需切制螺纹孔，另一被连接件上切制通孔。它适用于一个被连接件很厚或一端无足够的安装操作空间又需经常拆卸的场合。

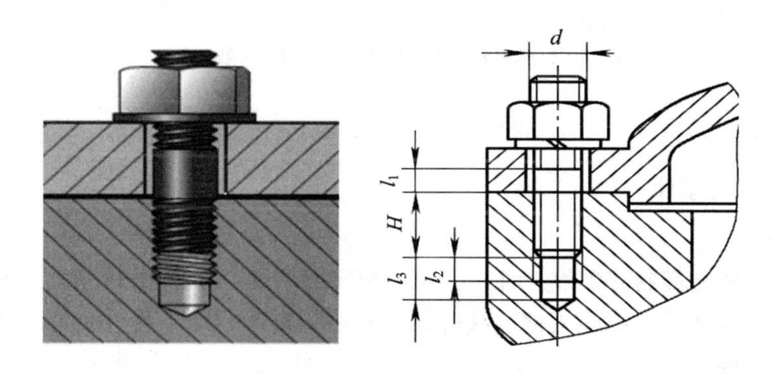

螺纹拧入深度H：为钢或青铜时$H \approx d$，为铸铁时$H=(1.25 \sim 1.5)d$，
为铝合金时$H=(1.5 \sim 2.5)d$；螺纹孔深度：$H_1=H+(2 \sim 2.5)d$；
钻孔深度：$H_2=H_1+(0.5 \sim 1)d$；l_1、a、e 值与普通螺栓连接相同。

图 3-1-36　双头螺栓连接

2）螺钉连接

如图 3-1-37 所示，螺钉连接的特点与双头螺栓相似，只是不需要螺母。螺钉直接穿过一个被连接件的通孔，旋入另一个被连接件的螺纹孔中。这种连接结构简单，外观较整齐美观，适用于被连接件之一较厚或另一端不能装螺母的场合。但经常拆装会使螺纹孔磨损，导致被连接件过早失效，所以不适用于经常拆装的场合。

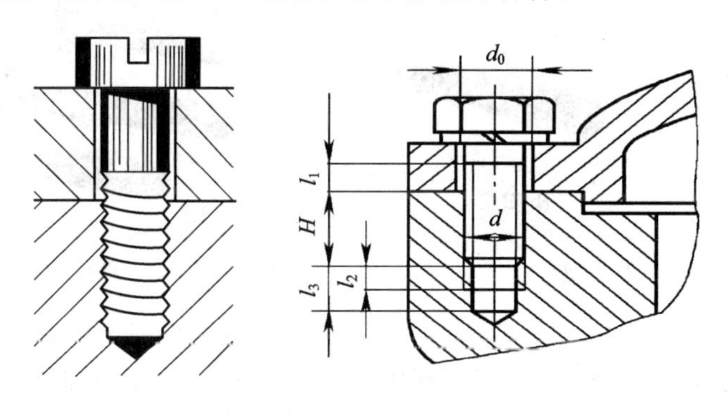

图 3-1-37　螺钉连接

3）紧定螺钉连接

如图 3-1-38 所示，利用紧定螺钉的螺纹部分旋入一个被连接件的螺纹孔中，以尾部顶在另外一个被连接件的表面上或凹坑中，来固定两个被连接件之间的位置。这种连接的特点是可以传递较小的轴向或周向载荷。紧定螺钉的端部有平端、锥端和柱端等。

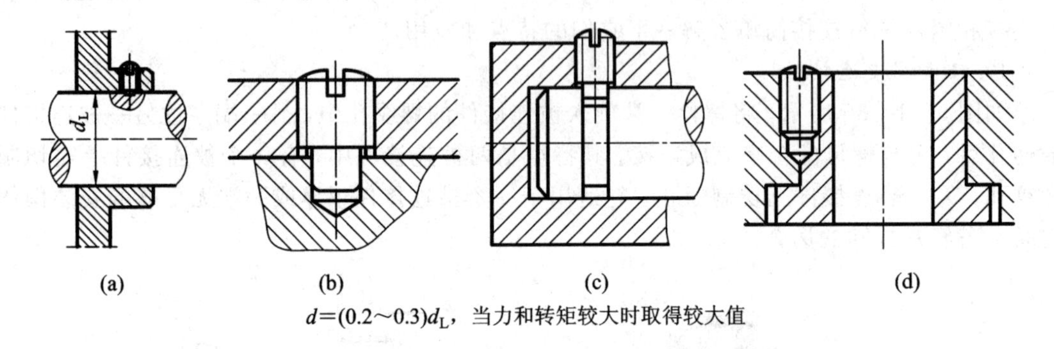

图 3-1-38　紧定螺钉连接

2. 其他螺纹连接件

1）双头螺柱

双头螺柱的两端都制有螺纹，两端螺纹可相同或不同，有 A 型和 B 型两种结构，如图 3-1-39 所示。螺柱的一端旋入被连接件螺纹孔中，旋入后即不拆卸；另一端用于安装螺母以固定其他零件。

2）螺钉

头部形状有圆头、扁圆头、六角头、圆柱头和沉头等，以适应不同的装配要求，头部起字槽有一字槽、十字槽和内六角孔等形式，如图 3-1-40 所示。十字槽螺钉头部强度高、对中性好，便于自动装配；内六角孔螺钉能承受较大的扳手力矩，连接强度高，用于要求结构紧凑的场合。

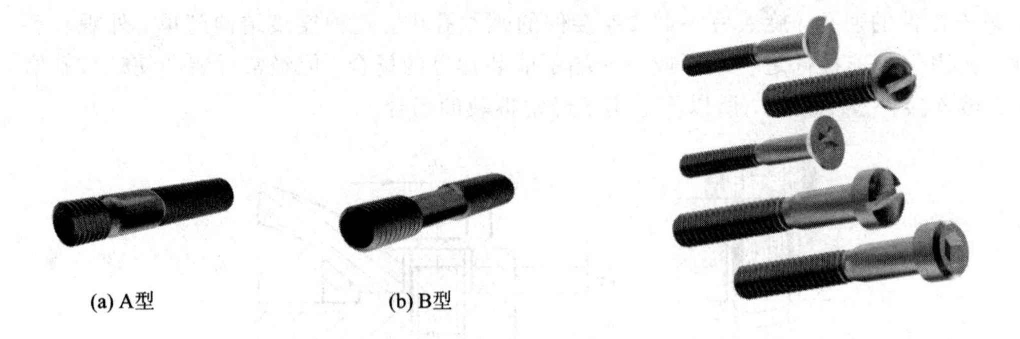

图 3-1-39　双头螺柱　　图 3-1-40　螺钉及其头部各种结构

3）圆螺母

圆螺母与止退垫圈(见图 3-1-41)配用，装配时垫圈内舌嵌入轴槽内，外舌嵌入螺母槽内，螺母即被锁紧，可防螺母松脱，常用于滚动轴承轴向固定。

(a) 圆螺母

(b) 止退垫片

图 3－1－41　圆螺母与止退垫圈

4）紧定螺钉

用末端顶住被连接件，头部为一字槽的紧定螺钉最常用。尾部的多种形状中，平端用于高硬度表面或经常拆卸处，圆柱端压入空心轴上的凹坑以紧定零件位置，锥端用于低硬度表面或不经常拆卸处，如图 3－1－42 所示。

(a) 平端　(b) 圆柱端　(c) 锥端

图 3－1－42　紧定螺钉及其尾部各种形式

归 纳 总 结

1. 普通螺纹的公称直径是指内、外螺纹的大径（D、d）。

2. 螺纹的分类见表 3－1－7。

表 3－1－7　螺纹的分类

<table>
<tr><td rowspan="12">螺纹</td><td rowspan="8">连接螺纹</td><td rowspan="4">紧固螺纹（三角形螺纹）</td><td rowspan="2">普通螺纹</td><td>粗牙普通螺纹</td></tr>
<tr><td>细牙普通螺纹</td></tr>
<tr><td colspan="2">小螺纹（0.3～1.4 mm）</td></tr>
<tr><td colspan="2">英制螺纹</td></tr>
<tr><td rowspan="4">管螺纹（三角形螺纹）</td><td colspan="2">55°非密封管螺纹</td></tr>
<tr><td colspan="2">55°密封管螺纹</td></tr>
<tr><td colspan="2">60°非密封管螺纹</td></tr>
<tr><td colspan="2">米制锥螺纹</td></tr>
<tr><td colspan="2" rowspan="3">传动螺纹</td><td colspan="2">梯形螺纹</td></tr>
<tr><td colspan="2">矩形螺纹</td></tr>
<tr><td colspan="2">锯齿形螺纹</td></tr>
<tr><td colspan="4">专门用途螺纹</td></tr>
</table>

3. 螺纹的应用：主要起连接和传动的作用。

4. 螺纹连接的类型：螺栓连接（普通螺栓连接、铰制孔用螺栓连接）、双头螺栓连接、螺钉连接、紧定螺钉连接。

5. 螺纹连接件：螺栓、双头螺柱、螺钉、紧定螺钉、螺母和垫圈等。

6. 螺纹连接的预紧与防松。

(1) 预紧目的：增加连接的可靠性、紧密性和防松能力。

(2) 防松的根本问题：防止螺纹副之间的相对运动。

(3) 螺纹连接防松措施：摩擦防松、机械防松、不可拆防松等。

7. 提高螺栓连接强度的措施：改善螺纹牙间载荷分布不均状况；减小应力集中的影响；降低螺栓应力变化幅度；减小应力集中的影响；(工艺方法)采用合理的制造工艺。

8. 螺栓组结构设计时应注意的三个问题：一是螺栓受力要小且均匀，二是布置要合理，三是不产生附加弯曲应力。

思考与练习

思考题：

1. 连接螺纹都具有良好的自锁性，为什么有时还需要防松装置？试各举出两个机械防松和摩擦防松的例子。

2. 普通螺栓连接和铰制孔用螺栓连接的主要失效形式是什么？计算准则是什么？

3. 在保证螺栓连接紧密性要求和静强度要求的前提下，要提高螺栓连接的疲劳强度，应如何改变螺栓和被连接件的刚度及预紧力大小？

练习题：

一、判断题

1. 螺纹轴线铅垂放置，若螺旋线左高右低，可判断为右旋螺纹。 (　　)

2. 细牙螺纹 M20×2 与 M20×1 相比，后者中径较大。 (　　)

3. 直径和螺距都相等的单头螺纹和双头螺纹相比，前者较易松脱。 (　　)

4. 拆卸双头螺柱连接，不必卸下外螺纹件。 (　　)

5. 螺纹连接属机械静连接。 (　　)

6. 受拉螺栓连接只能承受轴向载荷。 (　　)

7. 弹簧垫圈和对顶螺母都属于机械防松。 (　　)

8. 双头螺柱在装配时，要把螺纹较长的一端旋紧在被连接件的螺孔内。 (　　)

9. 机床上的丝杠及螺旋千斤顶等螺纹都是矩形的。 (　　)

10. 在螺纹连接中，为了增加连接处的刚性和自锁性能，需要拧紧螺母。 (　　)

二、选择题

1. 螺纹连接中最常用的螺纹牙型是______。

A. 三角形螺纹　　B. 矩形螺纹

C. 梯形螺纹　　D. 锯齿形螺纹

2. 在螺纹连接中，按防松原理，采用双螺母属于______。

A. 摩擦防松　　B. 机械防松

C. 破坏螺旋副的关系防松　　D. 增大预紧力防松

3. 重要的受拉螺栓连接中，不宜用小于 M12～M16 的螺栓，其原因是：尺寸小的螺栓______。

A. 不用好材料，强度低　　B. 需要的螺栓个数多

C. 拧紧时容易过载　　D. 不能保证连接的刚度

4. 在同一螺栓组连接中，螺栓的材料、直径和长度均应相同，这是为了______。

A. 外形美观　　B. 安装方便

C. 受力均匀　　D. 降低成本

5. 对于受轴向载荷的紧螺栓连接，在限定螺栓总拉力的条件下，提高螺栓疲劳强度的措施为______。

A. 增加螺栓刚度，减小被连接件的刚度

B. 减小螺栓刚度，增加被连接件的刚度

C. 同时增加螺栓和被连接件的刚度

D. 同时减小螺栓和被连接件的刚度

6. 当螺栓组承受横向载荷或旋转力矩时，该螺栓组中的螺栓______。

A. 必受剪应力作用　　B. 必受拉应力作用

C. 同时受到剪切和拉伸　　D. 既可能受剪切，也可能受拉伸

7. 当两被连接件之一太厚，不宜制成通孔，且需要经常拆卸时，往往采用______。

A. 螺栓连接　　B. 螺钉连接

C. 双头螺栓连接　　D. 紧定螺钉连接

8. 在铰制孔用螺栓连接中，螺栓杆与孔的配合为______。

A. 间隙配合　　B. 过渡配合　　C. 过盈配合

9. 螺纹连接预紧的目的之一是______。

A. 增加连接的可靠性和紧密性　　B. 增加被连接件的刚性

C. 防止螺纹副相对转动　　C. 增加螺纹连接的刚度

10. 螺纹连接防松的根本问题在于______。

A. 增加螺纹连接的轴向力　　B. 增加螺纹连接的横向力

C. 增加螺纹连接的刚度　　D. 防止螺纹副相对转动

三、填空题

1. 普通螺纹的公称直径指的是螺纹的________，计算螺纹的摩擦力矩时使用的是螺纹的________，计算螺纹危险截面时使用的是螺纹的________。

2. 三角形螺纹的牙型角 α=____________，适用于____________。而梯形螺纹的牙型角α=________，适用于________。

3. 受轴向工作载荷 F 的紧螺栓连接，螺栓所受的总拉力 F_Σ 等于________与________之和。

4. 螺纹连接的防松，按其防松原理分为________防松、________防松和________防松。

5. ________形螺纹传动效率最高。

6. ________形螺纹自锁性能最好。

7. 多线螺纹导程 S、螺距 P 和线数 n 的关系为________。

8. 螺纹按用途可分为________和________螺纹两大类。

四、分析计算题

1. 受轴向载荷的紧螺栓连接，被连接钢板间采用橡胶垫片。已知预紧力 $F_0=1500$ N，当轴向工作载荷 $F=1000$ N 时，求螺栓所受的总拉力及被连接件之间的残余预紧力。

2. 如图 3-1-43 所示，刚性凸缘联轴器用六个普通螺栓连接。螺栓均匀分布在 $D=100$ 的圆周上，接合面摩擦系数 $f=0.15$，可靠性系数取 $C=1.2$。若联轴器的转速 $n=960$ r/min、传递的功率 $P=15$ kW，载荷平稳，螺栓材料为 45 钢，$\sigma_s=480$ MPa，不控制预紧力，安全系数取 $S=4$，试计算螺栓的最小直径。

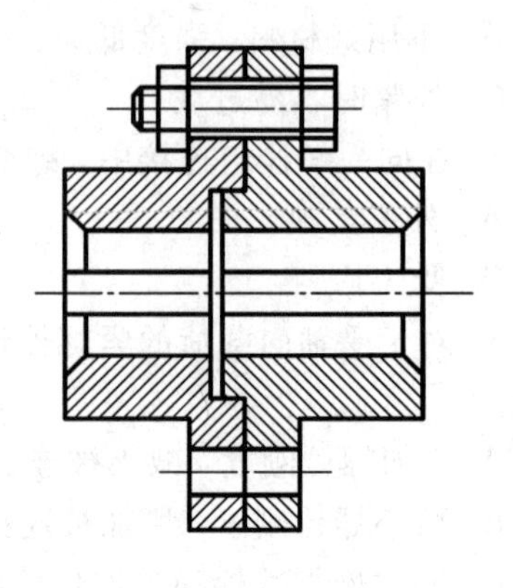

图 3-1-43　分析计算题 2 图

模块二　设计减速器中齿轮与轴的键连接

知识要求：1. 掌握键的类型和尺寸；
　　　　　2. 掌握平键的失效形式及强度计算；
　　　　　3. 能够正确选择减速箱中键连接的类型和尺寸。

技能要求：1. 掌握轴毂连接的方法；
　　　　　2. 能够对键进行强度校核。

任务提出与任务分析

1. 任务提出

首先让学生完成单级减速箱的拆装实验，如图 3-2-1(a)所示，在拆装过程中对齿轮减速箱的输出轴(见图 3-2-1(b))进行观察并思考：该输出轴上有哪些零部件？它们是怎样安装上去的，又是怎样拆卸的？输出轴、齿轮与键(见图 3-2-1(c))之间是怎样定位及设计的？

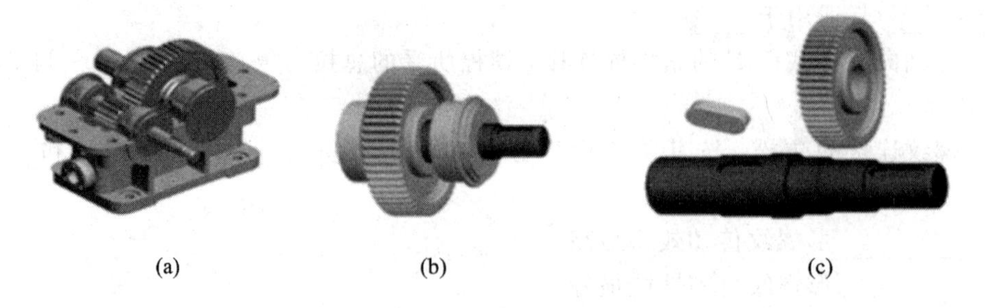

(a)　　(b)　　(c)

图 3-2-1　单级减速箱的拆装

设计任务：设计选用图 3-2-2 所示的减速器输出轴与齿轮的键连接形式。已知轴传递的转矩 $T=600$ N·m，载荷有轻微冲击，轴、键的材料均为钢，齿轮材料为铸钢。

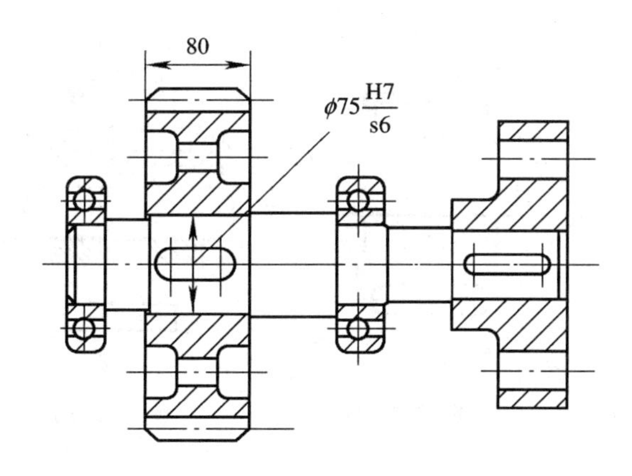

图 3-2-2　减速器输出轴

2. 任务分析

键连接是常用的轴毂连接方式，要正确选用键连接的类型和尺寸，首先应熟悉键连接的类型及特点，还应掌握有关键连接的强度计算方法以便对键进行强度校核。

相关知识

3.2.1　键连接的类型、结构和特点

键主要用来实现轴和轴上零件之间的周向固定以传递转矩。有些类型的键还可以实现轴上零件的轴向固定或轴向移动。

键连接是可拆连接，结构简单、工作可靠、装拆方便，并且键已经标准化，不必自行设计，只需根据使用要求和国家标准选用，所以生产中应用广泛，是轴上零件周向固定最常用的方法。

键连接按参与工作的表面不同分为两大类：一类是以键的两侧面为工作面，如平键连接、半圆键连接；另一类是以键的上下面为工作面，如楔键连接、切向键连接。

1. 平键连接

如图 3-2-3(a)所示，平键的上下两面和两个侧面都互相平行，平键的下面与轴上键槽切紧，上面与轮毂键槽顶面留有间隙。工作时靠键与键槽侧面的挤压来传递转矩，故平键的两个侧面是工作面。因此，平键连接结构简单、加工容易、装拆方便、对中性好。但它不能承受轴向力，对轴上零件不能起到轴向固定的作用，常用于传动精度要求较高的场合。

平键按用途不同分为普通平键、导向平键和滑键三种。

(1) 普通平键连接。普通平键连接用于静连接，根据键头部形状不同，可分为圆头 A 型、方头 B 型和单圆头 C 型键三种，如图 3-2-3(b)、(c)、(d)所示。圆头普通平键键槽由端铣刀加工，键在槽中轴向固定较好，其应用最广，但键的头部侧面与轮毂上的键槽并不接触，因而键的圆头部分不能充分利用，而且轴上键槽端部的应力集中较大。方头普通平键键槽用盘铣刀加工，键槽两端的应力集中较小，但键在槽中的轴向固定不好，常用紧定螺钉紧固，以防松动。单圆头平键用于轴端连接，轮毂上的键槽一般用插刀或拉刀加工。

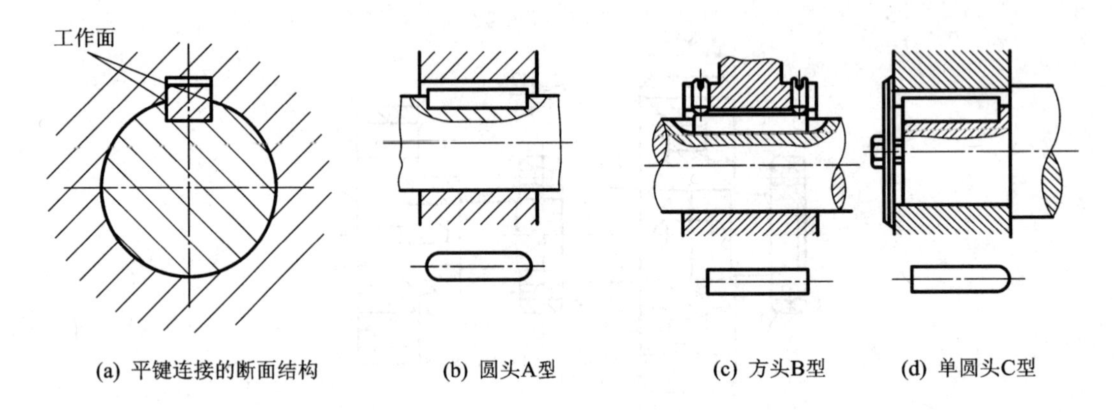

(a) 平键连接的断面结构　(b) 圆头A型　(c) 方头B型　(d) 单圆头C型

图 3-2-3　普通平键连接

(2) 导向平键和滑键连接。导向平键和滑键连接用于动连接。当零件需要作轴向移动时，可采用导向平键连接，如图 3-2-4 所示。导向平键较普通平键长，为防止键体在轴中松动，导向平键连接用两个螺钉将其固定在轴上，其中部制有起键螺钉，常用于移动距离不大的场合。

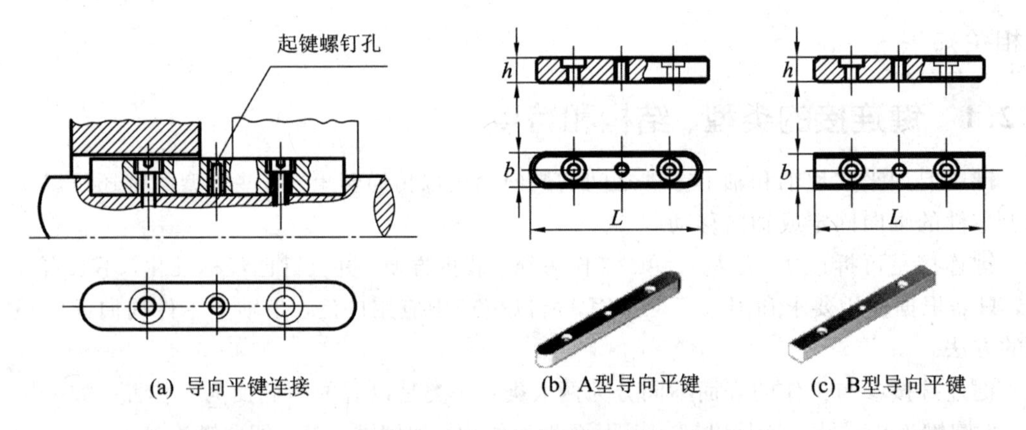

(a) 导向平键连接　(b) A型导向平键　(c) B型导向平键

图 3-2-4　导向平键连接

当零件需要滑移的距离较大时，因所需的导向平键过长，制造困难，可选用滑键连接。滑键固定在轮毂上，随轮毂一同沿着轴上键槽移动，如图 3-2-5 所示。

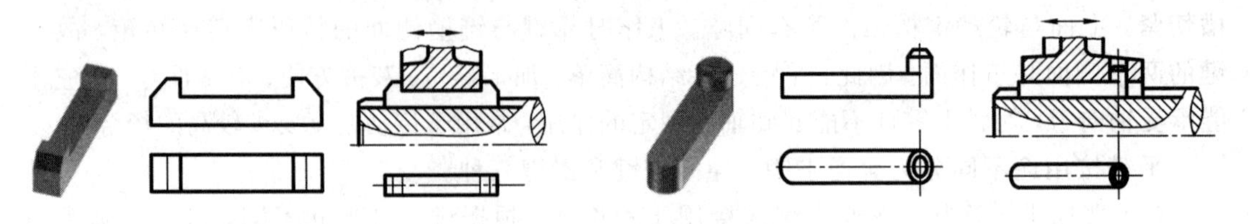

图 3-2-5　滑键连接

2. 半圆键连接

图 3-2-6 所示为半圆键连接，半圆键的工作面也是键的两个侧面。轴上键槽用与半圆键尺寸相同的键槽铣刀铣出，半圆键可在槽中绕其几何中心摆动以适应毂槽底面的倾斜。这种键连接的特点是工艺性好、装配方便，尤其适用于锥形轴端与轮毂的连接；但键槽较深，对轴的强度削弱较大，一般用于轻载静连接。若用两个半圆键，应布置在轴的同

一条母线上。

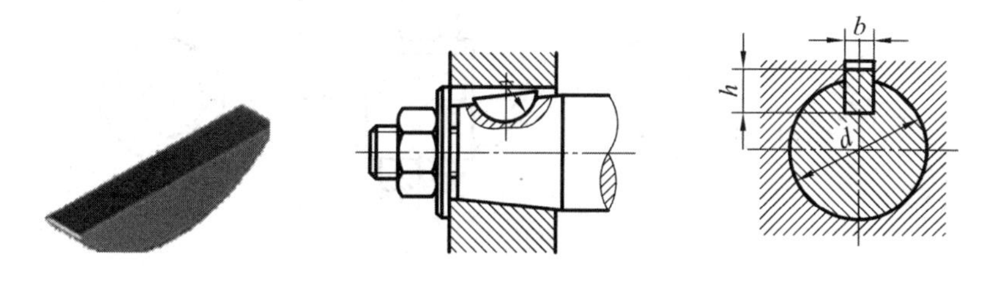

图 3-2-6　半圆键连接

3. 楔键连接

图 3-2-7 所示为楔键连接，楔键的上、下两面为工作面。楔键的上表面和与它相配合的轮毂键槽底面均有 1∶100 的斜度。装配时将楔键打入，使楔键楔紧在轴和轮毂的键槽中，楔键的上、下表面受挤压，工作时靠这个挤压产生的摩擦力传递转矩。如图 3-2-7 所示，楔键分为普通楔键和钩头楔键两种。钩头楔键的钩头是为了便于拆卸的。普通楔键也分为 A、B、C 三种形式。

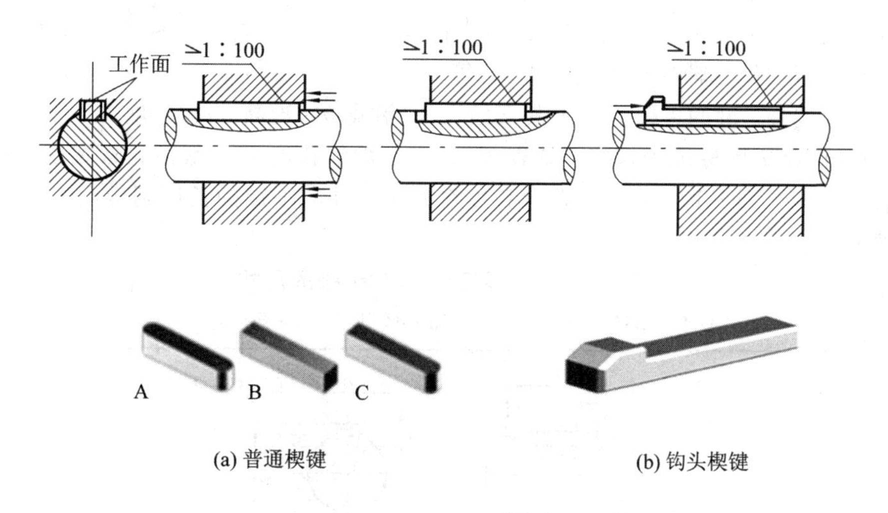

(a) 普通楔键　(b) 钩头楔键

图 3-2-7　楔键连接

楔键连接的缺点是楔紧后，轴和轮毂的配合会产生偏心和偏斜，因此它一般用于定心精度要求不高和低转速的场合。

4. 切向键连接

切向键由两个斜度为 1∶100 的普通楔键组成，如图 3-2-8 所示，装配时将切向键沿轴切线方向楔紧在轴与轮毂之间。其上下面为工作面，压力沿轴切线方向作用，能传递很大转矩。用一对切向键时，只能单向传递转矩；要双向传递转矩须用两对互成 120°～135° 分布的切向键。

切向键承载能力很大，但由于键槽对轴的强度削弱较大，因此常用于直径大于 100 mm 的轴上且对中性要求不高的重型机械中。

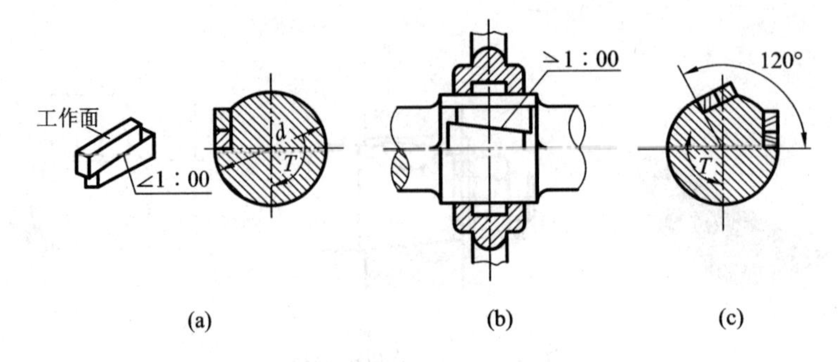

图 3-2-8　切向键连接

3.2.2　平键连接的选用及强度计算

1. 平键的选用及标注

平键是标准件，设计时可根据具体条件选择键的类型和尺寸。

(1) 类型选择。键的类型应根据键连接的结构、使用特性及工作条件来选择。选择时应考虑以下各方面的情况：① 需要传递转矩的大小；② 连接于轴上的零件是否需要沿轴滑动及滑动距离的长短；③ 对于连接的对中性要求；④ 键是否需要具有轴向固定的作用；⑤ 键在轴上的位置(在轴的中部还是端部)等。

(2) 尺寸选择。键的主要尺寸为其截面尺寸(键宽 $b\times$ 键高 h)与长度 L。键的剖面尺寸 $b\times h$ 按轴的直径 d 由标准中选定，见表 3-2-1。键的长度 L 一般由轮毂宽度来确定，要求键长比轮毂略短 5～10 mm，且符合长度系列值；导向平键的长度则应由零件所需滑动的距离来确定。

表 3-2-1　普通平键和键槽的尺寸

(摘自 GB/T 1095—2003 和 GB/T 1096—2003)　　　　mm

轴的直径	键		键槽		轴的直径	键		键槽	
d	$b\times h$	L	t	t_1	d	$b\times h$	L	t	t_1
6～8	2×2	6～20	1.2	1	>30～38	10×8	22～110	5.0	3.3
>8～10	3×3	6～36	1.8	1.4	>38～44	12×8	28～140	5.0	3.3
>10～12	4×4	8～45	2.5	1.8	>44～50	14×9	36～160	5.5	3.8
>12～17	5×5	10～56	3.0	2.3	>50～58	16×10	45～180	6.0	4.3
>17～22	6×6	14～70	3.5	2.8	>58～65	18×11	50～200	7.0	4.4
>22～30	8×7	18～90	4.0	3.3	>65～75	20×12	56～220	7.5	4.9
>30～38	10×8	22～110	5.0	3.3	>75～85	22×14	63～250	9.0	5.4
键长 L 标准系列	6、8、10、12、14、16、18、20、22、25、28、32、36、40、45、50、56、63、70、80、90、100、125、140、160、180、200、250、280、320、360、400、450、500								

注：图中轴槽深用 $d-t$ 或 t 标注，毂槽深用 $d+t_1$ 标注。

(3) 平键标注记为：键类型 $b\times L$ GB/T 1096—2003。对于圆头普通平键(A 型)，标注字母 A 可以省略不标。

例如，键截面尺寸 $b\times h=16\times 10$，键长 $L=100$ mm 的平头普通平键标记为

键 B 16×100 GB/T 1096—2003

2. 平键连接的强度计算

普通平键为静连接，其工作时的主要失效形式为组成连接的键、轴和轮毂中强度较弱材料工作表面被压溃，极个别情况下也会出现键被剪断的现象，应按工作表面上的最大挤压应力进行强度校核计算；而导向平键、滑键为动连接，主要失效形式是工作面的过度磨损，应按工作面上的最大压强进行强度校核计算。

如图 3-2-9 所示，假定载荷在键的工作面上均匀分布，则普通平键连接的强度条件为

$$\sigma_p=\frac{F_t}{h'l}=\frac{2T}{h'ld}=\frac{4T}{hld}\leqslant[\sigma_p] \tag{3-2-1}$$

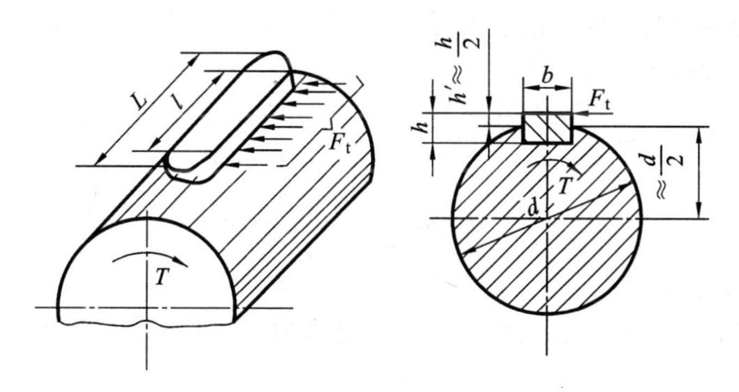

图 3-2-9　普通平键连接受力分析

导向平键连接和滑键连接的强度条件为

$$p=\frac{F_t}{h'l}=\frac{4T}{hld}\leqslant[p] \tag{3-2-2}$$

式中：σ_p——工作表面的挤压应力(MPa)；

T——转矩(N·mm)；

d——轴的直径(mm)；

h——键的高度(mm)；

h'——键与轮毂的接触高度(mm)，$h'=0.5h$；

l——键的工作长度(mm)，A 型键 $l=L-b$，B 型键 $l=L$，C 型键 $l=L-b/2$；

$[\sigma_p]$——连接中较弱材料的许用应力(MPa)，见表 3-2-2；

$[p]$——连接中较弱材料的许用压强(MPa)，见表 3-2-2。

表 3-2-2　键连接的许用挤压应力$[\sigma_p]$和许用压强$[p]$　　MPa

许用应力	连接方式	零件材料	载荷性质		
			静载荷	轻微载荷	冲击
$[\sigma_p]$	静连接	钢	125～150	100～120	60～90
		铸铁	70～80	50～60	30～45
$[p]$	动连接	钢	50	40	30

注：如与键有相对滑动的被连接件表面经过淬火，则动连接的许用压强$[p]$可提高 2～3 倍。

经校核普通平键连接的强度不够时，可以采取下列措施：

(1) 适当增加键和轮毂的长度，但通常键长不得超过 1.6～1.8d，否则挤压应力沿键长分布的不均匀性将增大。

(2) 采用双键，在轴上相隔 180°配置。考虑载荷分布的不均匀性，双键连接按 1.5 个键进行强度校核。

探索与实践

(1) 选择键连接的类型。如图 3-2-2 所示，为保证齿轮传动啮合良好，要求对中性好，故选用 A 型普通平键连接。

(2) 选择键的主要尺寸。根据轴的直径 $d=75$ mm 及轮毂长度 80 mm，按表 3-2-1 选择 A 型普通平键，其键宽 $b=20$ mm，键高 $h=12$ mm，键长 $L=70$ mm，标记为

GB/T 1096—2003　　键 20×12×70

(3) 校核键连接强度。按连接结构的材料(钢)和工作的载荷有轻微冲击，查表 3-2-2 得 $\sigma_p=100$ MPa。键的工作长度为

$$l=L-b=70-20=50\ \text{mm}$$

由式(3-2-1)得

$$\sigma_p=\frac{4T}{hld}=\frac{4\times 600\times 1000}{12\times 50\times 75}\text{MPa}=53.3\ \text{MPa}<[\sigma_p]=100\ \text{MPa}$$

故此键连接的强度足够。

(4) 标注键槽的尺寸和公差。由表 3-2-1 查得轴槽、毂槽的尺寸及公差如图 3-2-10 所示。

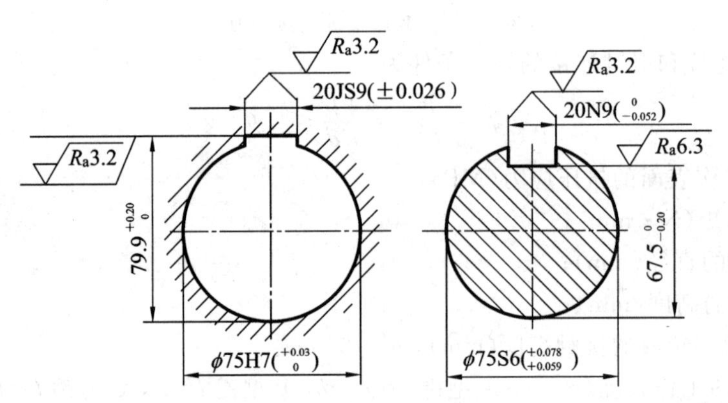

图 3-2-10　键槽尺寸

拓展知识——其他连接

1. 花键连接

1) 花键连接的组成

花键连接由轴上加工出的外花键(花键轴)和轮毂孔上加工出的内花键(花键孔)组成(如图 3-2-11 所示)，键齿对称分布，键槽较浅，工作时依靠内、外花键齿侧面的相互挤压传递转矩。

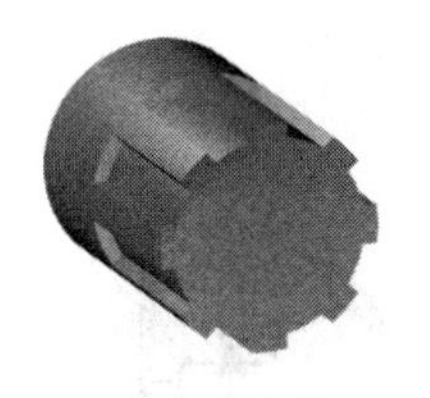
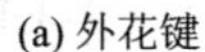
(a) 外花键

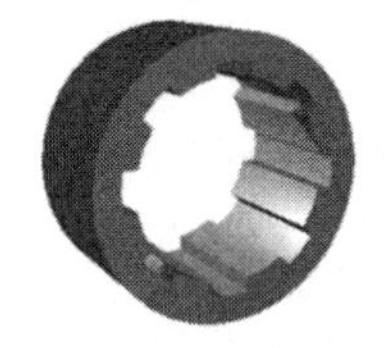
(b) 内花键

(c) 齿轮内花键

图 3-2-11　外花键与内花键

2）花键的类型和特点

花键是标准件，按齿形可分为矩形花键和渐开线花键。花键的类型、特点及应用如表 3-2-3 所示。

表 3-2-3　花键的类型、特点及应用

类　型		特　点	应　用
矩形花键	D　d	按齿高的不同，矩形花键的齿形尺寸在标准中规定两个系列，即轻系列和中系列。轻系列的承载能力较低，多用于静连接或轻载连接；中系列多用于中等载荷。 矩形花键的定心方式为小径定心，即外花键和内花键的小径为配合面。其特点是定心精度高，定心的稳定性好，能用磨削的方法消除热处理引起的变形	应用广泛，如飞机、汽车、拖拉机、机床制造、农业机械及一般机械传动装置等
渐开线花键	30°　d_1　(α=30°) 45°　d_1　(α=45°)	渐开线花键的齿廓为渐开线，分度圆压力角 α 有 30°和 45°(又称三角形花键)两种。齿顶高分别为 0.5m 和 0.4m(m 为模数)。渐开线花键可以用制造齿轮的方法来加工，工艺性较好，易获得较高的制造精度和互换性。 渐开线花键的定心方式为齿形定心。受载时齿上有径向力，能起自动定心作用，有利于各齿受力均匀，强度高，寿命长	用于载荷较大、定心精度要求较高以及尺寸较大的连接。压力角 45°的花键多用于轻载、小直径和薄型零件的连接

2. 销连接

销是标准件，根据销连接的作用，销可分为定位销、连接销和安全销等。定位销用于确定零件之间的相对位置，一般成对使用，如图 3-2-12 所示；连接销可以实现轴与轴向零件的固定或零件之间的连接，只能承受较小的载荷，如图 3-2-13 所示；安全销可作为安全装置中的被剪断零件，起过载保护作用，如图 3-2-14 所示。

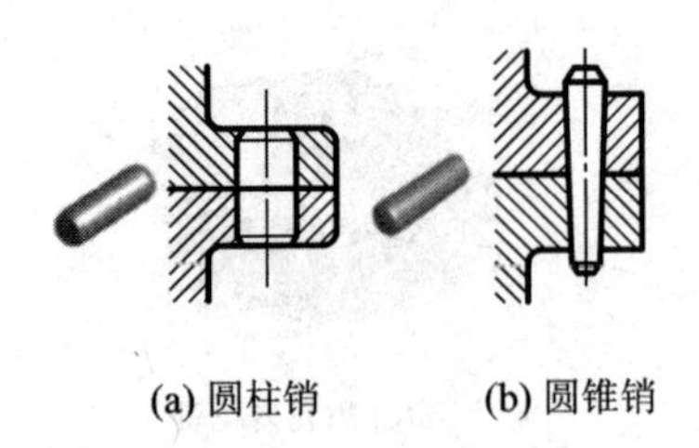
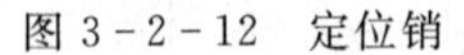

图 3-2-12　定位销

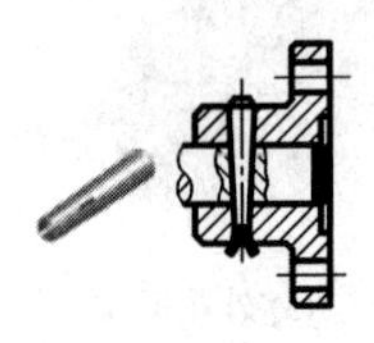

图 3-2-13　连接销

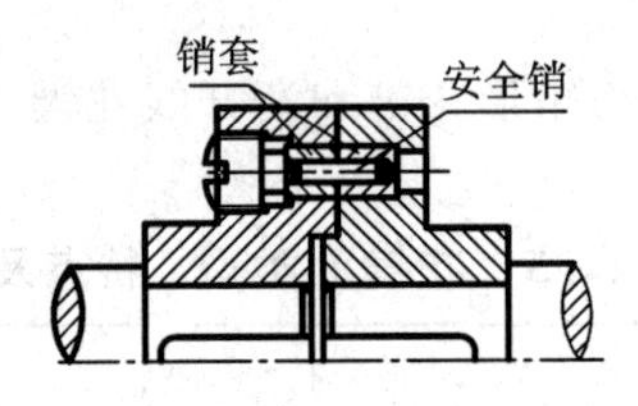

图 3-2-14　安全销

销连接设计时，可先根据连接的具体结构和工作要求来选择销的类型、材料和尺寸，再进行适当的强度计算。

归纳总结

1. 常用的轴毂连接方式有键连接、花键连接和销连接等，键、花键和销都是标准件。

2. 平键按用途不同分为普通平键、导向平键和滑键三种。平通平键用于静连接，导向平键和花键用于动连接。通常按工作面上的最大挤压压力(对于静连接)或最大压强(对于动连接)对平键进行强度校核。

3. 花键按齿形可分为矩形花键和渐开线花键。

4. 销有圆柱销和圆锥销两种基本类型，应根据不同工作要求进行选用。

5. 圆柱面过盈连接的装配方法有压入法和温差法两种。

思考与练习

思考题：

1. 如何选用平键的主要尺寸？

2. 平键连接时如果采用单个键强度不够，应采取什么措施？若采用双键，应该如何布置？

3. 销连接有哪些作用？

练习题：

一、判断题

1. 平键连接不仅起有轴向固定的作用，还能传递单方向一定的轴向力。　(　　)

2. 普通楔键连接，键的上下面为工作面，键与键槽两侧留有一定的间隙。　(　　)

3. 装配楔键时，不允许用涂色法检验键的接触情况。　(　　)

4. 键连接装配后，套件不允许在圆周方向上有摆动。　(　　)

5. 花键连接需要用大径、小径和键侧面三种定心方式。（　　）

6. 圆柱销连接属于过盈配合。（　　）

7. 用圆柱销定位时，两工件上的定位孔应分别事先钻、铰合格。（　　）

8. 过盈连接对配合面的精度要求高，加工、装拆都比较方便。（　　）

9. 当配合件的尺寸及过盈量较小时，采用热胀法装配比较合理。（　　）

10. 圆柱销连接属过盈配合，多次拆装也不会影响定位精度和连接的紧固程度。（　　）

二、填空题

1. 平键连接是靠键的________来传递扭矩的，只能对轴上零件作________固定。

2. 楔键的________面是工作面，键的________表面和毂槽的底面有________的斜度。

3. 平键连接中静连接的主要失效形式为_______，动连接的主要失效形式为_______，所以通常只进行键连接的________强度或________计算。

4. 半圆键的________为工作面，当需要用两个半圆键时，一般布置在轴的________。

5. 在平键连接中，静连接应校核________强度，动连接应校核________强度。

6. 花键连接用于________载荷和________要求高的连接。

7. 过盈连接，装配前________面应涂油，以免装入时擦伤表面。

8. 松键连接所采用的键有________键、________键、________键和花键等。

9. 花键连接按齿形分________连接和________连接两种形式。

10. 常用的过盈连接的装配方法有________法和________法。

三、选择题

1. 普通平键是用于______方向固定以传递扭矩的。

A. 轴线　　B. 圆周　　C. 上下　　D. 左右

2. 键是用来连接______的。

A. 轴　　B. 零件　　C. 分组件　　D. 轴和轴上零件

3. 平键连接能保证轴与轴上零件有较高的______。

A. 同轴度　　B. 垂直度　　C. 平行度　　D. 对称度

4. 平键的顶面与轮毂槽之间有______的间隙。

A. 0.3　　B. 0.5　　C. 0.2～0.5　　D. 0.3～0.5

5. 能构成紧连接的两种键是______。

A. 楔键和半圆键　　B. 半圆键和切向键

C. 楔键和切向键　　D. 平键和楔键

6. 设计键连接时，键的截面尺寸 $b \times h$ 通常根据______由标准中选择。

A. 上偏差　　B. 下偏差　　C. 公差　　D. 轴的直径 d

7. ______连接常用于高精度、传递重载荷冲击及双向扭矩的场合。

A. 普通平键　　B. 半圆键　　C. 导向平键　　D. 滑键

8. ______连接一般用于轻载，常用于轴的锥形端部。

A. 普通平键　　B. 半圆键　　C. 导向平键　　D. 滑键

9. 轴上零件轴向移动量较大时，则采用______连接。

A. 普通平键　　B. 半圆键

C. 导向平键　　　　　　　　　　　D. 滑键

10. GB1144—87 中规定了花键的______定心方式。

A. 小径　　　　　　　　　　　　　B. 大径

C. 齿侧　　　　　　　　　　　　　D. 键宽

11. 销连接装配时，一般被连接件的两孔______加工。

A. 钻孔　　　　　　　　　　　　　B. 铰孔

C. 同时钻铰　　　　　　　　　　　D. 分别钻铰

12. 铰圆锥销孔时，用______锥度的铰刀。

A. 1∶50　　　　B. 1∶30　　　　C. 1∶20　　　　D. 1∶10

13. 钩头键装配后，键的钩头应与套件端面______。

A. 有一定间隙　　B. 紧贴　　　　C. 靠近

14. 当套类零件在轴上需要有较大的轴向移动量时，应采用______连接。

A. 平键　　　　B. 半圆键　　　　C. 花键

15. 用锤子加垫块采用敲击手段完成装配工作的方法，称为______装配法。

A. 热胀　　　　B. 压入　　　　C. 冷缩

四、分析计算题

如图 3-2-15 所示，减速器的低速轴与凸缘联轴器及圆柱齿轮之间分别采用键连接。已知轴传递的转矩 $T=1000\ \mathrm{N \cdot m}$，齿轮的材料为锻钢，凸缘联轴器材料为 HT200，工作时有轻微冲击，连接处轴及轮毂尺寸如图所示。试选择键的类型和尺寸，并校核连接的强度。

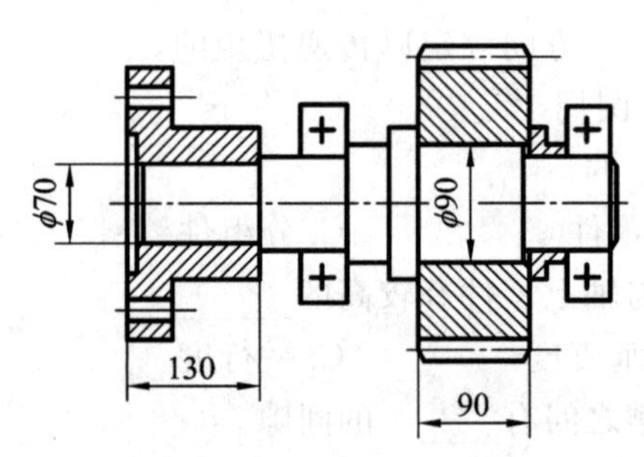

图 3-2-15　分析计算题图

模块三　机床刀架进给机构的螺旋传动

知识要求：1. 掌握螺旋传动的基本知识；

　　　　　2. 分析螺旋传动的类型及应用。

技能要求：掌握螺旋传动的传动原理、类型和相关计算。

任务情境

如图 3-3-1 所示，机床刀架进给机构的螺旋传动主要由螺杆和螺母组成，属于螺旋低副，其工作原理是螺杆 1 与机架 4 组成转动副，螺母 2 与螺杆以左旋螺纹配合并与工作台 3 连接。当转动螺杆按图示方向回转时，螺母带动工作台沿机架的导轨向左作直线移动。

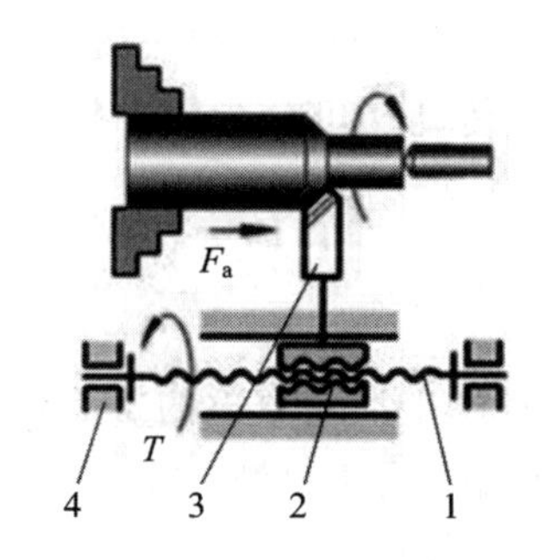

1—螺杆；2—螺母；3—工作台；4—机架

图 3-3-1　机床刀架进给机构

任务提出与任务分析

1. 任务提出

在如图 3-3-1 所示的机床刀架进给机构中，螺杆为双线螺纹，螺距为 5 mm，当螺母回转 3 周时，刀架移动的距离是多少？若螺杆转速为 25 r/min 时，则刀架移动速度是多少？

2. 任务分析

什么是螺旋传动，其类型有哪些？它们在结构组成上有什么特点，又是如何传递和运动的呢？通过对以上知识的学习解决螺旋传动中的一些相关计算。

相关知识

3.3.1　螺旋传动的特点及类型

螺旋运动是构件的一种空间运动，它由具有一定制约关系的转动及沿转动轴线方向的移动两部分组成。组成运动副的两构件只能沿轴线作相对螺旋运动的运动副称为螺旋副。螺旋副是面接触的低副。

螺旋传动是利用螺旋副来传递运动和动力的一种机械传动，可以方便地把主动件的回转运动转变为从动件的直线运动。与其他将回转运动转变为直线运动的传动装置（如曲柄滑块机构）相比，螺旋传动具有结构简单，工作连续、平稳，承载能力大，传动精度高等优点，因此广泛应用于各种机械和仪器中。它的缺点是摩擦损失大，传动效率较低，但滚动螺旋传动的应用，已使螺旋传动摩擦大、易磨损和效率低的缺点得到了很大程度的改善。

螺旋传动由螺杆、螺母组成，按用途可分以下几类：

(1) 传力螺旋：以传递动力为主，一般要求用较小的转矩转动螺杆(或螺母)而使螺母(或螺杆)产生轴向运动和较大的轴向推力，一般为间歇工作，工作速度不高，而且通常要求自锁，例如螺旋千斤顶和螺旋压力机上的螺旋。

(2) 传导螺旋：以传递运动为主，要求能在较长时间内连续工作，工作速度也较高，因此，常要求具有高的运动精度，如机床的进给螺旋(丝杠)。

(3) 调整螺旋：用于调整并固定零件或部件之间的相对位置，一般不经常转动，要求自锁，有时也要求具有很高的精度，如机器和精密仪表微调机构的螺旋。

按螺旋副摩擦性质的不同，螺旋传动又可分为滑动螺旋、滚动螺旋和静压螺旋三种。滑动螺旋结构简单、易于自锁、加工方便，应用最广。

3.3.2 滑动螺旋传动

滑动螺旋是螺旋副作相对运动时产生滑动摩擦的螺旋传动。滑动螺旋结构比较简单，螺母和螺杆的啮合是连续的，工作平稳，易于自锁，这对起重设备、调节装置等很有意义。但螺纹之间摩擦大、磨损大、效率低(一般在0.25～0.70之间，自锁时效率低于50%)；滑动螺旋不适宜用于高速和大功率传动。滑动螺旋传动又分为普通螺旋传动和差动螺旋传动。

1. 普通螺旋传动

由螺杆和螺母组成的简单螺旋副实现的传动称为普通螺旋传动。

1) 普通螺旋传动的应用形式

(1) 螺母固定不动，螺杆回转并作直线运动。如图3-3-2所示为螺杆回转并作直线运动的台虎钳。与活动钳口2组成转动副的螺杆1以右旋单线螺纹与螺母4啮合组成螺旋副，螺母4与固定钳口3连接。当螺杆按图示方向相对螺母4作回转运动时，螺杆连同活动钳口向右作直线运动(简称右移)，与固定钳口实现对工件的夹紧；当螺杆反向回转时，活动钳口随螺杆左移，松开工件。通过螺旋传动，完成夹紧与松开工件的要求。螺母不动，螺杆回转并移动的形式，通常应用于螺旋压力机、千分尺等。

(2) 螺杆固定不动，螺母回转并作直线运动。如图3-3-3所示为螺旋千斤顶中的一种结构形式，螺杆4连接于底座固定不动，转动手柄3使螺母2回转并作上升或下降的直线运动，从而举起或放下托盘1。螺杆不动，螺母回转并作直线运动的形式常用于插齿机刀架传动等。

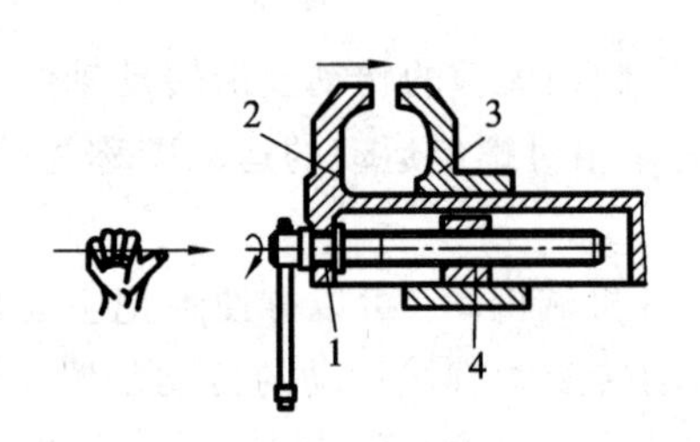

1—螺杆；2—活动钳口；3—固定钳口；4—螺母

图3-3-2　台虎钳

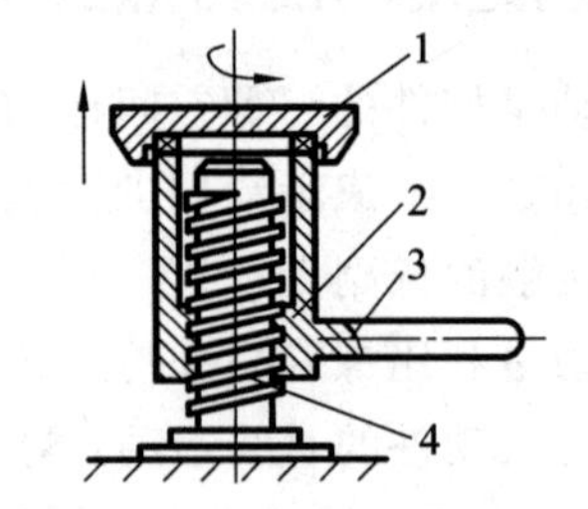

1—托盘；2—螺母；3—手柄；4—螺杆

图3-3-3　螺旋千斤顶

(3) 螺杆回转，螺母作直线运动。如图3-3-4所示为螺杆回转，螺母作直线运动的传动结构图。螺杆2与机架组成转动副，螺母4与螺杆以左旋螺纹啮合并与工作台连接。当转动手轮使螺杆按图示方向回转时，螺母带动工作台沿机架的导轨向右作直线运动。螺杆回转，螺母作直线运动的形式应用较广，如机床的滑板移动机构等。

(4) 螺母回转，螺杆作直线运动。如图3-3-5所示为应力试验机上的观察镜螺旋调整装置。螺杆 2、螺母 3 为左旋螺旋副。当螺母按图示方向回转时，螺杆带动观察镜 1 向上移动；螺母反向回转时，螺杆连同观察镜向下移动。

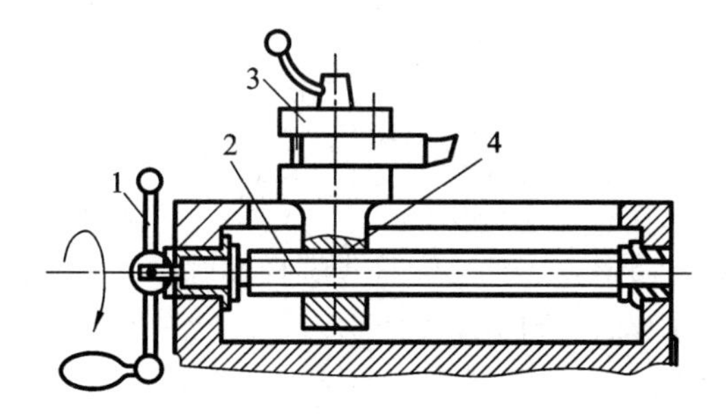

1—手柄；2—螺杆；3—车刀架；4—螺母

图 3-3-4　机床工作台移动机构

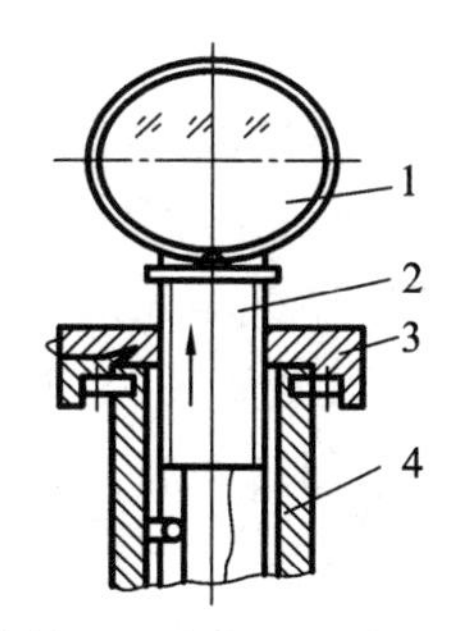

1—观察镜；2—螺杆；3—螺母；4—机架

图 3-3-5　观察镜螺旋调整装置

2）直线运动方向的判定

普通螺旋传动时，从动件作直线运动的方向(移动方向)不仅与螺纹的回转方向有关，还与螺纹的旋向有关。正确判定螺杆或螺母的移动方向十分重要。判定方法如下：

(1) 右旋螺纹用右手，左旋螺纹用左手。手握空拳，四指指向与螺杆(或螺母)回转方向相同，大拇指竖直。

(2) 若螺杆(或螺母)回转并移动，螺母(或螺杆)不动，则大拇指指向即为螺杆(或螺母)的移动方向(如图 3-3-6 所示)。

(3) 若螺杆(或螺母)回转，螺母(或螺杆)移动，则大拇指指向的相反方向即为螺母(或螺杆)的移动方向。图 3-3-7 所示为卧式车床床鞍的丝杠螺母传动机构，丝杠为右旋螺杆，当丝杠如图示方向回转时，开合螺母带动床鞍向左移动。

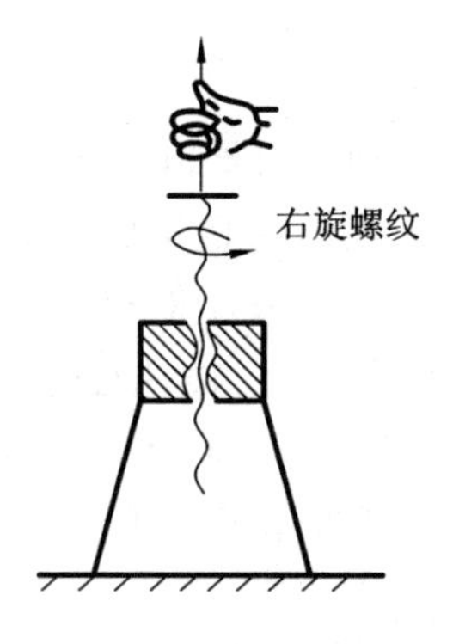

图 3-3-6　螺杆或螺母移动方向的判断

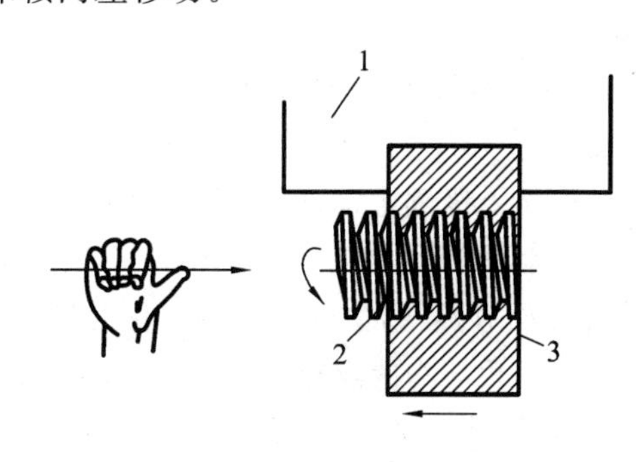

1—床鞍；2—丝杠；3—开合螺母

图 3-3-7　卧式车床床鞍的螺旋传动

3）直线运动距离

在普通螺旋传动中，螺杆(或螺母)的移动距离与螺纹的导程有关。螺杆相对螺母每回转一圈，螺杆(或螺母)移动一个等于导程的距离。因此，移动距离等于回转圈数与导程的乘积，即

$$L = NP_h \qquad (3-3-1)$$

式中：L——螺杆(螺母)移动距离(mm)；

N——回转周数(r)；

P_h——螺纹导程(mm)。

移动速度可按下式计算：

$$v = nP_h \tag{3-3-2}$$

式中：v——螺杆(或螺母)的移动速度(mm/min)；

n——转速(r/min)；

P_h——螺纹导程(mm)。

例 3-3-1 如图 3-3-8 所示的普通螺旋传动中，已知左旋双线螺杆的螺距为8 mm，若螺杆按图示方向回转两周，则螺母移动了多少距离？方向如何？

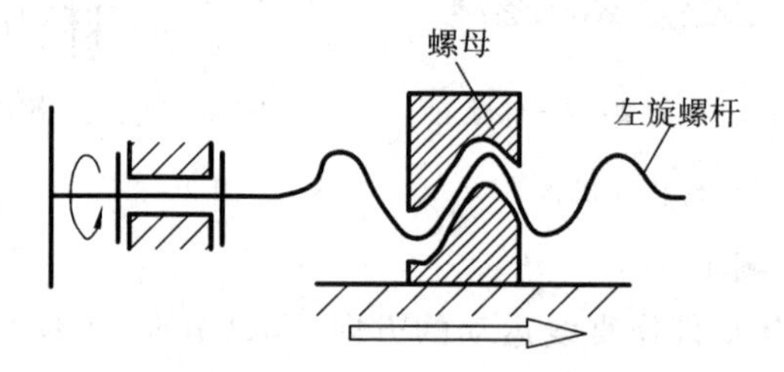

图 3-3-8 普通螺旋传动

解 由式(3-3-1)可知，普通螺旋传动螺母的移动距离为

$$L = NP_h = NPZ = 2\times8\times2 = 32\ \text{mm}$$

螺母的移动方向判定：螺杆回转，螺母移动。左旋螺纹用左手确定方向，四指指向与螺杆回转方向相同，大拇指指向的相反方向为螺母的移动方向。因此，螺母移动的方向向右。

2. 差动螺旋传动

由两个螺旋副组成的使活动的螺母与螺杆产生差动（即不一致)的螺旋传动称为差动螺旋传动。

1) 差动螺旋传动的原理

如图 3-3-9 所示为一差动螺旋机构。螺杆 1 分别与活动螺母 2 和机架 3 组成两个螺旋副，机架上为固定螺母(不能移动)，活动螺母不能回转而只能沿机架的导向槽移动。设机架和活动螺母的旋向同为右旋，当如图示方向回转螺杆时，螺杆相对机架向左移动，而活动螺母相对螺杆向右移动，这样活动螺母相对机架实现差动移动，螺杆每转 1 转，活动螺母实际移动距离为两段螺纹导程之差。如果机架上螺母螺纹旋向仍为右旋，活动螺母的螺纹旋向为左旋，则如图示回转螺杆时，螺杆相对机架左移，活动螺母相对螺杆亦左移，螺杆每转 1 转，活动螺母实际移动距离为两段螺纹的导程之和。

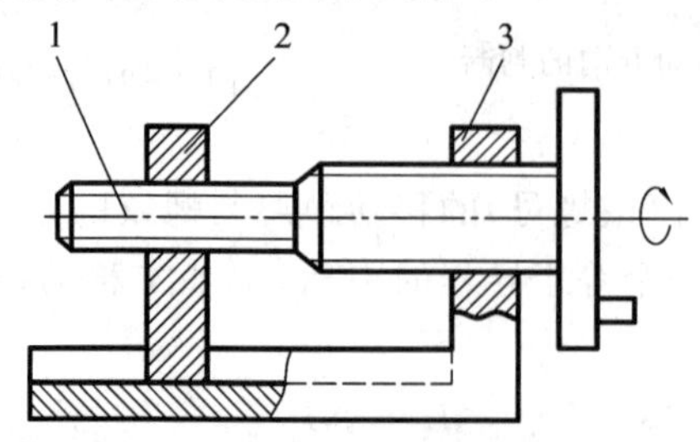

1—螺杆；2—活动螺母；3—固定螺母(机架)

图 3-3-9 差动螺旋传动机构

2）*差动螺旋传动的移动距离和方向的确定*

由上面的分析可知，在图 3-3-9 所示的差动螺旋机构中：

（1）螺杆上两螺纹旋向相同时，活动螺母移动距离减小。当机架上固定螺母的导程大于活动螺母的导程时，活动螺母移动方向与螺杆移动方向相同；当机架上固定螺母的导程小于活动螺母的导程时，活动螺母移动方向与螺杆移动方向相反；当两螺纹的导程相等时，活动螺母不动（移动距离为零）。

（2）螺杆上两螺纹旋向相反时，活动螺母移动距离增大。活动螺母移动方向与螺杆移动方向相同。

（3）在判定差动螺旋传动中活动螺母的移动方向时，应先确定螺杆的移动方向。

差动螺旋传动中活动螺母的实际移动距离和方向，可用公式表示如下：

$$L = N(P_{h1} \pm P_{h2}) \tag{3-3-3}$$

式中：L——活动螺母的实际移动距离(mm)；

N——螺杆的回转圈数；

P_{h1}——机架上固定螺母的导程(mm)；

P_{h2}——活动螺母的导程(mm)。

当两螺纹旋向相反时，公式中用“+”号；当两螺纹旋向相同时，公式中用“－”号。

计算结果为正值时，活动螺母实际移动方向与螺杆移动方向相同；计算结果为负值时，活动螺母实际移动方向与螺杆移动方向相反。而螺杆移动方向按普通螺旋传动的判定方法确定。

例 3-3-2　如图 3-3-9 所示，固定螺母的导程 $P_{h1}=1.5$ mm，活动螺母的导程 $P_{h2}=2$ mm，螺纹均为左旋。当螺杆回转 0.5 转时，活动螺母的移动距离是多少？移动方向如何？

解　（1）螺纹为左旋，用左手判定螺杆向右移动。

（2）因为两螺纹旋向相同，由式(3-3-3)可知，活动螺母移动距离

$$L = N(P_{h1} - P_{h2}) = 0.5 \times (1.5 - 2) = -0.25 \text{ mm}$$

（3）计算结果为负值，活动螺母移动方向与螺杆移动方向相反，即向左移动了 0.25 mm。

差动螺旋传动机构可以产生极小的位移，而其螺纹的导程并不需要很小，加工较容易。所以差动螺旋传动机构常用于测微器、计算机、分度机及诸多精密切削机床、仪器和工具中。

例 3-3-3　如图 3-3-10 所示是应用于微调镗刀上的差动螺旋传动。螺杆 1 在Ⅰ和Ⅱ两处均为右旋螺纹，刀套 3 固定在镗杆 2 上，镗刀 4 在刀套中不能回转，只能移动。当螺杆回转时，可使镗刀得到微量移动，从而保证加工的准确性。若固定螺母螺纹（刀套）的导程 $P_{h1}=1.5$ mm，活动螺母（镗刀）螺纹的导程 $P_{h2}=1.25$ mm，则螺杆按图示方向回转 1 周，镗刀移动的距离是多少？移动的方向如何？如果螺杆圆周按 100 等份刻线，螺杆每转过 1 格，镗刀的实际位移为多少？

解　由式(3-3-3)可知，螺杆按图示方向回转 1 周时镗刀移动距离

$$L=N(P_{h1}-P_{h2})=1\times(1.5-1.25)=0.25 \text{ mm}$$

计算结果为正值，镗刀移动方向与螺杆移动方向相同，即向右移动了 0.25 mm。

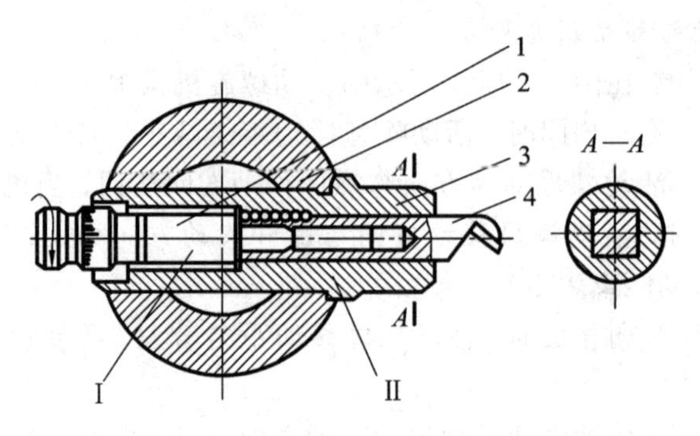

1—螺杆；2、4—镗刀；3—刀套

图 3-3-10 差动螺旋传动的微调镗刀

如果螺杆圆周按100等份刻线，螺杆每转过1格，镗刀的实际位移

$$L=\frac{0.25}{100}=0.0025\ \text{mm}$$

由此可知，差动螺旋传动可以方便地实现微量调节。

为了减轻滑动螺旋的摩擦和磨损，螺杆和螺母的材料除应具有足够的强度外，还应具有较好的减摩性和耐磨性；由于螺母的加工成本比螺杆低，且更换较容易，因此应使螺母的材料比螺杆的材料软，使工作时所发生的磨损主要在螺母上。对于硬度不高的螺杆，通常采用45、50钢；对于硬度较高的重要传动，可选用T12、65Mn、40Cr、40WMn、18CrMnTi等钢材，并经热处理以获得较高硬度；对于精密螺杆，要求热处理后有较好的尺寸稳定性，可选用9Mn2V、CrWMn、38CrMoAlA等合金钢材。螺母常用材料为青铜和铸铁。要求较高的情况下，可采用ZCuSn10Pb1和ZCuSn5Pb5Zn5；重载低速的情况下，可用无锡青铜ZCuAl9Mn2；轻载低速的情况下，可用耐磨铸铁或铸铁。

探索与实践

如图3-3-1所示，螺杆的导程为

$$P_h=2\times5=10\ \text{mm}$$

由式(3-3-1)可知，刀架移动的距离

$$L=NP_h=3\times10=30\ \text{mm}$$

螺母的移动方向判定：如图3-3-1所示，螺杆回转，螺母移动，其旋向为左旋，因此按图示方向旋转螺杆时，螺母移动的方向向左。

由式(3-3-2)可知，刀架移动的速度

$$v=nP_h=25\times10=250\ \text{mm/min}$$

拓展知识——滚动螺旋传动与静压螺旋传动

1. 滚动螺旋传动

滑动螺旋传动虽有很多优点，但传动阻力大，摩擦损失严重，效率低，精度还不够高，低速或微调时可能出现运动不稳定现象，不能满足某些机械的工作要求。为了改善螺旋传动的功能，可采用滚动摩擦来代替滑动摩擦。

如图 3－3－11 所示，滚珠螺旋传动主要由反向器 1、滚珠 2、螺杆 3 和螺母 4 组成。其工作原理是在螺杆和螺母的螺纹滚道中，装有一定数量的滚珠(钢球)，螺母上有导管或反向器，使滚珠能循环滚动，当螺杆与螺母作相对螺旋运动时，滚珠在螺纹滚道内滚动，并通过滚珠循环装置的通道构成封闭循环，从而实现螺杆与螺母间的滚动摩擦。滚珠的循环方式分为外循环和内循环两种。滚珠在回路过程中离开螺旋表面的称为外循环，如图 3－3－11(a)所示。外循环加工方便，但径向尺寸较大。滚珠在整个循环过程中始终不脱离螺旋表面的称为内循环，如图 3－3－11(b)所示。

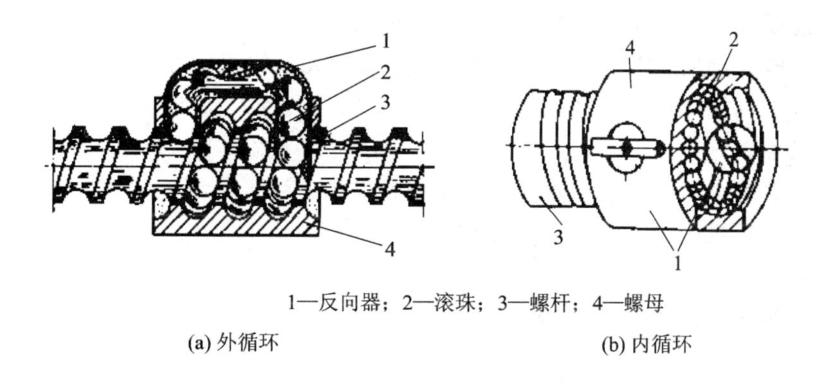

1—反向器；2—滚珠；3—螺杆；4—螺母

(a) 外循环　(b) 内循环

图 3－3－11　滚动螺旋传动

滚珠螺旋传动具有滚动摩擦阻力很小、摩擦损失小、传动效率高、传动时运动稳定、动作灵敏等优点。但其结构复杂，外形尺寸较大，制造技术要求高，因此成本也较高，无自锁作用。滚珠螺旋传动目前主要应用于精密传动的数控机床(滚珠丝杠传动)以及自动控制装置、升降机构和精密测量仪器等。

2. 静压螺旋传动

静压螺旋传动如图 3－3－12 所示。在静压螺旋传动中，螺纹工作面间形成液体静压油膜润滑的螺旋传动。这种螺旋采用牙较高的梯形螺纹，在螺母每圈螺纹中径处开有 3～6 个间隔均匀的油腔，同一母线上同一侧的油腔连通，用一个节流阀控制。油泵将精滤后的高压油注入油腔，油经过摩擦面间缝隙后再由牙根处回油孔流回油箱。当螺杆未受载荷时，牙两侧的间隙和油压相同；当螺杆受向左的轴向力作用时，螺杆略向左移；当螺杆受径向力作用时，螺杆略向下移；当螺杆受弯矩作用时，螺杆略偏转。由于节流阀的作用，在微量移动后各油腔中的油压发生变化，螺杆平衡于某一位置，保持某一油膜厚度。

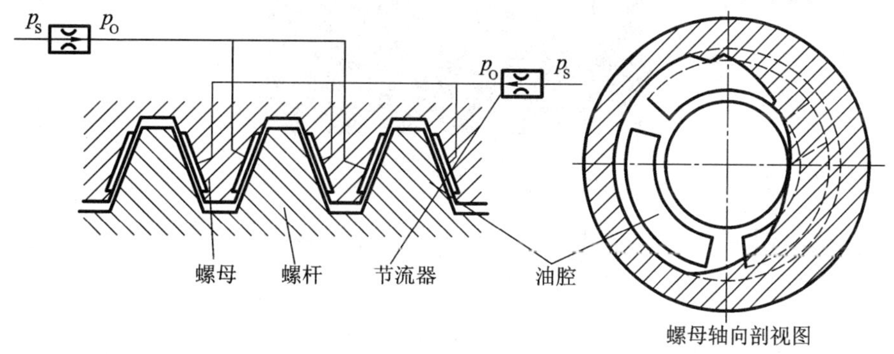

图 3－3－12　静压螺旋传动

静压螺旋传动摩擦系数小，传动效率可达99%，无磨损和爬行现象，无反向空程，轴向刚度很高，不自锁，具有传动的可逆性，但螺母结构复杂，而且需要有一套压力稳定、温度恒定和过滤要求高的供油系统。因此，静压螺旋常被用作精密机床进给和分度机构的传导螺旋。

技能训练——螺旋传动机构测绘

目的要求：

(1) 熟悉螺旋传动的组成、类型与工作原理。

(2) 掌握螺纹旋向、螺纹头数的判断方法、螺距大小的测量方法。

(3) 了解滚动螺旋传动的特点。

训练内容：

(1) 测定普通车床纵向进给丝杠的传动螺纹参数。

(2) 观察数控机床中的滚动螺纹传动。

实施步骤：

(1) 传动螺纹参数测量与计算。观察普通车床纵向进给丝杠，进行传动螺纹参数的测定。

① 螺纹线数测定。面对螺杆端面，数螺纹起头数目，只有一个起头的为单头螺纹；若在相隔180°方向各有一个起头，则为双头螺纹；若在相隔120°方向各有一个起头，则为三头螺纹。

② 螺纹旋向测定(采用左右手法则判断)。

③ 导程、螺距测量。当确定螺纹的线数后，可沿螺杆轴向测量整倍线数的多个螺纹牙同侧边沿间距，然后分别计算导程和螺距。

如图3-3-13所示，螺纹线数$n=2$，选择测量螺纹牙数为线数的2倍，即长度为$2n=4$个螺纹牙间距L，一般用钢尺测量，则螺纹导程S

$$S=\frac{L}{2}$$

螺纹螺距P

$$P=\frac{S}{n}=\frac{L}{2\times 2}=\frac{L}{4}$$

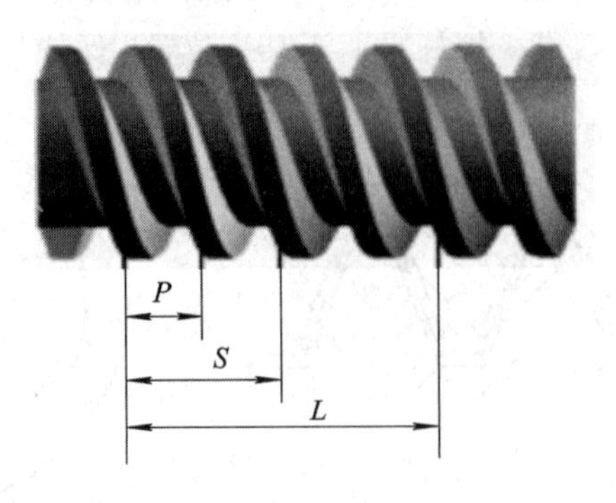

图3-3-13　螺纹导程、螺距的测量

④ 螺纹升角测量。螺纹升角分为大径升角、中径升角和小径升角，只有大径升角容易测量。

用一矩形纸条，宽度约 30 mm，长度约为螺杆圆周周长的 1.5 倍。将一段外螺纹牙边沿涂以颜料，再将纸条缠绕在有颜料的螺纹段，使纸条长度对齐重叠，则在纸条上拓印出螺纹牙斜线，螺纹牙斜线与纸边沿夹角即螺纹升角，如图 3-3-14 所示。

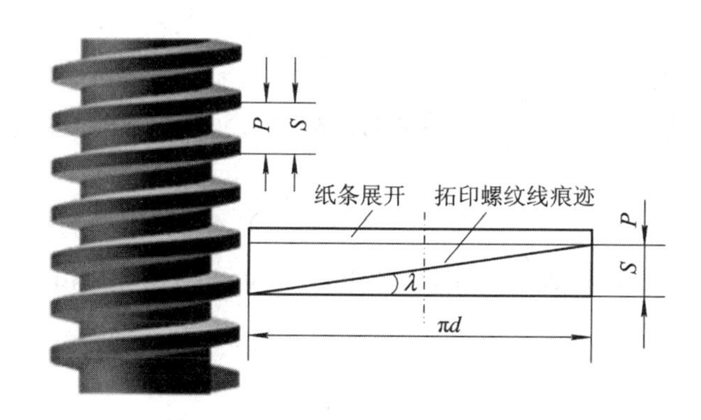

图 3-3-14 螺纹升角测量图例

螺纹升角的计算公式为

$$\lambda=\arctan\left(\frac{S}{Ld}\right)$$

由此求得螺纹大径上的螺纹升角，通过查表确定其中径上的螺纹升角。

⑤ 将以上测量及计算的螺纹参数填写于表 3-3-1 中。

表 3-3-1 螺纹参数

参数	线数	导程	螺距	螺旋线旋向	螺旋线升角	应用
传动螺纹						

（2）观察数控机床中的滚珠丝杠传动螺纹，分析其与普通车床上的纵向进给丝杠的区别。

归纳总结

1. 螺旋传动按其用途分为传力螺旋、传导螺旋和调整螺旋三种；按螺旋副摩擦性质又可分为滑动螺旋、滚动螺旋和静压螺旋三种，而滑动螺旋应用最广。

2. 螺旋传动可以方便地将主动件的回转运动变为从动件的直线运动。

3. 普通螺旋传动中，从动件作直线移动的方向不仅与螺纹的回转方向有关，还与螺纹的旋向有关，其判断步骤如下：

（1）右旋螺纹用右手，左旋螺纹用左手。手握空拳，四指指向与螺杆（或螺母）回转方向相同，大拇指竖直。

（2）若螺杆（或螺母）回转并移动，螺母（或螺杆）不动，则大拇指指向即为螺杆（或螺母）的移动方向。

（3）若螺杆（或螺母）回转，螺母（或螺杆）移动，则大拇指指向的相反方向即为螺母（或螺杆）的移动方向。

4. 普通螺旋传动中，螺杆(或螺母)的直线移动距离 L 的计算公式为：$L=NP_h$。

5. 差动螺旋传动中，活动螺母的实际移动距离 L 的计算公式为：$L=N(P_{h1}+P_{h2})$。

思考与练习

思考题：

1. 试述螺旋传动的主要特点及应用。

2. 比较滑动螺旋传动和滚动螺旋传动的优缺点。

练习题：

一、选择题

1. 调节机构中，采用单线细牙螺纹，螺距为 3 mm，为使螺母沿轴向移动 9 mm，螺杆应转______转。

A. 3　　　　B. 4

C. 5　　　　D. 6

2. 调节机构中，如螺纹为双线，螺距为 2 mm，平均直径为 12.7 mm，当螺杆转 3 转时，则螺母轴向移动______ mm。

A. 6　　　　B. 12

C. 12.7　　　　D. 25.4

3. 如图 3-3-15 所示为一螺旋拉紧装置，如按图上箭头方向旋转中间零件，能使两端螺杆 A 及 B 向中央移动，从而将两端零件拉紧。此装置中，A、B 螺杆上螺纹的旋向应是______。

A. A 右旋，B 右旋　　　　B. A 左旋，B 左旋

C. A 左旋，B 右旋　　　　D. A 右旋，B 左旋

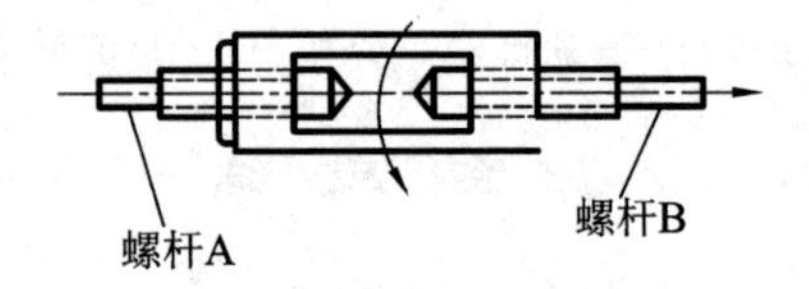

图 3-3-15　选择题 3 图

4. 单向传力用螺纹的轴向剖面形状，宜采用______。

A. 梯形　　　　B. 矩形

C. 锯齿形　　　　D. 三角形

二、分析计算题

1. 在图 3-3-2 所示台虎钳的螺旋传动中，若螺杆为双线螺纹，螺距为 5 mm，当螺杆回转 3 周时，活动钳口移动的距离是多少？

2. 如图 3-3-16 所示，螺杆 1 可在机架 3 的支承内转动，a 处为左旋螺纹，b 处为右旋螺纹，两处螺纹均为单线，螺距 $P_a=P_b=4$ mm，螺母 2 和螺母 4 不能回转，只能沿机架的导轨移动。求当螺杆按图示方向回转 1.5 周时，螺母 2 和螺母 4 相对移动的距离，并在图上画出两螺母的移动方向。

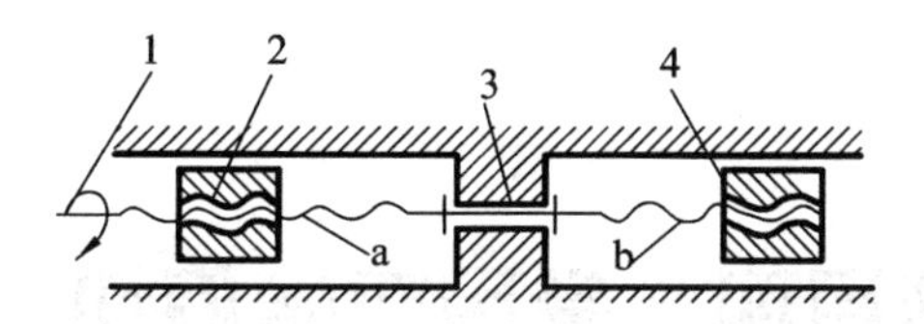

1—螺杆；2—左旋滑动螺母；3—机架；4—右旋滑动螺母

图 3-3-16　分析计算题 2 图

3. 在图 3-3-17 所示的微调机构中，已知 $P_{h1}=2$ mm，$P_{h2}=1.5$ mm，两螺旋副均为右旋。当手轮按图示方向回转 90°时，螺杆的移动距离为多少？移动方向如何？如果手轮刻线圆周分度 100 等份，手轮回转 1 格，螺杆移动多少距离？

4. 如图 3-3-18 所示为微调的螺旋机构。构件 1 与机架 3 组成螺旋副 A，其导程 $P_{1A}=2.8$ mm，右旋。构件 2 与机架 3 组成移动副 C，构件 2 与构件 1 还组成螺旋副 B。现要求当构件 1 转 1 周时，构件 2 向右移动 0.2 mm，则螺旋副 B 的导程 P_{1B}应为多少？右旋还是左旋？

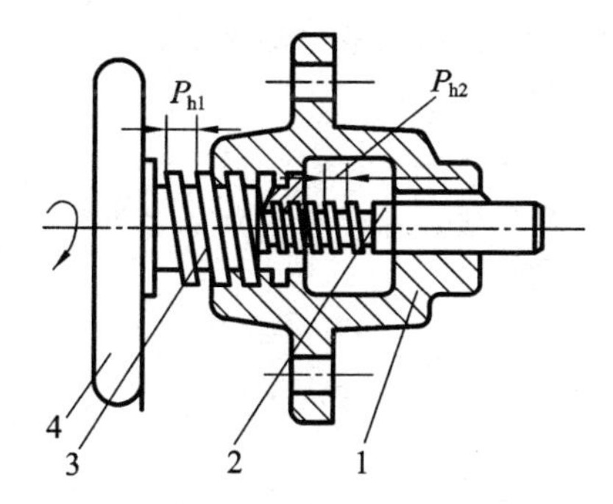

1—机架；2—移动螺杆；3—螺杆；4—手轮

图 3-3-17　分析计算题 3 图

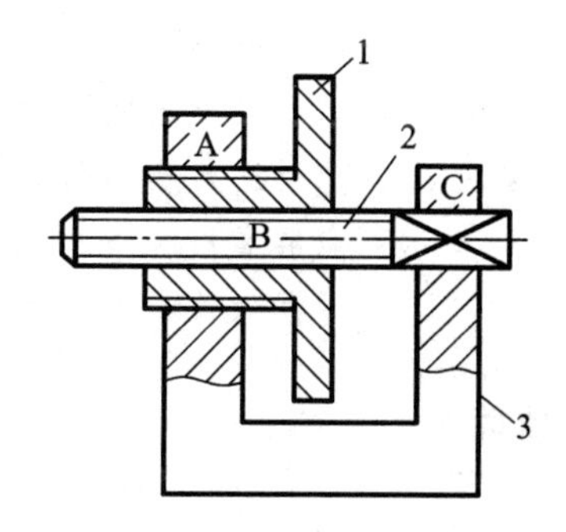

1、2—构件；3—机架

图 3-3-18　分析计算题 4 图

项目四　常用机械传动

模块一　设计单级齿轮减速器中的齿轮传动

知识要求：1. 掌握标准直齿圆柱齿轮的基本参数和几何尺寸计算的方法；
2. 掌握齿轮结构的设计；
3. 掌握标准直齿轮和斜齿轮传动的受力分析及强度计算；
3. 掌握标准齿轮传动的设计计算步骤和方法。

技能要求：1. 能够进行齿轮传动的设计；
2. 能够掌握标准齿轮传动的设计计算方法，对齿轮的加工、齿轮传动的润滑和保养有所了解。

任务情境

1. 单级齿轮减速器的机构

单级减速器有两条轴系、两条装配线，两轴分别由滚动轴承支承在箱体上，采用过渡配合，有较好的同轴度，从而保证齿轮啮合的稳定性。端盖嵌入箱体内，从而确定了轴和轴上零件的轴向位置。装配时只要修磨调整环的厚度，就可使轴向间隙达到设计要求。

箱体采用分离式，沿两轴线平面分为箱座和箱盖，二者采用螺栓连接，这样便于装修。为了保证箱体上安装轴承和端盖的孔的正确形状，两零件上的孔是合在一起加工的。装配时，它们之间采用两锥销定位，销孔钻成通孔，便于拔销。

箱座下部为油池，内装机油，供齿轮润滑。齿轮和轴承采用飞溅润滑方式，油面高度通过油面观察结构观察。通气塞是为了排放箱体内的挥发气体，拆去小盖可检视齿轮磨损情况或加油。油池底部应有斜度，放油螺塞用于清洗放油，其螺孔应低于油池底面，以便放尽机油。箱体前后对称，两啮合齿轮安置在该对称平面上，轴承和端盖对称分布在齿轮的两侧。箱体的左右两边有四个成钩状的加强肋板，作用为起吊运输。

2. 单级齿轮减速机的工作原理

一级圆柱齿轮减速器(如图 4－1－1 所示)是通过装在箱体内的一对啮合齿轮的转动实现减速运动的。动力由电动机通过皮带轮传送到齿轮轴，然后通过两啮合齿轮(小齿轮带动大齿轮)传送到输出轴，从而实现减速之目的。

图 4-1-1　一级圆柱齿轮减速器

任务提出与任务分析

1. 任务提出

如图 4-1-2 所示，设计带式输送机中的单级直齿圆柱齿轮传动，已知圆柱齿轮传递功率 $P=7.5$ kW，小齿轮转速 $n_1=970$ r/min，传动比 $i=3.6$，原动机为电动机，载荷平稳，使用寿命为 10 年，单班制工作(每年 260 个工作日)。

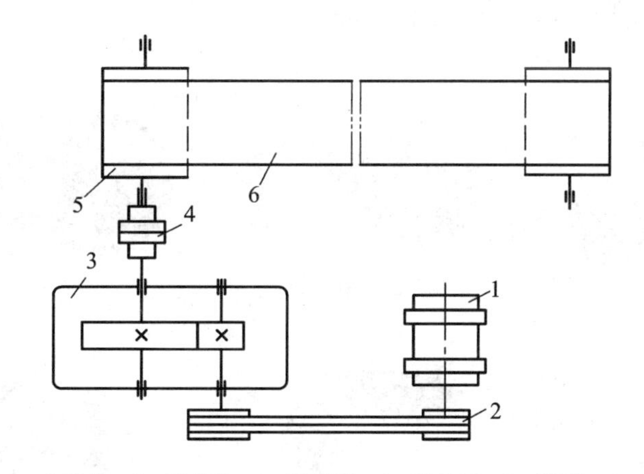

1—电动机；2—带传动；3—减速器；4—联轴器；5—滚筒；6—输送带

图 4-1-2　减速器传动示意图

2. 任务分析

在工程实践中，一级圆柱直齿减速器是一种简单、典型而又常见的齿轮传动。为了合理地设计出减速器齿轮的具体参数，我们必须了解减速器的机构和工作原理，选用恰当的材料，以及掌握齿轮传动的设计计算方法，并进行强度、刚度或稳定性的分析计算，了解齿轮的加工、齿轮传动的润滑和保养等知识。

相关知识

4.1.1　齿轮传动的类型和特点

齿轮传动是通过轮齿的啮合来实现两轴之间的传动，是近代机械中应用最多的传动形式之一。多数齿轮传动不仅用来传递运动(运动规律)，而且还要传递动力(承载功率)。因此对齿轮传动的要求一是要运转平稳，二是要有足够的承载能力和使用寿命。

1. 齿轮传动的类型

根据齿轮机构所传递运动两轴线的相对位置、运动形式及齿轮的几何形状，齿轮机构分以下几种基本类型(如图 4-1-3 所示)：

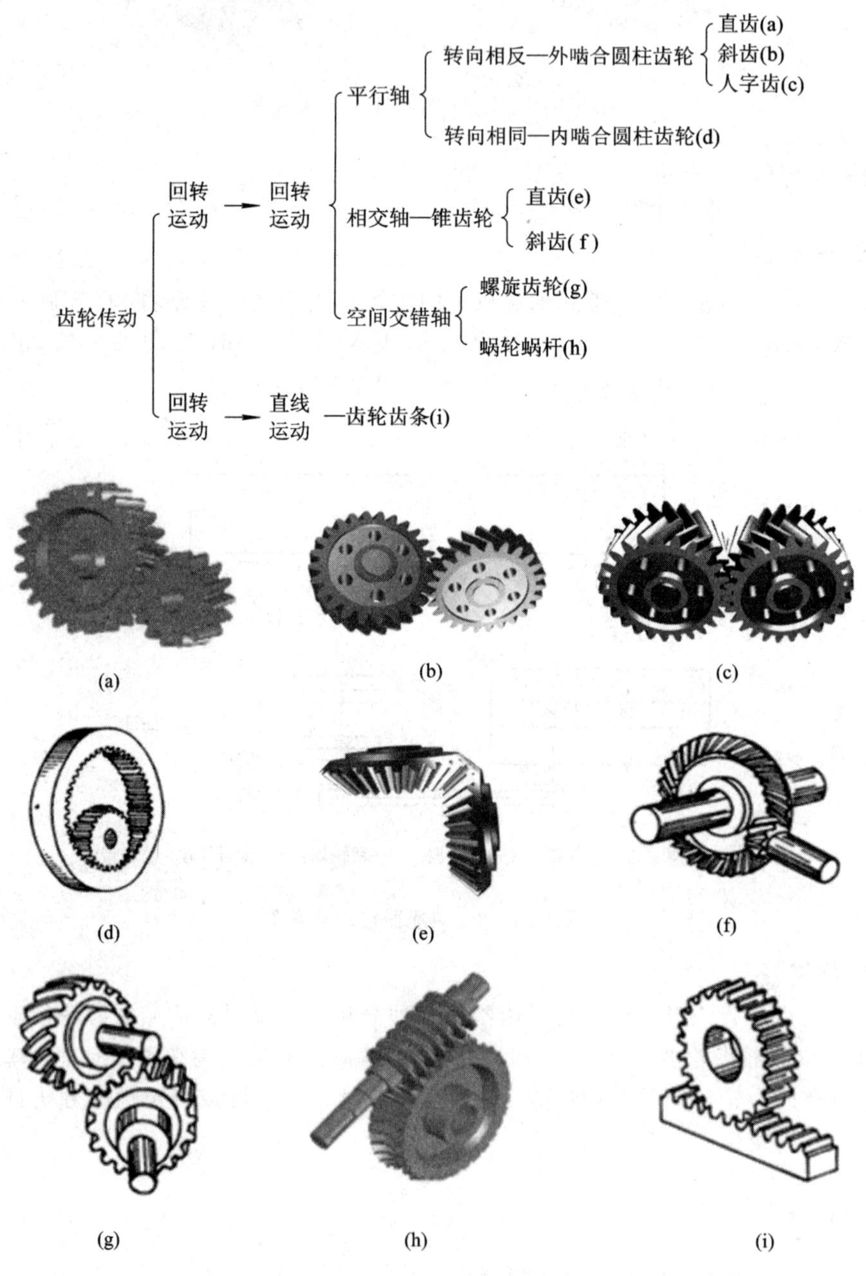

图 4-1-3　齿轮的分类

齿轮机构中最基本的形式是传递平行轴间运动的圆柱直齿轮机构和圆柱斜齿轮机构。

按照工作条件，齿轮传动可分为闭式传动和开式传动。闭式传动的齿轮封闭在刚性箱体内，润滑和工作条件良好。重要的齿轮都采用闭式传动。开式传动的齿轮是外露的，不能保证良好润滑，且易落入灰尘、杂质，故齿面易磨损，只宜用于低速传动。

按齿轮齿廓曲线不同，又可分为渐开线齿轮、摆线齿轮和圆弧齿轮等，其中渐开线齿轮应用最广。

2. 齿轮传动的特点

齿轮传动主要依靠主动轮与从动轮的啮合传递运动和动力。与其他传动相比，齿轮传动具有以下特点。

1）优点

（1）传动比恒定，因此传动平稳，冲击、振动和噪音较小。

（2）传动效率高、工作可靠且寿命长。齿轮传动的机械效率一般为 0.95～0.99，且能可靠地连续工作几年甚至几十年。

（3）可传递空间任意两轴间的运动。齿轮传动可传递两轴平行、相交和交错的运动和动力。

（4）结构紧凑、功率和速度范围广。齿轮传动所占的空间位置较小，传递功率可由很小到上百万千瓦，传递的速度可达 300 m/s。

2）缺点

（1）制造、安装精度要求较高。

（2）不适于中心距较大的传动。

（3）使用维护费用较高。

（4）精度低时，噪音、振动较大。

4.1.2　渐开线齿廓及其啮合特性

1. 渐开线的形成及其性质

1）渐开线的形成

如图 4-1-4 所示，一条直线 L(称为发生线)沿着半径为 r_b 的圆周(称为基圆)作纯滚动时，直线上任意点 K 的轨迹称为该圆的渐开线。

2）渐开线的性质

（1）发生线沿基圆滚过的长度和基圆上被滚过的弧长相等，即 $\overline{NK}=\widehat{NA}$。

（2）渐开线上任意一点的法线必切于基圆。

（3）渐开线上各点压力角不等，离圆心越远处的压力角越大。基圆上压力角为零。渐开线上任意点 K 处的压力角是力的作用方向(法线方向)与运动速度方向(垂直向径方向)的夹角 α_K(见图 4-1-4)，由几何关系可推出：

$$\cos\alpha_K=\frac{r_b}{r_K} \tag{4-1-1}$$

式中，r_b 为基圆半径，r_K 为 K 点向径。

（4）渐开线的形状取决于基圆半径的大小。基圆半径越大，渐开线越趋平直，如图 4-1-5 所示。

（5）基圆以内无渐开线。

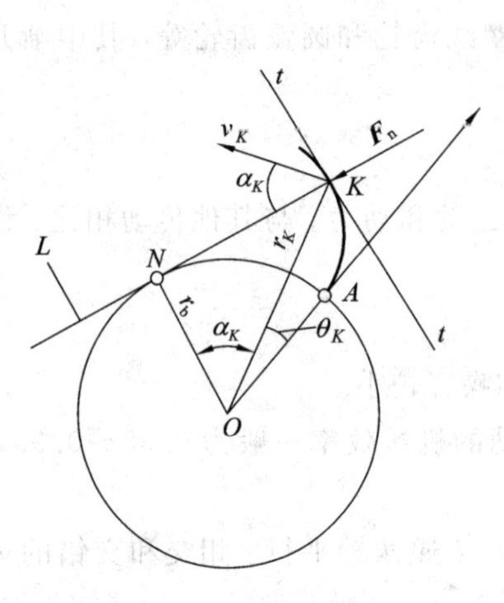

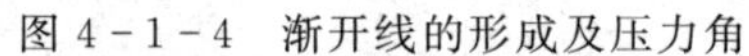

图 4-1-4 渐开线的形成及压力角

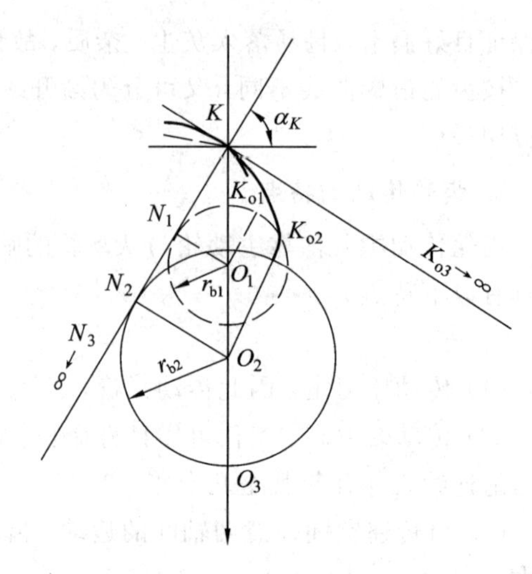

图 4-1-5 渐开线形状与基圆大小的关系

2. 渐开线齿廓的啮合特性

1）齿廓啮合基本定律

两相互啮合的齿廓 E_1 和 E_2 在 K 点接触，如图 4-1-6 所示，过 K 点作两齿廓的公法线 nn，它与连心线 O_1O_2 的交点 C 称为节点。以 O_1、O_2 为圆心，以 $O_1C(r_1')$、$O_2C(r_2')$为半径所作的圆称为节圆，因两齿轮的节圆在 C 点处作相对纯滚动，由此可推得

$$i=\frac{\omega_1}{\omega_2}=\frac{O_2C}{O_1C}=\frac{r_2'}{r_1'} \tag{4-1-2}$$

一对传动齿轮的瞬时角速度与其连心线被齿廓接触点的公法线所分割的两线段长度成反比，这个定律称为齿廓啮合基本定律。由此推论，欲使两齿轮瞬时传动比恒定不变，过接触点所作的公法线都必须与连心线交于一定点。

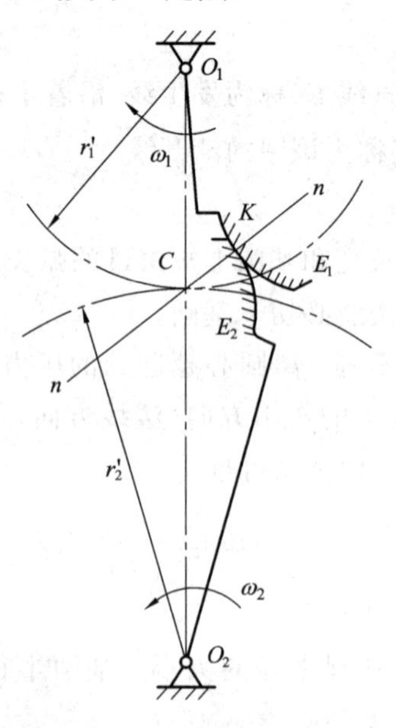

图 4-1-6 齿廓啮合基本定律

2）渐开线齿廓满足瞬时传动比恒定

一对齿轮传动，其渐开线齿廓在任意点 K 接触，如图 4-1-7 所示，可证明其瞬时传动比恒定。过 K 点作两齿廓的公法线 nn，它与连心线 O_1O_2 交于 C 点。由渐开线特性推知齿廓上各法线切于基圆，齿廓公法线必为两基圆的内公切线 N_1N_2，N_1N_2 与连心线 O_1O_2 交于定点 C。由 $\triangle N_1O_1C \backsim \triangle N_2O_2C$，可推得

$$i = \frac{\omega_1}{\omega_2} = \frac{O_2C}{O_1C} = \frac{r_{b2}}{r_{b1}} \tag{4-1-3}$$

渐开线齿轮制成后，基圆半径是定值。渐开线齿轮啮合时，即使两轮中心距稍有改变，过接触点齿廓公法线仍与两轮连心线交于一定点，瞬时传动比保持恒定。

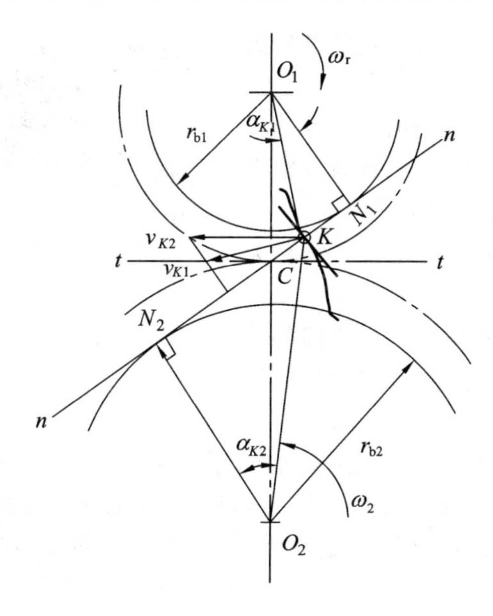

图 4-1-7 渐开线齿廓啮合

3. 渐开线齿廓的啮合特点

1）啮合线为一条不变的直线

一对齿轮啮合传动时，两齿轮齿廓接触点的轨迹称为啮合线。由于啮合线都在公法线上，而公法线为一条固定直线，且与两轮基圆的内公切线重合，因此渐开线齿廓的啮合线也为一条固定直线，即啮合线、公法线、两基圆内公切线、发生线、力的作用线五线合一。

2）传力方向不变

因五线合一，故两啮合齿廓间压力角作用线方向不变。

3）中心距可分性

由式(4-1-3)可知，渐开线齿轮的传动比等于两齿轮基圆半径的反比。当一对齿轮加工完成后，两齿轮的基圆半径就完全确定了，其传动比也随之确定。若因制造和安装误差等而引起中心距变化，由于基圆不变，故传动比不变，这一特性称为中心距的可分性，该特性为渐开线齿轮的加工和安装带来了方便。

4.1.3　渐开线标准直齿圆柱齿轮的基本参数和几何尺寸

1. 渐开线直齿圆柱齿轮的各部分名称、代号及基本参数

1）渐开线直齿圆柱齿轮的各部分名称和代号

图 4-1-8 所示为某标准直齿圆柱齿轮的一部分，齿轮的轮齿均匀地分布在圆柱面上。每个轮齿两侧的齿廓都是由形状相同、方向相反的渐开线曲面组成的。齿轮各部分的名称及代号如图 4-1-8 所示。

（1）齿顶圆。齿顶所确定的圆称为齿顶圆，其直径用 d_a 表示。

（2）齿根圆。由齿槽底部所确定的圆称为齿根圆，其直径用 d_f 表示。

（3）齿槽宽。相邻两齿之间的空间称为齿槽，在任意 d_k 的圆周上，轮齿槽两侧齿廓之间的弧长称为该圆的齿槽宽，用 e_k 表示。

（4）齿厚。轮齿两侧齿廓之间的弧长称为该圆的齿厚，用 s_k 表示。

（5）齿距。相邻的两齿同侧齿廓之间的弧长称为该圆的齿距，用 p_k 表示。所以 $p_k = s_k + e_k$。

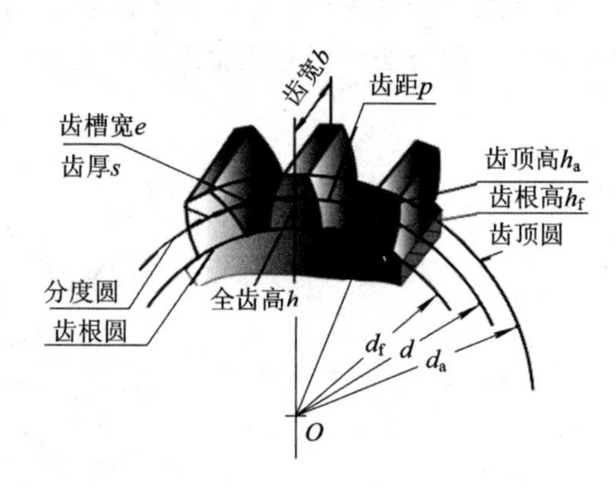

图 4-1-8　齿轮各部分名称

（6）分度圆。为了便于设计、制造及互换，我们将齿轮上某一圆周上的比值和该圆上的压力角均设定为标准值，这个圆就称为分度圆，以 d 表示。对标准齿轮来说，齿厚与齿槽宽相等，分别用 s 和 e 表示，即 $s=e$。分度圆是一个十分重要的圆，分度圆上各参数的代号不带下标。

（7）齿顶高。从分度圆到齿顶圆的径向距离称为齿顶高，用 h_a 表示。

（8）齿根高。从分度圆到齿根圆的径向距离称为齿根高，用 h_f 表示。

（9）全齿高。从齿顶圆到齿根圆的径向距离称为全齿高，用 h 表示，$h=h_a+h_f$。

（10）齿顶间隙。当一对齿轮啮合时，一个齿轮的齿顶圆与配对齿轮的齿根圆之间的径向距离称为齿顶间隙，用 c 表示。

2）标准齿轮的基本参数

直齿圆柱齿轮的基本参数有齿数 z、模数 m、压力角 α、齿顶高系数和顶隙系数共五个。这些基本参数是齿轮各部分几何尺寸计算的依据。

（1）齿形参数。

① 齿数 z。一个齿轮的轮齿总数称为齿数，用 z 表示。设计齿轮时，齿数是按使用要求和强度计算确定的。

② 模数 m。齿轮传动中，齿距 p 除以圆周率 π 所得到的商称为模数，即 $m=p/\pi$，单位为 mm。使用模数和齿数可以方便计算齿轮的大小，用分度圆直径可表示为 $d=mz$。

模数是决定齿轮尺寸的一个基本参数，我国已规定了标准模数系列。设计齿轮时，应采用我国规定的标准模数系列，如表 4-1-1 所示。

表 4-1-1　渐开线圆柱齿轮模数

（摘自 GB1357—1987）

第一系列	1	1.25	1.5	2	2.5	3	4	5	6	8	12	16	20	
第二系列	1.75	2.25	2.75	(3.25)	3.5	(3.75)	4.5	5.5	(6.5)	7	9	(11)	14	18

注：① 本表适用于渐开线圆柱齿轮，对斜齿轮是指法向模数；

② 优先采用第一系列，括号内的模数尽可能不用。

由模数的定义 $m=p/\pi$ 可知，模数越大，轮齿尺寸越大，反之则越小，如图 4-1-9 所示。

目前，世界上除少数国家（如英国、美国）采用径节(DP)制齿轮外，我国及其他多数国家都采用模数制齿轮。模数与径节的换算关系为：$m=25.4/\mathrm{DP}$。

注意：模数制齿轮和径节制齿轮不能相互啮合使用。

③ 压力角。由前面的分析可知，渐开线的形状取决于基圆半径的大小，且由 $r_b=r\cos\alpha$ 可知，基圆半径随分度圆压力角的变化而变化（如图 4-1-10 所示），所以分度圆压力角也是决定渐开线齿廓形状的一个重要参数。通常将渐开线在分度圆上的压力角称为标准压力角（简称压力角），用 α 表示。我国规定分度圆上的压力角为标准值，其值为 20°，此外在某些场合也采用 $\alpha=14.5°$、15°、22.5°、25°。

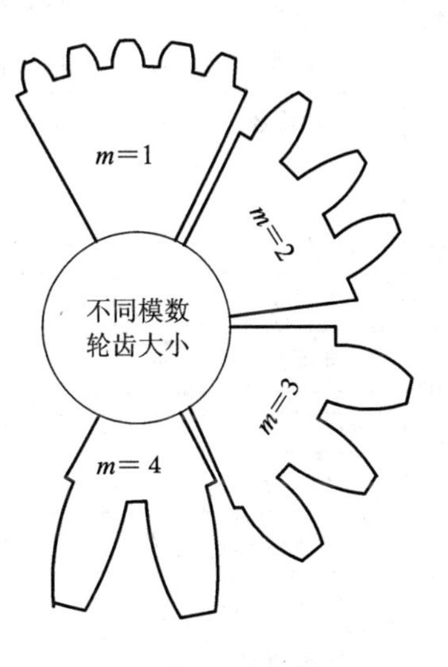

图 4-1-9　不同模数的轮齿大小

综上所述，α 小，传力性能好，但齿根变薄，弯曲强度差；α 大，传力特性变差。因此，一般取标准值 $\alpha=20°$。

(2) 齿制参数。齿制参数主要包括齿顶高系数和顶隙系数。齿顶高与模数之比值称为齿顶高系数，用 h_a^* 表示。顶隙与模数之比值称为顶隙系数，用 c^* 表示。正常齿制齿轮 $h_a^*=1$，$c^*=0.25$，有时也采用短齿制，其 $h_a^*=0.8$，$c^*=0.3$。

顶隙的作用是为了避免一齿轮的齿顶与另一齿轮的齿根相抵触，同时也便于储存润滑油。

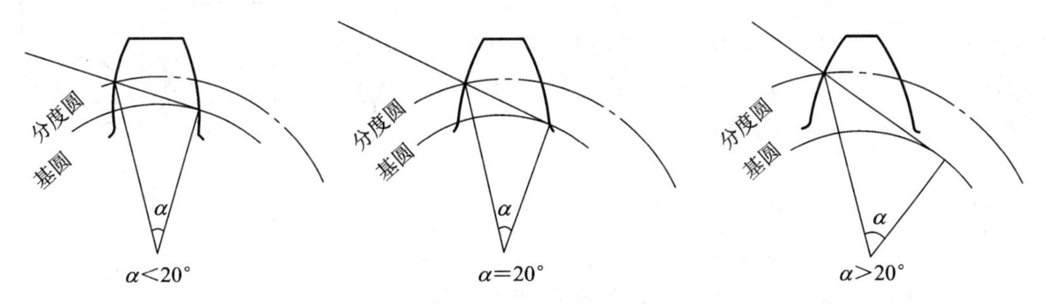

图 4-1-10　不同压力角时轮齿的形状

2. 渐开线标准直齿圆柱齿轮的基本参数及几何尺寸计算

标准直齿轮圆柱齿轮的基本参数及几何计算公式见表 4-1-2。

表 4-1-2 标准直齿圆柱齿轮的基本参数及几何尺寸计算公式

	名 称	符号	计 算 公 式
基本参数	齿数	z	$z_{min}=17$，通常小齿轮齿数 z_1 在 20～28 范围内选取，$z_2=iz_1$
	模数	m	根据强度计算决定，并按表 4-1-1 选取标准值。动力传动中 $m\geqslant 2$ mm
	压力角	α	取标准值，$\alpha=20°$
	齿顶高系数	h_a^*	取标准值，对于正常齿 $h_a^*=1$，对于短齿 $h_a^*=0.8$
	顶隙系数	c^*	取标准值，对于正常齿 $c^*=0.25$，对于短齿 $c^*=0.3$
几何尺寸	齿距	p	$p=m\pi$
	齿厚	s	$s=\pi m/2$
	齿槽宽	e	$e=\pi m/2$
	齿顶高	h_a	$h_a=h_a^* m$
	齿根高	h_f	$h_f=h_a+c=(h_a^*+c^*)m$
	全齿高	h	$h=h_a+h_f=(2h_a^*+c^*)m$
	分度圆直径	d	$d=mz$
	齿顶圆直径	d_a	$d_a=d+2h_a=m(z+2h_a^*)$
	齿根圆直径	d_f	$d_f=d-2h_f=m(z-2h_a^*-c^*)$
	基圆直径	d_b	$d_b=d\cos\alpha=mz\cos\alpha$
	中心距	a	$a=m(z_1+z_2)/2$

3. 公法线长度和分度圆弦齿厚

齿轮在加工和检验中，常用测量公法线长度和分度圆弦齿厚的方法来保证齿轮的精度。

1）公法线长度

如图 4-1-11 所示，当检验直齿轮时，公法线千分尺的两卡脚跨过 K 个齿，两卡脚与齿廓相切于 A、B 两点，两切点间的距离 AB 称为公法线（即基圆切线）长度，用 W_K 表示，则线段 $\overline{AB}$ 的长度就是跨 K 个齿的公法线长度。根据渐开线性质可得

$$W_K=(K-1)P_b+S_b$$

式中，P_b 为基圆齿轮，S_b 为基圆齿厚。

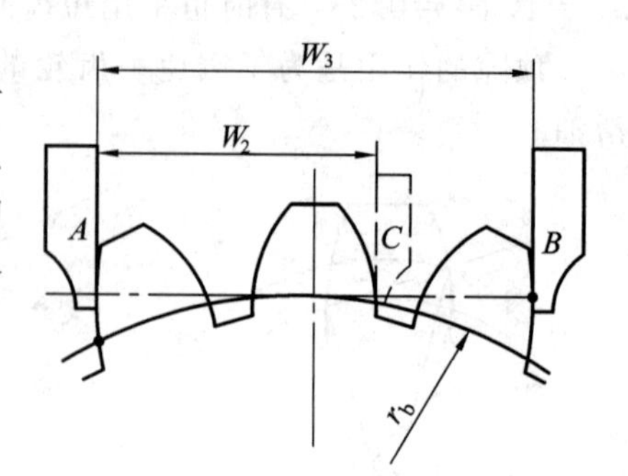

图 4-1-11 公法线长度

测量公法线长度只需普通的卡尺或专用的公法线千分尺，测量方法简便，结果准确，在齿轮加工中应用较广。当 $\alpha=20°$ 时，标准直齿圆柱齿轮的公法线长度为

$$W=m[2.9521(K-0.5)+0.014z] \tag{4-1-4}$$

式中：m 为模数；z 为齿数；K 为跨齿数，按下式计算：

$$K=\frac{z}{9}+0.5$$

当计算所得 K 不是整数时，可四舍五入圆整为整数。此外，W、K 也可从机械设计手册中直接查表得出。

2）分度圆弦齿厚

测量公法线长度，对于斜齿圆柱齿轮将受到齿宽条件的限制；对于大模数齿轮，测量也有困难；此外，还不能用于检测锥齿轮和蜗轮。在这种情况下，通常改测齿轮的分度圆弦齿厚。

如图 4-1-12 所示，轮齿两侧齿廓与分度圆的两个交点 A、B 间的距离，称为分度圆弦齿厚，以 $\bar{s}$ 表示。齿顶到分度圆弦 AB 间的径向距离，称为分度圆弦齿高，以 $\bar{h}_a$ 表示。用齿轮游标卡尺测量时，以分度圆齿高 $\bar{h}_a$ 为基准来测量分度圆弦齿厚 $\bar{s}$。标准直齿轮的 $\bar{s}$、$\bar{h}_a$ 计算公式为

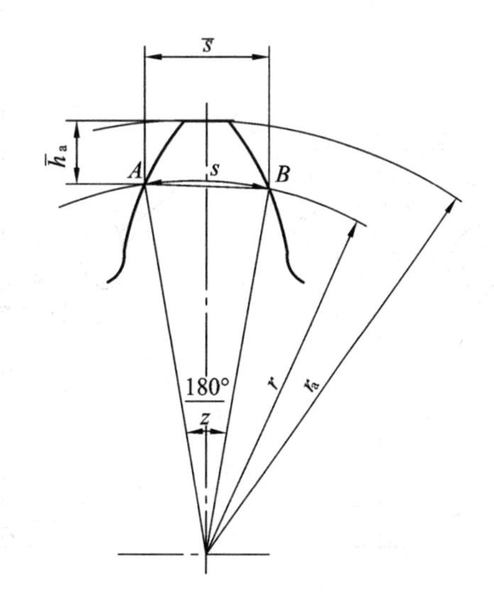

图 4-1-12　分度圆弦齿厚

$$\bar{s}=mz\ \sin\left(\frac{\pi}{2z}\right) \tag{4-1-5}$$

$$\bar{h}_a=mh_a^*+\frac{mz\left[1-\cos\left(\frac{\pi}{2z}\right)\right]}{2} \tag{4-1-6}$$

此外，$\bar{s}$、$\bar{h}_a$ 也可从机械设计手册中直接查表得出。

由于测量分度圆弦齿厚是以齿顶圆为基准的，因此测量结果必然受到齿顶圆公差的影响。而公法线长度测量与齿顶圆无关。公法线测量在实际应用中较广泛。在齿轮检验中，对较大模数(m>10 mm)的齿轮，一般检验分度圆弦齿厚；对成批生产的中、小模数齿轮，一般检验公法线长度 W。

4.1.4　渐开线标准直齿圆柱齿轮的啮合传动

1. 正确啮合条件

图 4-1-13 中的齿轮都是渐开线齿轮，图 4-1-13(a)和图 4-1-13(b)中的主动轮只能带动从动轮转过一个小角度就卡死不能动了，而图 4-1-13(c)中的主动轮可以带动从动轮整周转动，看来并不是任意两个渐开线齿轮都能正确地进行啮合，而是必须满足一定的条件，即正确啮合条件。那么，这个条件是什么？

从图 4-1-13(c)中可以看出：两个渐开线齿轮在啮合过程中，参加啮合的轮齿的工作一侧齿廓的啮合点都在啮合线 N_1N_2 上。而在图 4-1-13(a)和图 4-1-13(b)中，工作一侧齿廓的啮合点 H 不在啮合线 N_1N_2 上，这就是两轮卡死的原因。

令 K_1 和 K_1' 表示轮 1 齿廓上的啮合点，K_2 和 K_2' 表示轮 2 齿廓上的啮合点。从图 4-1-13(c)中可以看出 $\overline{K_1K_1'}=\overline{K_2K_2'}=\overline{KK'}$，$\overline{K_1K_1'}$ 是齿轮 1 的法向齿矩 p_{n1}，$\overline{K_2K_2'}$ 是齿

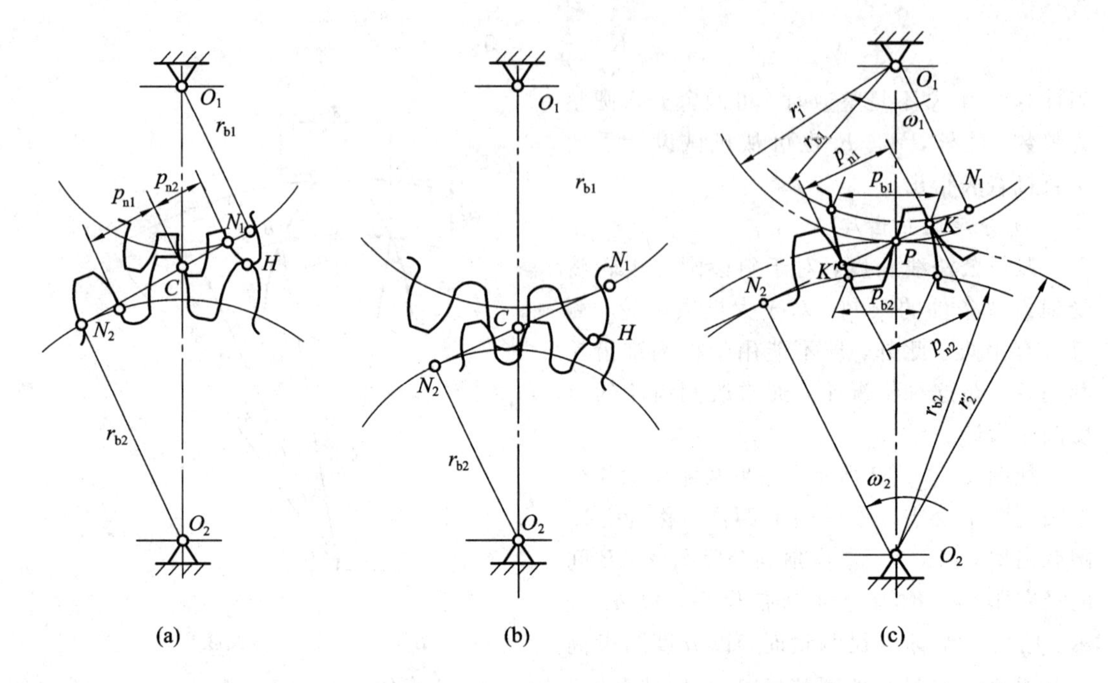

图 4-1-13　渐开线齿轮的正确啮合

轮 2 的法向齿矩 p_{n2}，亦即

$$p_{n1}=p_{n2}$$

这个式子就是一对相啮合齿轮的轮齿分布要满足的几何条件，称为正确啮合条件。

由渐开线性质可知，法向齿距与基圆齿距相等，故上式也可写成

$$p_{b1} = p_{b2} \tag{4-1-7}$$

将 $p_{b1}=\pi m_1 \cos\alpha_1$ 和 $p_{b2}=\pi m_2 \cos\alpha_2$ 代入式，得

$$m_1 \cos\alpha_1 = m_2 \cos\alpha_2 \tag{4-1-8}$$

由于模数 m 和压力角 α 均已标准化，不能任意选取，所以要满足上式必须使

$$\begin{cases} m_1 = m_2 = m \\ \alpha_1 = \alpha_2 = \alpha \end{cases} \tag{4-1-9}$$

结论：一对渐开线齿轮，只要模数和压力角分别相等，就能正确啮合。

由相互啮合齿轮的模数相等的条件，可推出一对齿轮的传动比为

$$i_{12} = \frac{w_1}{w_2} = \frac{d_2'}{d_1'} = \frac{d_{b2}}{d_{b1}} = \frac{d_2}{d_1} = \frac{z_2}{z_1} \tag{4-1-10}$$

2. 连续传动条件及重合度

1）一对渐开线齿轮的啮合过程

齿轮传动是通过其轮齿交替啮合而实现的。如图 4-1-14 所示为一对轮齿的啮合过程。主动轮 1 顺时针方向转动，推动从动轮 2 作逆时针方向转动。一对轮齿的开始啮合点是从动轮齿顶圆与啮合线 N_1N_2 的交点 B_2，这时主动轮的齿根与从动轮的齿顶接触，两轮齿进入啮合。随着啮合传动的进行，两齿廓的啮合点将沿着啮合线向左下方移动。一直到主动轮的齿顶圆与啮合线的交点 B_1，主动轮的齿顶与从动轮的齿根即将脱离接触，两轮齿

结束啮合，B_1 点为终止啮合点。线段$\overline{B_1B_2}$为啮合点的实际轨迹，称为实际啮合线段。当两轮齿顶圆加大时，点 B_1、B_2 分别趋于点 N_1、N_2，实际啮合线段将加长。但因基圆内无渐开线，故点 B_1、B_2 不会超过点 N_1、N_2，点 N_1、N_2 称为极限啮合点。线段$\overline{N_1N_2}$是理论上最长的实际啮合线段，称为理论啮合线段。

2）渐开线齿轮连续传动条件

为保证齿轮定传动比传动的连续性，仅具备两轮的基圆齿距相等的条件是不够的，还必须满足$\overline{B_1B_2} \geqslant p_b$。否则，当前一对齿在点 B_1 分离时，后一对齿尚未进入点 B_2 啮合，这样，在前后两对齿交替啮合时将引起冲击，无法保证传动的平稳性。因此，由图 4-1-14 可知，渐开线齿轮连续传动条件为$\overline{B_2B_1} \geqslant \overline{B_2K}$，而$\overline{B_2K} = p_b$，故连续传动的条件可用下式表示：

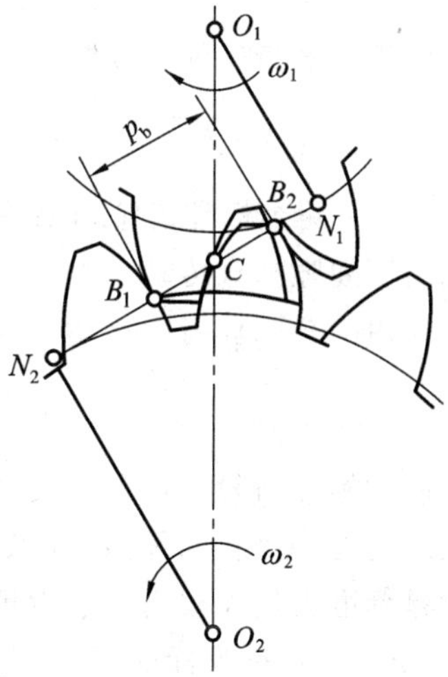

$$\overline{B_2K} \geqslant p_b \quad 或 \quad \frac{\overline{B_1B_2}}{P_b} \geqslant 1$$

图 4-1-14　渐开线齿轮的连续传动

通常把实际啮合线段$\overline{B_1B_2}$与基圆齿距 p_b 的比值称为重合度，用 ε 表示，即

$$\varepsilon = \frac{\overline{B_1B_2}}{p_b} \geqslant 1 \tag{4-1-11}$$

ε 表示了同时参与啮合齿轮的对数，ε 越大，同时参与啮合齿轮的对数越多，传动越平稳。因此，ε 是衡量齿轮传动质量的指标之一。

3. 标准中心距

如图 4-1-15 所示为满足正确啮合条件的一对外啮合标准直齿圆柱齿轮，它的中心距是两轮分度圆半径之和，此中心距称为标准中心距：

$$a = r_1 + r_2 = \frac{m}{2}(z_1 + z_2) \tag{4-1-12}$$

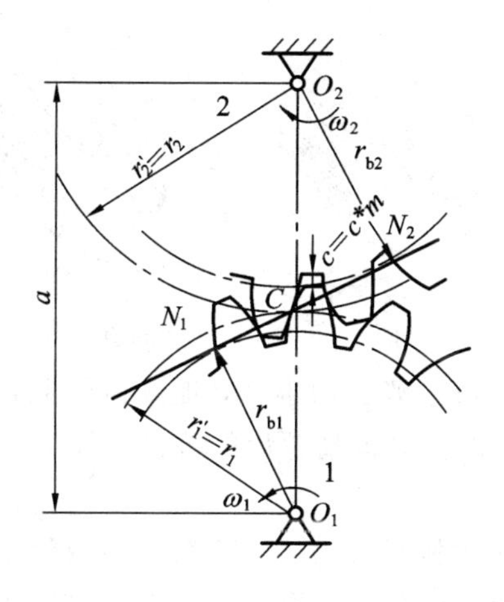

图 4-1-15　标准中心距

啮合线 N_1N_2 与 O_1O_2 的交点 C 是啮合节点，而两轮分度圆也相切于 C 点，所以分度

圆与节圆重合为一个圆。即

$$r_1' = r_1 \quad r_2' = r_2 \quad \alpha' = \alpha$$

由于标准齿轮的分度圆齿厚与槽宽相等，因此

$$s_1 = e_1 = s_2 = e_2 = \frac{\pi m}{2} = s' = e'$$

结论：两个标准齿轮如果按照标准中心距安装，就能满足无齿侧间隙啮合条件，能实现无齿侧间隙啮合传动。

对内啮合圆柱齿轮传动，当采用标准安装时，其标准中心距计算公式为

$$a = r_2 - r_1 = \frac{m}{2}(z_2 - z_1) \tag{4-1-13}$$

两个标准齿轮在这种安装情况下，还有什么特点？从图中可以看出一轮齿顶与另一轮齿根之间有一个径向间隙 c，我们称为顶隙，它是为储存润滑油以润滑齿廓表面而设置的，这就是标准齿轮齿根高大于齿顶高的原因，并因此把 c^* 称为顶隙系数。在上述安装情况下 $c=c^* m$，$c^* m$ 称为标准顶隙。一对标准齿轮按照标准中心距安装，我们称之为标准安装。

4.1.5 齿轮常见的失效形式与设计准则

1. 齿轮常见的失效形式

齿轮传动的失效主要发生在轮齿部分，其常见的失效形式有：轮齿折断、齿面点蚀、齿面磨损、齿面胶合和齿面塑性变形等五种。齿轮其他部分(如齿圈、轮辐、轮毂等)失效很少发生，通常按经验设计。

1) 轮齿折断

轮齿在工作过程中，齿根部受较大的交变弯曲应力，并且齿根圆角及切削刀痕产生应力集中。当齿根弯曲应力超过材料的弯曲疲劳极限时，轮齿在受拉一侧将产生疲劳裂纹，随着裂纹的逐渐扩展，会导致轮齿疲劳折断，如图 4-1-16 所示。齿宽较小的直齿轮常发生整齿折断。齿宽较大的直齿轮，因制造装配误差易产生载荷偏置一端，导致局部折断。斜齿轮及人字齿轮的接触线是倾斜的，也容易产生局部折断。轮齿受到短期过载或冲击载荷的作用，会发生过载折断。

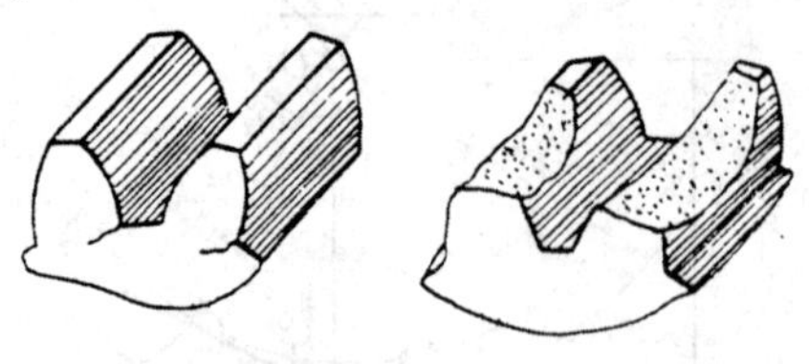

图 4-1-16 轮齿折断

采用正变位齿轮，增大齿根过渡圆角半径，提高齿轮制造精度和安装精度，采用表面强化处理(如喷丸、碾压)等，都可以提高轮齿的抗折断能力。

2) 齿面点蚀

齿轮工作时，在循环变化的接触应力、齿面摩擦力及润滑剂的反复作用下，轮齿表面或次表层出现疲劳裂纹，裂纹逐渐扩展，导致齿面金属剥落形成麻点状凹坑，这种现象称为齿面疲劳点蚀，如图 4-1-17 所示。

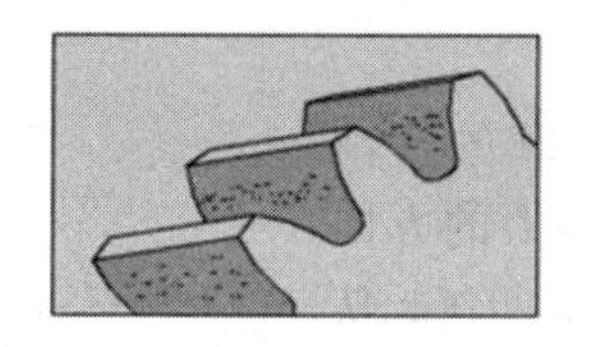
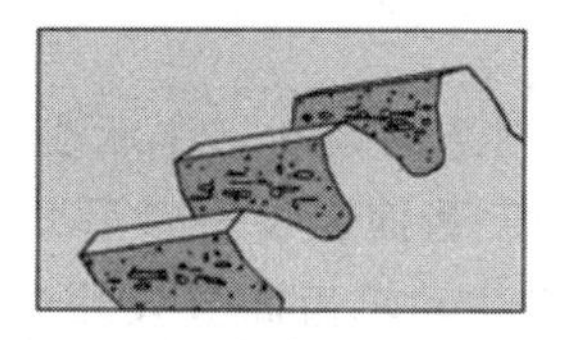

图 4-1-17　齿面点蚀

齿面疲劳点蚀首先出现在齿面节线偏齿根侧。这是因为节线附近齿面相对滑动速度小，油膜不宜形成，摩擦力较大；且节线处同时参与啮合的轮齿对数少，接触应力大。点蚀发展后会产生振动和噪声，以致齿轮不能正常工作而失效。软齿面(硬度≤350 HBS)的新齿轮，开始会出现少量点蚀，但随着齿面的跑合，点蚀可能不再继续扩展，这种点蚀称为收敛性点蚀。硬齿面(硬度>350 HBS)齿轮不会出现局限性点蚀，一旦出现点蚀就会继续发展，称为扩展性点蚀。

对于润滑良好的闭式齿轮传动，点蚀是主要失效形式。而在开式传动中，由于齿面磨损较快，一般不会出现点蚀。

提高齿面硬度，降低齿面粗糙度值，合理选择润滑油的黏度及采用正变位齿轮传动等，都可以提高齿面抗点蚀能力。

3）齿面磨损

由于粗糙齿面的摩擦或有砂粒、金属屑等磨料落入齿面之间，都会引起齿面磨损。磨损引起齿廓变形和齿厚减薄，产生振动和噪声，甚至因轮齿过薄而断裂，如图 4-1-18 所示。磨损是开式齿轮传动的主要失效形式。采用闭式齿轮传动、提高齿面硬度、降低齿面粗糙度值、注意保持润滑油清洁等，都有利于减轻齿面磨损。

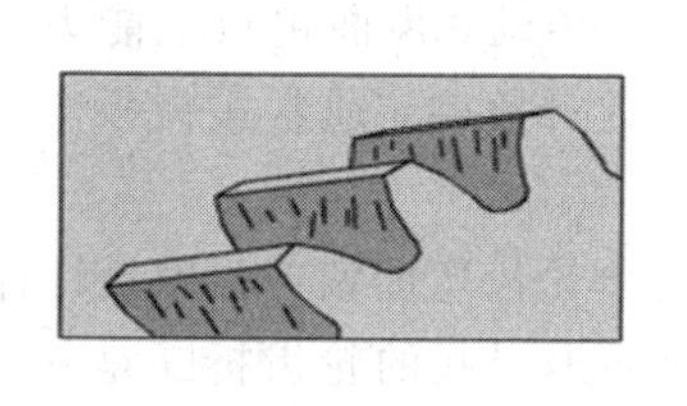
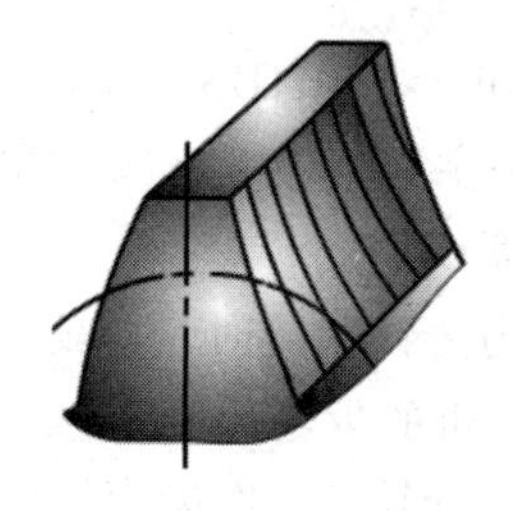

图 4-1-18　齿面磨损

4）齿面胶合

高速重载齿轮传动，因齿面间压力大、相对滑动速度大，在啮合处摩擦发热多，产生瞬间高温，使油膜破裂，造成齿面金属直接接触并相互黏着，而后随齿面相对运动，又将黏接金属撕落，使齿面形成条状沟痕，产生齿面热胶合，如图 4-1-19 所示。低速重载齿轮传动(v≤4 m/s)，由于啮合处局部压力很高，使油膜破裂而黏着，产生齿面冷胶合。齿面胶合会引起振动和噪声，导致失效。

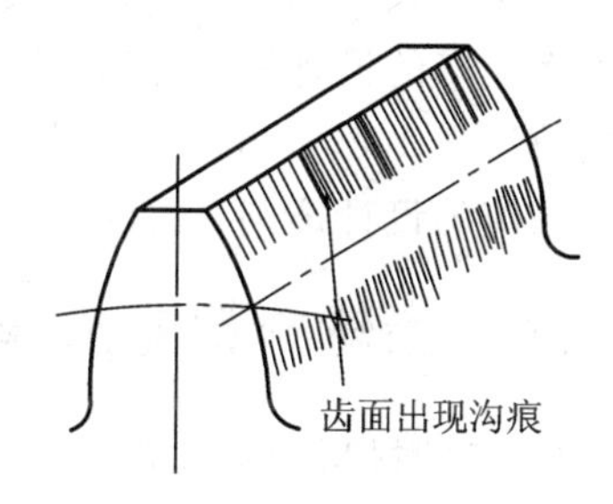

图 4-1-19　齿面胶合

采用正变位齿轮、减小模数及降低齿高以减小滑动速度，提高齿面硬度，降低齿面粗糙度值，采用抗胶合能力强的齿轮材料，在润滑油中加入极压添加剂等，都可以提高抗胶合能力。

5）齿面塑性变形

用较软齿面材料制造的齿轮，在承受重载的传动中，由于摩擦力的作用，齿面表层材料沿摩擦力的方向会发生塑性变形，即在主动轮齿面节线处产生凹坑，从动轮齿面节线处产生凸起，如图 4-1-20 所示。提高齿面硬度和润滑油黏度，可以减轻或防止齿面塑性变形的产生。

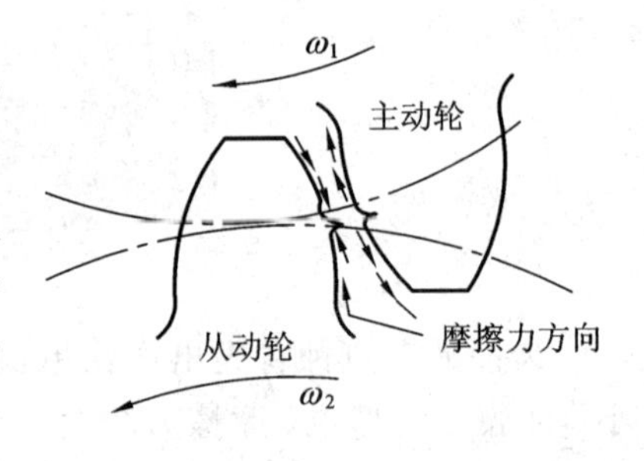

图 4-1-20　齿面塑性变形

必须注意，并非所有齿轮都同时存在上述五种失效。在一般工作条件下，闭式传动最有可能发生的失效形式是疲劳点蚀和弯曲疲劳断裂；开式传动齿轮最有可能发生的失效形式是磨损；重载且润滑不良的情况下，最有可能发生齿面胶合和齿面塑性变形失效。

2. 设计准则

轮齿的失效形式很多，它们不大可能同时发生，却又相互联系，相互影响。例如，轮齿表面产生点蚀后，实际接触面积减少将导致磨损的加剧，而过大的磨损又会导致轮齿的折断。可是在一定条件下，必有一种为主要失效形式。

在进行齿轮传动的设计计算时，应分析具体的工作条件，判断可能发生的主要失效形式，以确定相应的设计准则。

对于软齿面(硬度＜350 HBS)的闭式齿轮传动，由于齿面抗点蚀能力差，润滑条件良好，齿面点蚀将是主要的失效形式。在设计计算时，通常按齿面接触疲劳强度设计，再作齿根弯曲疲劳强度校核。

对于硬齿面(硬度＞350HBS)的闭式齿轮传动，齿面抗点蚀能力强，但易发生齿根折断，齿根疲劳折断是主要的失效形式。在设计计算时，通常按齿根弯曲疲劳强度设计，再作齿面接触疲劳强度校核。

当一对齿轮均为铸铁制造时，一般只需作轮齿弯曲疲劳强度设计计算。

对于汽车、拖拉机的齿轮传动，过载或冲击引起的轮齿折断是其主要失效形式，宜先作轮齿过载折断设计计算，再作齿面接触疲劳强度校核。

对于开式传动，其主要失效形式是齿面磨损。但由于磨损的机理比较复杂，到目前为止尚无成熟的设计计算方法，通常只能按齿根弯曲疲劳强度设计，再考虑磨损，将所求得的模数增大 10％～20％。设计齿轮传动时，应根据实际工况条件，分析主要的失效形式，确定相应的设计准则，进行设计计算。

4.1.6　齿轮材料的选择及热处理

1. 齿轮材料的基本要求

由轮齿的失效分析可知，对齿轮材料的基本要求如下：

(1) 齿面应有足够的硬度，以抵抗齿面磨损、点蚀、胶合以及塑性变形等。

(2) 齿芯应有足够的强度和较好的韧性，以抵抗齿根折断和冲击载荷。

(3) 应有良好的加工工艺性能及热处理性能，使之便于加工且便于提高其力学性能，即齿面要硬、齿芯要韧。最常用的齿轮材料是钢，此外还有铸铁及一些非金属材料等，如

图 4-1-21 所示。

图 4-1-21　齿轮材料

2. 常用齿轮材料及热处理

1）锻钢

锻钢因具有强度高、韧性好、便于制造、便于热处理等优点，大多数齿轮都用锻钢制造。按齿面硬度可分为软齿面和硬齿面两类。

（1）软齿面齿轮。软齿面齿轮的齿面硬度＜350 HBS，常用的材料为中碳钢和中碳合金钢，如 45 钢、40Cr、35SiMn 等材料，进行调质或正火处理。这种齿轮适用于强度、精度要求不高的场合，轮坯经过热处理后进行插齿或滚齿加工，生产便利、成本较低。

在确定大、小齿轮硬度时应注意使小齿轮的齿面硬度比大齿轮的齿面硬度高 30～50 HBS，这是因为小齿轮受载荷次数比大齿轮多，且小齿轮齿根较薄。为使两齿轮的轮齿接近等强度，小齿轮的齿面要比大齿轮的齿面硬一些。

（2）硬齿面齿轮。硬齿面齿轮的齿面硬度大于 350 HBS，常用的材料为中碳钢或中碳合金钢，进行表面淬火处理。轮坯切齿后经表面硬化热处理，形成硬齿面，再经磨齿后精度可达 6 级以上。与软齿面齿轮相比，硬齿面齿轮可大大提高齿轮的承载能力，结构尺寸和质量明显减小，综合经济效益显著提高。我国齿轮制造业已普遍采用合金钢及硬齿面、磨齿、高精度、轮齿修形等工艺方法，生产硬齿面齿轮。常用的表面硬化热处理方法主要有表面淬火、渗碳淬火、氮化等。

2）铸钢

当齿轮的尺寸较大（大于 400～600 mm）而不便于锻造时，可用铸造方法制成铸钢齿坯，再进行正火处理以细化晶粒。

3）铸铁

低速、轻载场合的齿轮可以制成铸铁齿坯。当尺寸大于 500 mm 时可制成大齿圈或轮辐式齿轮。

4）有色金属和非金属材料

有色金属（如铜合金、铝合金）用于有特殊要求的齿轮传动。

非金属材料的使用日益增多，常用有夹布胶木和尼龙等工程塑料，用于低速、轻载、要求低噪声而对精度要求不高的场合。由于非金属材料的导热性差，故需与金属齿轮配对使用，以利于散热。

表 4-1-3 中列出了齿轮常用材料及其力学性能，供设计时参考。

表 4-1-3　常用齿轮材料及其力学性能

类　别	材料牌号	热处理方法	抗拉强度 σ_b/MPa	屈服点 σ_s/MPa	硬　度
优质碳素钢	35	正火	500	270	150~180 HBS
		调质	550	294	190～230 HBS
	45	正火	588	294	169～217 HBS
		调质	647	373	217～255 HBS
		表面淬火			48～55 HRC
	50	正火	628	373	180～220 HBS
合金结构钢	40Cr	调质	700	500	240～258 HBS
		表面淬火			48～55 HRC
	35SiMn	调质	750	450	217～269 HBS
		表面淬火			45～55 HRC
	40MnB	调质	735	490	241～286 HBS
		表面淬火			45～55 HRC
	20Cr	渗碳淬火后回火	637	392	56～62 HRC
	20CrMnTi		1079	834	56～62HRC
	38CrMnAlA	渗氮	980	834	850 HV
铸钢	ZG45	正火	580	320	156～217 HBS
	ZG55		650	350	169～229 HBS
灰铸铁	HT300	—	300	—	185～278 HBS
	HT350		350	—	202～304 HBS
球墨铸铁	QT600－3	—	600	370	190～270 HBS
	QT700－2		700	420	225～305 HBS
非金属	夹布胶木	—	100	—	25～35 HBS

钢制齿轮的热处理方法主要有以下几种：

(1) 表面淬火。这种热处理方法常用于中碳钢和中碳合金钢，如 45、40Cr 钢等。表面淬火后，齿面硬度一般为 40～55 HRC。其特点是抗疲劳点蚀、抗胶合能力高，耐磨性好。由于齿心部末淬硬，齿轮仍有足够的韧性，能承受不大的冲击载荷。

(2) 渗碳淬火。这种热处理方法常用于低碳钢和低碳合金钢，如 20、20Cr 钢等。渗碳淬火后齿面硬度可达 56～62 HRC，而齿心部仍保持较高的韧性，轮齿的抗弯强度和齿面接触强度高，耐磨性较好，常用于受冲击载荷的重要齿轮传动。齿轮经渗碳淬火后，轮齿变形较大，应进行磨齿。

(3) 渗氮。渗氮是一种表面化学热处理。渗氮后不需要进行其他热处理，齿面硬度可达 700～900 HV。由于渗氮处理后的齿轮硬度高、工艺温度低、变形小，故适用于内齿轮和难以磨削的齿轮，常用于含铬、铜、铅等合金元素的渗氮钢，如 38CrMoAlA。

(4) 调质。调质一般用于中碳钢和中碳合金钢，如 45、40Cr、35SiMn 钢等。调质处理后齿面硬度一般为 220～280 HBS。因硬度不高，轮齿精加工可在热处理后进行。

(5) 正火。正火能消除内应力，细化晶粒，改善力学性能和切削性能。机械强度要求不高的齿轮可采用中碳钢正火处理，大直径的齿轮可采用铸钢正火处理。

一般要求的齿轮传动可采用软齿面齿轮。为了减小胶合的可能性，并使配对的大小齿轮寿命相当，通常使小齿轮齿面硬度比大齿轮齿面硬度高出30～50 HBS。对于高速、重载或重要的齿轮传动，可采用硬齿面齿轮组合，齿面硬度可大致相同。

4.1.7 直齿圆柱齿轮的受力分析及强度计算

1. 轮齿的受力分析

1）直齿圆柱齿轮受力分析

如图4-1-22所示为直齿圆柱齿轮的受力情况，转矩 T_1 由主动齿轮传给从动齿轮。若忽略齿面间的摩擦力，轮齿间法向力 F_n 的方向始终沿啮合线。法向力 F_n 在节点处可分解为两个相互垂直的分力：切于分度圆的圆周力 F_t 和沿半径方向的径向力 F_r。

$$\left.\begin{aligned} F_t &= \frac{2T_1}{d_1} \\ F_r &= F_t \tan\alpha \\ F_n &= \frac{F_t}{\cos\alpha} \end{aligned}\right\} \tag{4-1-14}$$

式中：T_1——主动齿轮传递的名义转矩（N·mm），$T_1=9.55\times10^6 P_1/n_1$，其中 P_1 为主动齿轮传递的功率（kW），n_1 为主动齿轮的转速（r/min）；

d_1——主动齿轮的分度圆直径（mm）；

α——分度圆压力角（°）。

作用于主、从动轮上的各对力大小相等、方向相反。从动轮所受的圆周力 F_{t2} 是驱动力，其方向与主动轮转向相同；主动轮 F_{t1} 所受的圆周力是阻力，其方向与主动轮转向相反。径向力 F_{r1} 与 F_{r2} 分别指向各轮中心（外啮合），如图4-1-23所示。

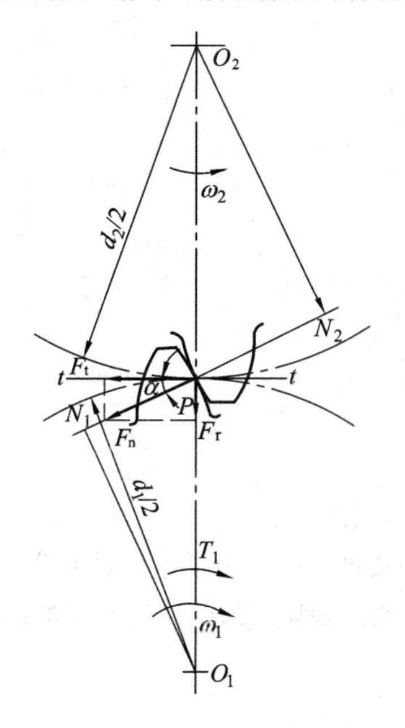

图4-1-22 轮齿受力分析

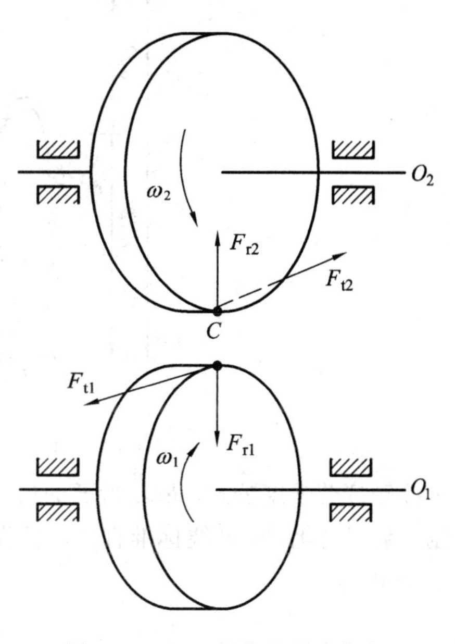

图4-1-23 轮齿的受力方向

2）计算载荷

上面求得的各力是用齿轮传递的名义转矩求得的载荷，称为名义载荷。实际上，由于原动机及工作机的性能、齿轮制造及安装误差、齿轮及其支撑件变形等因素的影响，实际作用于齿轮上的载荷要比名义载荷大。因此，在计算齿轮传动的强度时，用载荷系数 K 对名义载荷进行修正，名义载荷 F_n 与载荷系数的乘积称为计算载荷 F_{nc}，即

$$F_{nc} = KF_n \qquad (4-1-15)$$

式中，K 为考虑了实际传动中各种影响载荷因素的载荷因数，可查表 4－1－4 取值。

表 4－1－4　载荷因数 K

原动机工作情况	工作机械的载荷特性		
	平稳和比较平稳	中等冲击	严重冲击
工作平稳（如电动机、汽轮机）	1～1.2	1.2～1.6	1.6～1.8
轻度冲击（如多缸内燃机）	1.2～1.6	1.6～1.8	1.9～2.1
中等冲击（如单缸内燃机）	1.6～1.8	1.8～2.0	2.2～2.4

注：① 斜齿轮、圆周速度低、精度高的齿轮传动，取小值；直齿轮、圆周速度高的齿轮传动，取大值。
② 齿轮在两轴承之间且对称布置时，取小值；齿轮不在两轴承中间或悬臂布置时，取大值。

2. 齿轮强度计算

1）齿面接触疲劳强度计算

为避免齿面发生点蚀失效，应进行齿面接触疲劳强度计算。

（1）计算依据。一对渐开线齿轮啮合传动，齿面接触近似于一对圆柱体接触传力，轮齿在节点工作时往往是一对齿传力，是受力较大的状态，容易发生点蚀，如图 4－1－24 所示。所以设计时以节点处的接触应力作为计算依据，限制节点处的接触应力 $\sigma_H \leqslant [\sigma_H]$。

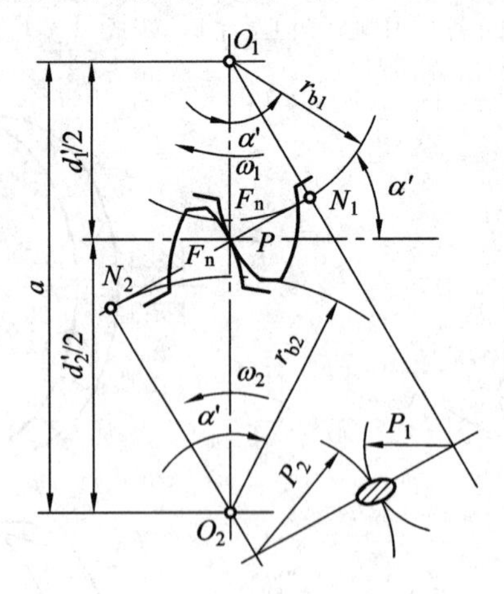

图 4－1－24　齿轮接触强度计算简图

（2）接触疲劳强度公式。齿轮齿面的最大应力计算公式可由弹性力学中的赫兹公式推导得出，经一系列简化，渐开线标准直齿圆柱齿轮传动的齿面接触疲劳强度计算公式如下：

校核公式为

$$\sigma_H = 3.53 Z_E \sqrt{\frac{KT_1}{bd_1^2} + \frac{u \pm 1}{u}} \leqslant [\sigma_H] \qquad (4-1-16)$$

设计公式为

$$d_1 \geqslant \sqrt[3]{\left(\frac{3.53Z_E}{[\sigma_H]}\right)^2 \cdot \frac{KT_1}{\Psi_d} \cdot \frac{u \pm 1}{u}} \tag{4-1-17}$$

式中：K——载荷因数；

Z_E——材料的弹性系数($\sqrt{MPa}$)，见表 4-1-5；

T_1——小齿轮传递的转矩(N·mm)；

b——轮齿的工作宽度(mm)；

u——大轮与小轮的齿数比；

"+"、"-"号——分别表示外啮合和内啮合；

d_1——主动轮的分度圆直径(mm)；

Ψ_d——齿宽系数，$\Psi_d=b/d_1$，见表 4-1-6；

$[\sigma_H]$——齿轮的许用接触应力(MPa)，

$$[\sigma_H] = \frac{Z_N \sigma_{Hlim}}{S_H} \tag{4-1-18}$$

式中：Z_N——接触疲劳寿命因数(如图 4-1-25 所示，图中的 N 为应力循环次数，$N=60njL_h$，其中 n 为齿轮转速(r/min)，j 为齿轮转一周时同侧齿面的啮合次数，L_h为齿轮工作寿命(h))；

S_H——齿面接触疲劳安全系数，见表 4-1-7；

σ_{Hlim}——试验齿轮的接触疲劳极限(MPa)，与材料及硬度有关，图 4-1-26 所示之数据为可靠度 99%的试验值。

表 4-1-5　材料的弹性系数 Z_E　　$\sqrt{MPa}$

	大齿轮					
小齿轮	材料		钢	铸钢	球墨铸铁	灰铸铁
		弹性模量 E/MPa	206000	202000	173000	126000
	钢	206000	189.8	188.9	181.4	165.4
	铸钢	202000	—	188.0	180.5	161.4
	球墨铸铁	173000	—	—	173.9	156.6
	灰铸铁	126000	—	—	—	146.0

表 4-1-6　齿宽系数 Ψ_d

齿轮相对于轴承位置	齿面硬度	
	软齿面(硬度≤350 HBS)	硬齿面(硬度>350 HBS)
对称布置	0.8～1.4	0.4～0.9
非对称布置	0.6～1.2	0.3～0.6
悬臂布置	0.3～0.4	0.2～0.25

注：① 对于直齿圆柱齿轮取较小值；斜齿轮可取较大值；人字齿可取更大值。

② 载荷平稳、轴的刚性较大时，取值应大一些；变载荷、轴的刚性较小时，取值应小一些。

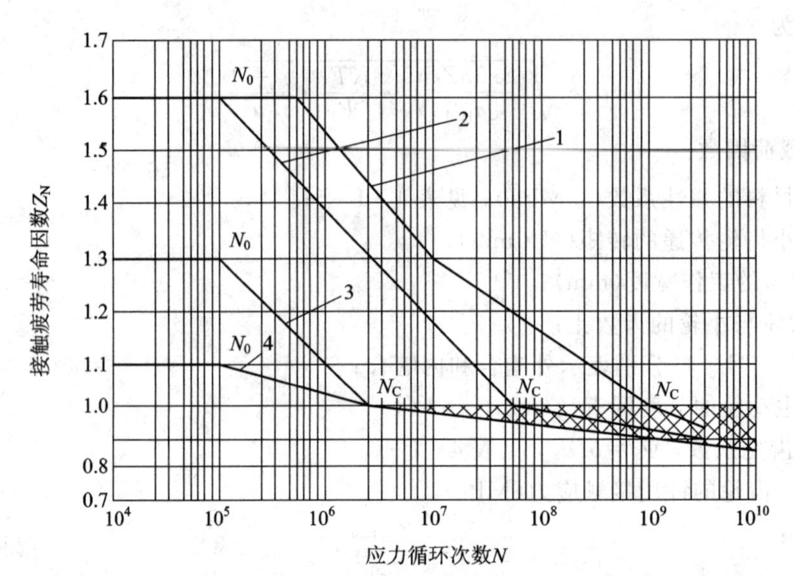

1—结构钢、调质钢、碳钢经正火、珠光体和贝氏体球墨铸铁、珠光体黑心可锻铸铁、渗碳淬火钢，当允许有一定量点蚀时；

2—结构钢、调质钢、碳钢经正火、珠光体和贝氏体球墨铸铁、珠光体黑心可锻铸铁、渗碳淬火钢、表面硬化钢，不允许出现点蚀时；

3—经气体渗氮的调质钢和渗碳钢、氮化钢、灰铸铁、铁素体球墨铸铁；

4—碳钢调质后液体氮化

图 4-1-25　接触疲劳寿命因数 Z_N

表 4-1-7　安全系数 S_H 和 S_F

安全系数	软齿面	硬齿面	重要传动、渗碳淬火齿轮或铸造齿轮
S_H	1.0～1.1	1.1～1.2	1.3
S_F	1.3～1.4	1.4～1.6	1.6～2.2

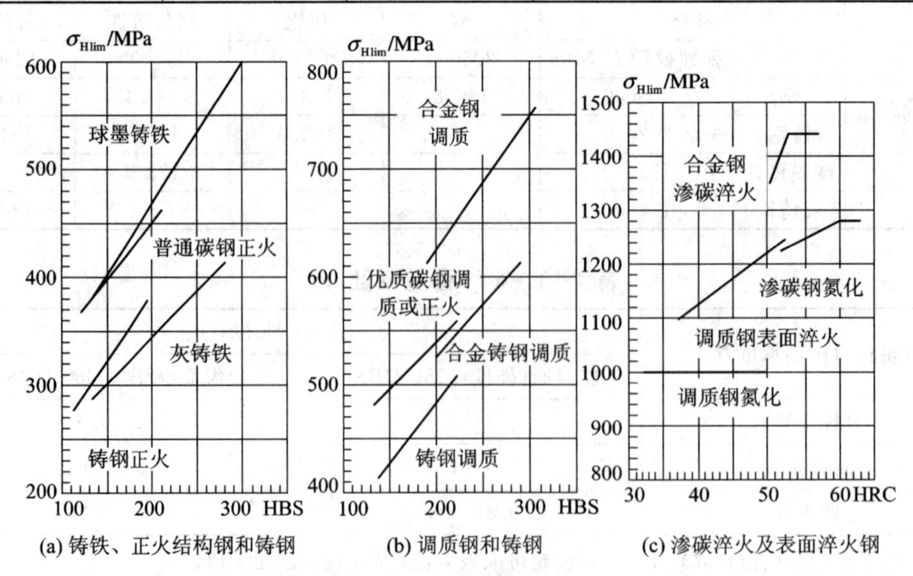

(a) 铸铁、正火结构钢和铸钢　　(b) 调质钢和铸钢　　(c) 渗碳淬火及表面淬火钢

图 4-1-26　试验齿轮的接触疲劳极限 σ_{Hlim}

应用上述公式时应注意以下几点：

（1）两齿轮齿面的接触应力 σ_{H1} 与 σ_{H2} 大小相同。

（2）两齿轮的许用接触应力 $[\sigma_{H1}]$ 与 $[\sigma_{H2}]$ 一般不同，进行强度计算时应选用较小值。

（3）齿轮的齿面接触疲劳强度与齿轮的直径或中心距的大小有关，即与 m 与 z 的乘积有关，而与模数的大小无关。当一对齿轮的材料、齿宽系数、齿数比一定时，由齿面接触强度所决定的承载能力仅与齿轮的直径或中心距有关。

2）齿根弯曲疲劳强度计算

进行齿根弯曲疲劳强度计算的目的是防止轮齿疲劳折断。

（1）计算依据。根据一对轮齿啮合时，力作用于齿顶的条件，限制齿根危险截面拉应力边的弯曲应力 $\sigma_F \leqslant [\sigma_F]$。

轮齿受弯时其力学模型如悬臂梁，受力后齿根产生最大弯曲应力，而圆角部分又有应力集中，故齿根是弯曲强度的薄弱环节。齿根受拉应力边裂纹易扩展，是弯曲疲劳的危险区。其危险截面可用 30°切线法确定，如图 4-1-27 所示，即作与轮齿对称线成 30°角并与齿根过渡圆弧相切的两条切线，通过两切点并平行于齿轮轴线的截面即为轮齿危险截面。

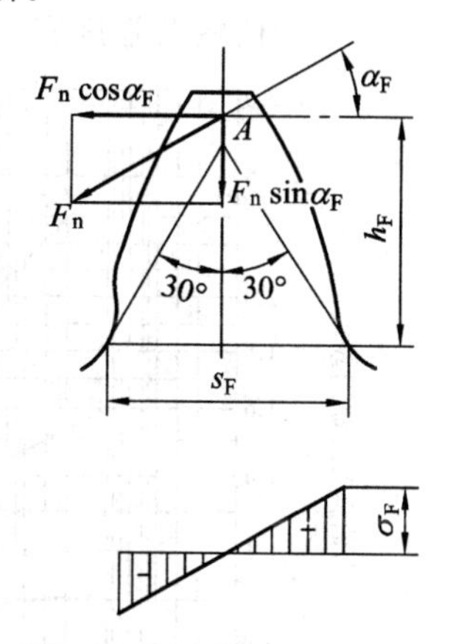

图 4-1-27　轮齿的弯曲强度

（2）齿根弯曲疲劳强度公式。如图 4-1-27 所示，作用于齿顶的法向力 F_n，可分解为相互垂直的两个分力：切向分力 $F_n\cos\alpha_F$ 使齿根产生弯曲应力和切应力，径向分力 $F_n\sin\alpha_F$ 使齿根产生压应力。其中切应力和压应力起的作用很小，疲劳裂纹往往从齿根受拉边开始。因此，只考虑起主要作用的弯曲拉应力，并以受拉侧为弯曲疲劳强度计算的依据。对切应力、压应力以及齿根过渡曲线的应力集中效应的影响，用应力修正系数 Y_{sa} 予以修正。因此齿根部分产生的弯曲应力最大，经推导可得轮齿齿根弯曲疲劳强度的相关计算公式如下：

校核公式为

$$\sigma_F = \frac{2KT_1}{bm^2 z_1} Y_F Y_S \leqslant [\sigma_F] \tag{4-1-19}$$

设计公式为

$$m \geqslant \sqrt[3]{\frac{2KT_1}{\Psi_d z_1^2} \cdot \frac{Y_F Y_S}{[\sigma_F]}} \tag{4-1-20}$$

式中：σ_F——齿根最大弯曲应力(MPa)；

K——载荷因数；

T_1——小齿轮传递的转矩(N·mm)；

Y_F——齿形修正因数，见表 4-1-8；

Y_S——应力修正因数，见表 4-1-8；

b——齿宽(mm)；

m——模数(mm)；

z_1——小轮齿数；

Ψ_d——齿宽系数，见表 4-1-6；

$[\sigma_F]$——轮齿的许用弯曲应力(MPa)，

$$[\sigma_F]=\frac{Y_N\sigma_{Flim}}{S_F} \tag{4-1-21}$$

式中：Y_N——弯曲疲劳寿命因数，如图 4-1-28 所示；

σ_{Flim}——试验齿轮的弯曲疲劳极限(MPa)，与材料及硬度有关，图 4-1-29 所示之数据为可靠度 99%的试验值，对于双侧工作的齿轮传动，齿根承受对称循环弯曲应力，应将图中数据乘以 0.7；

S_F——弯曲疲劳强度安全因数，见表 4-1-7。

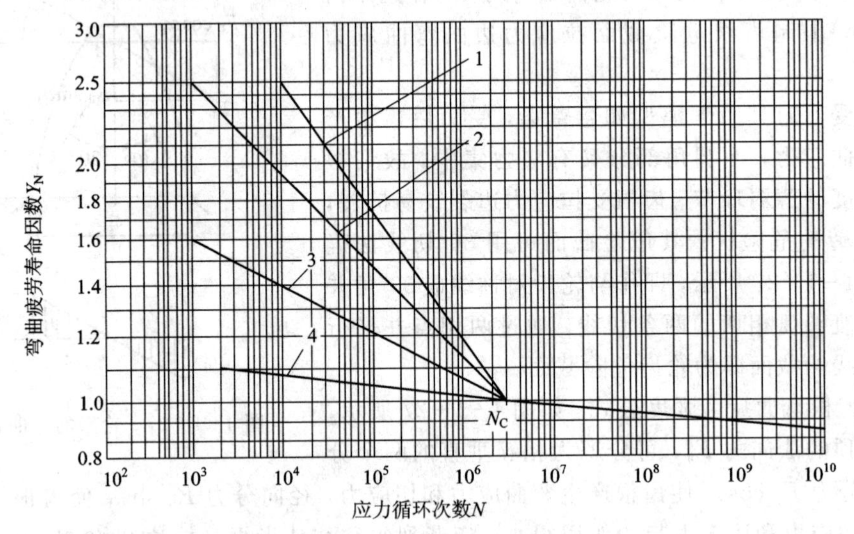

1—调质钢，珠光体、贝氏体球墨铸铁，珠光体黑色可锻铸铁；
2—碳钢经表面淬火、渗碳淬火的渗碳钢，火焰或感应淬火钢和珠光体、贝氏体球墨铸铁；
3—渗氮的氮化钢，渗氮的调质钢和渗碳钢，铁素体球墨铸铁，灰铸铁，结构钢；
4—碳氮共渗的调质钢和渗碳钢

图 4-1-28　弯曲疲劳寿命因数 Y_N

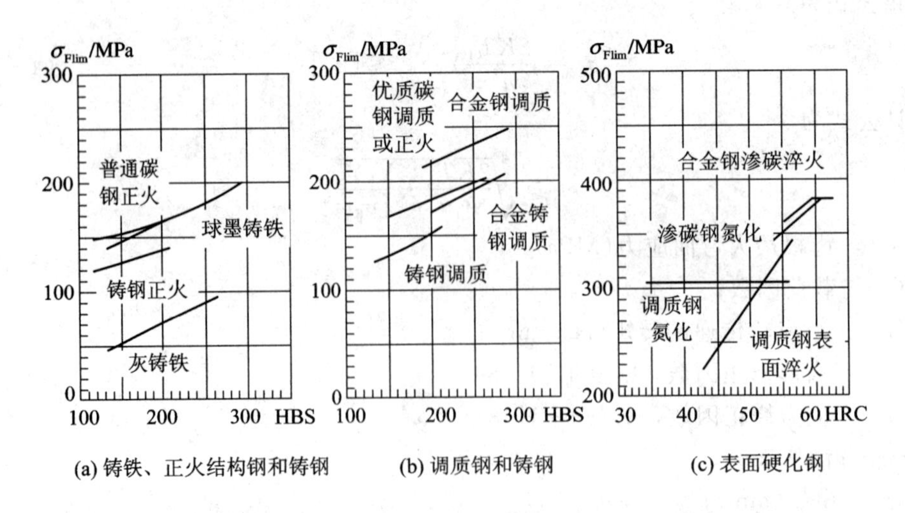

图 4-1-29　试验齿轮弯曲疲劳极限 σ_{Flim}

表 4-1-8　标准外齿轮的齿形修正因数 Y_F 与应力修正因数 Y_S

z	12	14	16	17	18	19	20	22	25	28	30
Y_F	3.47	3.22	3.03	2.97	2.91	2.85	2.81	2.75	2.65	2.58	2.54
Y_S	1.44	1.47	1.51	1.53	1.54	1.55	1.56	1.58	1.59	1.61	1.63

z	35	40	45	50	60	80	100	≥200
Y_F	2.47	2.41	2.37	3.35	2.30	2.25	2.18	2.14
Y_S	1.65	1.67	1.69	1.71	1.73	1.77	1.80	1.88

注意：通常两个相啮合齿齿轮的齿数不同，故齿形修正因数 Y_F 和应力修正因数 Y_S 不同，所以齿根弯曲应力$[\sigma_F]$不相等，而许用弯曲应力也不一定相等，在进行弯曲强度计算时，应分别校核两齿轮的齿根弯曲强度；而在设计计算时，应取两齿轮的 $Y_N Y_S/[\sigma_F]$值进行比较，取其中较大值代入计算，计算所得的模数应圆整成标准值较小的许用接触应力代入计算公式。

4.1.8　齿轮的结构设计

齿轮结构设计主要确定齿轮的轮缘、轮毂及腹板（轮辐）的结构形式和尺寸大小。结构设计通常要考虑齿轮的几何尺寸、材料、使用要求、工艺性及经济性等因素，进行齿轮的结构设计时，必须综合考虑上述各方面的因素。通常是先按齿轮的直径大小，选定合适的结构形式，然后再根据推荐的经验数据，进行结构设计。齿轮结构形式有四种：齿轮轴、实体式齿轮、腹板式齿轮和轮辐式齿轮。

1. 齿轮轴

对于直径很小的钢制齿轮，当为圆柱齿轮时，若齿根与键槽底部的距离 $e<2.5m_t$（m_t 为端面模数）；当为锥齿轮时，若按齿轮小端尺寸计算而得的 $e<1.6m$（m 为大端模数）（如图 4-1-30 所示），均应将齿轮和轴做成一体，叫做齿轮轴，如图 4-1-31 所示。若 e 值超过上述尺寸，则齿轮与轴以分开制造较为合理。

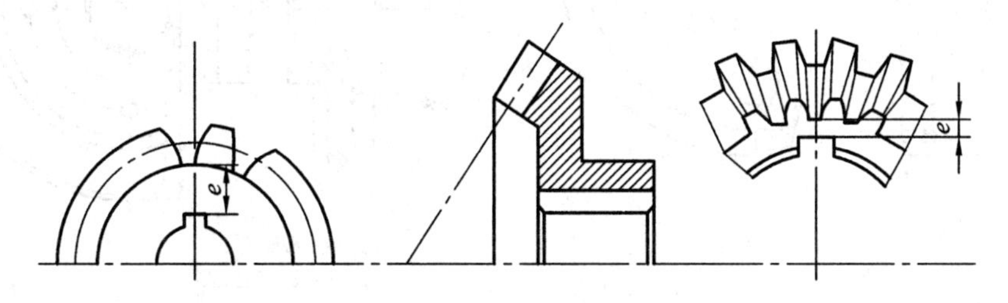

图 4-1-30　齿轮结构尺寸 e

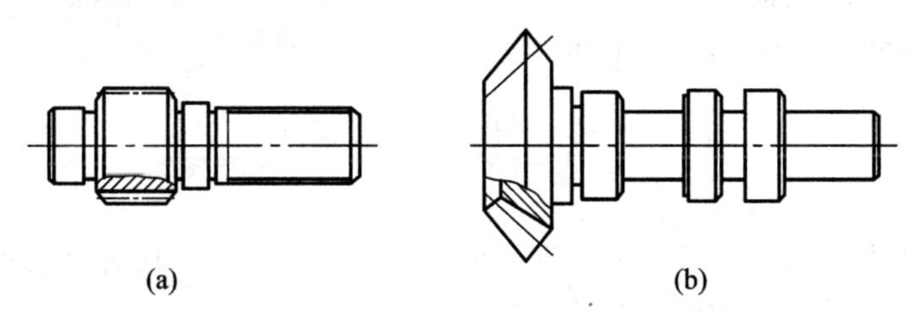

图 4-1-31　齿轮轴

2. 实体式齿轮

当齿轮的齿顶圆直径 $d_a \leqslant 200$ mm 时，且 e 超过上述尺寸，可采用实体式(见图 4-1-32)或盘式结构(见图 4-1-33)。这种结构形式的齿轮常用锻钢制造。

图 4-1-32 实体式齿轮

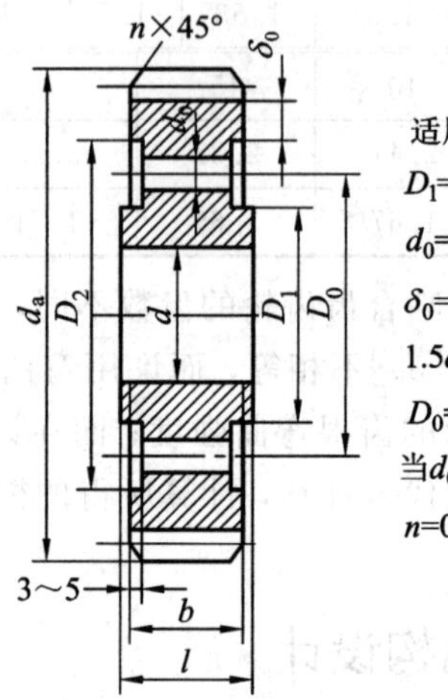

图 4-1-33 盘式齿轮

3. 腹板式齿轮

当齿轮的齿顶圆直径 $d_a = 200 \sim 500$ mm 时，为减轻重量、节省材料，可采用腹板式结构。这种结构的齿轮多用锻钢制造，其各部分尺寸按经验公式确定，如图 4-1-34 所示。

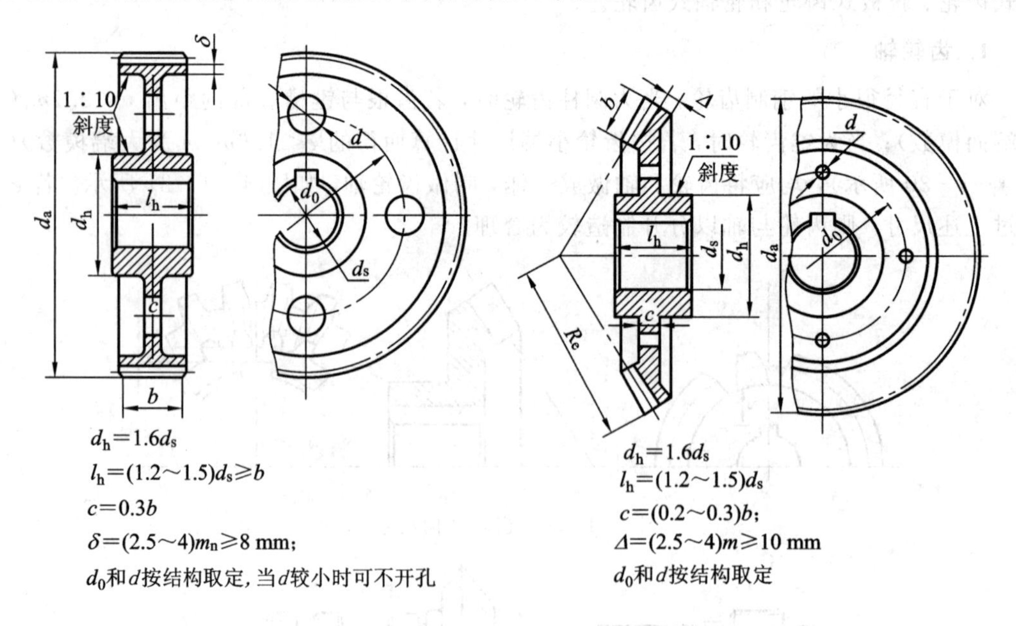

图 4-1-34 腹板式圆柱、圆锥齿轮

4. 轮辐式齿轮

当齿轮的齿顶圆直径 $d_a > 500$ mm 时，可采用轮辐式结构。这种结构的齿轮常用铸钢或铸铁制造，其各部分尺寸按经验公式确定，如图 4-1-35 所示。

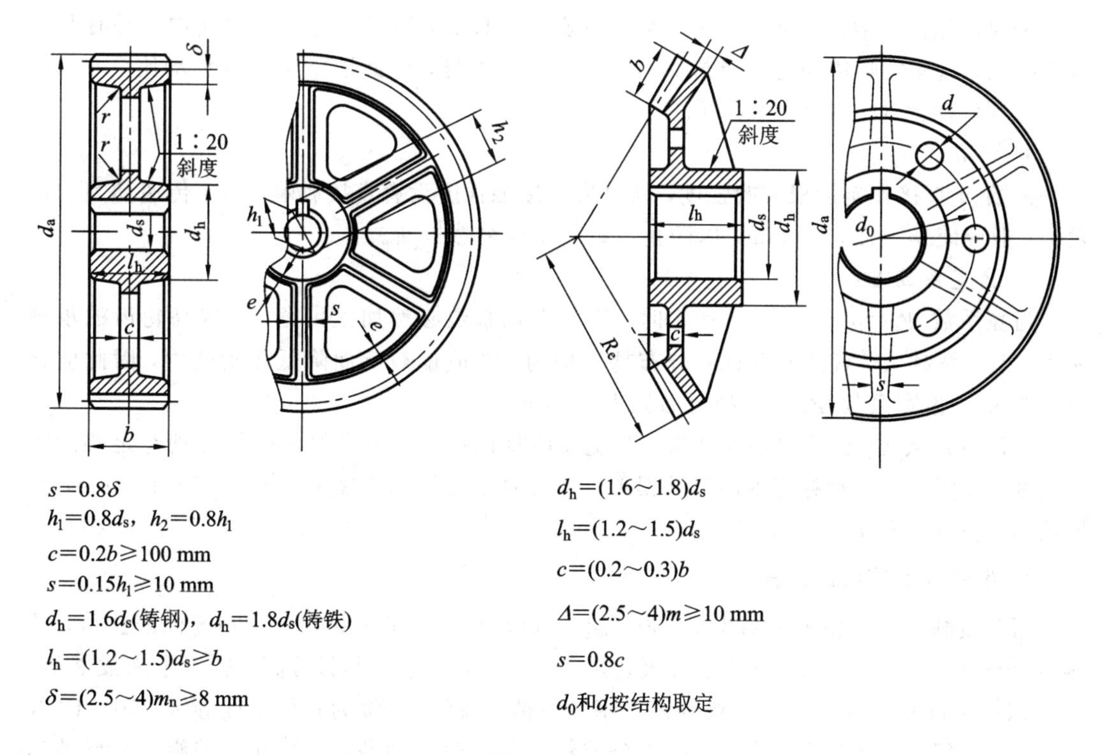

图 4-1-35　铸造轮辐式圆柱、圆锥齿轮

4.1.9　标准的齿轮传动设计计算

1. 主要参数的选择

几何参数的选择对齿轮的结构尺寸和传动质量有很大影响，在满足强度条件下，应合理选择。

1）传动比 i

$i<8$ 时可采用一级齿轮传动，为避免使齿轮传动的外廓尺寸太大，推荐值为 $i=3\sim5$。若总传动比 $i=8\sim40$，可分为二级传动；若总传动比 $i>40$，可分为三级或三级以上传动。

2）齿轮齿数 z

一般设计中取 $z_1>z_{min}$（z_{min}是齿轮加工不产生根切现象的最小齿数，其具体内容见本模块拓展知识 4），齿数多则重合度大，传动平稳，且能改善传动质量、减少磨损。若分度圆直径不变，增加齿数使模数减少，可以减少切齿的加工量，节约工时。但模数减少会导致轮齿的弯曲度降低。具体设计时，在保证弯曲强度足够的前提下，宜取较多的齿数。

对于闭式软齿面齿轮传动，按齿面接触强度确定小齿轮直径 d_1 后，在满足抗弯疲劳强度的前提下，宜选取较小的模数和较多的齿数，以增加重合度，提高传动的平稳性，降低齿高，减轻齿轮重量，并减少金属切削量。通常取 $z_1=20\sim40$。对于高速齿轮传动还可以减小齿面相对滑动，提高抗胶合能力。

对于闭式硬齿面和开式齿轮传动，承载能力主要取决于齿根弯曲疲劳强度，模数不宜太小，在满足接触疲劳强度的前提下，为避免传动尺寸过大，z_1 应取较小值，一般取 $z_1=17\sim20$。

配对齿轮的齿数以互质数为好，至少不要成整数比，以使所有齿轮磨损均匀并有利于减小振动。这样实际传动比可能与要求的传动比有差异，因此通常要验算传动比，一般情况下保证传动比误差在±5%以内。

3）模数

模数 m 直接影响齿根弯曲强度，而对齿面接触强度没有直接影响。用于传递动力的齿轮，一般应使 $m>1.5\sim2$ mm，以防止过载时轮齿突然折断。

4）齿宽系数 Ψ_d

齿宽系数 $\Psi_d=b/d_1$，当 d_1 一定时，增大齿宽系数必然加大齿宽，可提高轮齿的承载能力。但齿宽越大，载荷沿齿宽的分布越不均匀，造成偏载反而降低传动能力，因此应合理选择 Ψ_d。齿宽系数 Ψ_d 的选择可参见表 4-1-6。

由齿宽系数 Ψ_d 计算出的圆柱齿轮齿宽 b 应加以圆整。为了保证齿轮传动有足够的啮合宽度，并便于安装和补偿轴向尺寸误差，一般取小齿轮的齿宽 $b_1=b_2+(5\sim10)$mm，大齿轮的齿宽 $b_2=b$，b 为啮合宽度。

2. 齿轮精度等级的选择

渐开线圆柱齿轮精度按 GB/T 10095.1—2008 和 GB/T 10095.2—2008 标准执行，此标准为新标准，规定了 13 个精度等级，其中 0～2 级齿轮要求非常高，属于未来发展级；3～5 级称为高精度等级；6～8 级为最常用的中精度等级；9 级为较低精度等级；10～12 级为低精度等级。精度分为三个组：第Ⅰ公差组——反映运动精度；第Ⅱ公差组——反映运动平稳性；第Ⅲ公差组——反映承载能力。允许各公差组选用不同的精度等级，两齿轮一般取相同精度等级。

齿轮精度等级应根据齿轮传动的用途、工作条件、传递功率和圆周速度的大小及其他技术要求等来选择。一般传递功率大、圆周速度高、要求传动平稳、噪声低等场合，应选用较高的精度等级；反之，为了降低制造成本，精度等级可选得低些。各类机器所用齿轮传动的精度等级范围列于表 4-1-9 中，中等速度和中等载荷的一般齿轮精度等级通常按分度圆处圆周速度来确定，具体选择参考表 4-1-10。各精度等级对应的各项偏差值可查 GB/T 10095.1—2008 或有关设计手册。

表 4-1-9　各类机器所用齿轮传动的精度等级范围

机器名称	精度等级	机器名称	精度等级
测量齿轮	3～5	载重汽车	7～9
透平机用减速器	3～6	拖拉机	6～8
汽轮机	3～6	通用减速器	6～8
金属切削机床	3～8	锻压机床	6～9
航空发动机	4～8	起重机	7～10
轻型汽车	5～8	农业机械	8～11

注：主传动齿轮或重要的齿轮传动，偏上限选择；辅助传动齿轮或一般齿轮传动，居中或偏下限选择。

表 4-1-10　齿轮精度等级的适用范围

精度等级	圆周速度 v/(m/s)		工作条件与适用范围
	直齿	斜齿	
4	$20<v\leqslant35$	$40<v\leqslant70$	(1) 特精密分度机构或在最平稳、无噪声的极高速下工作的传动齿轮； (2) 高速透平传动齿轮； (3) 检测 7 级齿轮的测量齿轮
5	$16<v\leqslant20$	$30<v\leqslant40$	(1) 精密分度机构或在最平稳、无噪声的极高速下工作的传动齿轮； (2) 精密机构用齿轮； (3) 透平齿轮； (4) 检测 8 级和 9 级齿轮的测量齿轮
6	$10<v\leqslant16$	$15<v\leqslant30$	(1) 最高效率、无噪声的高速下平稳工作的齿轮； (2) 特别重要的航空、汽车齿轮； (3) 读数装置用的特别精密传动齿轮
7	$6<v\leqslant10$	$10<v\leqslant15$	(1) 增速和减速用齿轮； (2) 金属切削机床进给机构用齿轮； (3) 高速减速器齿轮； (4) 航空、汽车用齿轮； (5) 读数装置用齿轮
8	$4<v\leqslant6$	$4<v\leqslant10$	(1) 一般机械制造用齿轮； (2) 分度链之外的机床传动齿轮； (3) 航空、汽车用的不重要齿轮； (4) 起重机构用齿轮、农业机械中的重要齿轮； (5) 通用减速器齿轮
9	$v\leqslant4$	$v\leqslant4$	不提出精度要求的粗糙工作齿轮

注：关于锥齿轮精度等级可查 GB/T 11365—1989。

3. 齿轮传动设计计算的步骤

齿轮传动设计计算的步骤如下：

(1) 根据给定的工作条件，选取合适的齿轮材料及热处理方法，确定齿轮的接触疲劳许用应力和弯曲疲劳许用应力。

(2) 根据设计准则进行设计计算，确定齿轮小齿轮的分度圆直径 d_1 或模数 m。

(3) 选择齿轮的主要参数并计算主要几何尺寸。

(4) 校核齿轮齿根弯曲疲劳强度或齿面接触疲劳强度。

(5) 确定出齿轮结构尺寸，绘制齿轮工作图。

探索与实践

设计任务 1：如图 4-1-2 所示，根据已知条件，其设计过程和结果如表 4-1-11 表示。

表 4-1-11 设计任务1的设计过程和结果

设计项目	设计内容和依据	结　果
1. 选择齿轮精度等级	运输机是一般机械，速度不高，见表4-1-10，选择8级精度	8级精度
2. 选择齿轮材料与热处理	该齿轮传动无特殊要求，为制造方便，采用软齿面，大小齿轮均用45钢，小齿轮调质处理，硬度为220 HBW，大齿轮正火处理，硬度为170 HBW。见表4-1-3	材料为45钢，小齿轮调质处理，大齿轮正火处理
3. 确定齿轮许用应力	如图4-1-26和图4-1-29所示，查得σ_{Hlim}和σ_{Flim}。 见表4-1-7，查得S_H和S_F。 根据题意，齿轮工作年限为10年，每年52周，每周工作日为5天，单班制，每天工作8小时，所以 $L_h=10\times52\times5\times8\ \mathrm{h}=20800\ \mathrm{h}$ $N_1=60n_1jL_h=60\times970\times1\times20800=1.21\times10^9$ $N_2=N_1/i=1.21\times10^9/3.6=3.36\times10^8$ 如图4-1-25和图4-1-28所示，查得Z_N和Y_N。 由式(4-1-18)和式(4-1-21)，求得许用应力： $[\sigma_{H1}]=\dfrac{Z_{N1}\sigma_{\mathrm{H\,lim1}}}{S_H}=\dfrac{1\times570}{1}\mathrm{MPa}=570\ \mathrm{MPa}$ $[\sigma_{H2}]=\dfrac{Z_{N2}\sigma_{\mathrm{H\,lim2}}}{S_H}=\dfrac{1.07\times530}{1}\mathrm{MPa}=567\ \mathrm{MPa}$ $[\sigma_{F1}]=\dfrac{Y_{N1}\sigma_{\mathrm{F\,lim1}}}{S_F}=\dfrac{1\times200}{1.3}\mathrm{MPa}=154\ \mathrm{MPa}$ $[\sigma_{F2}]=\dfrac{Y_{N2}\sigma_{\mathrm{Flim2}}}{S_F}=\dfrac{1\times190}{1.3}\mathrm{MPa}=146\ \mathrm{MPa}$	$\sigma_{\mathrm{Hlim1}}=570\ \mathrm{MPa}$ $\sigma_{\mathrm{Hlim2}}=530\ \mathrm{MPa}$ $\sigma_{\mathrm{Flim1}}=200\ \mathrm{MPa}$ $\sigma_{\mathrm{Flim2}}=190\ \mathrm{MPa}$ $S_H=1$ $S_F=1.3$ $L_h=20800\ \mathrm{h}$ $N_1=1.21\times10^9$ $N_2=3.36\times10^8$ $Z_{N1}=1$ $Z_{N2}=1.07$ $Y_{N1}=Y_{N2}=1$ $[\sigma_{H1}]=570\ \mathrm{MPa}$ $[\sigma_{H2}]=567\ \mathrm{MPa}$ $[\sigma_{F1}]=154\ \mathrm{MPa}$ $[\sigma_{F2}]=146\ \mathrm{MPa}$
4. 按齿面接触疲劳强度设计 (1) 小齿轮所传递的转矩 (2) 载荷因数K (3) 齿数z_1和齿宽因数Ψ_d (4) 齿数比μ (5) 材料弹性系数Z_E (6) 计算小齿轮直径d_1及模数m	$T_1=9.55\times10^6\dfrac{P}{n_1}=9.55\times10^6\times\dfrac{7.5}{970}\mathrm{N\cdot mm}$ $=73840\ \mathrm{N\cdot mm}$ 见表4-1-4，选取$K=1.1$。 选择小齿轮的齿数$z_1=25$，则大齿轮齿数$z_2=25\times3.6=90$，因是单级齿轮传动减速箱，故为对称布置，见表4-1-8，选取$\Psi_d=1$。 $\mu=\dfrac{z_2}{z_1}=\dfrac{90}{25}=3.6$ 因为两齿轮材料均为钢，见表4-1-5，查得$Z_E=189.8\sqrt{\mathrm{MPa}}$ 因是软齿面，由齿面接触强度公式(4-1-17)计算： $d_1\geqslant\sqrt[3]{\left(\dfrac{3.53Z_E}{[\sigma_H]}\right)^2\cdot\dfrac{KT_1(\mu+1)}{\Psi_d\mu}}$ $=\sqrt[3]{\left(\dfrac{3.53\times189.8}{567}\right)^2\cdot\dfrac{1.1\times73840\times(3.6+1)}{1\times3.6}}\ \mathrm{mm}$ $=52.53\ \mathrm{mm}$ $m=\dfrac{d_1}{z_1}=\dfrac{52.53}{25}=2.10\ \mathrm{mm}$ 见表4-1-1，取标准模数$m=2.5\ \mathrm{mm}$	$T_1=73840\ \mathrm{N\cdot mm}$ $K=1.1$ $z_1=25$ $z_2=90$ $\Psi_d=1$ $\mu=3.6$ $Z_E=189.8\sqrt{\mathrm{MPa}}$ $d_1=52.53\ \mathrm{mm}$ $m=2.5\ \mathrm{mm}$

续表

设计项目	设计内容和依据	结果
5. 计算大、小齿轮的几何尺寸	$d_1=mz_1=2.5\times25\ \text{mm}=62.5\ \text{mm}$ $d_{a1}=m(z_1+2h_a^*)$ $=2.5\times(25+2\times1)\text{mm}$ $=67.5\ \text{mm}$ $d_{f1}=m(z_1-2h_a^*-2c^*)$ $=2.5\times(25-2\times1-2\times0.25)\ \text{mm}$ $=56.25\ \text{mm}$ $d_2=mz_2=2.5\times90\ \text{mm}=225\ \text{mm}$ $d_{a2}=m(z_2+2h_a^*)$ $=2.5\times(90+2\times1)\ \text{mm}$ $=230\ \text{mm}$ $d_{f2}=m(z_2-2h_a^*-2c^*)$ $=2.5\times(90-2\times1-2\times0.25)\text{mm}$ $=218.75\ \text{mm}$ $h_1=h_2=m(2h_a^*+c^*)$ $=2.5\times(2\times1+0.25)\text{mm}$ $=5.625\ \text{mm}$ $a=\dfrac{m(z_1+z_2)}{2}=\dfrac{2.5\times(25+90)}{2}$ $=143.75\ \text{mm}$ $b=\Psi_d d_1=1\times62.5=62.5\ \text{mm}$ 取 $b_1=70\ \text{mm}$，$b_2=65\ \text{mm}$	$d_1=62.5\ \text{mm}$ $d_{a1}=67.5\ \text{mm}$ $d_{f1}=56.25\ \text{mm}$ $d_2=225\ \text{mm}$ $d_{a2}=230\ \text{mm}$ $d_{f2}=218.75\ \text{mm}$ $h_1=h_2=5.625\ \text{mm}$ $a=143.75\ \text{mm}$ $b=62.5\ \text{mm}$ $b_1=70\ \text{mm}$ $b_2=65\ \text{mm}$
6. 校核齿根弯曲疲劳强度	见表4-1-8，查 Y_{F1}、Y_{F2}，Y_{S1}、Y_{S2}。 由公式(4-1-19)计算： $\sigma_{F1}=\dfrac{2KT_1}{bm^2z_1}Y_FY_S$ $=\dfrac{2\times1.1\times73840}{62.5\times2.5^2\times25}\times2.65\times1.59\ \text{MPa}$ $=70.09\ \text{MPa}$ $\sigma_{F2}=\sigma_{F1}\dfrac{Y_{F2}Y_{S2}}{Y_{F1}Y_{S2}}$ $=70.09\times\dfrac{2.215\times1.785}{2.65\times1.59}\text{MPa}$ $=65.77\ \text{MPa}$	$Y_{F1}=2.65$ $Y_{F2}=2.215$ $Y_{S1}=1.59$ $Y_{S2}=1.785$ $\sigma_{F1}=70.09\ \text{MPa}$ $<[\sigma_{F1}]=154\ \text{MPa}$ $\sigma_{F2}=65.77\ \text{MPa}$ $<[\sigma_{F2}]=146\ \text{MPa}$ 弯曲强度足够
7. 验算齿轮圆周速度	$v=\dfrac{\pi d_1n_1}{60\times1000}=\dfrac{3.14\times62.5\times970}{60\times1000}\text{m/s}$ $=3.17\ \text{m/s}$	$v=3.17\ \text{m/s}<10\ \text{m/s}$，合适
8. 结构设计(略)		

拓展知识——其他齿轮传动

1. 斜齿圆柱齿轮传动

1) 斜齿廓曲面的形成及啮合特点

如图 4-1-36(a)所示，直齿圆柱齿轮的齿廓实际上是由与基圆柱相切作纯滚动的发生面 S 上一条与基圆柱轴线平行的任意直线 KK' 展成的渐开线曲面。

当一对直齿圆柱齿轮啮合时，轮齿的接触线是与轴线平行的直线，如图 4-1-36(b)所示，轮齿沿整个齿宽突然同时进入啮合和退出啮合，所以易引起冲击、振动和噪声，传动平稳性差。

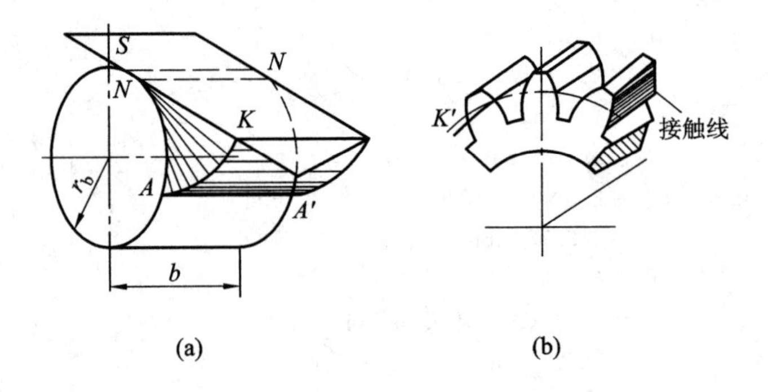

图 4-1-36　直齿轮齿面形成及接触线

斜齿轮齿面形成的原理和直齿轮类似，所不同的是形成渐开线齿面的直线 KK' 与基圆轴线偏斜了一角度 β_b，如图 4-1-37(a)所示，KK' 线展成斜齿轮的齿廓曲面，称为渐开线螺旋面。该曲面与任意一个以轮轴为轴线的圆柱面的交线都是螺旋线。由斜齿轮齿面的形成原理可知，在端平面上，斜齿轮与直齿轮一样具有准确的渐开线齿形。

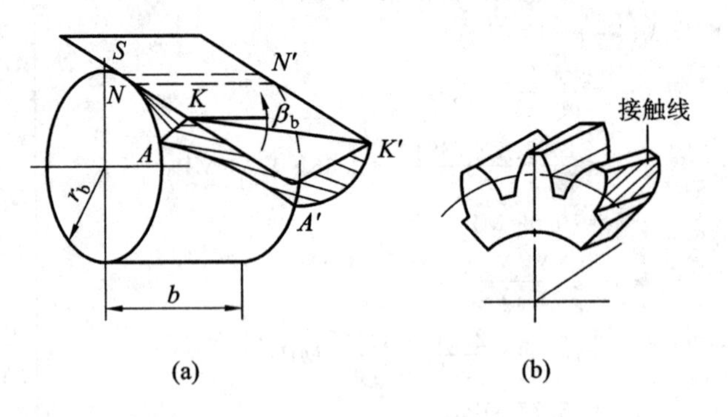

图 4-1-37　斜齿轮齿面形成及接触线

如图 4-1-37(b)所示，斜齿轮啮合传动时，齿面接触线的长度随啮合位置而变化，开始时接触线长度由短变长，然后由长变短，直至脱离啮合，因此提高了啮合的平稳性。

与直齿圆柱齿轮传动相比，平行轴斜齿轮传动具有以下特点：

(1) 平行轴斜齿轮传动中齿廓接触线是斜直线，轮齿是逐渐进入和脱离啮合的，故工作平稳，冲击和噪声小，适用于高速传动。

(2) 重合度较大，有利于提高承载能力和传动的平稳性。

(3) 最少齿数小于直齿轮的最小齿数 z_{min}。

(4) 在传动中产生轴向力。由于斜齿轮轮齿倾斜，工作时要产生轴向力 F_a，如图 4-1-38(a)所示，对工作不利，因而需采用人字齿轮使轴向力抵消，如图 4-1-38(b)所示。

(5) 斜齿轮不能作滑移齿轮使用。

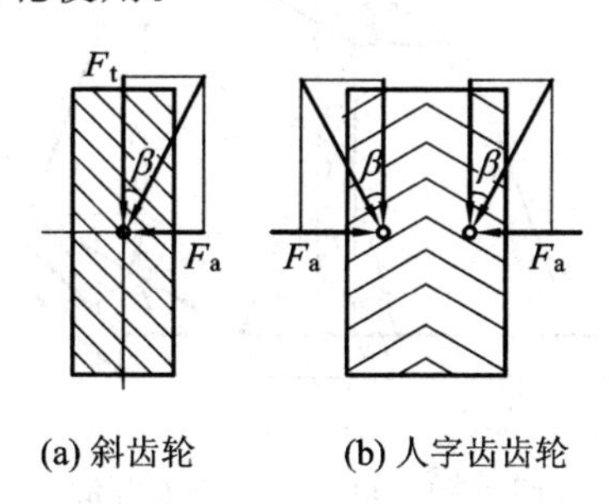

图 4-1-38　轴向力

2) 斜齿圆柱齿轮啮合传动

(1) 斜齿圆柱齿轮的主要参数及几何尺寸。

① 螺旋角 β。如图 4-1-39 所示，在斜齿轮分度圆柱面上螺旋线展开所成的直线与轴线的夹角 β 即为斜齿轮在分度圆柱上的螺旋角，简称斜齿轮的螺旋角。β 是表示斜齿轮轮齿倾斜程度的重要参数。对直齿圆柱齿轮，可认为 $\beta=0°$。

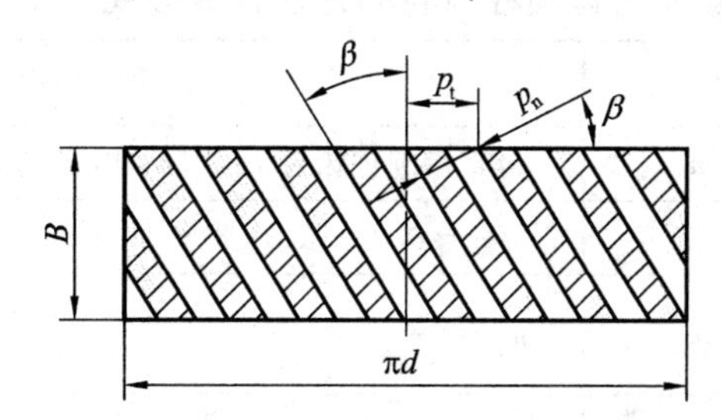

图 4-1-39　斜齿轮沿分度圆柱面展开

当斜齿轮的螺旋角 β 增大时，其重合度 ε 也增大，传动越平稳，但其所产生的轴向力也随着增大，所以螺旋角 β 的取值不能过大。一般斜齿轮取 $\beta=8°\sim20°$，人字齿齿轮取 $\beta=25°\sim45°$。

图 4-1-40 所示为斜齿轮旋向。轮齿螺旋线方向分为左旋和右旋。判断方向时，将齿轮轴线垂直放置，沿齿向左高右低为左旋，反之为右旋。

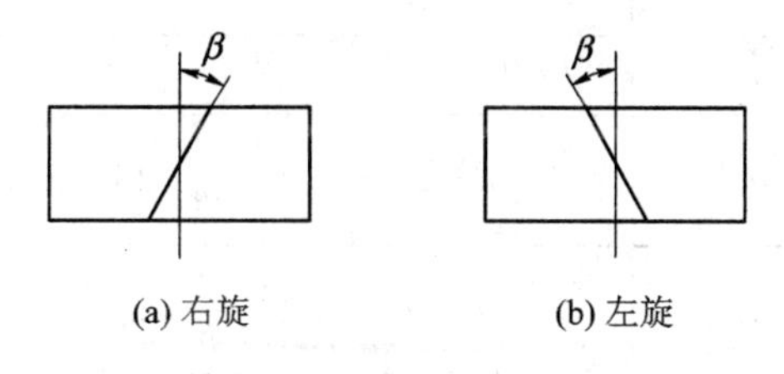

图 4-1-40　斜齿轮旋向

② 模数和压力角。如图 4-1-39 所示，P_t 为端面齿距，而 P_n 为法面齿距，$P_n=P_t\cos\beta$，因为 $P=\pi m$，所以 $\pi m_n=\pi m_t\cos\beta$，故端面模数 m_t 和法向模数 m_n 有如下关系：

$$m_n = m_t \cos\beta \qquad (4-1-22)$$

端面压力角 α_t 与法向压力角 α_n 的关系(见图 4-1-41)为

$$\tan\alpha_n = \tan\alpha_t \cos\beta \qquad (4-1-23)$$

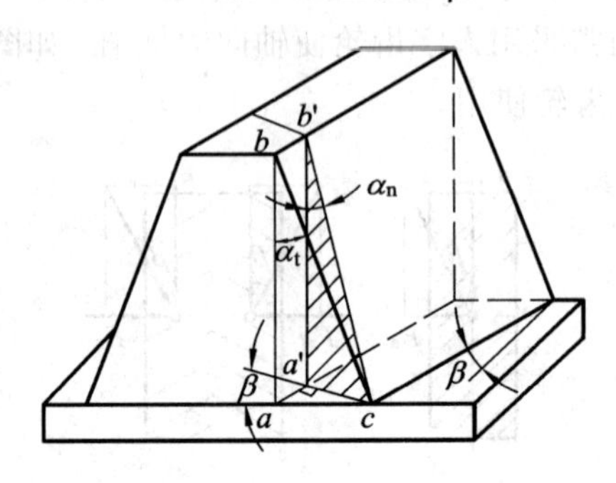

图 4-1-41 斜齿轮压力角

③ 齿顶高系数及顶隙系数。切制斜齿轮时，刀具沿齿线方向进刀，故刀具的齿形参数与轮齿的法面齿形参数相同。斜齿轮以法面参数——法面模数 m_n、法面压力角 α_n、法面的齿顶高系数 h_{an}和法面顶隙系数 c_n^* 为标准值。

④ 斜齿轮的几何尺寸计算。斜齿圆柱齿轮传动在端平面上相当于直齿圆柱齿轮传动，其几何尺寸计算公式见表 4-1-12。

表 4-1-12 标准斜齿圆柱齿轮的几何计算公式($h_{an}^*=1$，$c_n^*=0.25$)

名 称	代 号	计 算 公 式
法面模数	m_n	与直齿圆柱齿轮 m 相同。由强度计算决定。
螺旋角	β	$\beta_1=-\beta_2$，一般 $\beta=8°\sim20°$
端面模数	m_t	$m_t=\dfrac{m_n}{\cos\beta}$
端面压力角	α_t	$\tan\alpha_t=\dfrac{\tan\alpha_n}{\cos\beta}$
分度圆直径	d	$d=\dfrac{m_n}{\cos\beta}z$
法面齿距	p_n	$P_n=\pi m_n$
齿顶高	h_a	$h_a=m_n$
齿根高	h_f	$h_f=1.25m_n$
全齿高	h	$h=h_a+h_f$
齿顶圆直径	d_a	$d_a=d+2h_a=m_n\left(\dfrac{z}{\cos\beta}+2\right)$
齿根圆直径	d_f	$d_a=d-2h_f=m_n\left(\dfrac{z}{\cos\beta}-2.5\right)$
中心距	a	$a=\dfrac{1}{2}(d_1+d_2)=\dfrac{m_n}{2\cos\beta}(z_1+z_2)$

（2）平行轴斜齿轮传动的正确啮合条件和重合度。

① 正确啮合条件。平行轴斜齿轮传动在端面上相当于一对直齿圆柱齿轮传动，因此端面上两齿轮的模数和压力角应相等，从而可知，一对齿轮的法向模数和压力角也应分别相等。考虑到平行轴斜齿轮传动螺旋角的关系，正确啮合条件应为

$$\left.\begin{aligned} m_{n1} &= m_{n2} \\ \alpha_{n1} &= \alpha_{n2} \\ \beta_1 &= \pm \beta_2 \end{aligned}\right\} \tag{4-1-24}$$

式(4－1－24)表明，平行轴斜齿轮传动螺旋角相等，外啮合时旋向相反，取“－”号，内啮合时旋向相同，取“＋”号。

② 重合度。由平行轴斜齿轮一对齿啮合过程的特点可知，在计算斜齿轮重合度时，还必须考虑螺旋角 β 的影响。图 4－1－42 所示为两个端面参数(齿数、模数、压力角、齿顶高系数及顶隙系数)完全相同的标准直齿轮和标准斜齿轮的分度圆柱面(节圆柱面)展开图。由于直齿轮接触线为与齿宽相当的直线，从 B 点开始啮入，从 B' 点啮出，工作区长度为 BB'；斜齿轮接触线，由 A 点啮入，接触线逐渐增大，至 A' 点啮出，比直齿轮多转过一个弧 $f=b\tan\beta$，因此平行轴斜齿轮传动的重合度为端面重合度和纵向重合度之和。平行轴斜齿轮的重合度随螺旋角 β 和齿宽 b 的增大而增大，其值可以达到很大。工程设计中常根 据齿数和 z_1+z_2 以及螺旋角 β 查表求取重合度。

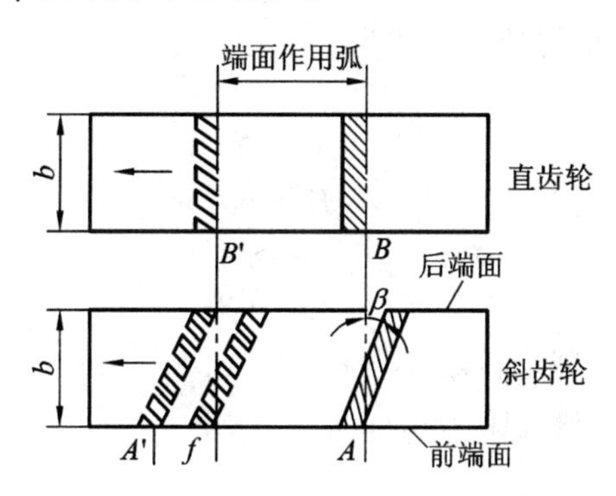

图 4－1－42　斜齿圆柱齿轮的重合度

③ 斜齿轮的当量齿数。用仿形法加工斜齿轮时，盘状铣刀是沿螺旋线方向切齿的。因此，刀具需按斜齿轮的法向齿形来选择。如图 4－1－43 所示，用法截面截斜齿轮的分度圆柱得一椭圆，椭圆短半轴顶点 C 处被切齿槽两侧为与标准刀具一致的标准渐开线齿形。工程中为计算方便，特引入当量齿轮的概念。当量齿轮是指按 C 处曲率半径 ρ_c 为分度圆半径 r_v，以 m_n、α_n 为标准齿形的假想直齿轮。当量齿数 z_v 由下式求得

$$z_v = \frac{z}{\cos^3\beta} \tag{4-1-25}$$

用仿形法加工时，应按当量齿数选择铣刀号码；强度计算时，可按一对当量直齿轮传动近似计算一对斜齿轮传动；在计算标准斜齿轮不发生根切的齿数时，可按下式求得

$$z_{min} = z_{v\,min}\cos^3\beta = 17\cos^3\beta \tag{4-1-26}$$

显然，斜齿轮不产生根切的最小齿数小于 17，斜齿轮可以得到比直齿轮更为紧凑的结构。

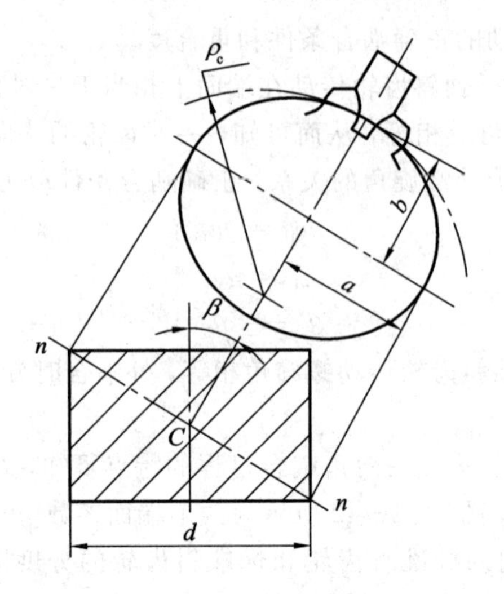

图 4-1-43　斜齿轮的当量齿数

注意：当量齿数并非真实齿数，应用时 z_v 不必圆整为整数。

(3) 斜齿轮圆柱齿轮传动的承载能力计算。

① 受力分析。图 4-1-44(a)所示为斜齿圆柱齿轮传动的受力情况。忽略摩擦力，作用在轮齿上法向力 F_n(垂直于齿廓)可分解为相互垂直的三个分力，即圆周力 F_t、径向力 F_r 和轴向力 F_a，各分力大小的计算公式为

$$\left.\begin{aligned} F_t &= \frac{2T_1}{d_1} \\ F_r &= \frac{F_t\ \tan\alpha_n}{\cos\beta} \\ F_a &= F_t\ \tan\beta \end{aligned}\right\} \tag{4-1-27}$$

式中：T_1——主动齿轮上的理论转矩(N·mm)；

d_1——主动齿轮分度圆直径(mm)；

β——螺旋角；

α_n——法面压力角，标准齿轮 $\alpha_n=20°$。

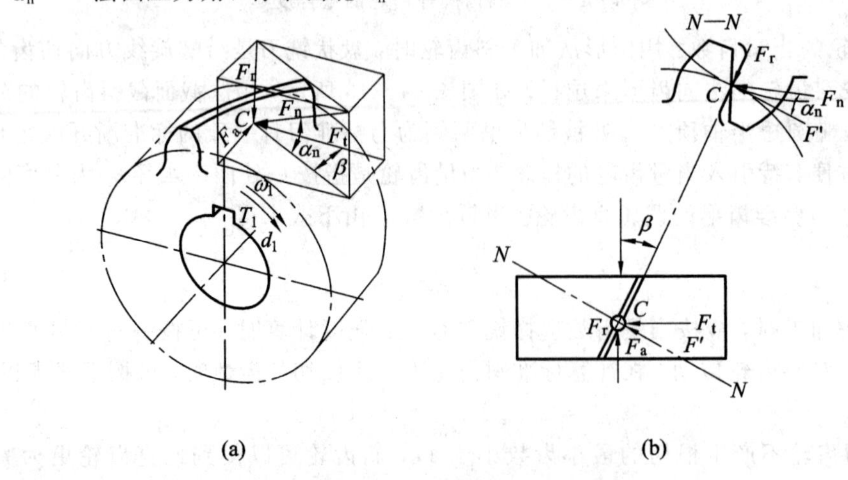

图 4-1-44　斜齿轮的受力分析

如图 4-1-45 所示，圆周力的方向在主动轮上与其回转方向相反，在从动轮上与其回转方向相同；径向力的方向都分别指向回转中心；轴向力的方向取决于齿轮的回转方向和轮齿的旋向，可根据“左、右手定则”来判定。主动轮左旋用左手，右旋用右手，环握齿轮轴线，四指表示主动轮的回转方向，拇指的指向即为主动轮上的轴向力方向，如图 4-1-46 所示。

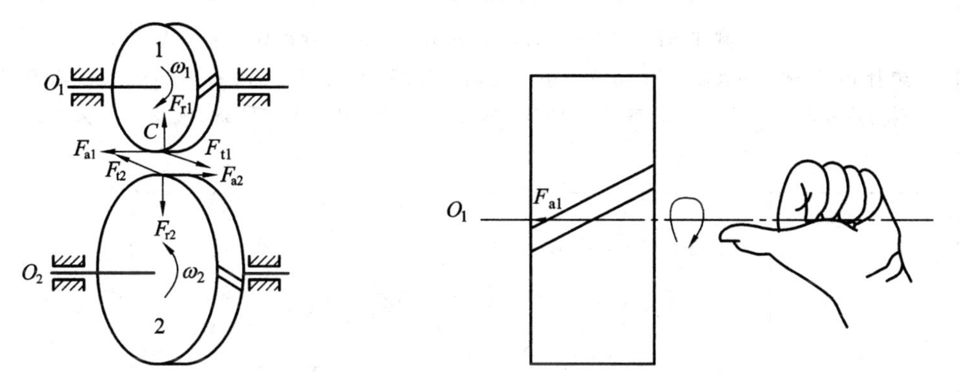

图 4-1-45　主、从动斜齿轮各分力的关系　　图 4-1-46　轴向力方向的判断

② 强度计算。斜齿圆柱齿轮传动的强度计算方法与直齿圆柱齿轮相似，但受力是按轮齿的法向进行的。由于斜齿轮啮合时，齿面接触线倾斜以及传动重合度增大等因素的影响，使斜齿轮的接触应力和弯曲应力降级，承载能力比直齿轮强。其强度简化计算公式如下所示。

• 齿面接触疲劳强度计算。

校核公式为

$$\sigma_H = 3.17Z_E\sqrt{\frac{KT_1}{bd_1^2}\cdot\frac{u\pm1}{u}}\leqslant[\sigma_H] \tag{4-1-28}$$

设计公式为

$$d_1\geqslant\sqrt[3]{\left(\frac{3.17Z_E}{[\sigma_H]}\right)^2\cdot\frac{KT_1}{\Psi_d}\cdot\frac{u\pm1}{u}} \tag{4-1-29}$$

• 齿根弯曲疲劳强度计算。

校核公式为

$$\sigma_F = \frac{1.6KT_1\cos\beta}{bm_n^2z_1}Y_FY_S \tag{4-1-30}$$

设计公式为

$$m_n\geqslant\sqrt[3]{\frac{1.6KT_1\cos^2\beta}{\Psi_dz_1^2}\cdot\frac{Y_EY_S}{[\sigma_F]}} \tag{4-1-31}$$

式中，Y_F、Y_S 应按斜齿轮的当量齿数 z_v 查取，公式应用注意点同直齿轮。另外，由于斜齿轮传动较直齿轮传动平稳，上述强度计算公式中载荷因数 K 应较直齿轮取较小值。

【设计任务 2】　试设计一单级减速器中的标准斜齿圆柱齿轮传动，已知主动轴由电动机直接驱动，功率 $P=10$ kW，转速 $n_1=970$ r/min，传动比 $i=4.6$，工作载荷有中等冲击。单向工作，单班制工作 10 年，每年按 300 天计算。

设计步骤和结果如表 4-1-13 所示。

表 4-1-13 设计任务 2 的设计步骤和结果

设计项目	计算与说明	结果
1. 选择齿轮精度等级	一般减速器速度不高，故齿轮用 8 级精度，见表 4-1-10	8 级精度
2. 选择齿轮材料与热处理	减速器的外廓尺寸没有特殊限制，采用软齿面齿轮，大、小齿轮均用 45 钢，小齿轮调质处理，齿面硬度为 217～255 HBS，大齿轮正火处理，齿面硬度为 169～217 HBS。见表 4-1-3	小齿轮 45 钢调质 大齿轮 45 钢正火
3. 按齿面接触疲劳强度设计 (1) 载荷因数 K (2) 小齿轮所传递的转矩 (3) 接触疲劳许用应力 (4) 齿宽因数 Ψ_d (5) 材料弹性系数 Z_E (6) 计算小齿轮直径 d_1	按表 4-1-4 取 $K=1.3$ $T_1=9.55\times10^6\times\frac{P_1}{n_1}=9.55\times10^6\times\frac{10}{970}$ $=98453.6\ \text{N}\cdot\text{mm}$ $[\sigma_H]=\frac{\sigma_{Hlim}}{S_H}Z_N$ 按齿面硬度中间值查图 4-1-26 得 $[\sigma_{Hlim1}]=600\ \text{MPa}$ $[\sigma_{Hlim2}]=550\ \text{MPa}$ 应力循环次数 $N_1=60njL_h=60\times970\times1\times10\times300\times8$ $=1.39\times10^9$ $N_2=\frac{N_1}{i}=\frac{1.39\times10^9}{4.6}=3.04\times10^8$ 查图 4-1-25 得接触疲劳寿命系数 $z_{N1}=1$，$z_{N2}=1.08$（$N_0=10^9$，$N_1>N_0$） 按一般可靠性要求取 $S_H=1$，则 $[\sigma_{H1}]=\frac{600\times1}{1}=600\ \text{MPa}$ $[\sigma_{H2}]=\frac{550\times1.08}{1}=594\ \text{MPa}$ 查表 4-1-6 取 $\Psi_d=1.1$ 查表 4-1-5 得 $Z_E=189.8\sqrt{\text{MPa}}$ $d_1\geqslant\sqrt[3]{\left(\frac{3.17Z_E}{[\sigma_H]}\right)^2\cdot\frac{KT_1}{\Psi_d}\cdot\frac{u\pm1}{u}}$ $=\sqrt[3]{\left(\frac{3.17\times189.8}{594}\right)^2\times\frac{1.3\times98453.6}{1.1}\times\frac{4.6+1}{4.6}}$ $=52.47\approx53\ \text{mm}$	$K=1.3$ $T_1=98453.6\ \text{N}\cdot\text{mm}$ $\sigma_{Hlim1}=600\ \text{MPa}$ $\sigma_{Hlim2}=550\ \text{MPa}$ $N_1=1.39\times10^9$ $N_2=3.04\times10^8$ $z_{N1}=1$，$z_{N2}=1.08$ $S_H=1$ $[\sigma_{H1}]=600\ \text{MPa}$ $[\sigma_{H2}]=594\ \text{MPa}$ $\Psi_d=1.1$ $Z_E=189.8\sqrt{\text{MPa}}$ $d_1=53\ \text{mm}$

续表

设计项目	计算与说明	结　果
4. 计算大、小齿轮的几何尺寸 (1) 齿数 (2) 初选螺旋角 (3) 确定模数 (4) 计算中心距 a (5) 计算螺旋角 β (6) 主要尺寸	取 $z_1=20$，则 $z_2=z_1 i=20\times4.6=92$ $\beta_0=15°$ $m_n=d_1\cos\frac{\beta_0}{z_1}=\frac{52.47\times\cos15°}{20}=2.53\ \text{mm}$ 查表，取标准值 $m_n=2.75$ mm $d_2=d_1 i=52.47\times4.6=241.36\ \text{mm}$ $a_0=\frac{d_1+d_2}{2}=\frac{52.47+241.36}{2}=146.92\ \text{mm}$ 圆整取 $a=160$ mm，有 $\cos\beta=\frac{m_n(z_1+z_2)}{2a}=\frac{2.75(20+92)}{2\times160}=0.9625$ 则 $\beta=15°44'26''$，β 在 8～20°的范围内，故合适。 $d_1=\frac{m_n z_1}{\cos\beta}=\frac{2.75\times20}{0.9625}=57.14\ \text{mm}$ $d_2=\frac{m_n z_2}{\cos\beta}=\frac{2.75\times92}{0.9625}=262.86\ \text{mm}$ $b=\Psi_d d_1=1.1\times57.14=62.85\ \text{mm}$ 取 $b_2=65$ mm，$b_1=b_2+5\ \text{mm}=70$ mm	$z_1=20$ $z_2=92$ $\beta_0=15°$ $m_n=2.75$ mm $a=160$ mm $\beta=15°44'26''$ $d_1=57.14$ mm $d_2=262.86$ mm $b_2=65$ mm $b_1=70$ mm
5. 验算圆周速度 v_1	$v_1=\frac{\pi n_1 d_1}{60\times1000}$ $=\frac{3.14\times970\times57.14}{60\times1000}=2.90\ \text{m/s}$，$v<6$ m/s， 故取 8 级精度合适	8 级齿轮精度合适
6. 校核弯曲疲劳强度 (1) 齿形系数 Y_F、Y_S (2) 弯曲疲劳许用应力	$z_{v1}=\frac{z_1}{\cos^3\beta}=\frac{20}{0.9625^3}=22.4$ $z_{v2}=\frac{z_2}{\cos^3\beta}=\frac{92}{0.9625^3}=103.2$ 由表 4-1-8 得 $Y_{F1}=2.74$，$Y_{F2}=2.18$，$Y_{S1}=1.58$，$Y_{S2}=1.80$ 按齿面硬度中间值由图 4-1-29 得 $\sigma_{Flim1}=240$ MPa，$\sigma_{Flim2}=220$ MPa 由图 4-1-28 得 $Y_{N1}=1$，$Y_{N2}=1$；取 $S_F=1$，则 $[\sigma_{F1}]=240$ MPa，$[\sigma_{F2}]=220$ MPa $\sigma_{F1}=\frac{1.6KT_1\cos\beta}{bm_n^2 Z_1}Y_F Y_S$ $=\frac{1.6\times1.3\times98453.6\times0.9625}{65\times2.75^2\times20}\times2.74\times1.58$ $=86.79\ \text{MPa}\leqslant[\sigma_{F1}]$ $\sigma_{F2}=\sigma_{F1}\frac{Y_{F2}Y_{S2}}{Y_{F1}Y_{S1}}=78.67\ \text{MPa}\leqslant[\sigma_{F2}]$	$z_{v1}=22.4$ $z_{v2}=103.2$ $Y_{F1}=2.74$ $Y_{F2}=2.18$ $Y_{S1}=1.58$ $Y_{S2}=1.80$ $\sigma_{Flim1}=240$ MPa $\sigma_{Flim2}=220$ MPa $Y_{N1}=1$，$Y_{N2}=1$ $S_F=1$ $[\sigma_{F1}]=240$ MPa $[\sigma_{F2}]=220$ MPa $\sigma_{F1}=86.79$ MPa $\sigma_{F2}=78.67$ MPa 强度足够
7. 结构设计	（略）	

2. 直齿锥齿轮传动

1）圆锥齿轮传动概述

圆锥齿轮机构用于相交轴之间的传动，两轴的交角 $\Sigma(\delta_1+\delta_2)$ 由传动要求确定，可为任意值，$\Sigma=90°$ 的圆锥齿轮传动应用最广泛，如图 4-1-47 所示。

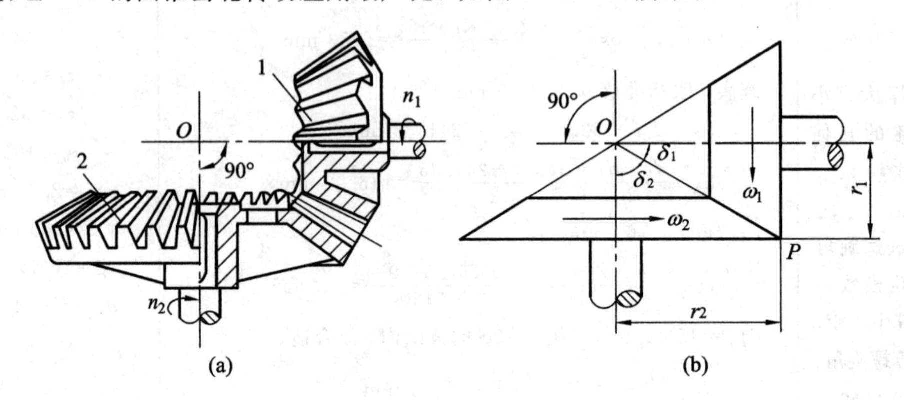

图 4-1-47　直齿圆锥齿轮传动

由于圆锥齿轮的轮齿分布在圆锥面上，所以齿形从大端到小端逐渐缩小。一对圆锥齿轮传动时，两个节圆锥作纯滚动，与圆柱齿轮相似，圆锥齿轮也有基圆锥、分度圆锥、齿顶圆锥和齿根圆锥。正确安装的标准圆锥齿轮传动，其节圆锥与分度圆锥重合。

圆锥齿轮的轮齿有直齿、斜齿和曲齿等类型，直齿圆锥齿轮因加工相对简单，应用较多，适用于低速、轻载的场合；曲齿圆锥齿轮设计制造较复杂，但因传动平稳，承载能力强，常用于高速、重载的场合；斜齿圆锥齿轮目前已很少使用。本部分只讨论直齿圆锥齿轮传动。

设 δ_1、δ_2 为两轮的锥顶半角，$\delta_1+\delta_2=90°$，大端分度圆锥直径为 r_1、r_2，齿数分别为 z_1、z_2。两齿轮的传动比为

$$i=\frac{\omega_1}{\omega_2}=\frac{n_1}{n_2}=\frac{z_2}{z_1}=\frac{r_2}{r_1}=\cot\delta_1=\tan\delta_2 \qquad (4-1-32)$$

2）圆锥齿轮啮合传动

(1) 直齿锥齿轮的基本参数及几何尺寸。

① 基本参数。为了便于计算和测量，圆锥齿轮的参数和几何尺寸均以大端为准。标准直齿锥齿轮的基本参数有 m、z、α、δ、h_a^* 和 c^*，我国规定了圆锥齿轮大端模数的标准系列，如表 4-1-14 所示，大端压力角为 $\alpha=20°$，齿顶高系数 $h_a^*=1$，顶隙系数 $c^*=0.2$。

表 4-1-14　锥齿轮的标准模数

（摘自 GB/T 12368—1990）　　mm

0.1	0.35	0.9	1.75	3.25	5.5	10	20	36
0.12	0.4	1	2	3.5	6	11	22	40
0.15	0.5	1.125	2.25	3.75	6.5	12	25	45
0.2	0.6	1.25	2.5	4	7	14	28	50
0.25	0.7	1.375	2.75	4.5	8	16	30	—
0.3	0.8	1.5	3	5	9	18	32	—

② 几何尺寸。图 4-1-48 所示为两轴交角 $\Sigma=90^\circ$的标准直齿圆锥齿轮传动，它的各部分名称及几何尺寸的计算公式如表 4-1-15 所示。

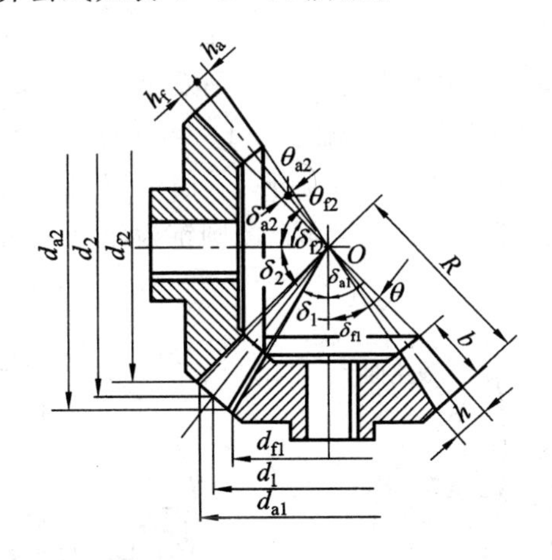

图 4-1-48　锥齿轮传动的几何尺寸(不等间隙)

表 4-1-15　标准直齿圆锥齿轮传动的主要几何尺寸

名　　称	符号	小　齿　轮	大　齿　轮
齿数	z	z_1	z_2
传动比	i	$i=\frac{z_2}{z_1}=\cot\delta_1=\tan\delta_2$	
分度圆锥角	δ	$\delta_1=\arctan\left(\frac{z_1}{z_2}\right)$	$\delta_2=\arctan\left(\frac{z_2}{z_1}\right)=90^\circ-\delta_1$
齿顶高	h_a	$h_a=h_a^* m$	
齿根高	h_f	$h_f=(h_a^*+c^*)m=1.2m$	
分度圆直径	d	$d_1=z_1 m$	$d_2=z_2 m$
齿顶圆直径	d_a	$d_{a1}=d_1+2h_a\cos\delta_1$ $=m(z_1+2\cos\delta_1)$	$d_{a2}=d_2+2h_a\cos\delta_2$ $=m(z_2+2\cos\delta_2)$
齿根圆直径	d_f	$d_{f1}=d_1-2h_f\cos\delta_1$ $=m(z_1-2.4\cos\delta_1)$	$d_{f2}=d_2-2h_f\cos\delta_2$ $=m(z_2-2.4\cos\delta_2)$
锥距	R	$R=\frac{1}{2}\sqrt{d_1^2+d_2^2}=\frac{d_1}{2}\sqrt{i^2+1}=\frac{m}{2}\sqrt{z_1^2+z_2^2}$	
齿顶角	θ_a	不等定隙收缩齿　$\theta_{a1}=\theta_{a2}=\arctan(h_a/R)$ 等定隙收缩齿　$\theta_{a1}=\theta_{a2}$，$\theta_{a2}=\theta_{f1}$	
齿根角	θ_f	$\theta_{f1}=\theta_{f2}=\arctan(h_f/R)$	
齿顶圆锥面圆锥角	δ_a	$\delta_{a1}=\delta_1+\theta_a$	$\delta_{a2}=\delta_2+\theta_a$
齿根圆锥面圆锥角	δ_f	$\delta_{f1}=\delta_1-\theta_f$	$\delta_{f2}=\delta_2-\theta_f$
齿宽	b	$b=\Psi_R R$，齿宽系数 $\Psi_R=b/R$	

③ 正确啮合条件。直齿圆锥齿轮的正确啮合条件由当量圆柱齿轮的正确啮合条件得到，即两齿轮的大端模数和压力角分别相等，即有 $m_1=m_2=m$，$\alpha_1=\alpha_2=\alpha$。

(2) 当量齿轮与当量齿数。直齿圆锥齿轮齿廓曲线是一条空间球面渐开线，其形成过程与圆柱齿轮类似。不同的是，圆锥齿轮的齿面是发生面在基圆锥上作纯滚动时，其上直线 KK' 所展开的渐开线曲面 $AA'K'K$，如图 4-1-49 所示。因直线上任一点在空间所形成的渐开线距锥顶的距离不变，故称为球面渐开线。由于球面无法展开成平面，使得圆锥齿轮设计和制造存在很大的困难，所以，实际上的圆锥齿轮是采用近似的方法来进行设计和制造的。

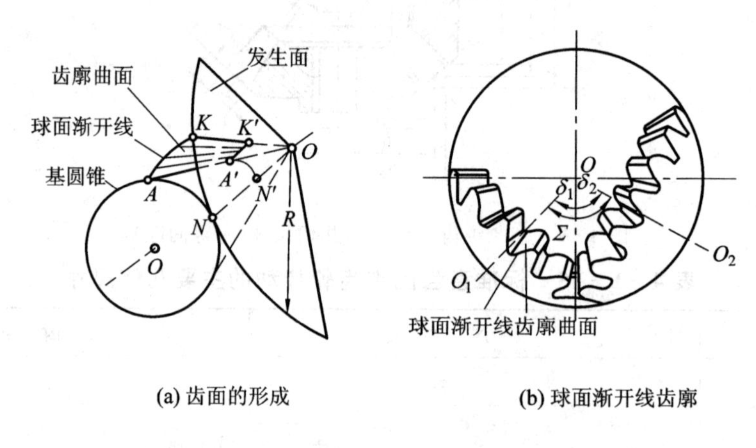

图 4-1-49 直齿锥齿轮齿面的形成

图 4-1-50 所示为一具有球面渐开线齿廓的直齿圆锥齿轮，过分度圆锥上的点 A 作球面的切线 AO_1，与分度圆锥的轴线交于 O_1 点。以 OO_1 为轴，O_1A 为母线作一圆锥体，此圆锥面称为背锥。背锥母线与分度圆锥上的切线的交点 a'、b' 与球面渐开线上的 a、b 点非常接近，即背锥上的齿廓曲线和齿轮的球面渐开线很接近。由于背锥可展成平面，其上面的平面渐开线齿廓可代替直齿圆锥齿轮的球面渐开线。

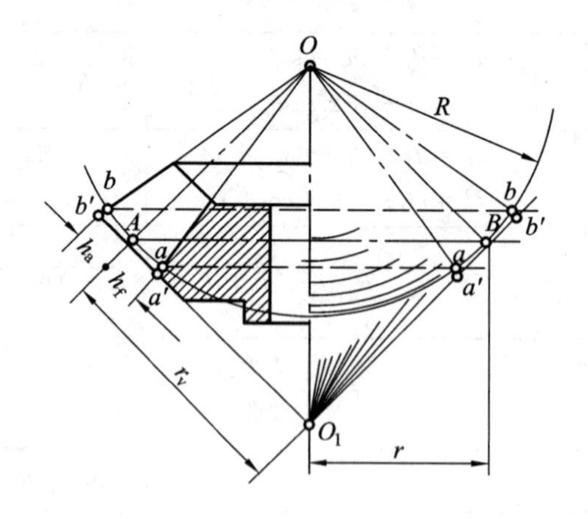

图 4-1-50 锥齿轮的背锥

将展开背锥所形成的扇形齿轮(见图 4-1-51)补足成完整的齿轮，即为直齿圆锥齿轮的当量齿轮，当量齿轮的齿数称为当量齿数，即

$$\left.\begin{aligned} z_{v1} &= \frac{z_1}{\cos\delta_1} \\ z_{v2} &= \frac{z_2}{\cos\delta_2} \end{aligned}\right\} \tag{4-1-33}$$

式中，z_1、z_2 为两直齿圆锥齿轮的实际齿数，δ_1、δ_2 为两齿轮的分锥角。

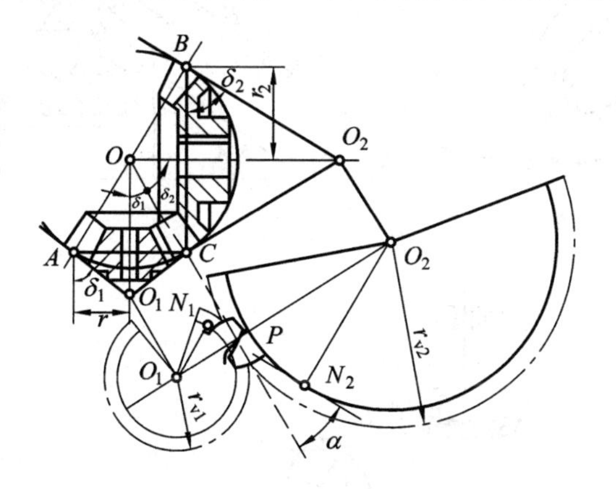

图 4-1-51　锥齿轮的当量齿轮

由以上可知圆锥齿轮不发生切齿干涉的最小齿数为

$$z_{min} = z_{vmin} \cdot \cos\delta = 17\cos\delta < 17$$

选择齿轮铣刀的刀号、轮齿弯曲强度计算及确定不产生根切的最少齿数时，都是以 z_v 为依据的。

(3) 直齿锥齿轮传动的承载能力。

① 直齿锥齿轮的受力分析。图 4-1-52 所示为直齿锥齿轮传动主动轮上的受力情况。若忽略接触面上摩擦力的影响，轮齿上作用力为集中在分度圆锥平均直径 d_{m1} 处的法向力 F_n，F_n 可分解成三个互相垂直的分力，即圆周力 F_t、径向力 F_r 及轴向力 F_a，计算公式为

$$\left.\begin{aligned} F_t &= \frac{2T_1}{d_{m1}} \\ F_r &= F'\cos\delta = F_t\tan\alpha\cos\delta \\ F_a &= F'\sin\delta = F_t\tan\alpha\sin\delta \end{aligned}\right\} \tag{4-1-34}$$

公式中平均分度圆直径 d_{m1} 可根据锥齿轮分度圆直径 d_1、锥距 R 和齿宽 b 来确定，即

$$d_{m1} = \frac{R-0.5b}{R}d_1 = (1-0.5\Psi_R)d_1 \tag{4-1-35}$$

圆周力 F_t 和径向力 F_r 的方向判定方法与直齿圆柱齿轮相同，两齿轮轴向力 F_a 的方向都是沿着各自的轴线方向并指向轮齿的大端。值得注意的是：主动轮上的轴向力 F_{a1} 与从动轮上的径向力 F_{r2} 大小相等方向相反，主动轮上的径向力 F_{r1} 与从动轮上的轴向力 F_{a2} 大小相等方向相反，即

$$F_{a1} = -F_{r2} \qquad F_{r1} = -F_{a2} \qquad F_{t1} = -F_{t2}$$

② 强度计算。

· 齿面接触疲劳强度计算。

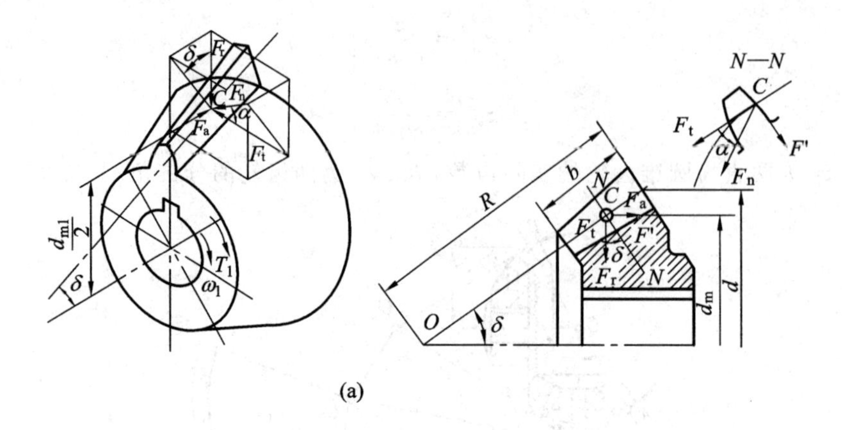

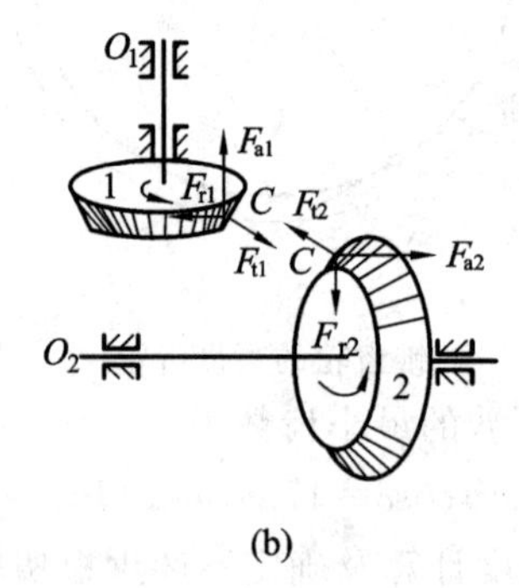

图 4-1-52　直齿锥齿轮的受力分析

校核公式：

$$\sigma_{\mathrm{H}}=\frac{4.98Z_{\mathrm{E}}}{1-0.5\Psi_{\mathrm{R}}}\sqrt{\frac{KT_1}{\Psi_{\mathrm{R}}d_1^3u}}\leqslant[\delta_{\mathrm{H}}] \tag{4-1-36}$$

设计公式：

$$d_1\geqslant\sqrt[3]{\left(\frac{4.98Z_{\mathrm{E}}}{1-0.5\Psi_{\mathrm{R}}[\sigma_{\mathrm{H}}]}\right)^2\frac{KT_1}{\Psi_{\mathrm{R}}u}} \tag{4-1-37}$$

· 齿面弯曲疲劳强度计算。

校核公式：

$$\sigma_{\mathrm{F}}=\frac{4KT_1Y_{\mathrm{F}}Y_{\mathrm{S}}}{\Psi_{\mathrm{R}}(1-0.5\Psi_{\mathrm{R}})^2z_1^2m^3\sqrt{u^2+1}}\leqslant[\delta_{\mathrm{F}}] \tag{4-1-38}$$

设计公式：

$$m\geqslant\sqrt[3]{\frac{4KT_1Y_{\mathrm{F}}Y_{\mathrm{S}}}{\Psi_{\mathrm{R}}(1-0.5\Psi_{\mathrm{R}})^2z_1^2[\sigma_{\mathrm{F}}]\sqrt{u^2+1}}} \tag{4-1-39}$$

式中，Ψ_{R} 为齿宽系数，$\Psi_{\mathrm{R}}=b/R$，一般 $\Psi_{\mathrm{R}}=0.25\sim0.3$。其余各项符号的意义与直齿圆柱齿轮相同。

3. 蜗杆传动

1）蜗杆传动机构概述

（1）蜗杆传动的组成。蜗杆传动主要由蜗杆和蜗轮组成，如图 4-1-53 所示，主要用于传递空间交错的两轴之间的运动和动力，通常轴间交角为 90°。一般情况下，蜗杆为主动件，蜗轮为从动件。

（2）蜗杆传动的特点。

① 传动平稳。因蜗杆的齿是一条连续的螺旋线，传动连续，因此它的传动平稳，噪声小。

② 传动比大。单级蜗杆传动在传递动力时，传动比 $i=5\sim80$，常用的为 $i=15\sim50$。分度传动时 i 可达 1000，与齿轮传动相比则结构紧凑。

③ 具有自锁性。当蜗杆的导程角小于轮齿间的当量摩擦角时，可实现自锁。即蜗杆能带动蜗轮旋转，而蜗轮不能带动蜗杆。

④ 传动效率低。蜗杆传动由于齿面间相对滑动速度大，齿面摩擦严重，故在制造精度和传动比相同的条件下，蜗杆传动的效率比齿轮传动低，一般只有 0.7～0.8。具有自锁功能的蜗杆机构，效率则一般不大于 0.5。

⑤ 制造成本高。为了降低摩擦，减小磨损，提高齿面抗胶合能力，蜗轮齿圈常用贵重的铜合金制造，成本较高。

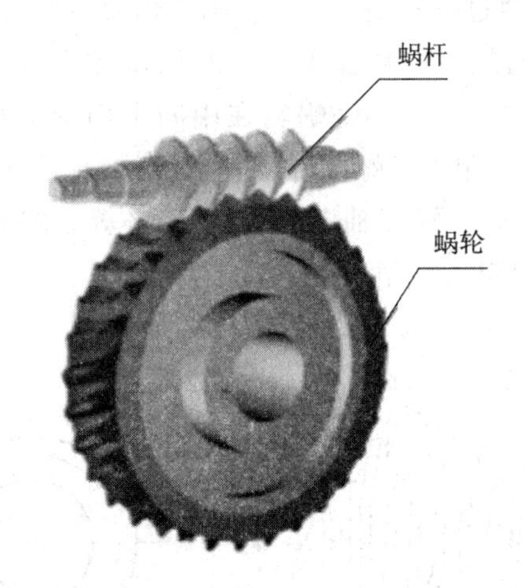

图 4-1-53　蜗杆传动

（3）蜗杆传动的类型。蜗杆传动按照蜗杆的形状不同，可分为圆柱蜗杆传动（见图 4-1-54(a)）、环面蜗杆传动（见图 4-1-54(b)）和圆弧齿蜗杆传动（见图 4-1-54(c)）。

圆柱蜗杆机构又可按螺旋面的形状，分为阿基米德蜗杆机构和渐开线蜗杆机构等。圆柱蜗杆机构加工方便，环面蜗杆机构承载能力较强。

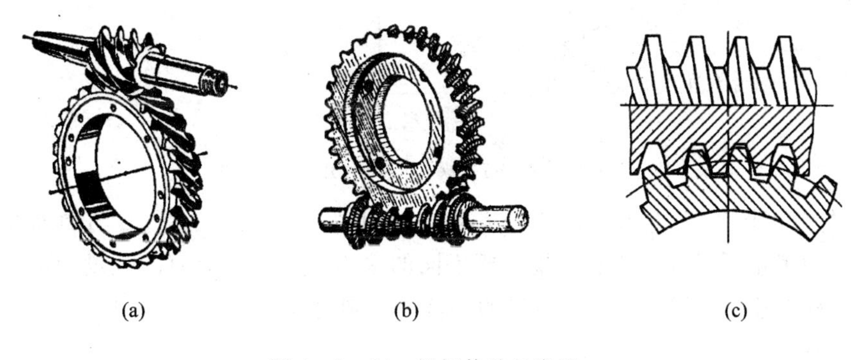

图 4-1-54　蜗杆传动的类型

2）蜗杆传动机构的基本参数

（1）蜗杆机构的正确啮合条件。

① 中间平面。我们将通过蜗杆轴线并与蜗轮轴线垂直的平面定义为中间平面，如图4-1-55所示。在此平面内，蜗杆传动相当于齿轮齿条传动。因此这个平面内的参数均是标准值，计算公式与圆柱齿轮相同。

② 正确啮合条件。根据齿轮齿条的正确啮合条件，蜗杆轴平面上的轴面模数 m_{x1} 等于蜗轮的端面模数 m_{t2}；蜗杆轴平面上的轴面压力角 α_{x1} 等于蜗轮的端面压力角 α_{t2}；蜗杆导程角 γ 等于蜗轮螺旋角 β，且旋向相同，即

$$\left.\begin{aligned} m_{x1} &= m_{t2} = m \\ \alpha_{x1} &= \gamma_{t2} = \alpha \\ \gamma &= \beta \end{aligned}\right\} \tag{4-1-40}$$

（2）蜗杆传动的基本参数和几何尺寸。

① 模数 m 和压力角 α。通过蜗杆轴线并垂直蜗轮轴线的平面称中间平面，如图4-1-55所示。在中间平面上，蜗杆与蜗轮的啮合相当于齿条和齿轮啮合。阿基米德蜗杆传动中间平面上的齿廓为直线，夹角为 $2\alpha=40°$。蜗轮在中间平面上的齿廓为渐开线，压力角 $\alpha=20°$。显然，蜗杆轴向齿距 p_{x1}（相当于螺纹螺距）应等于蜗轮端面齿距 p_{t2}，因而蜗杆轴向模数 m_{x1} 必等于蜗轮端面模数 m_{t2}；蜗杆轴向压力角 α_{x1} 必等于蜗轮端面压力角 α_{t2}，即 $m_{x1}=m_{t2}=m$，$\alpha_{x1}=\alpha_{t2}=\alpha$。标准规定压力角 $\alpha=20°$。

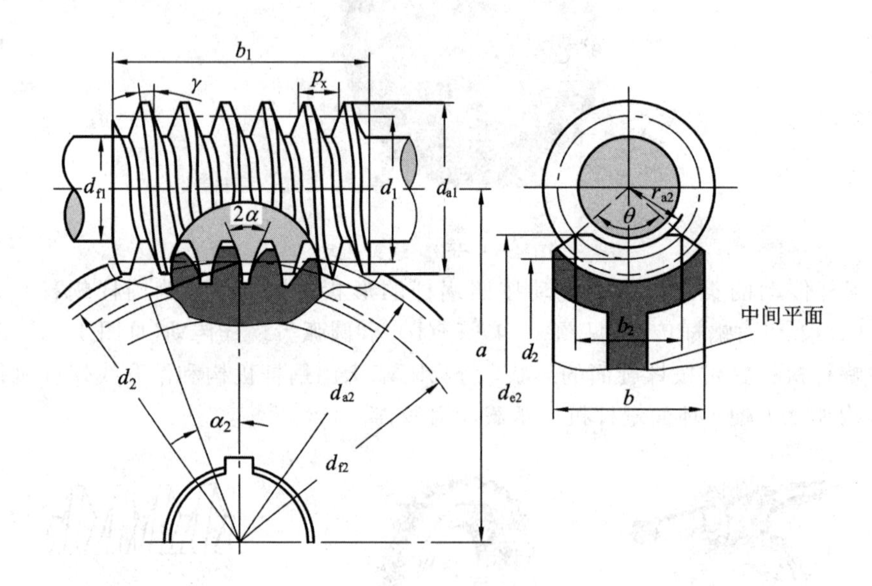

图4-1-55　蜗杆传动的几何尺寸

② 蜗杆分度圆直径 d_1 和蜗杆直径系数 q。加工蜗轮时，用的是与蜗杆具有相同尺寸的滚刀，因此加工不同尺寸的蜗轮，就需要不同的滚刀。为限制滚刀的数量，并使滚刀标准化，对每一标准模数，规定了一定数量的蜗杆分度圆直径 d_1，如表4-1-16所示。

表 4-1-16　普通圆柱蜗杆传动的参数匹配

（摘自 GB/T 10085—1988）

m	d_1	z_1	q	$m^2 d_1$	m	d_1	z_1	q	$m^2 d_1$
1	18	1	18.000	18	6.3	(80)	1、2、4	12.698	3175
1.25	20	1	16.000	31.25		112	1	17.778	4445
	22.4	1	17.920	35	8	(63)	1、2、4	7875	4032
1.6	20	—	12.500	51.2		80	1、2、4、6	10.000	5120
	28	1	17.500	—		(100)	1、2、4	12.500	6400
2	(18)	1、2、4	9.000	72		140	1	17.500	8960
	22.4	1、2、4、6	11.200	89.6	10	(71)	1、2、4	7.100	7100
	(28)	1、2、4	14.000	112		90	1、2、4、6	9.000	9000
	35.5	1	17.750	142		(112)	1、2、4	11.200	11200
2.5	(22.4)	1、2、4	8.960	140		(160)	1	16.000	16000
	28	1、2、4、6	11.200	175	12.5	(90)	1、2、4	7.200	14062
	(35.5)	1、2、4	14.200	221.9		112	1、2、4	8.960	17500
	45	1	18.000	281		(140)	1、2、4	11.200	21875
3.15	(28)	1、2、4	8.889	278		200	1	16.000	31250
	35.5	1、2、4、6	11.270	352	16	(112)	1、2、4	7.000	28672
	45	1、2、4	14.286	446.5		140	1、2、4	8.750	35840
	56	1	17.778	556		(180)	1、2、4	11.250	46080
4	(31.5)	1、2、4	7.875	504		250	1	15.625	64000
	40	1、2、4、6	10.000	640	20	(140)	1、2、4	7.000	56000
	(50)	1、2、4	12.500	800		160	1、2、4	8.000	64000
	71	1	17.750	1136		(224)	1、2、4	11200	89600
5	(40)	1、2、4	8.000	1000		315	1	15.750	126000
	50	1、2、4、6	10.000	1250	25	(180)	1、2、4	7.200	112500
	(63)	1、2、4	12.600	1575		200	1、2、4	8.000	125000
	90	1	18.000	2250		(280)	1、2、4	11.200	175000
6.3	(50)	1、2、4	7.936	1985		400	1	16.000	250000
	63	1、2、4、6	10.000	2500					

注：括号中的数字尽可能不采用。

蜗杆分度圆直径与模数的比值称为蜗杆直径系数，用 q 表示，即

$$q = \frac{d_1}{m} \tag{4-1-41}$$

模数一定时，q 值增大则蜗杆的直径 d_1 增大、刚度提高。因此，为保证蜗杆有足够的

刚度，小模数蜗杆的 q 值一般较大。

③ 蜗杆导程角 γ。

$$\tan\gamma=\frac{L}{\pi d_1}=\frac{z_1\pi m}{\pi d_1}=\frac{z_1 m}{d_1}=\frac{z_1}{q} \tag{4-1-42}$$

式中，L 为螺旋线的导程，$L=z_1 p_{x1}=z_1\pi m$，其中 p_{x1} 为轴向齿距。

通常螺旋线的导程角 $\gamma=3.5°\sim27°$，导程角在 3.5°～4.5°范围内的蜗杆可实现自锁，升角大时传动效率高，但蜗杆加工难度大。

④ 蜗杆头数 z_1 及蜗轮齿数 z_2。

蜗杆头数 z_1 一般取 1、2、4。头数 z_1 增大，可以提高传动效率，但加工制造难度增加。

蜗轮齿数一般取 $z_2=28\sim80$。若 $z_2<28$，传动的平稳性会下降，且易产生根切；若 z_2 过大，蜗轮的直径 d_2 增大，与之相应的蜗杆长度增加、刚度降低，从而影响啮合的精度。通常蜗轮齿数按传动比来确定。蜗轮头数 z_1 和蜗轮齿数 z_2 推荐值如表 4-1-17 所示。

⑤ 传动比 i。

$$i=\frac{n_1}{n_2}=\frac{z_2}{z_1} \tag{4-1-43}$$

式中：n_1 和 n_2 分别为蜗杆和蜗轮的转速(r/min)。对于单级动力蜗杆传动，$i=5\sim80$，常用 15～50。普通圆柱蜗杆减速装置传动比 i 的公称值推荐按下列数值选取：5、7.5、10、12.5、15、20、25、30、40、50、60、70、80。其中，10、20、40 和 80 为基本传动比，应优先采用。

注意：蜗杆传动 $d_1\neq mz_1$，传动比 $i\neq d_2/d_1$。

⑥ 蜗杆传动几何尺寸计算。蜗杆与蜗轮传动几何尺寸计算公式如表 4-1-18 所示。

表 4-1-17　圆柱蜗杆传动 i 与 z_1、z_2 推荐值

各种传动比推荐的 z_1、z_2 值							
i	5～6	7～8	9～13	14～24	25～27	28～40	>40
z_1	6	4	3～4	2～3	2～3	1～2	1
z_2	29～36	28～32	27～52	28～72	50～81	28～80	>40

(3) 蜗杆传动的结构。

① 蜗杆的结构。如图 4-1-56 所示，一般将蜗杆和轴做成一体，称为蜗杆轴。

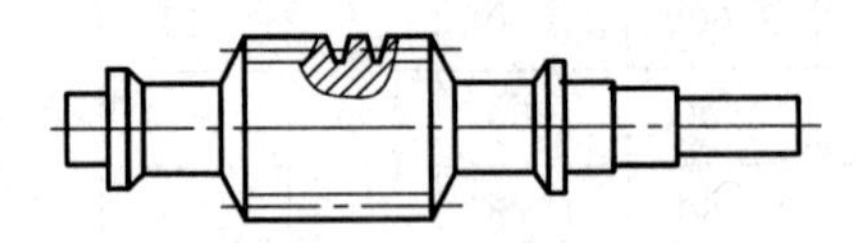

图 4-1-56　蜗杆轴

② 蜗轮的结构。蜗轮的结构如图 4-1-57 所示，一般为组合式结构，齿圈用青铜，轮芯用铸铁或钢。

图 4-1-57(a)为组合式过盈连接蜗轮。这种结构常由青铜齿圈与铸铁轮芯组成，多用于尺寸不大或工作温度变化较小的地方。

图 4-1-57(b)为组合式螺栓连接蜗轮。这种结构装拆方便，多用于尺寸较大或易磨损的场合。

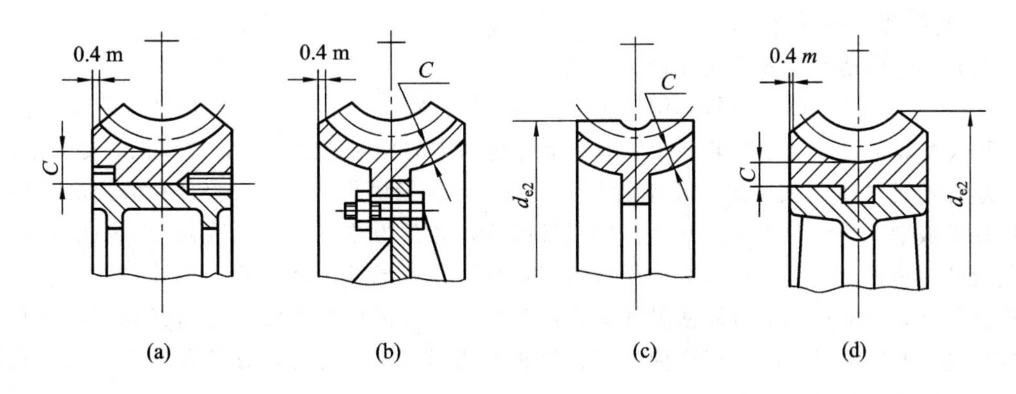

图 4-1-57　蜗轮的结构

图 4-1-57(c)为整体式蜗轮。这种结构主要用于铸铁蜗轮或尺寸很小的青铜蜗轮。

图 4-1-57(d)为拼铸式蜗轮。这种结构是将青铜齿圈浇铸在铸铁轮芯上，常用于成批生产的蜗轮。

表 4-1-18　阿基米德蜗杆传动几何尺寸计算

蜗　杆			蜗　轮		
基本参数：模数 m、齿数 z_2			基本参数：模数 m、齿数 z_2		
名称	代号	尺寸公式	名称	代号	尺寸公式
分度圆	d_1	$d_1=m_1 q$	分度圆	d_2	$d_2=mz_2$
齿顶高	h_{a1}	$h_{a1}=m$	齿顶高	h_{a2}	$h_{a2}=m$
齿根高	h_{f1}	$h_{f1}=1.2m$	齿根高	h_{f2}	$h_{f2}=1.2m$
齿全高	h_1	$h_1=h_{a1}+h_{f1}=2.2m$	齿全高	h_2	$h_2=h_{a2}+h_{f2}=2.2m$
齿顶圆直径	d_{a1}	$d_{a1}=d_1+2h_{a1}=d_1+2m$	齿顶圆直径	d_{a2}	$d_{a2}=d_2+2h_{a2}=m(z_2+2)$
齿根圆直径	d_{f1}	$d_{f1}=d_1-2h_{f1}=d_1-2.4m$	齿根圆直径	d_{f2}	$d_{f2}=d_2-2h_{f2}=m(z_2-2.4)$
轴向齿距	p_x	$p_x=\pi m$	外圆直径	d_{e2}	当 $z_1=1$ 时，$d_{e2}\geqslant d_{a2}+2m$ $z_1=2\sim3$ 时，$d_{e2}\geqslant d_{a2}+1.5m$ $z_1=4\sim6$ 时，$d_{e2}\geqslant d_{a2}+m$， 或按结构设计
导程	p_z	$p_z=z_1 p_x$	齿宽	b_2	当 $z_1\leqslant3$ 时，$b_2\leqslant0.75d_{a1}$ 当 $z_1\leqslant4\sim6$ 时，$b_2\leqslant0.67d_{a1}$
导程角	γ	$\tan\gamma=z_1/q$	齿宽角	θ	$\sin(\theta/2)=b_2/d_1$
齿宽	b_1	当 $z_1=1$、2 时， $b_1\geqslant(11+0.6z_2)m$； 当 $z_1=3$、4 时， $b_1\geqslant(12.5+0.09z_2)m$；	咽喉母圆半径	r_{g2}	$r_{g2}=a-d_{a2}/2$
中心距	a	$a=(d_1+d_2)/2=m(q+z_2)/2$			

3）蜗杆传动的强度计算

（1）蜗杆传动的失效形式和设计准则。

在蜗杆传动中，由于材料和结构上的原因，蜗杆螺旋部分的强度总是高于蜗轮轮齿强度，所以失效常发生在蜗轮轮齿上。由于蜗杆传动中的相对速度较大，效率低，发热量大，所以蜗杆传动的主要失效形式是蜗轮齿面胶合、点蚀及磨损。由于对胶合和磨损的计算目前还缺乏成熟的方法，因而通常是仿照设计圆柱齿轮的方法进行齿面接触疲劳强度和齿根弯曲疲劳强度的计算，但在选取许用应力时，应适当考虑胶合和磨损等因素的影响。对闭式蜗杆传动，通常是先按齿面接触疲劳强度设计，再按齿根弯曲强度进行校核。对于开式蜗杆传动，则通常只需按齿根弯曲疲劳强度进行设计计算。此外，闭式蜗杆传动由于散热困难，还应进行热平衡计算。

（2）蜗杆、蜗轮常用材料。

蜗杆材料一般用碳钢或合金钢制成。为了提高其耐磨性，通常要求蜗杆淬火后磨削或抛光。蜗杆常用材料见表 4-1-19，蜗轮材料常用青铜。锡青铜具有良好的耐磨性和抗胶合能力，但抗点蚀能力低，价格较高，用于滑动速度 $v_2>5$ m/s 的重要传动。铝铁青铜、锰青铜等机械强度高，价格低，但耐磨性和抗胶合能力稍差，适用于 $v_2\leqslant5$ m/s 的场合。对于 $v_2\leqslant2$ m/s，对效率要求也不高的蜗杆传动，蜗轮材料可用灰铸铁。常用蜗轮材料见表 4-1-20 和表 4-1-21。

表 4-1-19 蜗杆常用材料及应用

材料类型与牌号		热处理	齿面硬度	齿面粗糙度 $R_a/\mu m$	适用场合
渗碳钢	20Cr，20CrMnTi 12CrNi3A，20CrNi 等	渗碳淬火	58～63 HRC	0.8～1.6	重要、高速、大功率传动
表面淬火钢	42iMn，40CrNi，40Cr 37SiMn2MoV，35CrMo，45 钢	表面淬火	45～55 HRC	0.8～1.6	较重要、高速、大功率传动
氮化钢	38CrMoAlA	渗氮	>850 HV	1.6～3.2	重要、高速、大功率传动

表 4-1-20 常用蜗轮材料和接触许用应力$[\sigma_{H2}]$ MPa

蜗轮材料		铸造方法	适用滑动速度 v_s/(m/s)	抗拉强度 σ_b	许用接触应力		适用工况
					蜗杆齿面硬度		
类型	牌号				≤45 HRC	>45 HRC	
铸锡青铜	ZCuSn10P1	砂模金属模	≤12 ≤25	220 310	180 200	200 220	稳定轻、中、重载
铸锡青铜	ZCuSn5PbZn5	砂模金属模	≤10 ≤12	200 250	110 135	125 150	稳定重载、或不大的冲击载荷

表 4-1-21　铝铁青铜及铸造蜗轮的许用接触应力[σ_H]　MPa

无锡青铜蜗杆副材料			滑动速度 v_s/(m/s)								适用工况
蜗　轮		蜗　杆	0.25	0.5	1	2	3	4	6	8	
铸铝铁青铜	ZCuAl10Fe3 ZCuAl10Fe3Mn2	钢、淬火	—	250	230	210	180	160	120	90	重载和较大冲击载荷
铸锰黄铜	ZCuZn38Mn2Pb2	钢、淬火	—	215	200	180	150	135	95	75	稳定轻、中载
灰铸铁	HT200HT150 (120～150 HBS)	渗碳钢	160	130	115	90	—	—	—	—	稳定轻、中载
灰铸铁	HT150 (120～150 HBS)	调质或表面淬火钢	140	110	90	70	—	—	—	—	稳定无冲击轻载

(3) 蜗杆传动的受力分析。蜗杆传动的受力分析与斜齿轮传动相似。通常不考虑摩擦力的影响。蜗杆传动时，齿面间相互作用的法向力 F_n 可分解为三个相互垂直的分力：切向力 F_t、径向力 F_r 和轴向力 F_a，如图 4-1-58 所示。

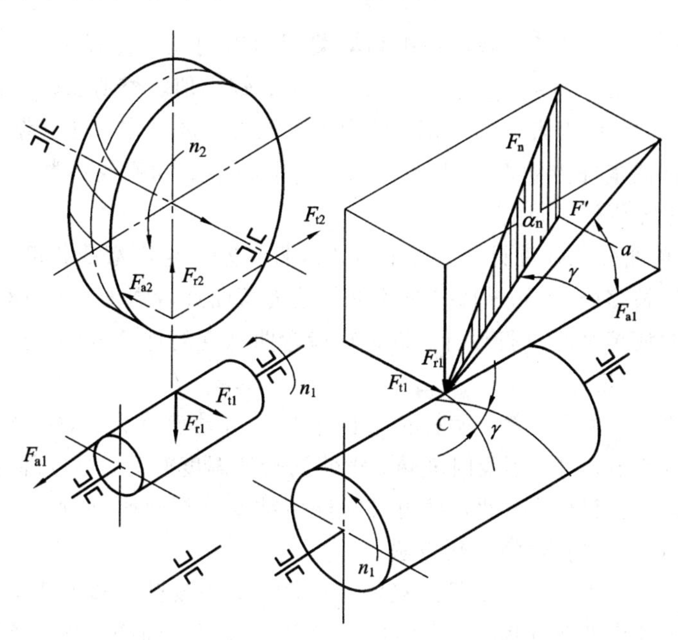

图 4-1-58　蜗杆传动的受力分析

蜗杆、蜗轮所受各分力大小和相互关系如下：

$$\left.\begin{aligned} F_{t1} &= F_{a2} = \frac{2T_1}{d_1} \\ F_{t2} &= F_{a1} = \frac{2T_2}{d_2} \\ F_{r2} &= F_{r1} = F_{t2}\tan\alpha \end{aligned}\right\} \qquad (4-1-44)$$

式中：F_{t1}、F_{a1}、F_{r1}分别为蜗杆所受的切向力、轴向力、径向力；F_{t2}、F_{a2}、F_{r2}分别为蜗轮的切向力、轴向力、径向力；d_1、d_2分别为蜗杆和蜗轮的分度圆直径；α为压力角，T_1、T_2分别为蜗杆和蜗轮的转矩，$T_2=T_1 i\eta$，i为传动比，η为蜗杆传动的总效率。

蜗杆、蜗轮上各分力方向的判定方法如下：对主动件蜗杆，切向力方向与其运动方向相反；对从动件蜗轮，切向力方向与其受力点运动方向相同。径向力各自指向轮心。而蜗杆轴向力的方向则与蜗杆转向和螺旋线旋向有关，用左(右)手定则来判定比较方便：右旋蜗杆用右手，左旋蜗杆用左手，四指顺着蜗杆转动方向，拇指所指方向即为蜗杆轴向力F_{a1}的方向。蜗杆轴向力F_{a1}的反方向即蜗轮的切向力F_{t2}的方向。

(4) 蜗杆传动的强度计算。

① 蜗轮齿面接触疲劳强度计算。蜗轮齿面接触疲劳强度的计算主要是为了防止齿面产生点蚀。钢蜗杆与青铜或灰铸铁蜗轮配对时，齿面接触疲劳强度公式如下：

校核公式为

$$\sigma_H = 500\sqrt{\frac{KT_2}{Gd_1d_2^2}} \leqslant [\sigma_{H2}] \tag{4-1-45}$$

设计公式为

$$m^2 d_1 \geqslant \frac{KT_2}{G}\left(\frac{500}{z_2[\sigma_{H2}]}\right)^2 \tag{4-1-46}$$

式中，K为载荷系数，用以考虑载荷集中和动载荷的影响。一般$K=1.1\sim1.5$。当载荷平稳、蜗轮圆周速度$v_2\leqslant3$ m/s 和 7 级以上精度时，取较小值，否则取较大值；$[\sigma_{H2}]$为蜗轮许用接触应力(MPa)，可查表 4-1-21；G为承载能力提高系数，对于普通圆柱蜗杆传动，$G=1$；对于圆弧圆柱蜗杆传动，$G=1.1\sim3.9$。当中心距a和蜗轮齿数z_2较小时，G取较大值；其他符号意义和单位同前。

② 蜗轮轮齿弯曲疲劳强度计算。对于闭式蜗杆传动，轮齿弯曲折断的情况较少出现，通常仅在蜗轮齿数较多($z_2>80\sim100$)时才进行轮齿弯曲疲劳强度计算。对于开式传动，则按蜗轮轮齿的弯曲疲劳强度进行设计。蜗轮轮齿弯曲强度的计算方法在此不予讨论。

4) 蜗杆传动的散热

(1) 蜗杆传动的热平衡计算。蜗杆传动由于相对滑动速度大、效率低，因而工作时发热量大，在闭式传动中，如果不及时散热，将使润滑油温度升高、黏度降低，油被挤出、加剧齿面磨损，甚至引起胶合。因此，对闭式蜗杆传动要进行热平衡计算，以便在油的工作温度超过许可值时，采取有效的散热方法。

由摩擦损耗的功率变为热能，借助箱体外壁散热，当发热速度与散热速度相等时，就达到了热平衡。通过热平衡方程，可求出达到热平衡时润滑油的温度。该温度一般限制在60～70℃，最高不超过 80℃。

热平衡方程为

$$1000(1-\eta)P_1 = \alpha_t A(t_1 - t_0)$$

式中：P_1——蜗杆传递的功率(kW)；

η——传动总效率；

A——散热面积，可按长方体表面积估算，但需除去不和空气接触的面积，凸缘和散热片面积按 50%计算；

t_0——周围空气温度，常温情况下可取 20℃；

t_1——润滑油的工作温度，一般限制在 60～70℃，最高不超过 80℃；

α_t——箱体表面传热系数，其数值表示单位面积、单位时间、温差 1℃所能散发的热量，根据箱体周围的通风条件一般取 $\alpha_t = 10 \sim 17$ W/(m² · ℃)，通风条件好时取大值。

由热平衡方程得出润滑油的工作温度 t_1 为

$$t_1 = \frac{1000P_1(1-\eta)}{\alpha_t A} + t_0 \tag{4-1-47}$$

也可以由热平衡方程得出该传动装置所必需的最小散热面积 $A_{\min}$：

$$A_{\min} = \frac{1000(1-\eta)P_1}{\alpha_t(t_1 - t_0)}$$

如果实际散热面积小于最小散热面积 $A_{\min}$，或润滑油的工作温度超过 80℃，则需采取强制散热措施。

(2) 蜗杆传动机构的散热。蜗杆传动机构的散热目的是保证油的温度在安全范围内，以提高传动能力。常用下面几种散热措施：

① 在箱体外壁加散热片以增大散热面积。

② 在蜗杆轴上装置风扇(见图 4-1-59(a))。

③ 采用上述方法后，如散热能力还不够，可在箱体油池内铺设冷却水管，用循环水冷却(见图 4-1-59(b))。

④ 采用压力喷油循环润滑。油泵将高温的润滑油抽到箱体外，经过滤器、冷却器冷却后，喷射到传动的啮合部位(见图 4-1-59(c))。

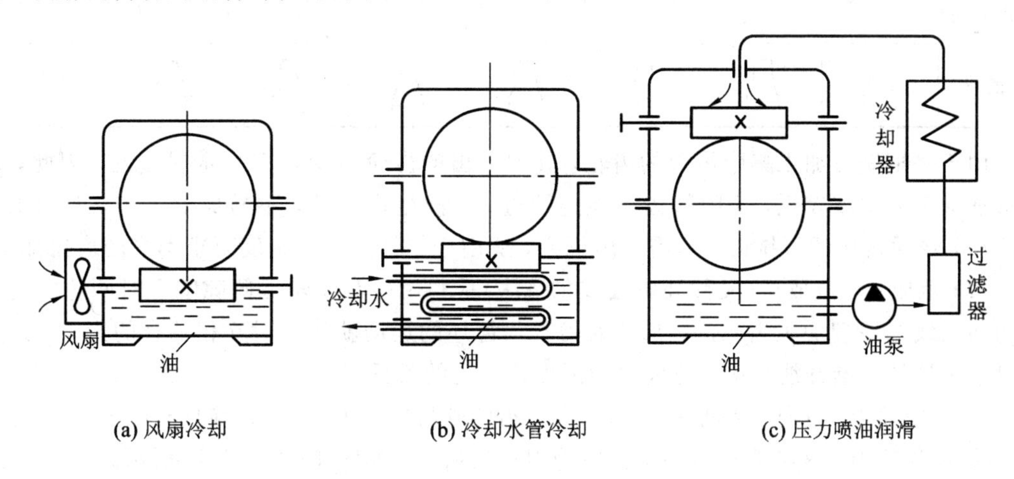

图 4-1-59　蜗轮传动的散热方法

4. 齿轮轮齿的加工方法及变位齿轮传动简介

1) 齿轮轮齿的加工方法

加工渐开线齿轮的方法分为仿形法和范成法两类。

(1) 仿形法。仿形法加工是刀具在通过其轴线的平面内，刀刃的形状和被切齿轮齿间形状相同。一般采用盘状铣刀和指状铣刀切制齿轮，如图 4-1-60(a)、(b)所示。切制时，铣刀转动，同时毛坯沿其轴线移动一个行程，这样就切出一个齿间。然后毛坯退回原来位置，将毛坯转过 360°/z，再继续切制，直到切出全部齿间。

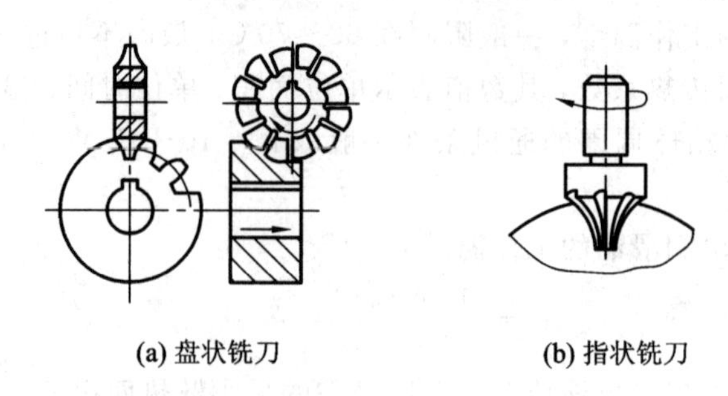

(a) 盘状铣刀　　(b) 指状铣刀

图 4 - 1 - 60　仿形法切制齿轮

由于渐开线形状取决于基圆大小，而基圆直径 $d_b = mz\cos\alpha$，故齿廓形状与模数、齿数、压力角有关。理论上，模数和压力角相同，不同齿数的齿轮，应采用不同的刀具，这在实际中是不可能的。通常每种刀具加工一定范围的齿数，以适应加工不同齿数齿轮的需要。

为减少铣刀的品种、数量，生产中当加工模数 m、压力角 α 相同的齿轮时，对一定齿数范围的齿轮，一般配备一组刀具(8 把或 15 把)。如表 4 - 1 - 22 所示为 8 把一组各号铣刀切制齿轮的齿数范围。

表 4 - 1 - 22　8 把一组各号铣刀切制齿轮的齿数范围

刀号	1	2	3	4	5	6	7	8
加工齿数范围	12～13	14～16	17～20	21～25	26～34	35～54	55～134	135 以上
齿形								

由于一把铣刀加工集中齿数的齿轮，其加工出的齿轮齿廓是有一定误差的，因此，用仿形法加工的精度较低，又因切齿不能连续进行，故生产率低，不易成批生产，但加工方法简单，普通铣床就可铣齿，不需专用机床，适用于单件生产及精度要求不高的齿轮加工。

(2) 范成法。范成法(又称展成法或包络法)是利用一对齿轮无侧隙啮合时两轮的齿廓互为包络线的原理加工齿轮的。加工时刀具与齿坯的运动就像一对互相啮合的齿轮，最后刀具将齿坯切出渐开线齿廓。范成法切制齿轮常用的刀具有三种：

① 齿轮插刀。这种刀具是一个齿廓为刀刃的外齿轮，如图 4 - 1 - 61(a)所示。

② 齿条插刀。这种刀具是一个齿廓为刀刃的齿条，如图 4 - 1 - 61(b)所示。

③ 齿轮滚刀。用以上两种刀具加工齿轮，其切削是不连续的，不仅影响生产率的提高，还限制了加工精度。因此，在生产中更广泛地采用齿轮滚刀来切制齿轮。如图 4 - 1 - 61(c)所示为用齿轮滚刀切制齿轮的情况。

用范成法加工齿轮时，所需刀具数量少，用一把刀可以加工出模数、压力角相同的所有齿数的齿轮，加工精度高。而滚齿属于连续加工，生产率高，但必须在专门设备上进行切齿，适用于批量生产。

注意：标准齿轮刀具、标准齿条刀具及标准的齿轮滚刀的齿顶高与齿根高相同，即比普通标准齿轮的齿顶高高出一个顶隙($c=c^{*}m$)部分，目的是用于加工齿轮的齿根部分，其他部分均与标准齿轮相同，如图 4-1-62 所示。

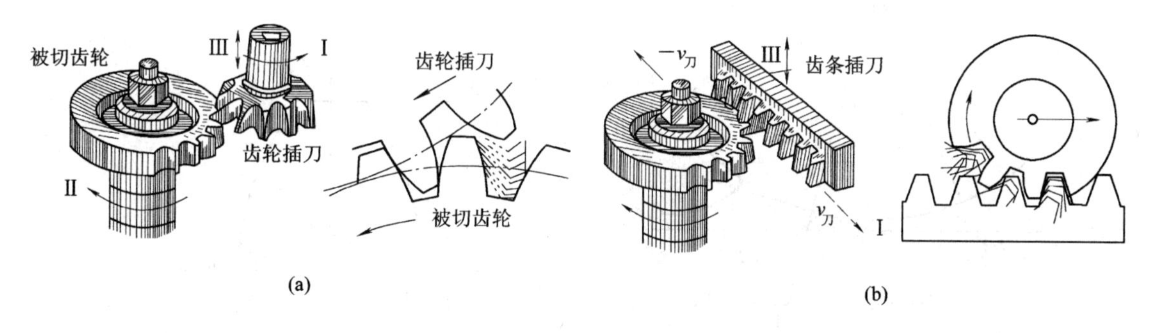

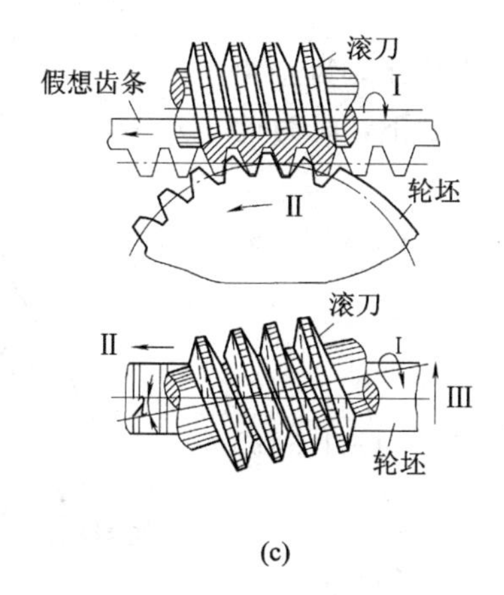

图 4-1-61　范成法加工齿轮

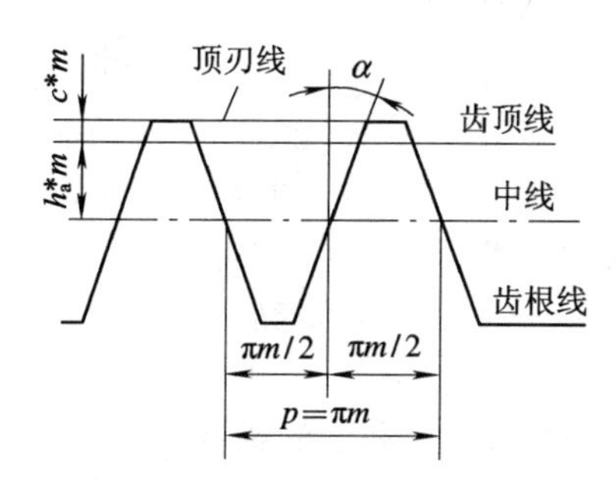

图 4-1-62　标准齿条刀具

2）根切现象及最少齿数

(1) 根切现象。用展成法切削标准齿轮时，如果齿轮的齿数过少，刀具的齿顶线或齿顶圆超过被切齿轮的极限点 N 时(见图 4-1-63)，则刀具的齿顶会将被切齿轮的渐开线齿廓根部的一部分切掉，这种现象称为根切，如图 4-1-64 所示。

被根切的轮齿不仅削弱了轮齿的抗弯强度，影响轮齿的承载能力，而且使一对轮齿的啮合过程缩短，重合度下降，传动平稳性较差。为保证齿轮传动质量，一般不允许齿轮出现根切。

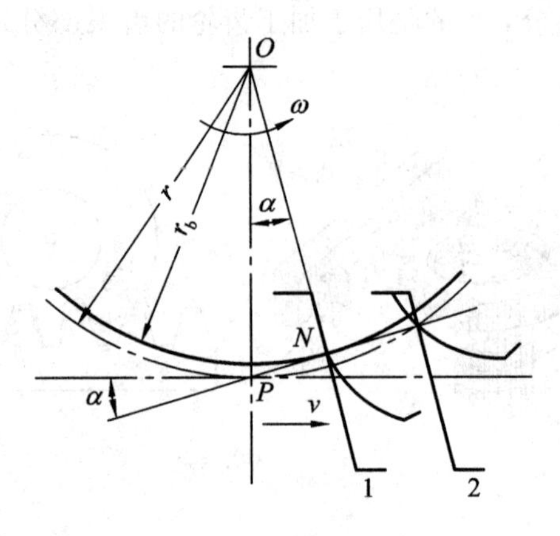

图 4-1-63 根切的产生

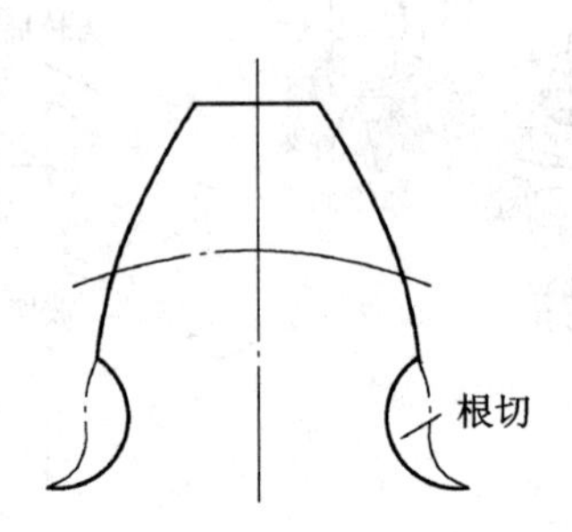

图 4-1-64 齿轮根切现象

(2) 最小齿数。如图 4-1-65 所示，为避免根切，要求刀具的齿顶线在 N_1 点之下，而为此应满足下列不等式：

$$\overline{PN_1} \geqslant \overline{PB} \tag{4-1-48}$$

而在$\triangle PN_1O_1$ 中，有

$$\overline{PN_1} = r\sin\alpha = \frac{mz\sin\alpha}{2} \tag{4-1-49}$$

在△PBB′中，有

$$\overline{PB} = \frac{h_a^* m}{\sin\alpha} \tag{4-1-50}$$

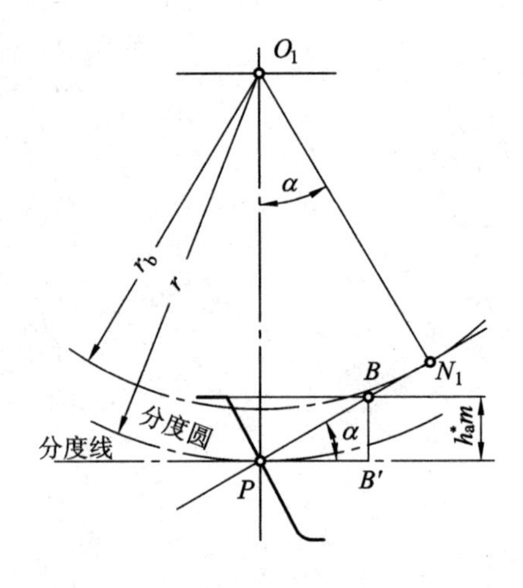

图 4-1-65 避免根切的条件

将式(4-1-49)、(4-1-50)代入式(4-1-48)可得

$$z \geqslant \frac{2h_a^*}{\sin 2\alpha}$$

所以，不产生根切的最少齿数为

$$z_{\min} = \frac{2h_a^*}{\sin^2\alpha} \tag{4-1-51}$$

可见，不产生根切的最少齿数是 h_a^* 和 α 的函数。当 $h_a^*=1$、$\alpha=20°$时，$z_{\min}=17$。

3) 变位齿轮传动简介

(1) 变位的形成。加工齿轮时，若齿条刀具的中线与轮坯的分度圆相切并作纯滚动，由于刀具中线上的齿厚与齿槽宽相等，则被加工齿轮分度圆上的齿厚与齿槽宽相等，因此被加工出来的齿轮为标准齿轮，如图 4-1-66(a)所示。

若刀具与轮坯的相对运动关系不变，但刀具相对轮坯中心远离(如图 4-1-66(b)所示)或靠近一段距离 xm(如图 4-1-66(c)所示)，则轮坯的分度圆不再与刀具中线相切，这时刀具分度线上的齿厚与齿槽宽不相等，因此被加工的齿轮在分度圆上的齿厚与齿槽宽也不相等。当刀具远离轮坯中心移动时，被加工齿轮的分度圆齿厚增大；当刀具向轮坯中心靠近时，被加工齿轮的分度圆齿厚减少。这种由于刀具相对于轮坯位置发生变化而加工

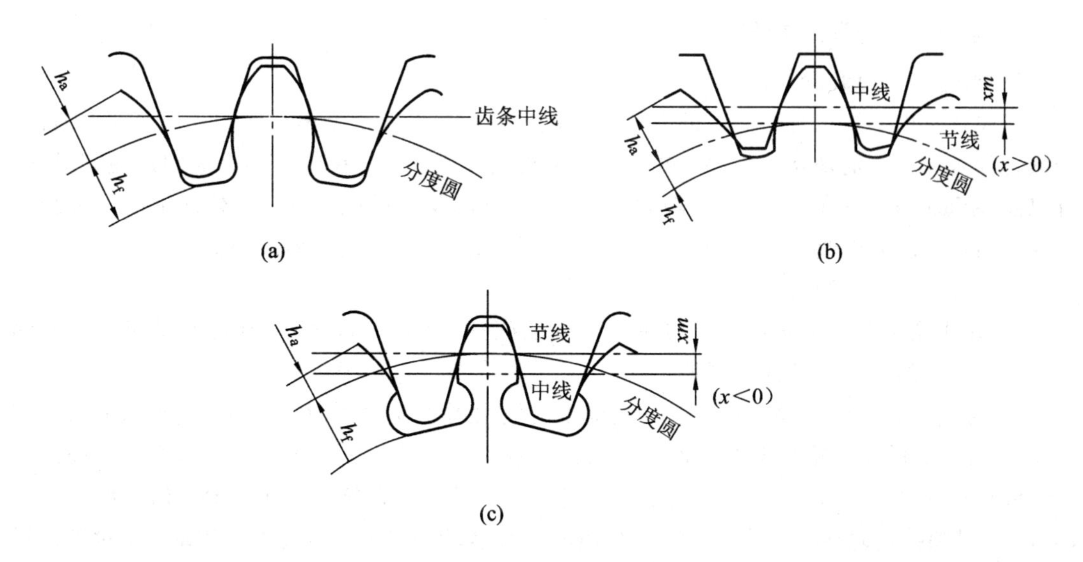

图 4-1-66　切削变位齿轮

的齿轮，称为变位齿轮。齿条刀具中线相对于被加工齿轮分度圆所移动的距离，称为变位量，用 xm 表示，其中 m 为模数，x 为变位系数。刀具中线远离轮坯中心称为正变位，这时的变位系数为正数，所切出的齿轮称为正变位齿轮；刀具靠近轮坯中心称为负变位，这时的变位系数为负数，所加工的齿轮称为负变位齿轮。

(2) 变位齿轮的类型及应用特点。根据变位系数之和的不同值，变位齿轮传动可分为三种类型，标准齿轮传动可看做零传动的特例。表 4-1-23 中列出了变位齿轮的传动类型及特点。

表 4-1-23　变位齿轮的传动类型及特点

传动类型	标准齿轮传动	高度变位传动（零传动）	角度变位传动	
			正传动	负传动
齿数条件	$z_1 \geqslant z_{min}$，$z_2 \geqslant z_{min}$	$z_1+z_2 \geqslant 2z_{min}$	$z_1+z_2<2z_{min}$	$z_1+z_2>2z_{min}$
变位系数要求	$x_1=x_2=0$	$x_1+x_2=0$，$x_1=-x_2 \neq 0$	$x_1+x_2>0$	$x_1+x_2<0$
传动特点	$a'=a$，$\alpha'=\alpha$，$y=0$	$a'=a$，$\alpha'=\alpha$，$y=0$	$a'>a$，$\alpha'>\alpha$，$y>0$	$a'<a$，$\alpha'<\alpha$，$y<0$
主要优点	互换性好，设计简单	小齿轮取正变位，允许 $z_1<z_{min}$，减小传动尺寸，提高了小齿轮齿根强度，减小了小齿轮齿面磨损，可成对替换标准齿轮	传动机构更加紧凑，提高了抗弯强度和接触强度，提高了耐磨性能，可满足 $a'>a$ 的中心距要求	重合度略有提高，满足 $a'<a$ 的中心距要求
主要缺点	齿轮受最小齿数限制，适于无特殊要求的场合	互换性差，小齿轮齿顶易变尖，重合度略又下降	互换性差，齿顶变尖，重合度下降较多	互换性差，抗弯强度和接触强度下降，轮齿磨损加剧

5. 齿轮传动的润滑与维护

1）齿轮传动的润滑

齿轮传动时，相啮合的齿面间有相对滑动，因此就要发生摩擦和磨损，增加动力消耗，降低传动效率，特别是高速传动，就更需要考虑齿轮的润滑。在轮齿啮合面间加注润滑剂，可以避免金属直接接触，减少摩擦损失，还可以散热及防锈蚀。因此，对齿轮传动进行适当的润滑，可以大大改善齿轮的工作状况，且保持运转正常及预期的寿命。

（1）齿轮传动的润滑方式。

① 开式及半开式齿轮传动，或速度较低的闭式齿轮传动，通常用人工周期性加油润滑，所用润滑剂为润滑油或润滑脂。

② 通用闭式齿轮传动，其润滑方法根据齿轮圆周速度大小而定。当齿轮圆周速度 $v<12$ m/s 时，常将大齿轮轮齿浸入油池进行浸油润滑，如图 4－1－67(a)所示。齿轮浸入油中的深度可视齿轮圆周速度大小而定，对圆柱齿轮通常不宜超过一个齿高，但一般不小于 10 mm；对圆锥齿轮应浸入全齿宽，至少应浸入齿宽的一半。在多级齿轮传动中，对于未浸入油池内的齿轮，可借带油轮将油带到未进入油池内的齿轮的齿面上，如图 4－1－67(b)所示。浸油齿轮可将油甩到齿轮箱壁上，有利于散热。

当齿轮的圆周速度 $v>12$ m/s 时，应采用喷油润滑，如图 4－1－67(c)所示，即由油泵或中心油站以一定的压力供油，借喷嘴将润滑油喷到轮齿的啮合面上。当 $v\leqslant 25$ m/s 时，喷嘴位于轮齿啮入边或啮出边均可；当 $v>25$ m/s 时，喷嘴应位于轮齿啮出的一边，以便借润滑油及时冷却刚啮合过的轮齿，同时亦对轮齿进行润滑。

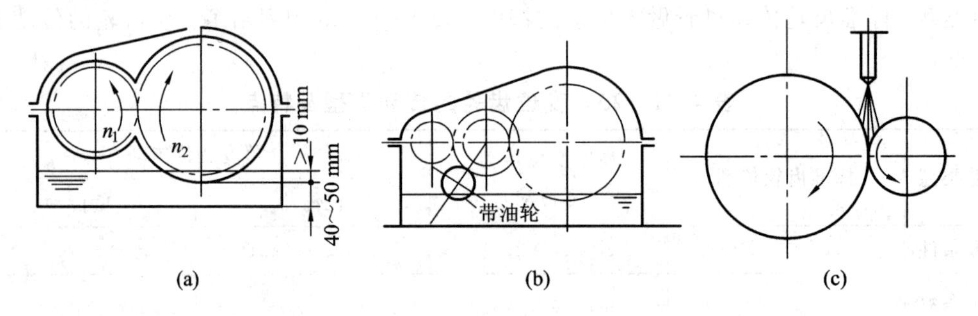

图 4－1－67　齿轮润滑

（2）润滑剂的选择。齿轮传动常用的润滑剂为润滑油或润滑脂。选用时，应根据齿轮的工作情况(转速高低、载荷大小、环境温度等)，在表 4－1－24 中选择润滑剂的黏度和牌号。

表 4－1－24　齿轮传动润滑油黏度荐用值

齿轮材料	抗拉强度	圆周速度 v/(m/s)						
		<0.5	0.5～1	1～2.5	2.5～5	5～12.5	12.5～25	>25
		运动黏度 ν/(mm²/s)(40℃)						
塑料、铸铁、青铜	—	350	220	150	100	80	55	—
钢	450～1000	500	350	220	150	100	80	55
	1000～1250	500	500	350	220	150	100	80
渗碳或表面淬火	1250～1580	900	500	500	350	220	150	100

注：① 对于多级齿轮传动，采用各级传动圆周速度的平均值来选取润滑油黏度。

② 对于 $\delta_b>800$ MPa 的镍铬钢制齿轮(不渗碳)，润滑油黏度应取高一级的数值。

2）齿轮传动的维护

正常维护是保证齿轮传动正常工作、延长齿轮使用寿命的必要条件。日常维护工作主要有以下内容。

（1）安装与跑合。齿轮、轴承、键等零件安装在轴上，注意固定和定位都符合技术要求。使用一对新齿轮，先作跑合运转，即在空载及逐步加载的方式下，运转十几小时至几十小时，然后清洗箱体，更换新油，才能使用。

（2）检查齿面接触情况。采用涂色法检查，若色迹处于齿宽中部，且接触面积较大，说明装配良好（见图 4-1-68(a)）；若接触部位不合理（见图 4-1-68(b)、(c)、(d)），会使载荷分布不均，通常可通过调整轴承座位以及修理齿面等方法解决。

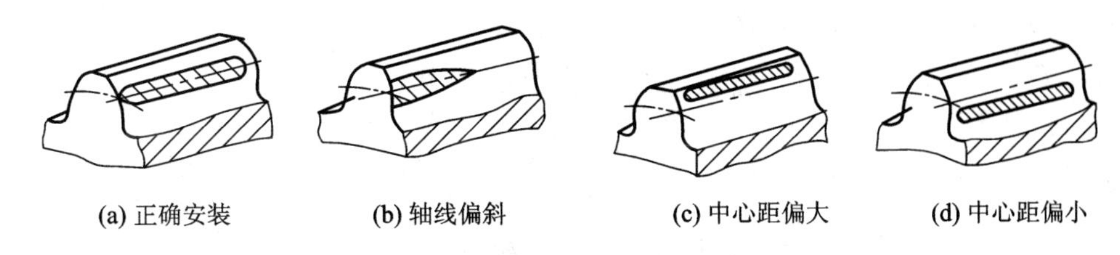

(a) 正确安装　(b) 轴线偏斜　(c) 中心距偏大　(d) 中心距偏小

图 4-1-68　圆柱齿轮齿面接触斑点

（3）保证正常润滑。按规定润滑方式，定时、定量加润滑油。对自动润滑方式，注意油路是否畅通，润滑机构是否灵活。

（4）监控运转状态。通过看、摸、听，监视有无超常温度、异常响声、振动等不正常现象。发现异常现象，应及时检查并加以解决，禁止其“带病工作”。对高速、重载或重要场合的齿轮传动，可采用自动监测装置，对齿轮运动、状态的信息搜集、故障诊断和报警等，实现自动控制，确保齿轮传动的安全、可靠。

（5）装防护罩。对于开式齿轮传动，应装防护罩，保护人身安全，同时防止灰尘、切屑等杂物侵入齿面，加速齿面磨损。

技能训练——齿轮的加工及参数测量

目的要求：

（1）掌握常用量具测定渐开线直齿圆柱齿轮基本参数的方法，加深理解齿轮各参数之间的相互关系和渐开线的性质。

（2）巩固齿轮各部分尺寸的计算公式及有关参数之间的关系。

（3）掌握用范成法加工渐开线齿轮的原理。

（4）通过用齿条刀具范成渐开线齿廓的过程，了解齿轮的根切现象及避免根切的方法。

操作设备和工具：

（1）被测齿轮两个（偶、奇数齿各一个）。

（2）游标卡尺和公法线千分尺各一把。

（3）齿轮范成仪。

（4）计算器、绘图纸一张及圆规、三角板、铅笔、铅笔刀、橡皮等绘图工具。

训练内容：

（1）待测齿轮两个：齿数为奇数和偶数的齿轮各一个。

(2) 齿轮范成仪加工齿轮。

测量原理:

1) 测定模数 m

如图 4-1-69 所示，当卡脚在被测齿轮上跨 k 个齿时，其公法线长度为

$$W_k=(k-1)P_b+S_b$$

同理，若跨 $k+1$ 个齿，其公法线长度应为

$$W_{k+1}=kP_b+S_b$$

则

$$W_{k+1}-W_k=P_b$$

又因 $P_b=\pi m\cos\alpha$，若 $\alpha=20°$，故

$$m=\frac{P_b}{\pi\cos\alpha}=\frac{W_{k+1}-W_k}{\pi\cos\alpha}$$

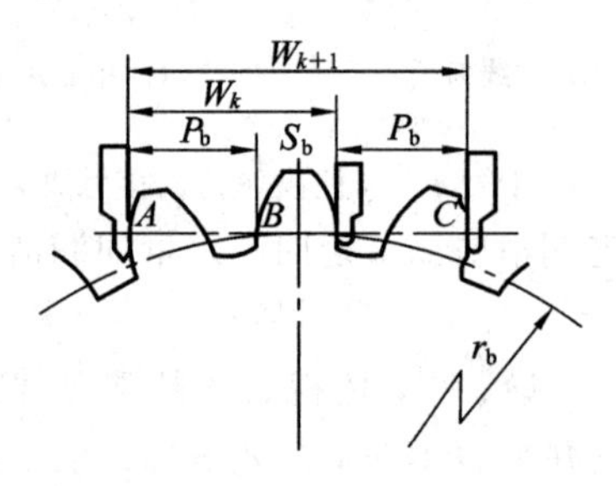

图 4-1-69　测定齿轮模数

2) 测定变位系数 x

与标准齿轮相比，变位齿轮的齿厚发生了变化，两者之差就是公法线长度的增量，它等于 $2xm\sin\alpha$。

设 W_k 为被测齿轮跨 k 个齿的公法线长度，W'_k 为同样 m、z 和 α 的标准齿轮跨 k 个齿的公法线长度，则

$$W_k-W'_k=2xm\sin\alpha$$

即

$$x=\frac{W_k-W'_k}{2m\sin\alpha}$$

3) 用范成法加工齿轮

范成法的基本原理是一对齿轮或一个齿轮与齿条啮合时，一个齿轮的齿廓是另一个齿轮齿廓的包络线。因此，若将其中一个齿轮或齿条制成刀具，使刀具与轮坯的运动关系与一对齿轮(或齿轮与齿条)啮合一样(由齿轮加工机床保证)，并加上必要的切削运动与进给运动，就可以在轮坯上连续切出所有的轮齿，如图 4-1-70 所示。

当齿条刀具中线与轮坯分度圆相切(即刀具调节到刻度“0”位置)时，便能切制出标准齿轮。

当齿条刀具离开轮坯中心移动时，便能切制出正变位齿轮。

当齿条刀具靠近轮坯中心移动时，便能切制出负变位齿轮。

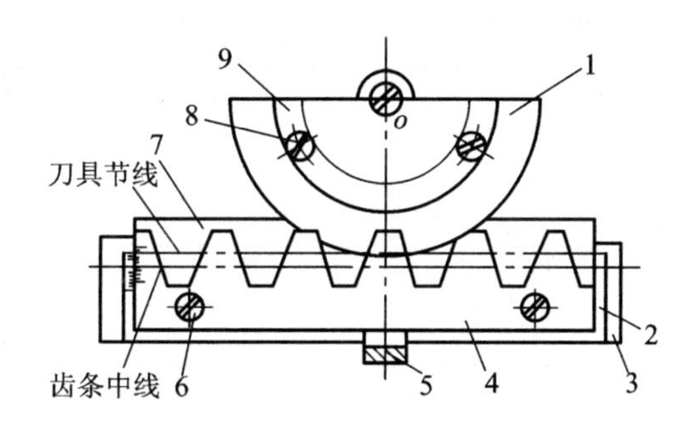

1—图纸托盘；2—滑架；3—机架；4—齿条刀具；
5—调节螺钉；6—定位螺钉；7—刀架；8—锁紧螺钉；9—压环

图 4-1-70　范成仪

实施步骤：

1）齿轮参数的测定

（1）数出齿数 z（奇数、偶数齿轮各作一个，并记下编号）。

（2）量取齿顶圆直径 d_a 和齿根圆直径 d_f（各量三次，取平均值）。

偶数：直接测量，如图 4-1-71(a)所示。奇数：间接测量，如图 4-1-71(b)所示。

$$d_a = D + 2H_1 \qquad d_f = D + 2H_2$$

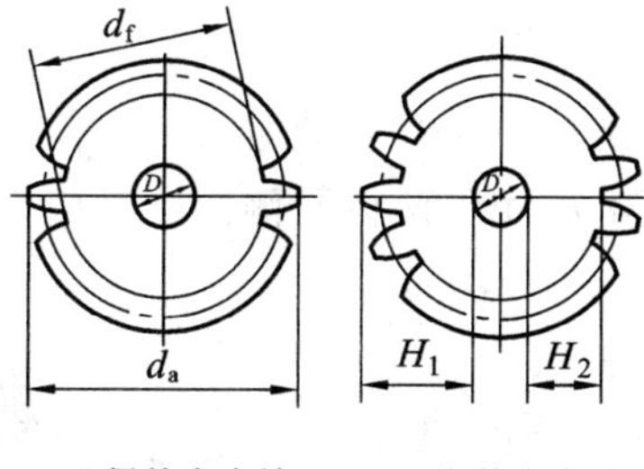

(a) 偶数齿齿轮　　(b) 奇数齿齿轮

图 4-1-71　齿轮 d_a 与 d_f 的测量方法

（3）由公式 $k=z/9+0.5$，计算出跨齿数 k，测量公法线长度 W_k、W_{k+1}（各量三次，取平均值）。

（4）确定模数 m 并取标准值：

$$m = \frac{W_{k+1} - W_k}{\pi \cos\alpha} \qquad (\alpha = 20°)$$

（5）计算变位系数 x（W_k 为平均值，W_k' 为标准值）：

$$x = \frac{W_k - W_k'}{2m \sin\alpha}$$

（6）判断是否为变位齿轮。当 $x>0$ 时，为正变位齿轮；当 $x<0$ 时，为负变位齿轮；当 $x-0$ 时，为标准齿轮。因为考虑测量值的误差，故 $|x|>0$ 为变位齿轮，否则为标准齿轮。

（7）把以上测量的数据填入表 4-1-25。

表 4-1-25　测 量 结 果

数据项目	齿轮编号：z＝				齿轮编号：z＝			
	1	2	3	平均值	1	2	3	平均值
d_a								
d_f								
跨齿数 k								
W_k								
W_{k+1}								
$P_b=W_{k+1}-W_k$								
α								
m	$m=\dfrac{P_b}{\pi\cos\alpha}=$				$m=\dfrac{P_b}{\pi\cos\alpha}=$			
W'_k								
x	$x=\dfrac{W_k-W'_k}{2m\sin\alpha}=$				$x=\dfrac{W_k-W'_k}{2m\sin\alpha}=$			
结 论								

2) 用范成法加工齿轮

(1) 测量图纸托盘直径(即为轮坯分度圆直径 d)。

(2) 在齿条刀具上量取齿距 p(相邻两齿同侧齿廓对应点之间的距离)。

(3) 计算模数 m 和齿数 z，其中 $m=p/\pi$(取标准模数)，$z=d/m$(取整数)。

(4) 在纸坯上画出四个圆：分度圆 d、齿顶圆 d_a、齿根圆 d_f 和基圆 d_b。

(5) 将纸坯装在范成仪上，调整刀具对准刻度上的"0"位置，范成标准齿轮 1～2 个齿(如图 4-1-72 所示)，注意观察有否根切。

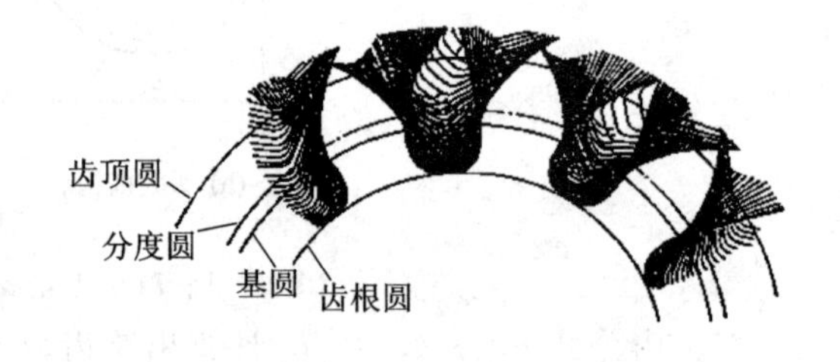

图 4-1-72　范式标准齿轮

(6) 为避免根切，范成正变位齿轮。

① 计算变位量 $x_{\min}m$，其中

$$x_{\min}=\frac{z_{\min}-z}{z_{\min}}$$

② 计算并在轮坯上画出分度圆 d、齿顶圆 d_a、齿根圆 d_f、基圆 d_b，其中分度圆 d、基圆 d_b 与标准齿轮相同。

③ 将纸坯装在范成仪上，移动刀具离开轮坯中心，移动量(变位量)为 $x_{\min}m$。

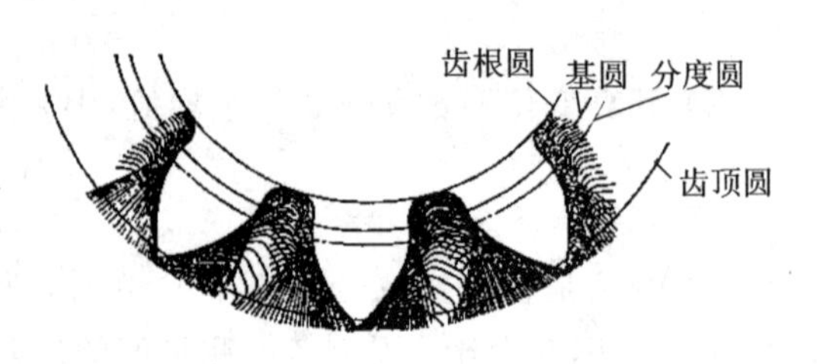

图 4-1-73　范式正变位齿轮

④ 范成正变位齿轮 1～2 个齿(如图 4-1-73 所示)，注意观察此时有否根切。

(7) 把实验测量的齿轮参数值填入表4-1-26。

表4-1-26　测 量 结 果

名　称	齿轮参数	
齿条刀具	$m=$____，$\alpha=20°$，$h_a^*=1$，$c^*=0.25$	
被加工齿轮	$m=$____，$d=$____，$z=$____	
项　目	标准齿轮(mm)	正变位齿轮(mm)
分度圆直径 d		
齿顶圆直径 d_a		
齿根圆直径 d_f		
基圆直径 d_b		
齿距 p		
分度圆齿厚 s		
分度圆齿槽宽 e		
变位系数 x_{min}		

归 纳 总 结

1. 一对齿轮正确啮合的条件。

直齿圆柱齿轮：

$$m_1=m_2 \qquad \alpha_1=\alpha_2$$

斜齿圆柱齿轮：

$$\begin{cases} m_{n1}=m_{n2} \\ \alpha_{n1}=\alpha_{n2} \\ \beta_1=\pm\beta_2 \end{cases}$$

2. 齿轮连续传动的条件：

$$\varepsilon=\frac{B_1B_2}{p_b}\geqslant 1$$

3. 基本参数：模数、压力角、齿数、当量齿数、齿顶高系数和顶隙系数。

4. 齿轮传动的失效形式：轮齿折断、齿面点蚀、齿面磨损、齿面胶合和齿面塑性变形。

5. 齿轮传动的设计准则：

闭式传动：
- 软齿面(硬度≤350 HBS)　主要失效形式为疲劳点蚀，应按齿面接触强度进行设闭式传动计，校核弯曲疲劳强度
- 硬齿面(硬度>350 HBS)　主要失效形式为轮齿折断，应按齿根弯曲强度进行设计，校核齿面接触强度
- 开式传动　主要失效形式为齿面磨损和轮齿疲劳折断，应按齿根弯曲疲劳强度计算，用加大模数的办法来考虑磨损的影响

6. 渐开线齿轮传动的设计计算及设计步骤。

7. 普通圆柱蜗杆传动的主要参数：

(1) 中间平面的模数和压力角是标准的。

(2) 蜗杆头数 z_1 一般取 1、2、4，蜗轮齿数一般取 $z_2=28\sim80$。

(3) 蜗杆分度圆直径要按表中数值取标准。蜗杆分度圆直径与模数的比值称为蜗杆直径系数。

(4) 蜗轮分度圆螺旋角恒等于蜗杆分度圆导程角，且蜗轮、蜗杆螺旋方向相同。

8. 蜗杆传动正确啮合的条件：

$$\begin{cases} m_{x1}=m_{t2}=m \\ \alpha_{x1}=\alpha_{t2}=\alpha \\ \gamma=\beta \end{cases}$$

9. 蜗杆传动中蜗轮转动方向的判断：先用左、右手定则判断蜗杆轴向力 F_{a1} 的方向，则其反方向即为蜗轮的转动方向。

10. 渐开线齿轮的加工方法及不产生要根切的最少齿数。

① 加工方法：仿形法和范成法。

② 不产生要根切的最少齿数：

$$z_{min}=\frac{2h_a^*}{\sin^2\alpha}$$

当 $\alpha=20°$，$h_a^*=1$ 时，$z_{min}=17$；当 $\alpha=20°$，$h_a^*=0.8$ 时，$z_{min}=14$。

思考与练习

思考题：

1. 分度圆与节圆有什么区别？在什么情况下节圆与分度圆重合？

2. 何谓齿廓的根切现象？产生根切的原因是什么？是否基圆愈小愈容易发生根切？根切有什么危害？如何避免根切？

3. 平行轴斜齿圆柱齿轮机构、蜗杆蜗轮机构和直齿圆锥齿轮机构的正确啮合条件与直齿圆柱机构的正确啮合条件相比较有何异同？

4. 现有 4 个标准齿轮：$m_1=4$ mm，$z_1=25$；$m_2=4$ mm，$z_2=50$ mm；$m_3=3$ mm，$z_3=60$ mm；$m_4=2.5$ mm，$z_4=40$。试问：(1) 哪两个齿轮的渐开线形状相同？(2) 哪两个齿轮能正确啮合？(3) 哪两个齿轮能用同一把滚刀制造？这两个齿轮能否改用同一把铣刀加工？

5. 在两级圆柱齿轮传动中，如其中有一级用斜齿圆柱齿轮传动，它一般是用高速级还是低速级，为什么？

6. 蜗杆传动为什么要引入直径系数 q？

7. 为修配一对齿轮查阅了原设计资料，可知大小齿轮均使用 45 钢正火。试指出设计的不妥之处和轮齿的失效形式，并提出改进的措施。

8. 设两级斜齿圆柱齿轮减速器的已知条件如图 4-1-74 所示。试问低速级斜齿轮的螺旋线方向应如何选择才能使中间轴轴向力最小。

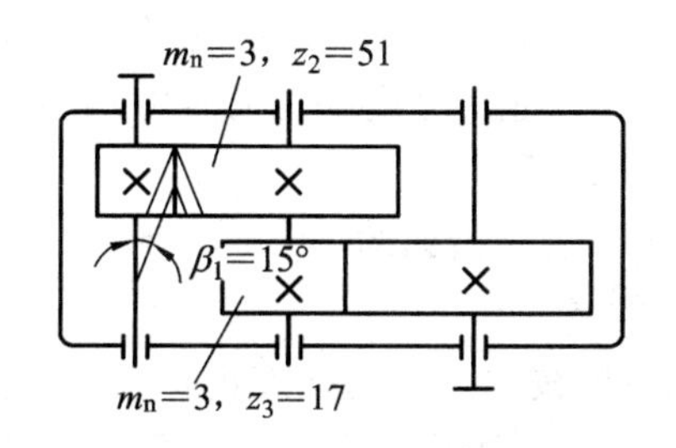

图 4-1-74　思考题 8 图

练习题：

一、判断题

1. 一对相啮合的齿轮，如果两齿轮的材料和热处理情况均相同，则它们的工作接触应力和许用接触应力均相等。（　）

2. 齿轮传动中，经过热处理的齿面称为硬齿面，而未经热处理的齿面称为软齿面。（　）

3. 齿面点蚀失效在开式齿轮传动中不常发生。（　）

4. 齿轮传动中，主、从动齿轮齿面上产生塑性变形的方向是相同的。（　）

5. 标准渐开线齿轮的齿形系数大小与模数有关，与齿数无关。（　）

6. 同一条渐开线上各点的压力角不相等。（　）

7. 变位齿轮的模数、压力角仍和标准齿轮一样。（　）

8. 用仿形法加工标准直齿圆柱齿轮（正常齿），当齿数少于 17 时产生根切。（　）

9. 一对外啮合渐开线斜齿圆柱齿轮，轮齿的螺旋角相等，旋向相同。（　）

10. 渐开线齿轮上具有标准模数和标准压力角的圆称为分度圆。（　）

11. 相啮合的一对齿数不相等的齿轮，因为两轮压力角相等，模数相等，所以齿形相同。（　）

12. 仿形法加工的齿轮比范成法加工的齿轮精度高。（　）

13. 钢制圆柱齿轮，若齿根圆到键槽底部的距离 $x>2$ mm，应做成齿轮轴结构。（　）

14. 在直齿锥齿轮传动中，锥齿轮所受的轴向力必定指向大端。（　）

二、填空题

1. 渐开线上各点的压力角________，越远离基圆压力角________。通常所说的压力角是指________上的压力角，我国规定标准压力角 $\alpha=$________。

2. ________、________和________是齿轮几何尺寸计算的主要参数。齿形的大小和强度与________成正比。

3. 齿轮齿条传动主要用于把齿轮的________运动转变为齿条的________运动，也可以使运动的形式相反转变。

4. 渐开线齿轮传动不但能保证________恒定，而且还具有________可分性。

5. 用范成法加工正常标准渐开线齿轮的最小齿数为________；若轮齿小于此数则会产生________。

6. 斜齿圆柱齿轮的正确啮合条件是：两齿轮的________和________分别相等；两齿轮在分度圆上的________必须相等，且外啮合时旋向________，内啮合时旋向________。

7. 渐开线的几何形状与________的大小有关，它的直径越大，渐开线的曲率______。

8. 如果模数取的是__________值，分度圆上的压力角等于__________，且齿厚和齿槽宽________的齿轮，就称为标准齿轮。

9. 齿轮齿面抗点蚀的能力主要与齿面的________有关。

10. 渐开线齿轮连续传动的条件是________。

11. 闭式软齿面齿轮传动一般按________强度进行设计计算，确定的参数是________；闭式硬齿面齿轮传动一般按________强度进行设计计算，确定的参数是________。

12. 当齿轮的圆周速度 $v>12$ m/s 时，应采用________润滑。

三、选择题

1. 一对渐开线齿轮传动，安装中心距大于标准中心距时，齿轮的节圆半径______分度圆半径，啮合角______压力角。

A. 大于　　B. 等于　　C. 小于

2. 渐开线标准直齿圆柱齿轮基圆上的压力角______。

A. 大于 20°　　B. 等于 20°　　C. 等于 0°

3. 两渐开线标准直齿圆柱齿轮正确啮合的条件是______。

A. 模数相等　　B. 压力角相等　　C. 模数和压力角分别相等

4. 斜齿圆柱齿轮的当量齿数 ______其实际齿数。

A. 大于　　B. 等于　　C. 小于

5. 直齿圆锥齿轮的当量齿数______其实际齿数。

A. 大于　　B. 等于　　C. 小于

6. 标准直齿圆柱齿轮的齿形系数取决于齿轮的______。

A. 模数　　B. 齿数　　C. 材料　　D. 齿宽系数

7. 齿轮传动中，小齿轮的宽度应______大齿轮的宽度。

A. 稍大于　　B. 等于　　C. 稍小于

8. 闭式软齿面齿轮传动的主要失效形式是______，闭式硬齿面齿轮传动的主要失效形式是______。

A. 齿面点蚀　　B. 轮齿折断　　C. 齿面胶合

D. 磨粒磨损　　E. 齿面塑性变形

9. 直齿锥齿轮的强度计算是以______的当量圆柱齿轮为计算基础的。

A. 大端　　B. 小端　　C. 齿宽中点处

10. 一对标准直齿圆柱齿轮传动，齿数不同时，它们工作时两齿轮的齿面接触应力______，齿根弯曲______。

A. 相同　　B. 不同

11. 设计闭式齿轮传动时，计算接触疲劳强度主要针对的失效形式是______，计算弯曲疲劳强度主要针对的失效形式是______。

A. 齿面点蚀　　B. 齿面胶合　　C. 轮齿折断

D. 磨损　　E. 齿面塑性变形

12. 开式齿轮传动中，保证齿根弯曲应力 $\sigma_F \leqslant [\sigma_F]$，主要是为了避免齿轮的______失效。

A. 轮齿折断　　B. 齿面磨损　　C. 齿面胶合　　D. 齿面点蚀。

13. 在齿轮传动中，提高其抗点蚀能力的措施之一是______。

A. 提高齿面硬度　　B. 降低润滑油黏度　　C. 减小分度圆直径

14. 阿基米德圆柱蜗杆与蜗轮传动的______模数应符合标准值。

A. 法面　　B. 端面　　C. 中间平面

15. 蜗杆直径系数 $q=$______。

A. d_1/m　　B. $d_1 m$　　C. a/d_1　　D. a/m

四、分析计算题

1. 已知C6150车床主轴箱内一对外啮合标准直齿圆柱齿轮，其齿数 $z_1=21$、$z_2=66$，模数 $m=3.5$ mm，压力角 $\alpha=20°$，正常齿制。试确定这对齿轮的传动比、分度圆直径、齿顶圆直径、全齿高、中心距、分度圆齿厚和分度圆齿槽宽。

2. 某标准直齿圆柱齿轮，已知齿距 $p=12.56$ mm，齿数 $z=25$，正常齿制。求该齿轮的分度圆直径、齿顶圆直径、齿根圆直径、基圆直径、齿高以及齿厚。

3. 图4-1-75所示圆柱—圆锥齿轮减速器，轮4转向如图所示。若轮1为主动轮，试画出：

(1) 各轮转向。

(2) 3、4两轮螺旋线方向(使Ⅱ轴两轮所受轴向力方向相反)。

(3) Ⅱ轴的空间受力图(注意力的作用点和方向)。

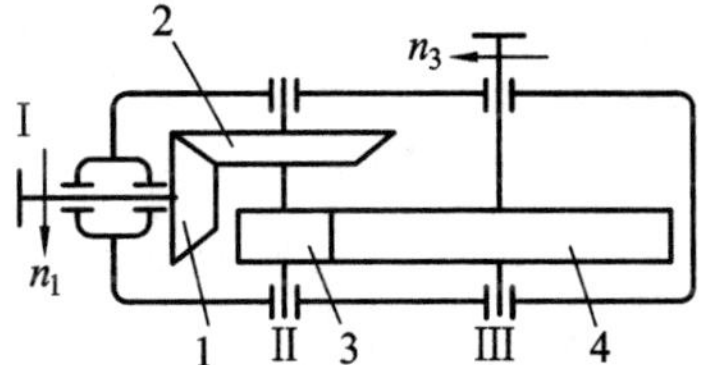

图4-1-75　分析计算题3图

4. 如图4-1-76所示，蜗杆传动，蜗杆1主动，其转向如图所示，螺旋线方向为右旋。试确定：

(1) 蜗轮2的螺旋线方向及转向 n_2。

(2) 蜗杆、蜗轮受到的各力(F_t、F_r、F_α)

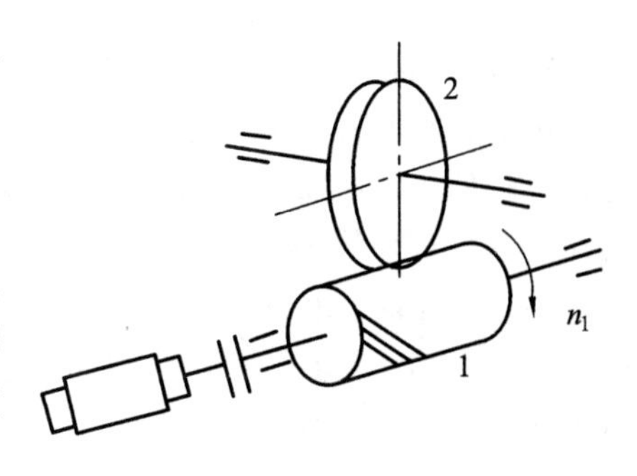

图4-1-76　分析计算题4图

5. 图4-1-77(a)所示两级斜齿圆柱齿轮减速器。已知齿轮Ⅰ的螺旋线方向和Ⅲ轴的转向，齿轮2的参数 $m_n=3$ mm，$z_2=57$，$\beta=14°$，齿轮3的参数 $m_n=5$ mm，$z_3=21$。

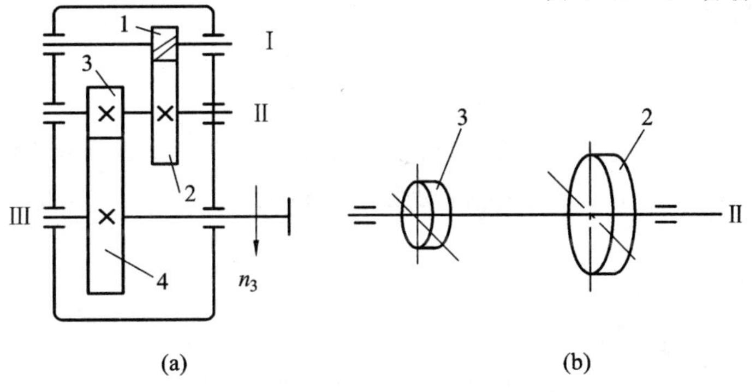

图4-1-77　计算分析题5图

(1) 为使Ⅱ轴所受轴向力最小，齿轮3应是何旋向？在图(b)上标出齿轮2和齿轮3的旋向。

(2) 在图(b)上标出齿轮 2 和齿轮 3 所受各分力的方向。

(3) 如果使Ⅱ轴的轴承不受轴向力，则齿轮 3 的旋转角 β_3 应取多大值?(忽略摩擦损失)

6. 设计一单级直齿圆柱齿轮减速箱，已知传递的功率 $P=4$ kW，小齿轮转速 $n_1=1450$ r/min，传动比 $i=3.5$，载荷平稳，使用寿命为 5 年，两班制(每年 250 天)。

7. 设计一单级减速箱中的斜齿圆柱齿轮传动。已知：转速 $n_1=1460$ r/min，传递功率 $P=10$ kW，传动比 $i_{12}=3.5$，齿数 $z_1=25$，电动机驱动，单向运转，载荷有中等冲击，使用寿命为 10 年，两班制工作，齿轮在轴承间对称布置。

模块二　设计台式钻床中的普通 V 带传动

知识要求：1. 掌握带传动的类型、组成及特点；
2. 掌握 V 带、V 带轮的结构和主要参数；
3. 掌握 V 带传动的设计步骤及计算方法。

技能要求：1. 能够根据设备的工作环境、工作要求进行 V 带传动的设计；
2. 能够掌握带传动的主要参数和国家标准及相关的设计手册的查法。

任务情境

钻床指用钻头在工件上加工孔的机床，通常钻头的旋转为主运动，钻头轴向移动为进给运动。钻床结构简单，加工精度相对较低，可钻通孔和盲孔，更换特殊刀具，可扩、锪孔，铰孔或进行攻丝等加工。

钻床工作时，电机作动力输出，通过塔式皮带轮，经过变速传递给主轴，主轴带动钻头移动并旋转，完成对孔加工。其结构如图 4-2-1 所示。

图 4-2-1　钻床结构图

任务提出与任务分析

1. 任务提出

设计台式钻床中的 V 带传动。已知其原动机为 Y801—4 型三相异步电动机，额定功率 $P=0.55$ kW，转速 $n_1=1390$ r/min，传动比 $i_{12}=4$，每天工作 8 h，系统的安装布置要求传动中心距 $a\leqslant 500$ mm。

2. 任务分析

要设计普通 V 带的传动，首先要知道 V 带的结构和标准、带在工作过程中的受力情况和运动速度，才能正确选择 V 带的型号、根数和基准长度；其次要了解带轮的材料及结构。这样才能设计出满足工作要求的 V 带传动。

相关知识

4.2.1 带传动概述

1. 带传动的工作原理和类型

带传动一般是由主动带轮、从动带轮、紧套在两轮上的传动带及机架组成的。如图4-2-2所示为摩擦型带传动，工作时原动机驱动主动带轮1转动，由于带与带轮之间摩擦力的作用，使从动带轮2一起转动，从而实现运动动力的传递。

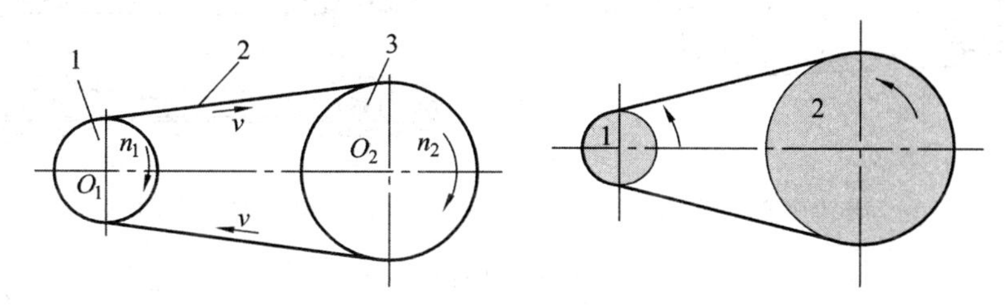

图4-2-2　带传动的结构

根据工作原理不同，带传动可分为摩擦带传动和啮合带传动两类。

1）摩擦带传动

摩擦带传动是依靠带与带轮之间的摩擦力传递运动的。按带的横截面形状不同可分为以下四种类型。

（1）平带传动。平带的横截面为扁平矩形(见图4-2-3(a))，内表面与轮缘接触为工作面。常用的平带有普通平带(胶帆布带)、皮革平带和棉布带等，在高速传动中常使用麻织带和丝织带。其中以普通平带应用最广。平带可适用于平行轴交叉传动和交错轴的半交叉传动。

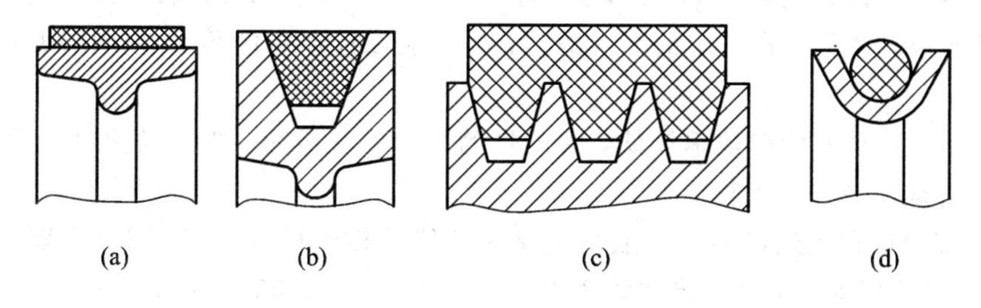

图4-2-3　带传动的类型

（2）V带传动。V带的横截面为梯形(见图4-2-3(b))，工作时带的两侧面是工作面，与带轮的环槽侧面接触，属于楔面摩擦传动。在相同的带张紧程度下，V带传动的摩擦力要比平带传动约大70%，其承载能力因而比平带传动高。在一般的机械传动中，V带传动现已取代了平带传动而成为常用的带传动装置。

（3）多楔带传动。多楔带是若干V带的组合(见图4-2-3(c))，可避免多根V带长度不等、传力不均的缺点。多楔带传动中带的截面形状为多楔形，其工作面为楔的侧面，它具有平带的柔软及V带摩擦力大的特点。

（4）圆带传动。圆带传动中带的截面形状为圆形(见图4-2-3(d))，常用皮革或棉绳制成，其传动能力小，主要用于 $v<15$ m/s，$i=0.5\sim3$ 的小功率传动，如仪器和家用器械中。

2）啮合带传动

啮合带传动依靠带轮上的齿与带上的齿或孔啮合传递运动。啮合带传动有两种类型，如图 4-2-4 所示。

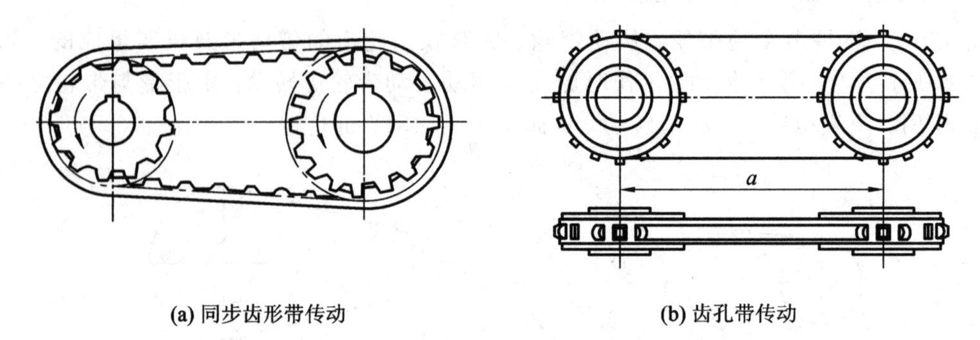

(a) 同步齿形带传动　　(b) 齿孔带传动

图 4-2-4　啮合带传动

(1) 同步齿形带传动：利用带的齿与带轮上的齿相啮合传递运动和动力，带与带轮间为啮合传动而没有相对滑动，可保持主、从动轮线速度同步(见图 4-2-4(a))。

(2) 齿孔带传动：带上的孔与轮上的齿相啮合，同样可避免带与带轮之间的相对滑动，使主、从动轮保持同步运动(见图 4-2-4(b))。

2. 带传动的特点

带传动具有以下特点：

(1) 带有良好的挠性，能吸收振动，缓和冲击，传动平稳，噪音小。

(2) 当带传动过载时，带在带轮上打滑，可防止其他机件损坏，从而起到保护作用。

(3) 带传动允许有较大的中心距，结构简单，制造、安装和维护较方便，且成本低廉。

(4) 带与带轮之间存在一定的弹性滑动，故不能保证恒定的传动比，传动精度和传动效率较低。

(5) 由于带传动的传动效率较低，因此带的寿命一般较短，需经常更换。而且带传动不宜在易燃易爆的场合下工作。

由于带传动存在上述特点，一般情况下，带传动传动的功率 $P\leqslant100$ kW，带速 $v=5\sim25$ m/s，平均传动比 $i\leqslant5$，传动效率为 94%～97%。同步齿形带的带速为 40～50 m/s，传动比 $i\leqslant10$，传递功率可达 200 kW，效率高达 98%～99%。

4.2.2　V 带的结构和尺寸标准

V 带按结构特点和用途不同分为普通 V 带、窄 V 带、宽 V 带、汽车 V 带和大楔角 V 带等，其中以普通 V 带和窄 V 带应用较广，本单元主要讨论普通 V 带传动。

标准 V 带都制成无接头的环形，其横截面由包布、顶胶、抗拉体(承载层)和底胶构成，如图 4-2-5 所示。强力层的结构形式有帘布结构(由胶帘布组成)和线绳结构(由胶线绳组成)两种，如图 4-2-5(a)、(b)所示。窗布结构抗拉强度高，但柔韧性及抗弯强度不如线绳结构好，适用于载荷较大的传动。线绳结构 V 带适用于转速高、带轮直径较小的场合。

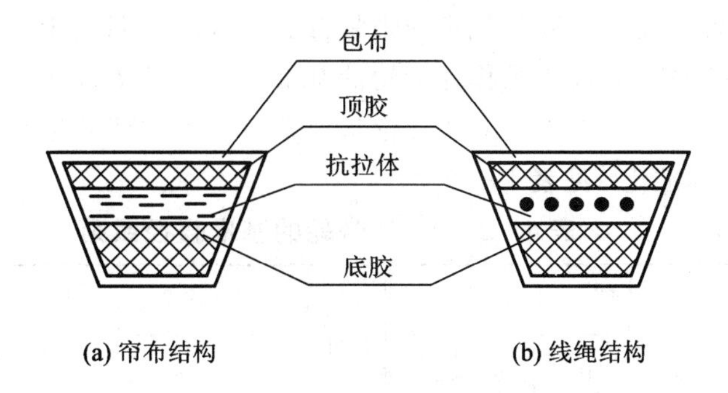

图 4-2-5　普通 V 带剖面结构

V 带和 V 带轮有两种尺寸制，即基准宽度制和有效宽度制，我国生产的普通 V 带的尺寸采用基准宽度制，普通 V 带的尺寸已标准化，根据 GB/T 11544—2012 规定，普通 V 带按截面尺寸由小到大分为 Y、Z、A、B、C、D、E 七种型号，其截面尺寸见表 4-2-1。

表 4-2-1　V 带(基准宽度制)的截面尺寸

(摘自 GB/T 11544—2012)　　mm

带型 普通V带	带型 窄V带	节宽 b_p	顶宽 b	高度 h	每米质量 q/(kg/m)	楔角 θ
Y	—	5.3	6	4	0.03	40°
Z	SPZ	8.5	10	6　8	0.06　0.07	
A	SPA	11.0	13	8　10	0.11　0.12	
B	SPB	14.0	17	11　14	0.19　0.20	
C	SPC	19.0	22	14　18	0.33　0.37	
D	—	27.0	32	19	0.66	
E	—	32.0	38	23	1.02	

V 带在规定张紧力下弯绕在带轮上时外层受拉伸变长，内层受压缩变短，两层之间存在一长度不变的中性层，沿中性层形成的面称为节面。节面的宽度称为节宽 b_p，如图 4-2-6 所示。普通 V 带的截面高度 h 与其节宽 b_p 的比值为 0.7。

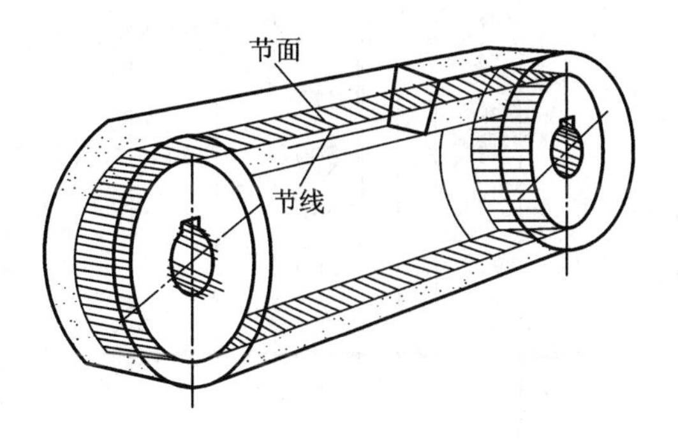

图 4-2-6　V 带的节面和节线

对于V带轮，标准规定V带在规定的张紧力下安装在V带轮上，与所配用V带的节面宽度 b_p 相等处所对应的带轮直径称为带轮的基准直径，用 d_d 表示，基准直径系列见表4-2-2。V带在规定的张紧力下，位于带轮基准直径上的周线长度称为基准长度 L_d，V带的基准长度 L_d 已标准化，见表4-2-3。

表4-2-2　V带轮的基准直径系列　　mm

基准直径 d_d	带型							基准直径 d_d	带型						
	Y	Z SPZ	A SPA	B SPB	C SPC	D	E		Y	Z SPZ	A SPA	B SPB	C SPC	D	E
	外径 d_a								外径 d_a						
20	23.2							160		164	165.5	167			
22.4	25.6							170				177			
25	28.2							180		184	185.5	187			
28	31.2							200		204	205.5	207	*209.6		
31.5	34.7							212					*221.6		
35.5	38.7							224		228	229.5	231	233.6		
40	43.2							236					245.6		
45	48.2							250		254	255.5	257	259.6		
50	53.2	*54						265							
56	59.2	*60						280		284	285.5	287	289.6		
63	66.2	67						300					309.6		
71	74.2	75						315		319	320.5	322	324.6		
75		79	*80.5					335					344.6		
80	83.2	84	*85.5					355		359	360.5	362	364.6	371.2	
85			*90.5					375						391.2	
90	93.2	94	95.5					400		404	405.5	407	409.6	416.2	
95			100.5					425						441.2	
100	103.2	104	105.5					450			455.5	457	459.6	466.2	
106			111.5					475						491.2	
112	115.2	116	117.5					500		504	505.5	507	509.6	516.2	519.2
118			123.5					530							549.2
125	128.2	129	130.5	*132				560			565.5	567	569.6	572.2	579.2
132		136	137.5	*139				600				607	609.6	616.2	619.2
140		144	145.5	147				630		634	635.5	637	639.6	646.2	649.2
150		154	155.5	157				670							689.2

注：* 只用于普通V带。

表 4-2-3　V 带(基准宽度制)的基准长度系列及长度修正系数 K_L

(GB/T 13575.1—2012)　mm

基准长度 L_d/mm	K_L										
	普通 V 带							窄 V 带			
	Y	Z	A	B	C	D	E	SPZ	SPA	SPB	SPC
200	0.81										
224	0.82										
250	0.84										
280	0.87										
315	0.89										
355	0.92										
400	0.96	0.87									
450	1.00	0.89									
500	1.02	0.91									
560		0.94									
630		0.96	0.81					0.82			
710		0.99	0.83					0.84			
800		1.00	0.85					0.86	0.81		
900		1.03	0.87	0.82				0.88	0.83		
1000		1.06	0.89	0.84				0.90	0.85		
1120		1.08	0.91	0.86				0.93	0.87		
1250		1.11	0.93	0.88				0.94	0.89	0.82	
1400		1.14	0.96	0.90				0.96	0.91	0.84	
1600		1.16	0.99	0.92	0.83			1.00	0.93	0.86	
1800		1.18	1.01	0.95	0.86			1.01	0.95	0.88	
2000			1.03	0.98	0.88			1.02	0.96	0.90	0.81
2240			1.06	1.00	0.91			1.05	0.98	0.92	0.83
2500			1.09	1.03	0.93			1.07	1.00	0.94	0.86
2800			1.11	1.05	0.95	0.83		1.09	1.02	0.96	0.88
3150			1.13	1.07	0.97	0.86		1.11	1.04	0.98	0.90
3550			1.17	1.09	0.99	0.89		1.13	1.06	1.00	0.92
4000			1.19	1.13	1.02	0.91			1.08	1.02	0.94
4500				1.15	1.04	0.93	0.90		1.09	1.04	0.96
5000				1.18	1.07	0.96	0.92			1.06	0.98
5600					1.09	0.98	0.95			1.08	1.00
6300					1.12	1.00	0.97			1.10	1.02

窄 V 带截面高度与其节宽的比值为 0.9，强力层采用高强度绳芯制成。按国家标准，窄 V 带截面尺寸分为 SPZ、SPA、SPB 和 SPC 四种(见表 4-2-2)。窄 V 带具有普通 V 带的特点，并且能承受较大的张紧力。当窄 V 带带高与普通 V 带相同时，其带宽较普通 V 带约小 1/3，而承载能力可提高 1.5～2.5 倍，因此适用于传递功率且传动装置要求紧凑的场合。

普通 V 带和窄 V 带的标记由带型、基准长度和标准号组成。例如，A 型普通 V 带，基准长度为 2240 mm，其标记为

A2240 GB/T 11544—2012

V 带的型号和标准长度都压印在胶带的外表面上，以供识别和选用。

4.2.3 V 带轮的结构及材料的选择

1. V 带轮的结构

1）V 带轮的设计要求

对于 V 带轮设计的主要要求是：① 质量轻、结构工艺性好；② 无过大的铸造内应力；③ 质量分布较均匀，转速高时要进行动平衡试验；④ 轮槽工作面粗糙度要合适，以减少带磨损；⑤ 轮槽尺寸和槽面角保持一定的精度。

2）V 带轮的结构

V 带轮的结构一般由轮缘、轮毂、轮辐等部分组成。轮缘是带轮具有轮槽的部分，轮槽尺寸见表 4-2-4。轮槽形状和尺寸与相应型号的带截面尺寸相适应，并规定梯形轮槽的槽角 φ 为 32°、34°、36°和 38°共四种，都小于 V 带两侧面的夹角 40°。这是由于带在带轮上弯曲时，截面变形将其使夹角变小，为了使胶带能紧贴轮槽两侧。

表 4-2-4　V 带轮(基准宽度制)的轮槽尺寸

（摘自 GB/T13575.1—2008）　　mm

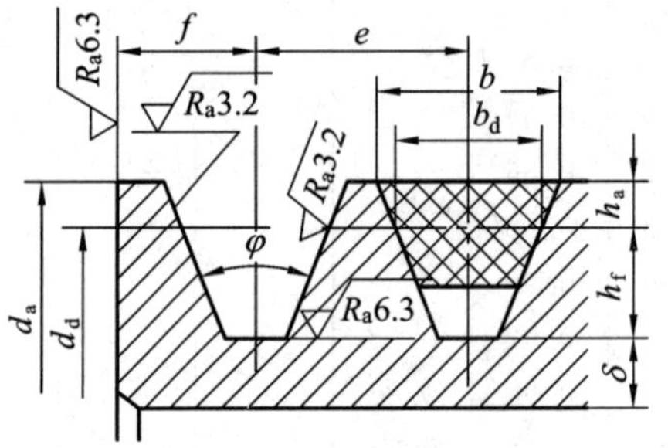

项目		符号	槽型						
			Y	Z　SPZ	A　SPA	B　SPB	C　SPC	D	E
基准宽度		b_d	5.3	8.5	11.0	14.0	19.0	27.0	32.0
基准线上槽深		h_{amin}	1.6	2.0	2.75	3.5	4.8	8.1	9.6
基准线下槽深		h_{fmin}	4.7	7.0 9.0	8.7 11.0	10.8 14.0	14.3 19.0	19.9	23.4
槽间距		e	8±0.3	12±0.3	15±0.3	19±0.4	25.5±0.5	37±0.6	44.5±0.7
槽边距		f_{min}	6	7	9	11.5	16	23	28
最小轮缘厚		δ_{min}	5	5.5	6	7.5	10	12	15
带轮宽		B	$B=(z-1)e+2f$　（z 为轮槽数）						
外径		d_a	$d_a=d_d+2h_a$						
轮槽角 φ	32°	相应的基准直径 d_d	≤60	—	—	—	—	—	—
	34°		—	≤80	≤118	≤190	≤315	—	—
	36°		>60	—	—	—	—	≤475	≤600
	38°		—	>80	>118	>190	>315	>475	>600
	偏差		±30′						

V 带轮按轮辐结构不同分为四种类型：实心式、腹板式、孔板式和轮辐式，如图 4-2-7 所示。一般当带轮基准直径 $d_d \leqslant (2.5\sim3)d_0$（$d_0$ 为带轮轴直径）时，可采用实心式；当基准直径 $d_d \leqslant 300$ mm 时，可采用腹板式；当 $D_1 - d_1 \geqslant 100$ mm（$D_1 = d_d - 2h_f - 2\delta$）时，为了减轻重量采用孔板式；当 $d_d > 300$ mm 时，可采用轮辐式带轮，以便减轻重量。

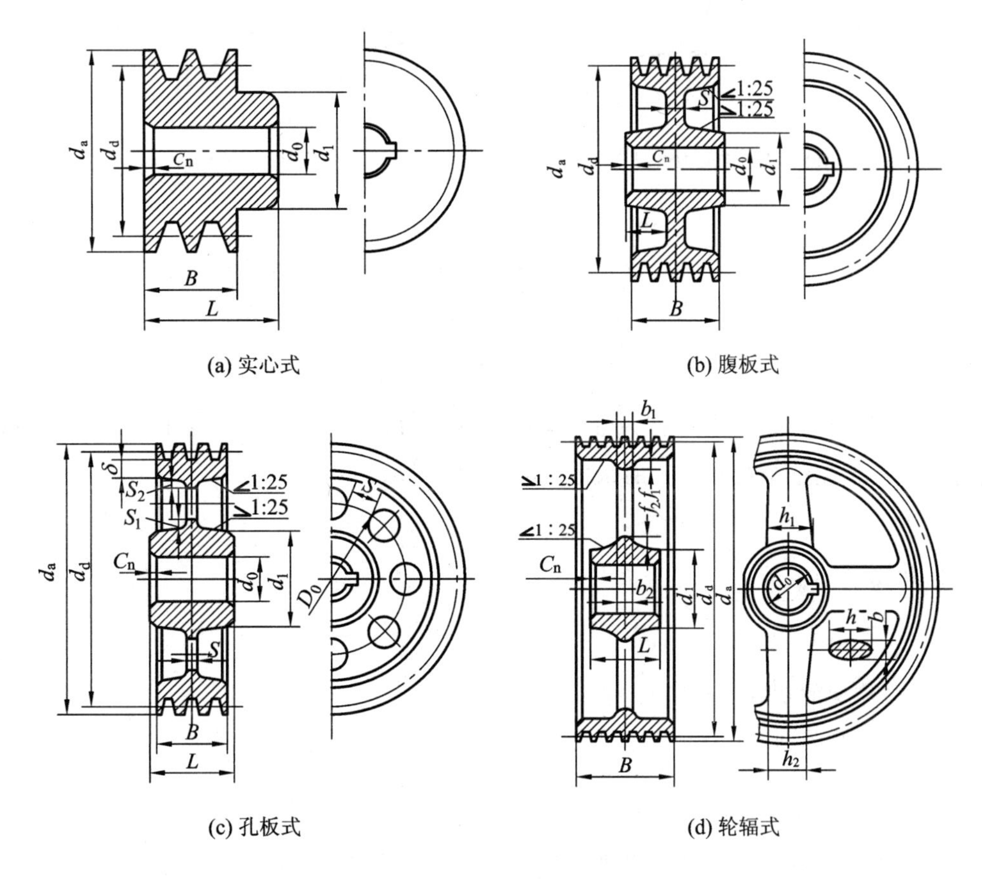

图 4-2-7　V 带轮的结构

2. 带轮的材料

带轮材料常采用铸铁、钢、铝合金或工程塑料，灰铸铁应用最为广泛。当带速 $v \leqslant 25$ m/s 时，采用 HT150；$v = 25\sim30$ m/s 时采用 HT200；$v > 35$ m/s 时可采用铸钢、锻钢或钢板冲压后焊接。传递功率较小时，带轮的材料可采用铝合金或工程塑料。

4.2.4　V 带传动工作能力分析

1. V 带传动的受力分析

为保证带传动正常工作，传动带必须以一定的张紧力套在带轮上。当传动带静止时，带两边承受相等的拉力，称为初拉力 F_0，如图 4-2-8(a)所示。当传动带负载传动时，由于带与带轮接触面之间摩擦力的作用，带两边的拉力不再相等，带上绕入主动轮的一边被拉紧，拉力由 F_0 增大到 F_1，该边称为紧边，另一边被放松，拉力由 F_0 减小到 F_2，该边称为松边，如图 4-2-8(b)所示。

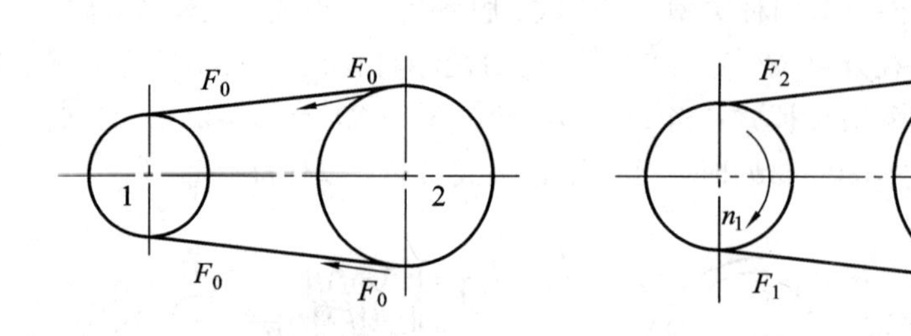

图 4-2-8　带传动的受力分析

如果近似地认为工作前后胶带总长不变，则带的紧边拉力增量应等于松边拉力的减少量，即 $F_1-F_0=F_0-F_2$，亦即初拉力

$$F_0=\frac{1}{2}(F_1+F_2) \tag{4-2-1}$$

紧边与松边拉力的差值 F 称为带传动的有效拉力，同时也是带传递的有效圆周力，此力也等于带和带轮整个接触面上的摩擦力的总和 $\sum F_f$，即

$$F=F_1-F_2=\sum F_f \tag{4-2-2}$$

带传动所传递的功率为

$$P=\frac{Fv}{1000} \tag{4-2-3}$$

式中：P——传递的功率(kW)；

F——有效圆周力(N)；

v——带的速度(m/s)。

在一定的初拉力 F_0 的作用下，带与带轮接触面间摩擦力的总和有一极限值。当带所传递的圆周力超过带与带轮接触面间摩擦力总和的极限值时，带与带轮将发生明显的相对滑动，这种现象称为打滑。带打滑时从动轮转速急剧下降，使传动失效，同时也加剧了带的磨损，因此在带传动中应避免打滑。

在一定条件下当摩擦力达到极限值时，带的紧边拉力 F_1 与松边拉力 F_2 之间的关系可用柔韧体摩擦的欧拉公式表示，即

$$F_1=F_2e^{f\alpha} \tag{4-2-4}$$

式中：F_1、F_2——紧边和松边的拉力(N)；

f——带与带轮接触面的当量摩擦系数；

α——带在带轮上的包角(rad)；

e——自然对数的底，e≈2.718。

由式(4-2-1)、式(4-2-2)和式(4-2-4)可得到带所能传递的最大有效拉力 F_{max} 为

$$F_{max}=2F_0\frac{e^{f\alpha}-1}{e^{f\alpha}+1} \tag{4-2-5}$$

由上式可知，带所传递的圆周力与下列因素有关：

(1) 初拉力 F_0。F 与 F_0 成正比，增大初拉力 F_0，带与带轮间正压力增大，则传动时产

生的摩擦力就越大，故 F 越大。但 F_0 过大会加剧带的磨损，致使带轮过快松弛，缩短工作寿命。

（2）当量摩擦系数 f。f 越大，摩擦力就越大，F 就越大。与平带相比，V 带的当量摩擦系数 f 较大，所以 V 带传递能力远高于平带。

（3）包角 α。带传动与带轮的接触弧所对应的圆周角称为包角，用 α 表示。它是带传动的一个重要参数。在相同的条件下，包角越大，传动带的摩擦力和能传递的功率也越大。由于大带轮的包角 α_2 大于小带轮的包角 α_1，故打滑首先在小带轮上发生，所以只需考虑小带轮的包角 α_1，一般要求 $\alpha_1 \geqslant 120°$。

2. V 带传动的应力分析

带传动工作时，在带的横截面上存在三种应力：由拉力产生的拉应力 σ、由离心力产生的离心应力 σ_c 和由弯曲产生的弯曲应力 σ_b。

1）由拉力产生的应力 σ

紧边拉应力：

$$\sigma_1 = \frac{F_1}{A} \tag{4-2-6}$$

松边拉应力：

$$\sigma_2 = \frac{F_2}{A} \tag{4-2-7}$$

式中：A——带的横截面积（mm^2）；

F_1、F_2——紧边和松边的拉力（N）；

σ_1、σ_2——紧边和松边上的拉应力（MPa）。

沿带转动的方向，绕在主动轮上带的拉应力由 σ_1 逐渐降到 σ_2，绕在从动轮上带的拉应力则由 σ_2 逐渐增加到 σ_1。

2）由离心力产生的离心应力 σ_c

工作时，带绕在带轮上随带轮作圆周运动，产生离心拉力 F_c，其计算公式为

$$F_c = qv^2$$

式中：q——传动带单位长度的质量（kg/m），各种型号 V 带的 q 值见表 4－2－5；

v——带传动的线速度（m/s）。

F_c 作用带的全长上产生的离心拉应力 σ_c 为

$$\sigma_c = \frac{F_c}{A} = \frac{qv^2}{A} \tag{4-2-8}$$

式(4－2－8)表明，q 和 v 越大，σ_c 越大，故带传动时速度不宜过高。高速传动时，应采用材质较轻的带。

表 4－2－5　基准宽度制 V 带每米长质量 q 及带轮最小基准直径 $d_{d\,min}$

型　号	Y	Z	A	B	C	D	E	SPZ	SPA	SPB	SPC
$d_{d\,min}$/mm	20	50	75	125	200	355	500	63	90	140	224
q/(kg/m)	0.02	0.06	0.10	0.17	0.30	0.62	0.90	0.07	0.12	0.20	0.37

3）由弯曲产生的弯曲应力 σ_b

带绕过带轮时，由于弯曲变形而产生弯曲应力。由材料力学知其弯曲应力为

$$\sigma_b \approx \frac{Eh}{d_d} \tag{4-2-9}$$

式中：E——带的弹性模量(MPa)；

h——带的高度(mm)；

d_d——带轮的基准直径(mm)。

弯曲应力只发生在带的弯曲部分，h 越大，d 越小，则带的弯曲应力就越大，故一般 $\sigma_{b1} > \sigma_{b2}$，因此为避免弯曲应力过大，小带轮的直径不能过小。

上述三种应力在带上的分布情况如图 4-2-9 所示。由此可知带是在交变应力情况下工作，会产生脱层、撕裂，最后导致疲劳断裂而失效。带的最大应力发生在带的紧边与小带轮的接触处，其值为

$$\sigma_{max} = \sigma_1 + \sigma_{b1} + \sigma_c \tag{4-2-10}$$

为保证带具有足够的疲劳寿命，应满足

$$\sigma_{max} = \sigma_1 + \sigma_{b1} + \sigma_c \leqslant [\sigma] \tag{4-2-11}$$

式中，$[\sigma]$为带的许用拉应力，是通过试验确定的。

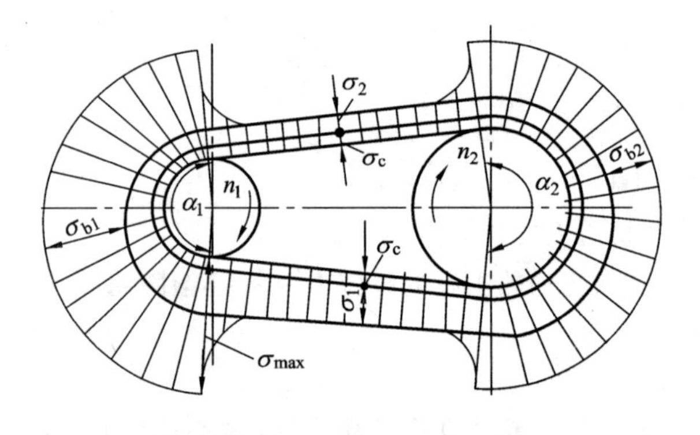

图 4-2-9　带的应力分布图

3. 带传动的弹性滑动和传动比

1）弹性滑动

传动带是弹性体，受到拉力后会产生弹性伸长，伸长量随拉力大小的变化而改变。带传动在工作过程中紧边拉力 F_1 大于松边拉力 F_2，带两边的弹性变形量不同。如图 4-2-10 所示，在主动轮上，当带从紧边 A 点转向松边 B 点时，带将逐渐缩短而在轮面上滑动，带的运动滞后于带轮，带速 v 小于主动轮的圆周速度 v_1；在从动轮上，带从松边 C 点转向紧边 D 点时，带将逐渐伸长，带的运动超前于带轮，带速 v 大于从动轮圆周速度 v_2。这种由于带的拉力差和带的弹性变形不等而引起的带与带轮之间的相对滑动称为弹性滑动。弹性滑动的大小随外载荷的增大而增大。

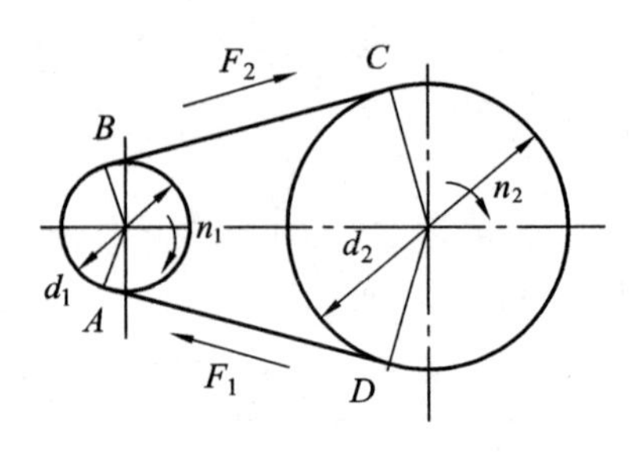

图 4-2-10　带传动的弹性打滑

综上所述，弹性滑动和打滑是带传动中两个截然不同的概念。打滑是指由于过载引起

的带在带轮上的全面滑动，应当避免。弹性滑动是由拉力差引起的，只要传递圆周力，就会发生弹性滑动，因而是带传动工作时不可避免的。

弹性滑动使带转动的传动比不准确，使从动轮的圆周速度低于主动轮的圆周速度，同时加剧了带的磨损，对带的使用寿命也有一定的影响。

2）传动比

设主动带轮和从动带轮的直径分别为 d_{d1}、d_{d2}(mm)；n_1、n_2 为两轮转速(r/min)，则两轮的圆周速度分别为

$$\left.\begin{aligned} v_1 &= \frac{\pi d_{d1} n_1}{60 \times 1000} \\ v_2 &= \frac{\pi d_{d2} n_2}{60 \times 1000} \end{aligned}\right\} \tag{4-2-12}$$

由于弹性滑动是不可避免的，所示 $v_1 > v_2$。传动中由于带的弹性滑动引起的从动轮圆周速度的降低率，可用滑动系数 ε 表示，即

$$\varepsilon = \frac{v_1 - v_2}{v_1} = \frac{d_{d1} n_1 - d_{d2} n_2}{d_{d1} n_1}$$

由此得带传动的传动比为

$$i = \frac{n_1}{n_2} = \frac{d_{d2}}{d_{d1}(1 - \varepsilon)} \tag{4-2-13}$$

从动轮转速为

$$n_2 = \frac{n_1 d_{d1}(1 - \varepsilon)}{d_{d2}} \tag{4-2-14}$$

因带传动的滑动率 ε=0.01～0.02，其值很小，所以在一般传动的计算中可不予考虑。

4.2.5　普通 V 带传动的设计计算

1. 带传动的失效形式和设计准则

根据带传动工作能力分析可知，带传动的主要失效形式有：① 带在带轮上打滑，不能传递动力；② 带发生疲劳破坏(经历一定应力循环次数后发生拉断、撕裂、脱层)。

带传动的设计准则为：带在传递规定功率时不发生打滑，并且具有一定的疲劳强度和寿命。

2. 单根 V 带传递的额定功率

在包角 α=180°、特定带长、传动比 i=1、工作平稳的条件下，单根 V 带的基本额定功率 P_0 见表 4-2-6。当实际工作条件与确定 P_0 值的特定条件不同时，应对查得的单根 V 带的基本功率 P_0 值加以修正。修正后即得实际工作条件下单根 V 带所能传递的功率 $[P_0]$，$[P_0]$的计算公式为

$$[P_0] = (P_0 + \Delta P_0) K_\alpha K_L \tag{4-2-15}$$

式中：ΔP_0——功率增量，考虑 $i \neq 1$ 且带经过大轮时，大轮上的弯曲应力 σ_{b2} 较小，故在相同寿命下，可传递功率应比基本额定功率 P_0 大，其值见表 4-2-7；

K_α——包角修正系数，考虑 $\alpha \neq 180°$时，传动能力有所下降，其值见表 4-2-8；

K_L——长度修正系数，考虑带不为特定长度时对传动能力的影响，其值见表 4-2-3。

表 4-2-6 单根 V 带的基本额定功率 P_0（$\alpha_1=\alpha_2=180°$、特定带长、载荷平稳） kW

型号	小带轮基准直径 d_{d1}/mm	小带轮转速 n_1/(r/min)											
		200	300	400	500	600	730	800	980	1200	1460	1600	1800
Y	20	—	—	—	—	—	—	—	0.02	0.02	0.02	0.03	—
	31.5	—	—	—	—	—	0.03	0.04	0.04	0.05	0.06	0.06	—
	40	—	—	—	—	—	0.04	0.05	0.06	0.07	0.08	0.09	—
	50	—	—	0.05	—	—	0.06	0.07	0.08	0.09	0.11	0.12	—
Z	50	—	—	0.06	—	—	0.09	0.10	0.12	0.14	0.16	0.17	—
	63	—	—	0.08	—	—	0.13	0.15	0.18	0.22	0.25	0.27	—
	71	—	—	0.09	—	—	0.17	0.20	0.23	0.27	0.31	0.33	—
	80	—	—	0.14	—	—	0.20	0.22	0.26	0.30	0.36	0.39	—
	90	—	—	0.14	—	—	0.22	0.24	0.28	0.33	0.7	0.40	—
A	75	0.16	—	0.27	—	—	0.42	0.45	0.52	0.60	0.68	0.73	—
	90	0.22	—	0.39	—	—	0.63	0.68	0.79	0.93	1.07	1.15	—
	100	0.26	—	0.47	—	—	0.77	0.83	0.97	1.14	1.32	1.42	—
	125	0.37	—	0.67	—	—	1.11	1.19	1.40	1.66	1.93	2.07	—
	160	0.51	—	0.94	—	—	1.56	1.69	2.00	2.36	2.74	2.94	—
B	125	0.48	—	0.84	—	—	1.34	1.44	1.67	1.93	2.20	2.33	2.50
	160	0.74	—	1.32	—	—	2.16	2.32	2.72	3.17	3.64	3.86	4.15
	200	1.02	—	1.85	—	—	3.06	3.30	3.86	4.50	5.15	5.46	5.83
	250	1.37	—	2.50	—	—	4.14	4.46	5.22	6.04	6.85	7.20	7.63
	280	1.58	—	2.89	—	—	4.77	5.13	5.93	6.90	7.78	8.13	8.46
C	200	1.39	1.92	2.41	2.87	3.30	3.80	4.07	4.66	5.29	5.86	6.07	6.28
	250	2.03	2.85	3.62	4.33	5.00	5.82	6.23	7.18	8.21	9.06	9.38	9.63
	315	2.86	4.04	5.14	6.17	7.14	8.34	8.92	10.23	11.53	12.48	12.72	12.67
	400	3.91	5.54	7.06	8.52	9.82	11.52	12.10	13.67	15.04	15.51	15.24	14.08
	450	4.51	6.40	8.20	9.81	11.29	12.98	13.80	15.39	16.59	16.41	15.57	13.29
D	355	5.31	7.35	9.24	10.90	12.39	14.04	14.83	16.30	17.25	16.70	15.63	12.97
	450	7.90	11.02	13.85	16.40	19.67	21.12	22.25	24.16	24.84	22.42	19.59	13.34
	560	10.76	15.07	18.95	22.38	25.32	28.28	29.55	31.00	29.67	22.08	15.13	—
	710	14.55	20.35	25.45	29.76	33.18	35.97	36.87	35.58	27.88	—	—	—
	800	16.76	23.39	29.08	33.72	37.13	39.26	39.55	35.26	21.32	—	—	—
E	500	10.86	14.96	18.55	21.65	24.21	26.62	27.57	28.52	25.53	16.25	—	—
	630	15.65	21.69	26.95	31.36	34.83	37.64	38.52	37.14	29.17	—	—	—
	800	21.70	30.05	37.05	42.53	46.26	47.79	47.38	39.08	16.46	—	—	—
	900	25.15	34.71	42.49	48.20	51.48	51.13	49.21	34.01	—	—	—	—
	1000	28.52	39.17	47.52	53.12	55.45	52.26	48.19	—	—	—	—	—

表 4-2-7　单根普通 V 带 $i \neq 1$ 时额定功率增量 ΔP_0　kW

型号	传动比 i	小带轮转速 n_2/(r/min)											
		200	300	400	500	600	730	800	980	1200	1460	1600	1800
Y	1.35～1.51	—	—	0.00	—	—	0.00	0.00	0.01	0.01	0.01	0.01	—
	1.52～1.99	—	—	0.00	—	—	0.00	0.00	0.01	0.01	0.01	0.01	—
	≥2	—	—	0.00	—	—	0.00	0.00	0.01	0.01	0.01	0.01	—
Z	1.35～1.51	—	—	0.01	—	—	0.01	0.01	0.02	0.02	0.02	0.02	—
	1.52～1.99	—	—	0.01	—	—	0.01	0.02	0.02	0.02	0.02	0.03	—
	≥2	—	—	0.01	—	—	0.02	0.02	0.02	0.03	0.03	0.03	—
A	1.35～1.51	0.02	—	0.04	—	—	0.07	0.08	0.08	0.11	0.13	0.15	—
	1.52～1.99	0.02	—	0.04	—	—	0.08	0.09	0.10	0.13	0.15	0.17	—
	≥2	0.03	—	0.05	—	—	0.09	0.10	0.11	0.15	0.17	0.19	—
B	1.35～1.51	0.05	—	0.10	—	—	0.17	0.20	0.23	0.30	0.36	0.39	0.44
	1.52～1.99	0.06	—	0.11	—	—	0.20	0.23	0.26	0.34	0.40	0.45	0.51
	≥2	0.06	—	0.13	—	—	0.22	0.25	0.30	0.38	0.46	0.51	0.57
C	1.35～1.51	0.14	0.21	0.27	0.34	0.41	0.48	0.55	0.65	0.82	0.99	1.10	1.23
	1.52～1.99	0.16	0.24	0.31	0.39	0.47	0.55	0.63	0.74	0.94	1.14	1.25	1.41
	≥2	0.18	0.26	0.35	0.44	0.53	0.62	0.71	0.83	1.06	1.27	1.41	1.59
D	1.35～1.51	0.49	0.73	0.97	1.22	1.46	1.70	1.95	2.31	2.92	3.52	3.89	4.98
	1.52～1.99	0.56	0.83	1.11	1.39	1.67	1.95	2.22	2.64	3.34	4.03	4.45	5.01
	≥2	0.63	0.94	1.25	1.56	1.88	2.19	2.50	2.97	3.75	4.53	5.00	5.62
E	1.35～1.51	0.96	1.45	1.93	2.41	2.89	3.38	3.86	4.58	5.61	6.83	—	—
	1.52～1.99	1.10	1.65	2.20	2.76	3.31	3.86	4.41	5.23	6.41	7.80	—	—
	≥2	1.24	1.86	2.48	3.10	3.72	4.34	4.96	5.89	7.21	8.78	—	—

表 4-2-8　小带轮包角修正系数 K_α

包角 α/(°)	180	175	170	165	160	155	150	145	140	135	130	125	120
K_α	1.00	0.99	0.98	0.96	0.95	0.93	0.92	0.91	0.89	0.88	0.86	0.84	0.82

3. V带传动的设计步骤和方法

通常情况下设计V带传动时已知的原始数据有：① 传递的功率P；② 主动轮、从动轮的转速n_1、n_2；③传动的用途和工作条件；④ 传动的位置要求、原动机种类等。

设计内容主要包括：V带的型号、基准长度、根数、传动中心距、带轮直径及结构尺寸、轴上压力等。设计步骤一般如下：

1）确定设计功率

根据传递的功率P、载荷的性质和每天工作的时间等因素来确定设计功率：

$$P_c = K_A P \tag{4-2-16}$$

式中：P——带传递的额定功率(kW)；

K_A——工作情况(工况)系数，见表4-2-9。

表4-2-9　工况系数K_A

载荷性质	工作机	原动机					
		空、轻载启动			重载启动		
		每天工作小时数/h					
		<10	10～16	>16	<10	10～16	>16
载荷变动微小	液体搅拌机、通风机和鼓风机(≤7.5 kW)、离心式水泵和压缩机、轻型输送机	1.0	1.1	1.2	1.1	1.2	1.3
载荷变动小	带式输送机(不均匀负荷)、通风机(>7.5 kW)旋转式水泵和压缩机(非离心式)、发电机、金属切削机床、旋转筛、锯木机和木工机械	1.1	1.2	1.3	1.2	1.3	1.4
载荷变动较大	制砖机、斗式提升机、往复式水泵和压缩机、启动机、磨粉机、冲剪机床、旋转筛、纺织机械、重载输送机	1.2	1.3	1.4	1.4	1.5	1.6
载荷变动很大	破碎机(旋转式、颚式等)、磨碎机(球磨、棒磨、管磨)	1.3	1.4	1.5	1.5	1.6	1.8

注：① 空、轻载启动——电动机(交流启动、三角启动、直流并励)、四缸以上的内燃机、装有离心式离合器、液力联轴器的动力机；② 重载启动——电动机(联机交流启动、直流复励或串励)、四缸以下的内燃机；③ 反复启动、正反转频繁、工作条件恶劣等场合，K_A应乘以1.2。

2）选择V带的型号

根据设计功率P_c和主动轮转速n_1由图4-2-11选择V带的型号。当所选择的坐标点在图中两种型号分界线附近时，可先选择两种型号分别计算，然后择优选用。

3）确定带轮的基准直径d_{d1}和d_{d2}

(1) 初选小带轮的基准直径d_{d1}。带轮直径越小，结构越紧凑，但弯曲应力增大，寿命降低，而且带的速度也降低，单根带的基本额定功率减小，所以小带轮的基准直径d_{d1}不宜选得太小，要满足表4-2-5，即$d_{d1} \geq d_{d\,min}$。小带轮的基准直径可根据表4-2-2选取型号。

(2) 计算从动轮的基准直径d_{d2}(忽略弹性滑动的影响)。

$$d_{d2}=\frac{n_1}{n_2}d_{d1} \qquad (4-2-17)$$

并按V带轮的基准直径系列表4-2-2进行圆整。

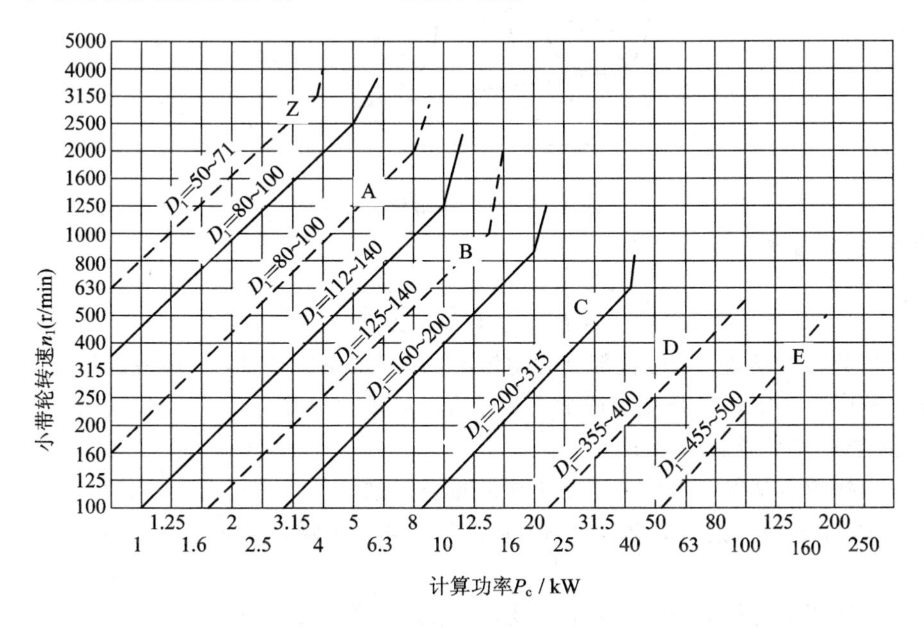

图4-2-11　普通V带选型图

4）确定中心距 a 和带的基准长度

带传动的中心距如过大，会引起带的抖动，且传动尺寸也不紧凑；中心距如过小，带的长度愈短，带的应力变化也就愈频繁，会加速带的疲劳破坏。当传动比较大时，中心距太小将导致包角过小，降低传动能力。

如果中心距未给出，可根据传动的结构需要按下式给定的范围初定中心距 a_0：

$$0.7(d_{d1}+d_{d2})\leqslant a_0\leqslant 2(d_{d1}+d_{d2})\text{mm} \qquad (4-2-18)$$

a_0 取定后，根据带传动的几何关系，按下式计算所需带的基准长度：

$$L_0\approx 2a_0+\frac{\pi}{2}(d_{d1}+d_{d2})+\frac{(d_{d2}-d_{d1})^2}{4a_0}\text{mm} \qquad (4-2-19)$$

按 L_0 查表4-2-3得相近的V带的基准长度 L_d，再按下式近似计算实际中心距：

$$a\approx a_0+\frac{L_d-L_0}{2} \qquad (4-2-20)$$

考虑到安装调整和张紧的需要，实际中心距的变动范围为

$$a-0.015L_d\leqslant a\leqslant a+0.03L_d \qquad (4-2-21)$$

5）验算小带轮包角 α_1

$$\alpha_1=180°-\frac{d_{d2}-d_{d1}}{a}\times 57.3° \qquad (4-2-22)$$

小带轮的包角如图4-2-12所示。一般应使 $\alpha_1\geqslant 120°$（特殊情况下允许 $\alpha_1\geqslant 90°$），α_1 与传动比 i 有关，i 越大，$d_{d1}-d_{d2}$ 差值越大，则 α_1 越小。所以V带传动的传动比一般小于7；推荐值为2～5。当小带轮包角 α_1 不满足要求时，可适当增大中心距或减小两带轮的直径差，也可在带的外侧加张紧轮，但这样会降低带的使用寿命。

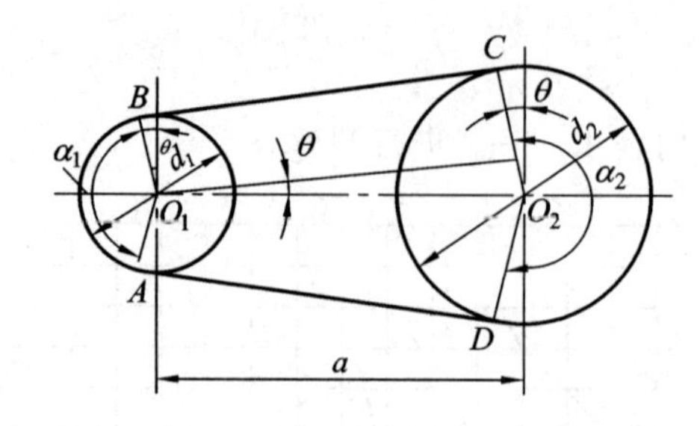

图 4-2-12　小带轮的包角

6）确定 V 带根数 z

$$z \geqslant \frac{P_c}{[P_0]} = \frac{P_c}{(P_0 + \Delta P_0)K_\alpha K_L} \tag{4-2-23}$$

带的根数应取整数。为使各带受力均匀，带的根数不宜过多，一般应满足 $z<10$。计算结果超出范围，应改选 V 带型号或加大带轮直径后重新设计。

7）确定单根 V 带初拉力 F_0

适当的初拉力是保证带传动正常工作的重要因素之一。初拉力小，则摩擦力小，易出现打滑。反之，初拉力过大，会使 V 带的拉应力增加而降低寿命，并使轴和轴承的压力增大。

为了保证所需的传递功率，又不出现打滑，并考虑离心拉力的不利影响时，单根 V 带适当的初拉力为

$$F_0 = \frac{500P_c}{zv}\left(\frac{2.5}{K_\alpha} - 1\right) + qv^2 \tag{4-2-24}$$

由于新带容易松弛，所以对非自动张紧的带传动，安装新带时的初拉力应为上述初拉力计算值的 1.5 倍。

8）计算带对轴的压力 F_Q

为了设计安装带传动的轴和轴承，必须确定带传动作用在轴上的径向压力 F_Q。如果不考虑带的两边拉力差，则压轴力可近似地按带两边的初拉力的合力来计算，如图 4-2-13 所示。

$$F_Q = 2F_0 z \sin\frac{\alpha_1}{2} \tag{4-2-25}$$

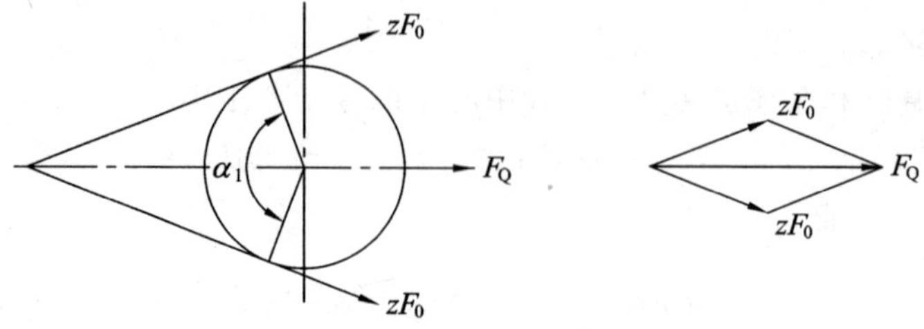

图 4-2-13　带传动作用在轴上的压力

9）带轮结构的设计

带轮结构的设计可参阅本模块 3.3。设计出带轮结构后还要绘制带轮零件工作图。

10）设计结果

列出带型号、带的基准长度 L_d、带的根数 z、带轮直径 d_{d1} 和 d_{d2}、中心距 a、轴上压力 F_Q 等。

探索与实践

台式钻床中 V 带传动的设计过程及结果如下：

（1）确定计算功率 P_c。由表 4-2-9 查得 $K_A=1.3$，由式(4-2-16)得

$$P_c=K_AP=1.3\times55\ \mathrm{W}=71.5\ \mathrm{W}$$

（2）选取普通 V 带型号。根据 $P_c=71.5$ W，$n_1=1390$ r/min，由图 4-2-11 选用 Z 型普通 V 带。

（3）确定带轮基准直径 d_{d1} 和 d_{d2}。根据表 4-2-2 和表 4-2-5 选取 $d_{d1}=71$ mm，且 $d_{d1}=71\ \mathrm{mm}>d_{d\,min}=50$ mm。

大带轮基准直径为

$$d_{d2}=id_{d1}=4\times71=284\ \mathrm{mm}$$

按表 4-2-2 选取标准值 $d_{d2}=280$ mm。

（4）验算带速 v。

$$v=\frac{\pi d_{d1}n_1}{60\times1000}=\frac{\pi\times71\times1390}{60\times1000}=5.16\ \mathrm{m/s}$$

带速在 5～25 m/s 范围内。

（5）确定带的基准长度 L_d 和实际中心距 a。由已知条件，初定中心距 a_0：

$$0.7(d_{d1}+d_{d2})\leqslant a\leqslant2(d_{d1}+d_{d2})，初步选取\ a_0=370\ \mathrm{mm}$$

由式(4-2-19)得

$$\begin{aligned}L_0&\approx2a_0+\frac{\pi}{2}(d_{d1}+d_{d2})+\frac{(d_{d2}-d_{d1})^2}{4a_0}\\&=\left[2\times370+\frac{\pi}{2}(71+280)+\frac{(280-71)^2}{4\times370}\right]\mathrm{mm}=1320\ \mathrm{mm}\end{aligned}$$

由表 4-2-3 选取基准长度 $L_d=1400$ mm。

由式(4-2-20)得实际中心距 a 为

$$a\approx a_0+\frac{L_d-L_0}{2}=\left(370+\frac{1400-1320}{2}\right)\mathrm{mm}=410\ \mathrm{mm}$$

显然，满足设计题目 $a<500$ mm 的要求。

中心距 a 的变化范围为

$$a_{min}=a-0.015L_d=(410-0.015\times1400)\mathrm{mm}=389\ \mathrm{mm}$$

$$a_{max}=a+0.03L_d=(410+0.03\times1400)\mathrm{mm}=452\ \mathrm{mm}$$

（6）校验小带轮 α_1。由式(4-2-22)得

$$\begin{aligned}\alpha_1&=180^\circ-\frac{d_{d2}-d_{d1}}{a}\times57.3^\circ\\&=180^\circ-\frac{280-71}{410}\times57.3^\circ\\&=150.7^\circ>120^\circ\end{aligned}$$

(7) 确定 V 带根数 z。由式(4-2-23)得

$$z \geqslant \frac{P_c}{[P_0]} = \frac{P_c}{(P_0 + \Delta P_0)K_\alpha K_L}$$

根据 $d_{d1}=71$ mm，$n_1=1390$ r/min，查表 4-2-6，用内插法得 $P_0=0.3$ kW。

由表 4-2-7 查得功率增量 $\Delta P_0=0.03$ kW。

由表 4-2-3 查得带长度修正系数 $K_L=1.14$，由表 4-2-8 查得包角系数 $K_\alpha=0.92$，得普通 V 带根数

$$z = \frac{0.715}{(0.3+0.03)\times 0.92\times 1.14} = 2.06$$

取 $z=2$ 根。

(8) 求初拉力 F_0 及带轮轴上的压力 F_Q。由表 4-2-5 查得 Z 型普通 V 带的每米长质量 $q=0.06$ kg/m，根据式(4-2-24)得单根 V 带的初拉力为

$$\begin{aligned} F_0 &= \frac{500P_c}{zv}\left(\frac{2.5}{K_\alpha}-1\right)+qv^2 \\ &= \left[\frac{500\times 0.715}{2\times 5.16}\left(\frac{2.5}{0.92}-1\right)+0.06\times 5.16^2\right]\text{N} = 61.09\ \text{N} \end{aligned}$$

由式(4-2-25)可得作用在轴上的压力 F_Q 为

$$F_0 = 2F_0 z\sin\frac{\alpha_1}{2} = 2\times 61.09\times 2\sin\frac{150.7^\circ}{2}\text{N} = 236.4\ \text{N}$$

(9) 带轮的结构设计。带轮的结构设计见本模块相关知识 4.2.3 的内容(设计过程及带轮工作图略)。

(10) 设计结果。选用两根 Z—1400 GB/T 11544—1997 V 带，中心距 $a=410$ mm，带轮直径 $d_{d1}=71$ mm，$d_{d2}=280$ mm，轴上压力 $F_Q=236.4$ N。

拓展知识——带传动的张紧、安装与维护

1. 带传动的张紧装置

V 带传动工作一段时间后就会由于塑性变形而松弛，使初拉力减小，传动能力下降，这时必须重新张紧。常用的张紧方式可分为调整中心距方式与张紧轮方式两类。

1) 调整中心距

(1) 定期张紧。定期调整中心距以恢复张紧力。常见的有滑道式和摆架式两种，如图 4-2-14 所示，一般通过调节螺钉来调节中心距。滑道式适用于水平传动或倾斜不大的传动场合。

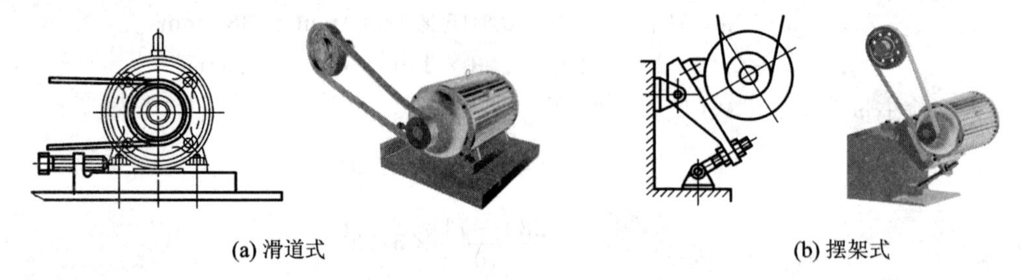

(a) 滑道式　　(b) 摆架式

图 4-2-14　带自动张紧装置

（2）自动张紧。把电动机装在如图 4－2－15 所示的摇摆架上，利用电动机的自重张紧传动带，通过载荷的大小自动调节张紧力。

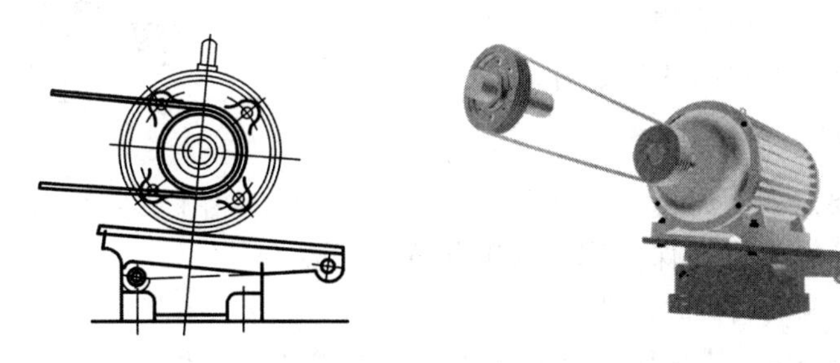

图 4－2－15　自动张紧装置

2）张紧轮方式

若带轮传动的轴间距不可调整，可采用张紧轮装置。张紧轮一般放在松边的内侧，使带只受单向弯曲，同时张紧轮还应尽量靠近大轮，以免过分影响带在小轮上的包角。张紧轮的轮槽尺寸与带轮的相同，且直径小于小带轮的直径。若设置在外侧，则应使其靠近小轮，这样可以增加小带轮的包角，提高带的疲劳强度。

（1）调位式内张紧轮装置如图 4－2－16(a)所示。

（2）摆锤式内张紧轮装置如图 4－2－16(b)所示。

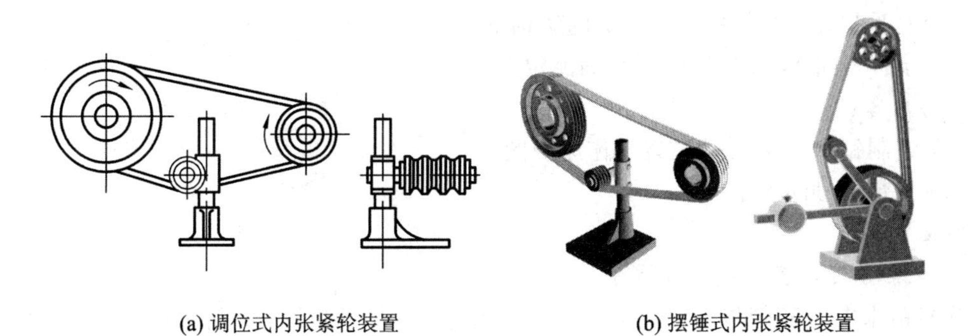

(a) 调位式内张紧轮装置　　(b) 摆锤式内张紧轮装置

图 4－2－16　张紧轮的装置

2. 带传动的安装

1）带轮的安装

平行轴传动时，各带轮的轴线必须保持规定的平行度。两带轮轮槽的对称平面应重合，其偏移误差应小于 20′。否则会加速带的磨损，降低带的寿命。

2）传动带的安装

（1）通常应通过调整各轮中心距的方式来安装带和张紧，切忌硬将传动带从带轮上拔下扳上，严禁用撬棍等工具将带强行撬入或撬出带轮。

（2）同组使用的 V 带应型号相同，避免新旧带混合使用。因为旧带已有一定的永久变形，混合使用新旧带会加速新带的损坏。

（3）安装时，应按规定的初拉力张紧，对于中等中心距的带传动，也可凭经验张紧，带的张紧程度以大拇指能将带按下 15 mm 为宜，如图 4－2－17 所示。新带使用前，最好预先拉紧一段时间后再使用。

(4) 保持带清洁，不宜在阳光下暴晒，避免老化；为保证安全生产，带传动应设置防护罩。

(5) 带传动工作一段时间后，会产生永久变形，导致张紧力减小，因此要重新调整张紧力。

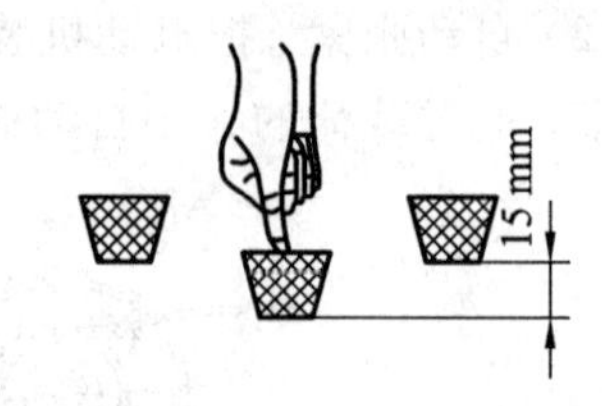

图 4-2-17　V 带的张紧程度

3. 带传动的维护

带传动的维护要点如下：

(1) 带传动装置外面应加保护罩，以确保安全，防止带与酸、碱或油接触而腐蚀传动带。

(2) 带传动不需润滑，禁止往带上加润滑油或润滑脂，应及时清理带轮槽内及传动带上的油污。

(3) 应定期检查传动带，如有一根松弛或损坏则应全部更换新带。

(4) 带传动的工作温度不应超过 60℃。

(5) 如果带传动装置闲置，应将传动带放松。

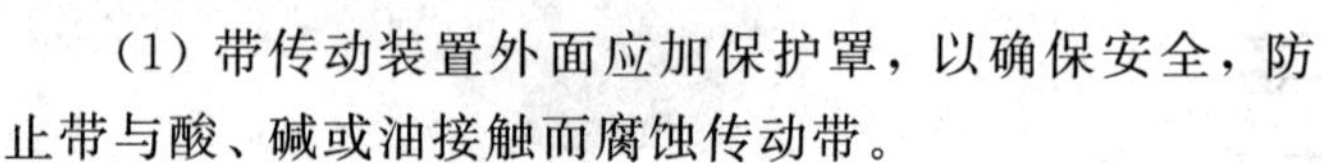

技能训练——带传动装置参数测量

目的要求：

(1) 了解带传动机构的类型、运动特点与应用场合。

(2) 熟悉带传动机构中张紧装置的结构形式与工作原理。

(3) 掌握 V 带传动中 V 带型号的测定方法。

训练内容：

(1) 绘制钻床 V 带传动装置工作原理图。

(2) V 带型号的测定。

实施步骤：

1) 观察带传动装置

观察钻床中的 V 带传动装置组成与在钻床传动链中的位置，分析带传动中钻床传动链的主要作用，绘制带传动装置工作原理图。

2) V 带型号测定原理

当 V 带失效后，若带上仍显示带的型号，则不必测定带的型号，照原型号购买更换即可；若原带上型号显示不清，就需要测定带的型号，以便更换。其测量方法如下：

(1) V 带截面尺寸确定，即确定 V 带型号。V 带截面尺寸测定主要应根据带轮槽结构尺寸进行。因此，应测量带轮槽的截面尺寸 b，如图 4-2-18 所示。

① 用游标卡尺测量尺寸 b。

② 查表 4-2-1 确定 V 带截面尺寸。

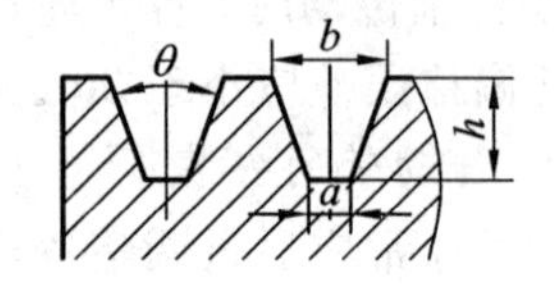

图 4-2-18　V 带轮槽截面尺寸测量

尽管测量有误差且带轮槽中 b 尺寸一般比带顶宽略大，但只要测量尺寸与表中带顶宽尺寸最接近的那个型号的带即为所求。

(2) 带的基准长度尺寸的确定。带的标准长度尺寸是一个无法直接测量的尺寸，若原带仍完整，可用卷尺直接测量其外圈长度；若原带不完整，应用软绳绕在带传动装置的两带轮顶圆上，再用卷尺测量软绳子绕过带轮部分的周长。这两种情况所测量的长度都比带的标准长度长些，因此，查带的标准长度表即表4-2-3，应选一个比测量带长小但接近测量带长的标准带长尺寸作为所测量带的标准长度。

3）测定V带型号的步骤(假定V带已断裂)

(1) 拆除带传动防护罩。

(2) 测量带轮槽。

(3) 测量两带轮间周长。

(4) 查表确定带的型号。

归纳总结

1. 带传动是靠带与带轮接触面之间的摩擦力来传递运动和动力的，其传动平稳，有过载保护作用，但效率低，不能准确保持传动比。

2. 带传动应力分析与强度条件。带在工作时有拉应力 σ、离心应力 σ_c 和弯曲应力 σ_b 三种。最大应力发生在带绕入小带轮处，其大小为三种应力之和。

带的疲劳强度条件是带上的最大应力小于或等于带的许用应力。

3. 带传动的弹性滑动。带传动的弹性滑动和打滑是两个截然不同的概念。弹性滑动是由于带工作时紧边和松边存在拉力差，使带的两边弹性变形量不相等，从而引起带与轮之间局部而微小的相对滑动，是不可避免的。弹性滑动会降低传动效率，引起带的磨损。打滑则是由于过载而引起的带在带轮上的全面滑动，使传动失效。

4. 带传动的主要失效形式是打滑和疲劳破坏。

5. 带传动的设计准则为：在保证带传动不打滑的条件下，具有一定的疲劳强度和寿命。

思考与练习

思考题：

1. 带传动的设计准则是什么？

2. 带传动的打滑经常在什么情况下发生？打滑多发生在大带轮上还是小带轮上，为什么？

3. 带传动的弹性滑动与打滑的主要区别是什么？

4. 带传动的失效形式有哪些？

5. 能否说“带传动是靠摩擦传力的，因而张紧力越大越好，带轮工作面越粗糙越好”？

练习题：

一、判断题

1. 为了避免打滑，可将带轮上与带接触的表面加工得粗糙些以增大摩擦。　(　　)

2. V带(三角带)传动的效率比平带传动的效率高，所以V带(三角带)应用更为广泛。　(　　)

3. 在传动比不变的条件下，当V带(三角带)传动的中心距较大时，小带轮的包角就较大，因而承载能力也较高。　(　　)

4. V带(三角带)传动的小带轮包角越大，承载能力越小。 (　　)

5. V带(三角带)传动传递功率最大时松边拉力最小值为0。 (　　)

6. 选择带轮直径时，小带轮直径越小越好。 (　　)

7. 带传动中，V带(三角带)中的应力是对称循环变应力。 (　　)

8. 在V带(三角带)传动中，若带轮直径、带的型号、带的材质、根数及转速均不变，则中心距越大，其承载能力也越大。 (　　)

9. 带传动的弹性滑动是带传动的一种失效形式。 (　　)

10. 在机械传动中，V带(三角带)传动通常应放在传动的低速级。 (　　)

二、填空题

1. V带(三角带)传动的传动比不恒定主要是由于有________。

2. 带传动的主要失效形式为________和________。

3. 带传动工作时，带上应力由________________、________、________三部分组成。

4. 带传动中，带中的最小应力发生在________处。

5. 带传动中，带中的最大应力发生在________处。

6. V带(三角带)传动中，常见的张紧装置有________、________、________。

7. 在传动比不变的条件下，V带(三角带)传动的中心距增大，则小轮的包角________，因而承载能力________。

三、选择题

1. V带(三角带)的楔角等于______。

A. 40°　　B. 35°　　C. 30°　　D. 20°

2. V带(三角带)带轮的轮槽角________________40°。

A. 大于　　B. 等于　　C. 小于　　D. 小于或等于

3. 带传动采用张紧轮的目的是______。

A. 减轻带的弹性滑动　　B. 提高带的寿命

C. 改变带的运动方向　　D. 调节带的初拉力

4. 与齿轮传动和链传动相比，带传动的主要优点是______。

A. 工作平稳，无噪声　　B. 传动的质量轻

C. 摩擦损失小，效率高　　D. 寿命较长

5. V带(三角带)的参数中，______尚未标准化。

A. 截面尺寸　　B. 长度

C. 楔角　　D. 带厚度与小带轮直径的比值

6. 在各种带传动中，______应用最广泛。

A. 平带传动　　B. V带(三角带)传动

C. 多楔带传动　　D. 圆带传动

7. 当带的线速度$v \leqslant 30$ m/s时，一般采用______来制造带轮。

A. 铸铁　　B. 优质铸铁　　C. 铸钢　　D. 铝合金

8. 为使V带(三角带)传动中各根带受载均匀些，带的根数z一般不宜超过______根。

A. 4　　B. 6　　C. 10　　D. 15

9. 带传动中，两带轮与带的摩擦系数相同，直径不等，如有打滑则先发生在________

轮上。

A. 大　　B. 小　　C. 两带　　D. 不一定哪个

10. 采用张紧轮调节带传动中带的张紧力时，张紧轮应安装在______。

A. 紧边外侧，靠近小带轮处　　B. 紧边内侧，靠近小带轮处

C. 松边外侧，靠近大带轮处　　D. 松边内侧，靠近大带轮处

四、分析计算题

1. 某机器电动机带轮基准直径 $d_{d1}=100$ mm，从动轮基准直径 $d_{d2}=250$ mm，设计中心距 $a_0=520$ mm，选用A型普通V带传动。试计算传动比、验算带轮包角及V带的基准长度。

2. 设计一带式输送机的V带传动，已知电动机功率为 $P=6$ kW，转速 $n_1=1400$ r/min，传动比 $i=3$，两班制工作，试设计此带传动(要求最大传动比误差为±5%)。

模块三　设计链式输送机中的滚子链传动

知识要求：1. 了解链传动的类型、组成及特点；
2. 选择链条和链轮的结构及主要参数；
3. 链传动的设计步骤和方法；
5. 掌握链传动的运动特点和安装要求。

技能要求：1. 能够分析链传动的组成和工作原理；
2. 能够掌握链传动的主要参数和国家标准及相关设计手册的查法，能够进行链传动设计。

任务情境

自行车是日常生活中极其常见的一种交通工具，如图4-3-1所示。它的传动机构部分是典型的链传动装置，由主动链轮、从动链轮及链条组成。其工作原理是靠链条与链轮之间的啮合来传递两平行轴之间的运动和动力的。其中应用最广泛的是滚子链传动。

图4-3-1　自行车

任务提出与任务分析

1. 任务提出

试设计如图4-3-2所示的带式输送机中的滚子链传动。已知其原动机为电动机，传递功率 $P=10$ kW，转速 $n_1=950$ r/min，$n_2=250$ r/min，单班制工作，载荷平稳。

2. 任务分析

如图4-3-2所示，链传动是一种具有中间挠性件(链条)的啮合传动，依靠链轮的轮

齿与链条的链节之间的啮合来传递运动和动力。要设计滚子链传动，首先要了解滚子链的基本参数和尺寸、链轮齿数和传动比之间的关系、链轮的结构及工作时的受力情况，其次才能正确选择链条的型号、链轮的中心距和链节数，确定其润滑方式等。

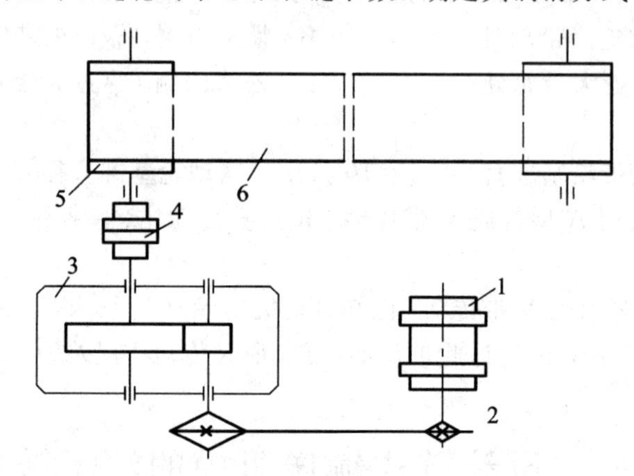

1—电动机；2—链传动；3—减速器；4—联轴器；5—滚筒；6—传送带

图 4-3-2　带式输送机中的滚子链传动

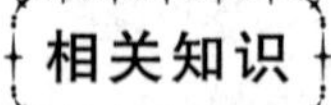

4.3.1　链传动的组成、类型及应用特点

1. 链传动的组成和类型

链传动是以链条为中间传动件的啮合传动。如图 4-3-3 所示链传动由主动链轮 1、从动链轮 2 和绕在链轮上并与链轮啮合的链条 3 组成。

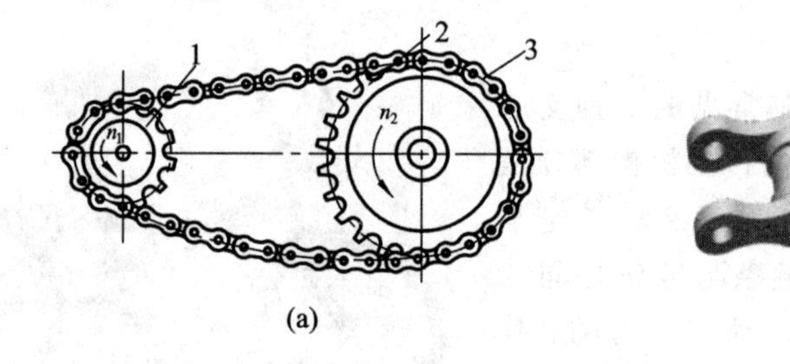

(a)　　(b)

图 4-3-3　链传动

按照用途不同，链可分为起重链、牵引链和传动链三大类。起重链主要用于起重机械中提起重物，其工作速度 $v \leqslant 0.25$ m/s；牵引链主要用于链式输送机中移动重物，其工作速度 $v \leqslant 4$ m/s；传动链用于一般机械中传递运动和动力，通常工作速度 $v \leqslant 15$ m/s。

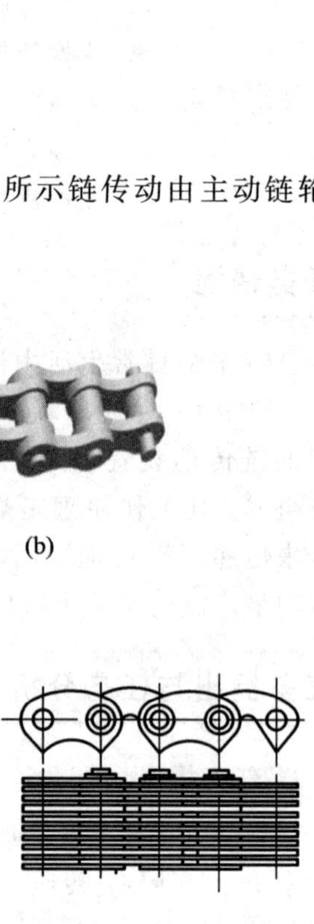

传动链有齿形链和滚子链两种。齿形链是利用特定齿形的链片和链轮相啮合来实现传动的，如图 4-3-4 所示。

图 4-3-4　齿形链

齿形链传动平稳，噪声很小，故又称无声链传动。齿形链允许的工作速度可达 40 m/s，但其制造成本高，质量大，故多用于高速或运动精度要求较高的场合。本模块重点讨论应用最广泛的套筒滚子链传动。

2. 链传动的特点及应用

1）链传动的特点

（1）与带传动相比，链传动没有弹性滑动和打滑，能保持准确的平均传动比；需要的张紧力小，作用在轴上的压力也小，可减少轴承的摩擦损失；结构紧凑；能在低速重载和高温条件及有油污等恶劣环境条件下工作。

（2）与齿轮传动相比，链传动的制造和安装精度要求较低；中心距较大时其传动结构简单。

（3）只能传递平行轴之间的同向运动，不能保持恒定的瞬时传动比，运动平稳性差，工作时有噪声。

2）链传动的应用

链传动主要用在要求工作可靠、转速不高，且两轴相距较远，以及其他不宜采用齿轮传动的场合。目前，链传动广泛应用于矿山机械、农业机械、建筑机械、石油机械、金属切削机床及摩托车中。

通常，链传动的适用范围为：传动比 $i \leqslant 8$，中心距 $a \leqslant 5 \sim 6$ m，传递功率 $P \leqslant 100$ kW，圆周速度 $v \leqslant 15$ m/s，传动效率约为 0.95～0.98。

4.3.2　滚子链及链轮的结构与标准

1. 滚子链的结构

滚子链是由内链板 4、外链板 5、销轴 3、套筒 2 和滚子 1 所组成的，也称为套筒滚子链，如图 4-3-5 所示。其中内链板紧压在套筒两端，销轴与外链板铆牢，分别称为内、外链节。这样内外链节就构成一个铰链。滚子与套筒、套筒与销轴均为间隙配合。当链条啮入和啮出时，内外链节作相对转动；同时，滚子沿链轮轮齿滚动，可减少链条与轮齿的磨损。内外链板均制成“8”字形，以减轻重量并保持链板各横截面的强度大致相等。

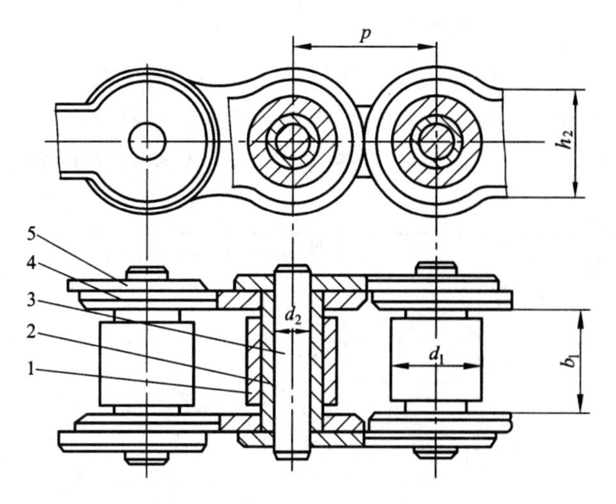

图 4-3-5　滚子链的结构

链条的各零件由碳素钢或合金钢制成，并经热处理，以提高其强度和耐磨性。滚子链上相邻两滚子中心的距离称为链的节距，以 p 表示，它是链条的主要参数。链条的节距越大，销轴的直径也可以做得越大，链条的强度就越大，所能传递的功率也越大。

当链轮齿数一定时，节距越大，链轮直径 D 也越大，为使 D 不至过大，当载荷较大时，可用小节距的双排链或多排链。多排链的承载能力与排数成正比，列数越多，承载能力越高。但由于制造及安装误差，很难使各排的载荷均匀，列数越多，不均匀性越严重，故排数不宜过多，一般不超过四列。图 4-3-6 所示为多排链，P_t 为排距。

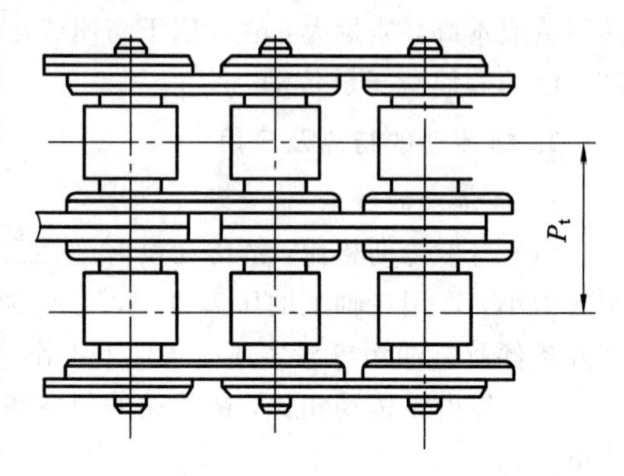

图 4-3-6　多排滚子链

传动链使用时首尾相连成环形，当链节数为偶数时，接头处可用内、外链板搭接，插入开口销或弹簧卡固定销轴，如图 4-3-7(a)、(b)所示。若链节为奇数，需采用一个过渡链节才能首尾相连，如图 4-3-7(c)所示。链条受拉时，过渡链节将受附加弯矩，所以应尽量采用偶数链节的链条。

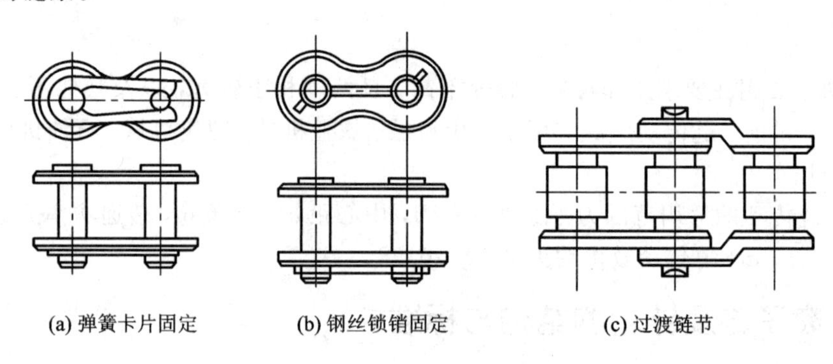

图 4-3-7　滚子链的接头形式

2. 滚子链的标准

我国目前使用的滚子链的标准为 GB/T 1243—2006，分为 A、B 两个系列。A 系列用于重载、重要、较高速的传动，B 系列用于一般的传动。常用的是 A 系列，其主要参数见表 4-3-1。

表 4-3-1　A 系列滚子链的基本参数和尺寸

(GB/T 1243—2006)

链号	节距 p/mm	排距 P_t/mm	滚子外径 d_1/mm	内链节内宽 b_1/mm	销轴直径 d_2/mm	内链板高度 h_2/mm	单排极限拉伸载荷 F_Q/kN	单排每米质量 q/(kg/m)
08A	12.70	14.38	7.95	7.85	3.96	12.07	13.8	0.60
10A	15.875	18.11	10.16	9.40	5.08	15.09	21.8	1.00
12A	19.05	22.78	11.91	12.57	5.94	18.08	31.1	1.50
16A	25.40	29.29	15.88	15.75	7.92	24.13	55.6	2.60
20A	31.75	35.76	19.05	18.90	9.53	30.18	86.7	3.80
24A	38.10	45.44	22.23	25.22	11.10	36.20	124.6	5.60
28A	44.45	48.87	25.40	25.22	12.70	42.24	169.0	7.50
32A	50.80	58.55	28.58	31.55	14.27	48.26	222.4	10.10
40A	63.50	71.55	39.68	37.85	19.84	60.33	347.0	16.10
48A	76.20	87.83	47.63	47.35	23.80	72.39	500.4	22.60

注：① 多排链的极限拉伸载荷按列表 q 值乘以排数计算。

② 使用过渡节时，其极限拉伸载荷按列表数值的 80%计算。

我国链条标准 GB/T 1243—2006 规定节距用英制折算成米制的单位。链号与相应的国际标准链号一致，链号数乘以 25.4/16 mm 即为节距值。

滚子链标记为：链号—排数×链节数　标准号。例如，节距为 15.875 mm，单排，86 节 A 系列滚子链，其标记为：10A—1×86 GB/T 1243—2006。

3. 链轮

1）链轮的齿形

链轮的齿形应能保证链节平稳而自由地进入和退出啮合，不易脱链，且形状简单便于加工。国家标准 GB/T 1243—2006 规定滚子链链轮端面的齿形有两种形式：二圆弧齿形（见图 4-3-8(a)）和三圆弧—直线齿形（见图 4-3-8(b)）。

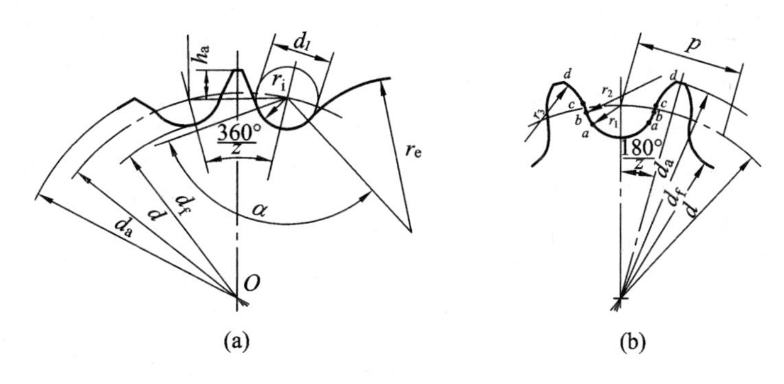

图 4-3-8　齿轮端面齿形

常用的为三圆弧一直线齿形，链轮的端面齿形是标准齿形，由弧 *aa*、*ab*、*cd* 和直线 *bc* 组成，*abcd* 为齿廓工作段。各种链轮的实际端面齿形只要在最大、最小范围内都可用，齿槽各部分尺寸的计算公式见表 4-3-2。

表 4-3-2　滚子链链轮的齿槽尺寸计算公式

名　称	单　位	计　算　公　式	
		最大齿槽形状	最小齿槽形状
齿面圆弧半径 r_e	mm	$r_{e\,min}=0.008d_1(z^2+180)$	$r_{e\,min}=0.12d_1(z+2)$
齿沟圆弧半径 r_i	mm	$r_{i\,max}=0.505d_1+0.069\times\sqrt[3]{d_1}$	$r_{i\,min}=0.505d_1$
齿沟角 α	°(度)	$\alpha_{min}=120°-\frac{90°}{z}$	$\alpha_{min}=140°-\frac{90°}{z}$

注：链轮的实际齿槽形状，应在最大齿槽形状和最小齿槽形状范围内。

2）链轮的主要参数

链轮的基本参数为：链轮的齿数 z、配用链条的节距 p、滚子外径 d_1 及排距 p_t。链轮的主要尺寸及计算公式如表 4-3-3 所示。

齿轮齿形用用标准刀具加工时，在工作图上不画出链轮齿形，只需注明链轮的基本参数和主要尺寸（节距 p、节圆直径 d、齿顶圆直径 d_a、齿根圆直径 d_f 和齿数 z），并注明“齿形按 3R GB/T1243－2006 规定制造”即可。

表 4-3-3　滚子链链轮主要尺寸　　mm

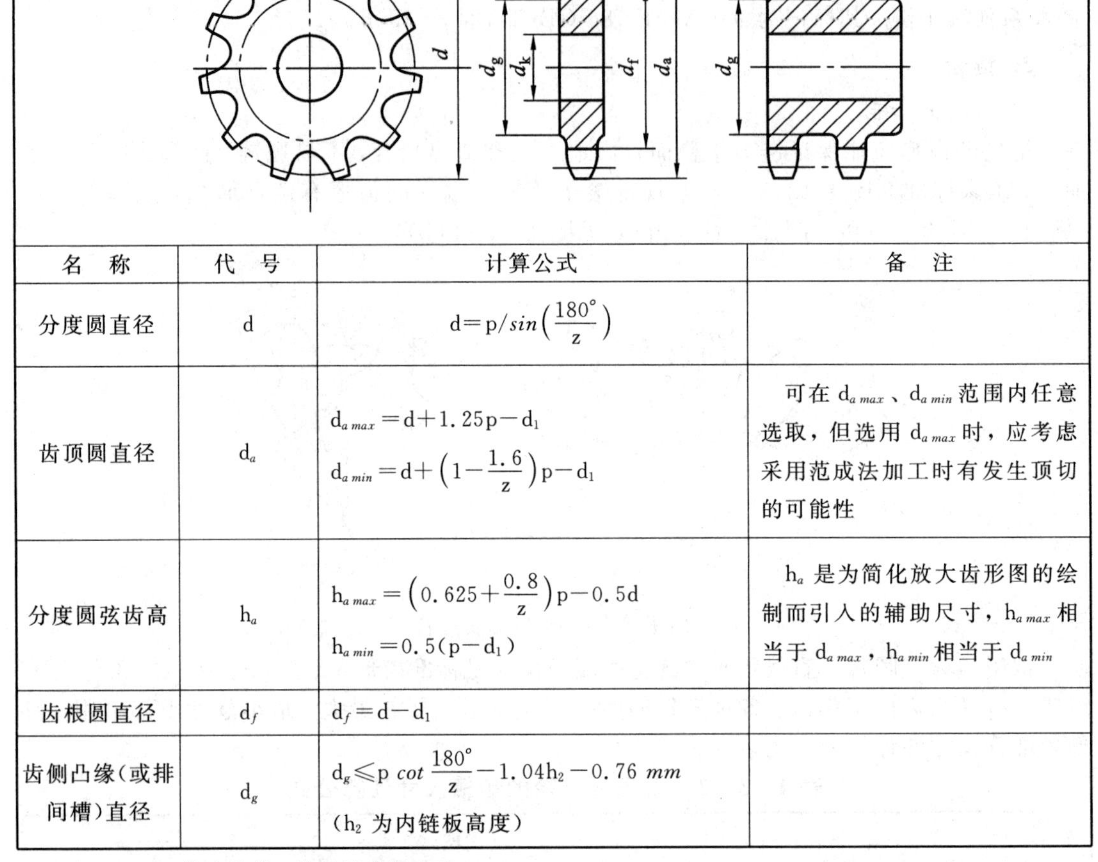

名　称	代　号	计算公式	备　注
分度圆直径	d	$d=p/sin\left(\frac{180^\circ}{z}\right)$	
齿顶圆直径	d_a	$d_{a\,max}=d+1.25p-d_1$ $d_{a\,min}=d+\left(1-\frac{1.6}{z}\right)p-d_1$	可在 $d_{a\,max}$、$d_{a\,min}$ 范围内任意选取，但选用 $d_{a\,max}$ 时，应考虑采用范成法加工时有发生顶切的可能性
分度圆弦齿高	h_a	$h_{a\,max}=\left(0.625+\frac{0.8}{z}\right)p-0.5d$ $h_{a\,min}=0.5(p-d_1)$	h_a 是为简化放大齿形图的绘制而引入的辅助尺寸，$h_{a\,max}$ 相当于 $d_{a\,max}$，$h_{a\,min}$ 相当于 $d_{a\,min}$
齿根圆直径	d_f	$d_f=d-d_1$	
齿侧凸缘(或排间槽)直径	d_g	$d_g\leqslant p\cot\frac{180^\circ}{z}-1.04h_2-0.76\ mm$ (h_2 为内链板高度)	

注：d_a、d_g 值取整数，其他尺寸精确到 0.01 *mm*。

3）链轮的结构和材料

链轮的结构如图 4-3-9 所示。直径小的链轮常制成整体式(见图 4-3-9(*a*))；中等直径的链轮常制成孔板式(见图 4-3-9(*b*))；大直径(d ＞200 *mm*)的链轮常制成组合式，可将齿圈焊接在轮毂上(见图 4-3-9(*c*))。

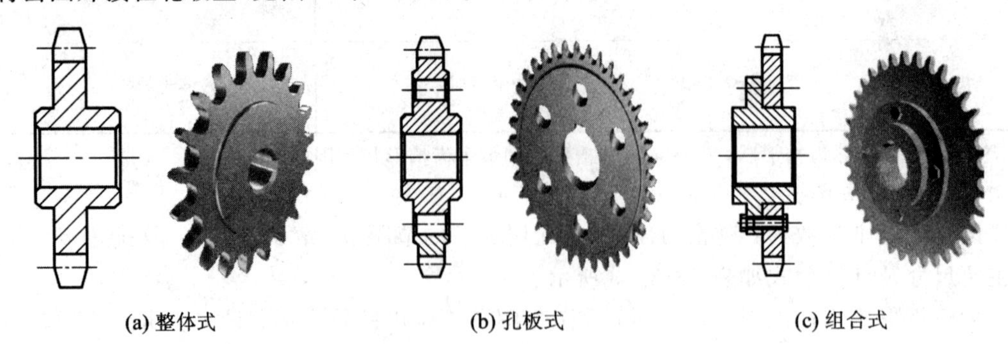

(a) 整体式　　(b) 孔板式　　(c) 组合式

图 4-3-9　链轮的结构

链轮的材料应有足够的强度和耐磨性，齿面要经过热处理。由于小链轮轮齿的啮合次数比大链轮轮齿的啮合次数多，受冲击也比较大，因此所用材料应优于大链轮。链轮所用材料及热处理工艺见表 4-3-4。

表 4-3-4　链轮材料及热处理

材　　料	热　处　理	齿面硬度	应　用　范　围
15、20	渗碳淬火、回火	50～60 HRC	$z \leqslant 25$ 有冲击载荷的链轮
35	正火	160～200 HBS	$z > 25$ 的主、从动链轮
45、50 45Mn、ZG310－570	淬火、回火	40～50 HRC	无剧烈冲击振动和要求耐磨的主、从动链轮
15Cr、20Cr	渗碳淬火、回火	55～60 HRC	$z < 30$ 传递较大功率的重要链轮
40Cr、35SiMn、35CrMo	淬火、回火	40～50 HRC	要求强度较高又要求耐磨的重要链轮
Q235—A、Q275	焊接后退火	140 HBS	中低速、功率不大的较大链轮
灰铸铁(不低于 HT200)	淬火、回火	260～280 HBS	$z > 50$ 的从动链轮及外形复杂或强度要求一般的链轮
夹布胶木	—	—	$P < 6$ kW，速度较高，要求传动平稳和噪声小的链轮

4.3.3　链传动的运动特性

链条整体是一挠性体，但对单个链节，却是刚性体。所以链条绕在链轮上时，并非沿轮周弯曲成圆弧性，而是折成正多边形的一部分，多边形边长相当于链节距 p，边数相当于链轮的齿数 z。链轮每转过一周，带动链条转过的长度为 pz，当两链轮的转速分别为 n_1 和 n_2 时，链条的平均速度为

$$v = \frac{z_1 p n_1}{60 \times 1000} = \frac{z_2 p n_2}{60 \times 1000} \quad (\text{m/s}) \qquad (4-3-1)$$

由上式得链传动的平均传动比为

$$i_{12} = \frac{n_1}{n_2} = \frac{z_2}{z_1} \qquad (4-3-2)$$

虽然链传动的平均速度和平均传动比不变，但它们的瞬时值却是周期性变化的。为便于分析，在图 4-3-10 中，设链的紧边(主动边)在传动时总处于水平位置，链已进入啮合。主动轮以角速度 ω_1 回转，其圆周速度 $v_1 = r_1\omega_1$，若将其分解为沿链条前进方向的分速度 v 和垂直方向的分速度 v'，则

$$v = v_1 \cos\beta_1 = r_1\omega_1 \cos\beta_1 \qquad (4-3-3)$$

$$v_1' = v_1 \sin\beta_1 = r_1\omega_1 \sin\beta_1 \qquad (4-3-4)$$

式中，β_1 为主动轮上铰链 A 的圆周速度方向与链条前进方向的夹角。

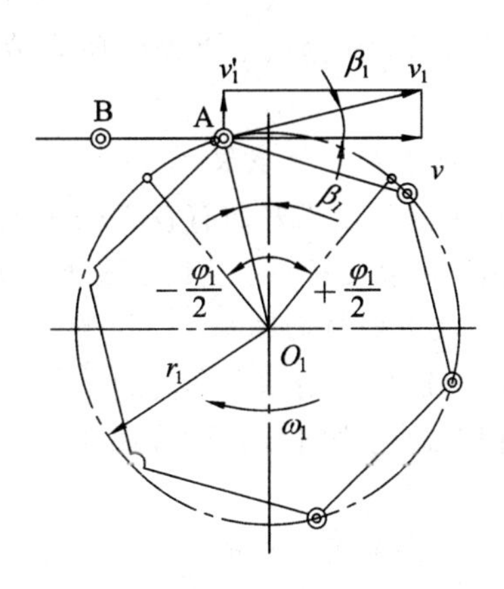

图 4-3-10　链传动的速度分析

当链节依次进入啮合时 β_1 在 $\pm 180°/z_1$ 范围内变动，从而引起链速 v 相应作周期性变化。当 $\beta_1 = \pm 180°/z_1$ 时链速最小，$v_{min} = r_1\omega_1 \cos(180°/z_1)$；当 $\beta_1 = 0°$时，链速最大，$v_{max} = r_1\omega_1$。故即使 ω_1 为常数，链轮每送走一个链节，其链速 v 也经历"最小一最大一最小"的周期性变化。同理链条在垂直方向的速度 v'也作周期性变化，使链条上下抖动。

可见，由于绕在链轮上的链条形成正多边形，造成链传动运动的不均匀性。因此，这是链传动的固有特性。

由于链速和从动轮角速度作周期性变化，产生加速度 a，从而引起动载荷。链条垂直方向的分速度 v_1' 也作周期性变化，使链产生横向振动。这是产生动载荷的重要原因之一。在链条链节与链轮轮齿啮合的瞬间，由于具有相对速度，造成啮合冲击和动载荷。链、链轮的制造和安装误差也会引起动载荷。由于链条松弛，在启动、制动、反转、载荷突变等情况下，产生惯性冲击，引起较大的动载荷，这些应引起注意。

由以上分析可知，链传动工作时不可避免地会产生振动、冲击，引起附加的动载荷，因此链传动不适用于高速传动。

4.3.4 链传动的失效形式及设计计算

1. 链传动的失效形式

由于链条强度不如链轮高，所以一般链传动的失效形式主要是链条失效形式。常见的失效形式有以下几种。

1）链条铰链磨损

链传动时，销轴与套筒的压力较大，彼此又产生相对转动，因而导致链条磨损，使链的实际节距变长。铰条磨损后，增加了各链节的实际节距的不均匀性，使传动不平稳。链的实际节距因磨损而伸长到一定程度时，链条与轮齿的啮合情况变坏，从而发生爬高和跳齿现象。磨损是润滑不良的开式链传动的主要失效形式，会造成链传动寿命大大缩短。

2）链板疲劳破坏

链在工作时，链轮两边的链条一边张紧、一边松弛。链条不断由松边到紧边周而复始地运动着，所以它的各个元件都在变应力作用下工作，经过一定循环次数后，链板将会出现疲劳断裂，或套筒、滚子表面会出现疲劳点蚀(多边形效应引起的冲击疲劳)。因此，链条的疲劳强度成为决定链传动承载能力的主要因素。试验表明：在润滑良好的中等速度下工作的链条，在链板上首先出现疲劳断裂。链条越短，速度越高，循环快时，疲劳损坏越严重。

3）滚子和套筒多次冲击破坏

对于因张紧不好而有较大松边垂度的链传动，在反复启动、制动或反转时所产生的巨大冲击，将会使销轴、套筒、滚子等元件不到疲劳时就产生冲击破坏。

4）链条铰链的胶合

链速过高时销轴和套筒的工作表面由于摩擦产生瞬时高温，使两摩擦表面相互黏结，并在相对运动中将较软的金属撕下，这种现象称为胶合。链传动的极限速度会受到胶合的限制。

5）链条的静力拉断

在低速(v<0.6 m/s)重载或突然过载时，载荷超过链条的静强度，会导致链条被拉断。

2. 滚子链额定功率曲线

链传动的各种失效形式都在一定条件下限制了它的承载能力。因此，在选择链条型号时，必须全面考虑各种失效形式产生的原因和条件，从而确定其能传递的额定功率 P_0。

在规定试验条件下，把标准中不同节距的链条在不同转速时所能传递的功率称为额定功率 P_0。链传动的试验条件如下：

(1) 两链轮安装在水平轴上并共面。

(2) 小链轮齿数 $z_1=19$，链长 $L_P=100$ 节。

(3) 单排链，载荷平稳。

(4) 按规定润滑方式润滑(见图 4-3-14)。

(5) 满载荷连续运转 15 000 h。

(6) 链条因磨损而引起的相对伸长量不超过 3%。

(7) 链速 $v>0.6$ m/s。

在上述条件下，A 系列滚子链的额定功率曲线如图 4-3-11 所示。设计时，如与上述条件不符，应对其所传递的功率进行修正。

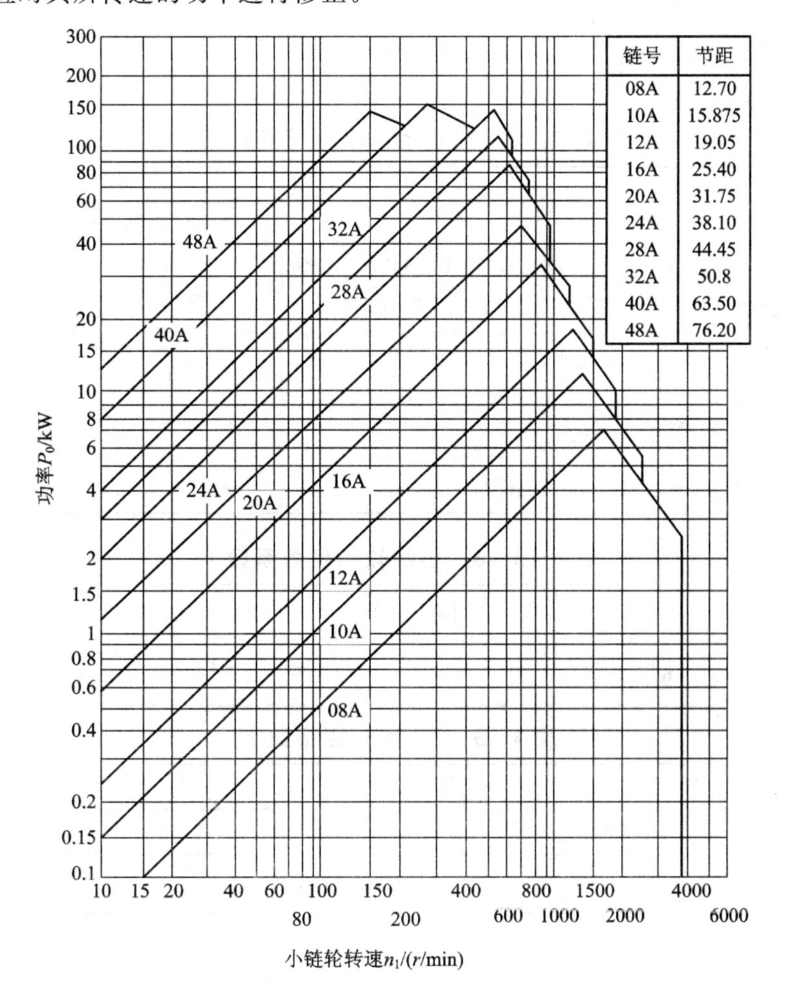

图 4-3-11　A 系列滚子链额定功率曲线

3. 链传动的设计准则

1）中、高速链传动（$v>0.6$ m/s）

对于中、高速链传动，其主要失效形式是链条的疲劳破坏，故设计计算通常以疲劳强度为主并综合考虑其他失效形式的影响。计算准则为：传递的功率值（计算功率值）小于许用功率值，即

$$P_c \leqslant [P]$$

由图 4-3-11 查得的 P_0 值是在规定的试验条件下得到的，当实际工作条件与上述条件不一致时，P_0 值不能作为$[P]$，而应该对 P_0 值加以修正，即

$$P_c = K_A P = P_0 K_z K_a K_m K_i$$

$$P_0 \geqslant \frac{PK_A}{K_z K_a K_i K_m} \tag{4-3-5}$$

式中：K_A——链传动的工作情况系数，见表 4-3-5。

K_z——小链轮的齿数系数，见表 4-3-6；

K_a——中心距系数，见表 4-3-7；

K_i——传动比系数，见表 4-3-8；

K_m——多排链系数，见表 4-3-9；

P——名义功率。

表 4-3-5　链传动的工作情况系数 K_A

载荷种类	工作机械举例	原动机	
		电动机或汽轮机	内燃机
载荷平稳	液体搅拌机、离心泵、离心式鼓风机、纺织机械、轻型运输机、链式运输机、发电机	1.0	1.2
中等冲击	一般机床、压气机、木工机械、食品机械、印染纺织机械、一般造纸机械、大型鼓风机	1.3	1.4
较大冲击	锻压机械、矿山机械、工程机械、石油钻井机械、振动机械、橡胶搅拌机	1.5	1.7

表 4-3-6　小链轮的齿数系数 K_z

z_1	9	11	13	15	17	19	21	23	25	27	29	31	33	35
K_z	0.446	0.555	0.667	0.775	0.893	1.00	1.12	1.23	1.35	1.46	1.58	1.70	1.81	1.94

表 4-3-7　中心距系数 K_a

a	$20p$	$40p$	$80p$	$160p$
K_a	0.87	1.00	1.18	1.45

表 4-3-8　传动比系数 K_i

i	1	2	3	5	≥7
K_i	0.82	0.925	1.00	1.09	1.15

表 4-3-9　多排链系数 K_m

排数	1	2	3	4	5	6
K_m	1.0	1.7	2.5	3.3	4.1	5.0

当链传动不能按推荐的方式润滑时，图 4-3-11 中规定的功率 P_0 应降低取下列数值：

(1) 当链速 $v \leqslant 1.5$ m/s 时，降低到 50%。

(2) 当 1.5 m/s$<v\leqslant$7 m/s 时，降低到 25%。当 $v>7$ m/s 而又润滑不当时，传动不可靠。

(3) 当要求实际工作寿命低于 15 000 h 时，可按有限寿命设计，此时允许传递的功率高些。

2) 低速链传动($v \leqslant 0.6$ m/s)

当链速 $v \leqslant 0.6$ m/s 时，链传动的主要失效形式为链条的过载拉断，因此应进行静强度计算，校核其静强度安全系数 S，即

$$S=\frac{F_Q m}{K_A F}\geqslant 4\sim 8 \tag{4-3-6}$$

式中：F_Q——单排链的极限拉伸载荷，见表 4-3-1；

m——链条排数；

F——链的工作拉力(N)。

4. 链传动的设计计算步骤和传动参数的选择

设计链传动时，一般已知传动的用途、工作情况、载荷性质、传递功率 P、主动链轮转速 n_1、从动链轮转速 n_2(或传动比 i)，要求确定链轮齿数 z_1、z_2，中心距 a，链条型号、节距 p、节数 L_p 和排数以及链轮材料与结构等。链条为标准件，仅需选定型号和节数后即可外购。

1) 链轮齿数 z_1、z_2

(1) 当小链轮齿数 z_1 过少时，可以减小轮廓尺寸。其缺点是传动的不均匀性和附加动载荷增大；链条进入和退出啮合时，链节间的相对转角增大，会加速铰链的磨损失效；在节距和传递功率一定的条件下，链所需传递的圆周力增大，会加速链条和链轮的损坏。

(2) 当链轮齿数过多时，不仅会增大链传动的外形尺寸，还会缩短链条的使用寿命。链轮的最大齿数 $z_{max}=120$。

(3) 由于链条节数一般为偶数，为使链条和链轮齿的磨损均匀，链轮齿数一般取与链条节数互质的奇数，小链轮的齿数 z_1 可依据链条速度选取(见表 4-3-10)，并优先选用数列 17、19、21、23、25、38、57、76、85、114。

表 4-3-10　小链轮齿数

链条速度 v/(m/s)	0.6～3	3～8	>8
z_1	≥17	≥21	≥35

2) 传动比 i 的选择

滚子链的传动比 $i=z_2/z_1$ 不宜大于 7，一般推荐 $i=2\sim3.5$，只有在低速时 i 才可取大

些。如果 i 过大，则链条在小链轮上的包角减小，啮合的轮齿数减少，从而会加速轮齿的磨损。

3）链的节距和链条的型号

（1）链节距。链条节距的大小反映了链条和链轮各部分尺寸的大小。在一定条件下，链节距 p 越大，承载能力越强，相应传动时的不平稳性、动载荷和噪声也越大。链的排数越多，则其承载能力增强，传动的轴向尺寸也越大。因此，选择链条时应在满足承载能力要求的前提下，尽量选用较小节距的单排链，而在高速大功率时，可选用小节距的多排链。

（2）链的型号确定。根据式(4-3-5)计算修正后的传递功率 P_0，再根据 P_0 和小链轮转速 n_1，按图 4-3-11 确定链条型号。

4）中心距 a_0 和链节数 z_p

如果中心距过小，则链条在小链轮上的包角较小，啮合的齿数少，会导致磨损加剧，且易产生跳齿、脱链等现象。同时链条的绕转次数增多，加剧了疲劳磨损，从而影响链条的寿命。若中心距过大，则链传动的结构大，且由于链条松边的垂度大而产生抖动。一般中心距取 $a_0<80p$，大多情况下取 $a_0=(30\sim50)p$，且保证小链轮包角 $\alpha\geqslant120°$。

链条长度以链节数 L_p 来表示，L_p 可按下式计算：

$$L_p=\frac{L}{P}=\frac{z_1+z_2}{2}+\frac{2a_0}{p}+\left(\frac{z_2-z_1}{2\pi}\right)^2\cdot\frac{p}{a_0} \tag{4-3-7}$$

L_p 计算后圆整为偶数。然后根据 L_p 计算实际中心距 a：

$$a=\frac{p}{4}\left(L_P-\frac{z_1+z_2}{2}\right)+\sqrt{\left(L_p-\frac{z_1+z_2}{2}\right)^2-8\left(\frac{z_2-z_1}{2\pi}\right)^2} \tag{4-3-8}$$

一般情况下中心距设计成可调节的，若中心距不可调节，则实际安装中心距比计算值小 2～5 mm。

5）验算链速

为使链传动趋于平稳，必须控制链速，一般链速 $v\leqslant10\sim12$ m/s。若根据式(4-3-1)得出链速 v 超出允许的范围，应调整设计参数重新计算。

6）计算有效圆周力及作用在轴上的压力 F_Q

由于链传动是啮合传动，无需很大的张紧力，故作用在链轮轴上的压力也较小，可近似取为

$$F_Q=K_QF \tag{4-3-9}$$

式中：F——工作拉力，$F=\frac{P}{v}\times10^3$ N；

K_Q——压轴力因数，$K_Q=1.2\sim1.3$，有冲击和振动时取大值。

7）设计链轮及绘制链轮工作图

（略）

探索与实践

带式输送机中滚子链传动的设计过程及结果如下：

（1）选择链轮齿数 z_1、z_2。传动比

$$i=\frac{n_1}{n_2}=\frac{950}{250}=3.8$$

先假设链速 $v=3\sim8$ m/s，根据表 4-3-10 选取小链轮齿数 $z_1=25$，则大链轮齿数 $z_2=z_1\times n_1/n_2=25\times950/250=95$。

(2) 确定链节数。初定中心距 $a_0=40p$，由式(4-3-7)得链节数 L_p 为

$$L_p=\frac{2a_0}{p}+\frac{z_1+z_2}{2}+\left(\frac{z_2-z_1}{2\pi}\right)^2\cdot\frac{p}{a_0}$$

$$=\frac{2\times40p}{p}+\frac{25+95}{2}+\frac{(95-25)^2p}{39.5\times40p}=143.1$$

取 $L_p=144$。

(3) 根据功率曲线确定链型号。由表 4-3-5 查得 $K_A=1$；按表 4-3-6 查得 $K_z=1.35$；由表 4-3-7 查得 $K_a=1$；由表 4-3-8 查得 $K_i=1.04$；采用单排链，由表 4-3-9 查得 $K_m=1$。

由式(4-3-5)计算链需传递的功率：

$$P_0\geqslant\frac{PK_A}{K_zK_aK_iK_m}=\frac{1\times10}{1.35\times1\times1.04\times1}=7.12\ \text{kW}$$

按图 4-3-11 选取链号为 10A，节距 $p=15.875$ mm。

(4) 验算链速。

$$v=\frac{z_1pn_1}{60\times1000}=\frac{25\times15.875\times950}{60\times1000}=6.28\ \text{m/s}$$

v 值在 3～8 m/s 范围内，与假设链速相符，故所取链速合适。

(5) 计算实际中心距。由式(4-3-8)得

$$a=\frac{p}{4}\left(L_p-\frac{z_1+z_2}{2}\right)+\sqrt{\left(L_p-\frac{z_1+z_2}{2}\right)^2-8\left(\frac{z_2-z_1}{2\pi}\right)^2}$$

$$=\frac{15.875}{4}\left(144-\frac{25+95}{2}\right)+\sqrt{\left(144-\frac{25+95}{2}\right)^2-8\left(\frac{95-25}{2\pi}\right)^2}$$

$$=643\ \text{mm}$$

若设计成可调整中心距的形式，则不必精确计算中心距，可取

$$a\approx a_0=40p=40\times15.875=635\ \text{mm}$$

(6) 确定润滑方式。查图 4-3-14，应选用油浴润滑。

(7) 计算对链轮轴的压力 F_Q。由式(4-3-9)得

$$F_Q=1.25F=1.25\times\frac{1000P}{v}=1.25\times\frac{1000\times10}{6.28}=1990\ \text{N}$$

(8) 链轮设计(略)。

(9) 设计张紧、润滑等装置(略)。

拓展知识——链传动的布置、张紧及润滑

1. 链传动的布置

链传动的布置对传动的工作状况和使用寿命有较大影响。通常情况下链传动的两轴线应平行布置，两链轮的回转平面应在同一平面内，否则易引起脱链和不正常磨损。安装应使链条主动边(紧边)在上，从动边(松边)在下，以免松边垂度过大时链与轮齿相干涉或紧、松边相碰。如果两链轮中心的连线不能布置在水平面上，其与水平面的夹角应小于

45°。应尽量避免中心线垂直布置，以防止下链轮啮合不良，见表 4-3-11。

表 4-3-11 链传动的布置

传动参数	正确布置	不正确布置	说　明
$i=2\sim3$ $a=(30\sim50)p$ （i 与 a 较佳场合）	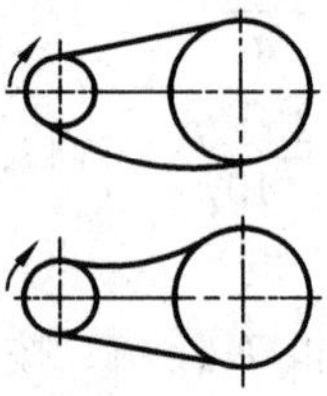		两轮轴在同一水平面，紧边在上、在下均能正常工作
$i>2$ $a<30p$ （i 大、a 小场合）	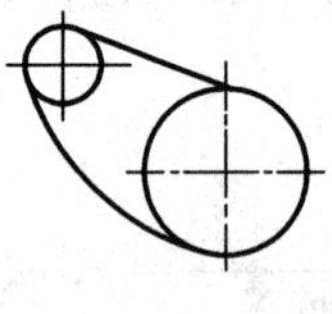	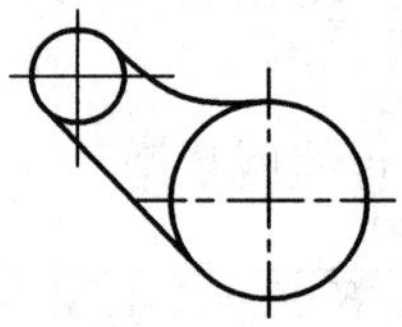	两轮轴不在同一水平面，松边应在下面。否则松边下垂量增大后链条与链轮容易卡死
$i<1.5$ $a>60p$ （i 小、a 大场合）	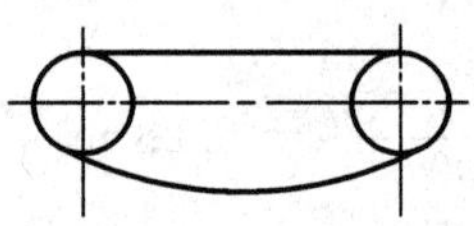	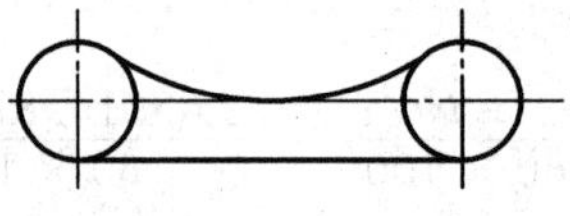	两轮轴在同一水平面，松边应在下面。否则松边下垂量增大后松边与紧边相碰，须经常调整中心距
i、a 为任意值 （垂直传动场合）	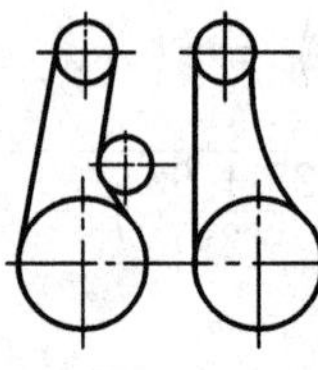	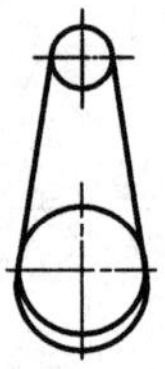	两轮轴在同一铅垂面内，下垂量增大会减少下链轮的有效啮合齿数，降低传动能力，为此应采用中心距可调、设张紧装置、上下两轮错开等措施

2. 链传动的张紧

链传动正常工作时，应保持一定张紧程度。链传动的张紧程度，合适的松边垂度推荐为 $f=(0.01\sim0.02)a$，a 为中心距；对于重载，经常启动、制动、反转的链传动以及接近垂直的链传动，松边垂度应适当减小。

链传动的张紧可采用以下方法：

(1) 调整中心距。增大中心距可使链张紧，对于滚子链传动，其中心距调整量可取为 $2p$，p 为链条节距。

(2) 缩短链长。当链传动没有张紧装置而中心距又不可调整时，可采用缩短链长(即拆去链节)的方法对因磨损而伸长的链条重新张紧。

(3) 用张紧轮张紧。下述情况应考虑增设张紧装置：① 两轴中心距较大；② 两轴中心距过小，松边在上面；③ 两轴接近垂直布置；④ 需要严格控制张紧力；⑤ 多链轮传动或反向传动；⑥ 要求减小冲击，避免共振；⑦ 需要增大链轮包角等。张紧轮应设在松边、靠近小链轮处，如图 4-3-12 所示。

(a) 弹簧力张紧　　(b) 重力自动张紧　　(c) 张紧轮自动张紧　　(d) 托架自动张紧

图 4-3-12　链传动的张紧

3. 链传动的润滑

良好的润滑可以减少链传动的磨损，提高工作能力，延长使用寿命。链传动采用的润滑方式有以下几种：

(1) 人工定期润滑：定期在链条松边内外链板间隙中注油，使用油壶或油刷，每班注油一次。适用于低速 $v\leqslant 4$ m/s 的不重要链传动。

(2) 滴油润滑：用油杯通过油管滴入松边内、外链板间隙处，每分钟约 5～20 滴，适用于 $v\leqslant 10$ m/s 的链传动，如图 4-3-13(a)所示。

(3) 油浴润滑：将松边链条浸入油盘中，浸油深度为 6～12 mm，适用于 $v\leqslant 12$ m/s 的链传动，如图 4-3-13(b)所示。

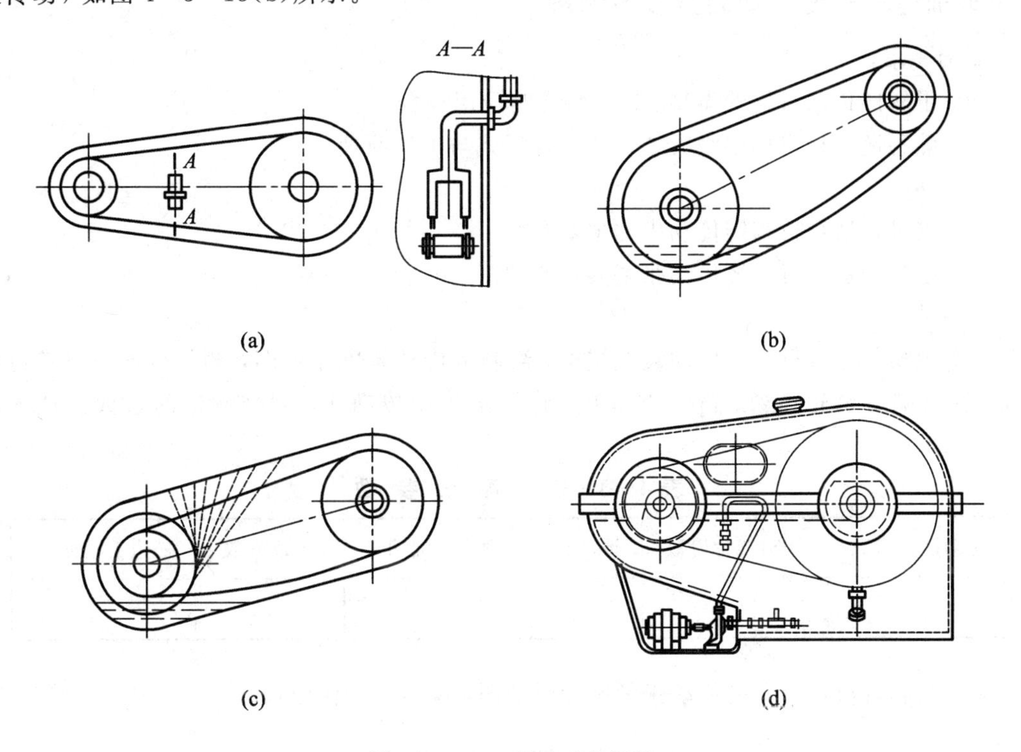

图 4-3-13　链传动的润滑

(4) 飞溅润滑：在密封容器中，甩油盘将油甩起，沿壳体流入集油处，然后引导至链条上，链条不得浸入油池。但甩油盘线速度 v 应大于 3 m/s，如图 4-3-13(c)所示。

(5) 喷油润滑 当采用 $v \geqslant 8$ m/s 的大功率传动时，应采用特设的油泵将油喷射至链轮链条啮合处，循环油可起冷却作用，如图 4-3-13(d)所示。每个喷油口供油量可根据链节距及链速的大小查阅机械设计手册。

润滑油推荐采用牌号为 L—AN 32、L—AN 46、L—AN 68 的全损耗系统用油。温度低时取前者。对开式链传动及重载低速链传动，可在油中加入 M_0S_2、WS_2 等添加剂。对于低速又无法供油处可用润滑脂润滑。

以上几种润滑方法的选用依照图 4-3-14 推荐的润滑方式。

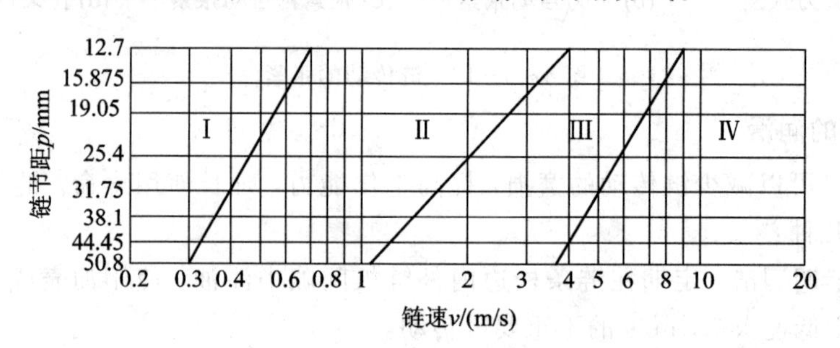

Ⅰ—人工定期润滑；Ⅱ—滴油润滑；Ⅲ—油浴润滑或飞溅润滑；Ⅳ— 压力喷油润滑

图 4-3-14 推荐的润滑方式

技能训练——链传动装置参数测量

目的要求：

(1) 了解链传动机构的类型、运动特点与应用场合。

(2) 熟悉链传动机构中张紧装置的结构形式与工作原理。

训练内容：

(1) 测量普通自行车链传动中的主要参数。

(2) 绘制普通自行车链传动张紧装置原理图。

实施步骤：

(1) 观察普通自行车链传动装置结构，绘制链传动装置原理图，测量普通自行车链传动装置中心距、链轮齿数、链条链节数，计算链传动传动比，并把测量的参数值填入表 4-3-12 中。

表 4-3-12 测 量 参 数

主动链轮齿数	从动链轮齿数	传动比	两轮中心距	链条节数	松边下垂度 H

(2) 绘制普通自行车链传动张紧装置原理图，说明其工作原理。

归纳总结

1. 链传动是具有中间挠性件的啮合传动，兼有带传动和齿轮传动的特点。根据工作性质，链传动可分为传动链、起重链和曳引链，一般机械传动中常用的是滚子传动链。

2. 滚子链已标准化，其最重要的参数是链节距，链节距越大，链的各部分尺寸越大，承载能力也越高。链条的长度用链节数表示，为避免使用过渡链节，链节数一般取偶数。链轮的基本参数是配用链条的参数，常用齿廓为“三圆弧一直线”齿廓。

3. 多边形效应是链传动的固有特性，链节距越大，链轮齿数越少，链轮转速越高，多边形效应就越严重。由于多边形效应，链传动不宜用于有运动平稳性要求和转速高的场合。

4. 链传动的失效主要是链条的失效，其承载能力受到多种失效形式的限制。其失效式有：链板疲劳破坏、铰链的磨损、滚子和套筒的冲击疲劳破坏、销轴与套筒的胶合、链的过载拉断。把特定试验条件下得到的极限功率曲线作适当修改，可得到链的额定功率曲线，利用它可进行链的选型或实际承载能力的校核，但应注意实际工作条件与试验条件不同时的修正。

5. 链传动设计可分为一般链速和低速两种情况，一般链速（$v \geq 0.6$ m/s）时按功率曲线设计计算，低速（$v < 0.6$ m/s）时按静强度设计计算。

6. 链传动张紧的主要目的是避免链条垂度过大时产生啮合不良和链条的振动现象，同时可增大链条和链轮的啮合包角。常用的张紧方法有调整中心距和用张紧装置两种。

7. 链传动的润滑方式应根据链速和链节距按推荐的润滑方式选择。

思考与练习

思考题：

1. 与带传动相比，链传动具有哪些优点？它主要适用于何种场合？

2. 链传动的主要失效形式有哪几种？

3. 链传动的合理布置有哪些要求？

练习题：

一、判断题

1. 链传动只能用于平行轴间的传动。（　　）

2. 链传动与带传动一样传动比不准确。（　　）

3. 链传动属啮合传动，瞬时链速和瞬时传动比不变。（　　）

4. 安装润滑良好的闭式链传动中，主要失效形式为链的疲劳破坏。（　　）

5. 链传动必须水平布置才能顺利啮合。（　　）

6. 链传动安装时松边垂度越大越好。（　　）

7. 选择链轮材料时，一般小链轮宜选用较好材料。（　　）

8. 链传动由主动、从动链轮链条和机架组成。（　　）

9. 一般情况下，链传动工作时，紧边在上，松边在下。（　　）

10. 选择链条型号时，依据的参数是传递的功率。（　　）

二、填空题

1. 滚子链是由滚子、套筒、销轴、内链板和外链板组成的，其______之间、______之间分别为过盈配合，而______之间、______之间分别为间隙配合。

2. 链条的磨损主要发生在______的接触面上。

3. 链传动的主要失效形式有______。在润滑良好、中等速度的链传动中，其承载能力取决于______。

4. 链传动的润滑方式是根据______和______的大小来选定的。

5. 采用张紧轮张紧链条时，一般张紧轮应设在______边。

6. 链条节数选择偶数是为了______。链轮齿数选择奇数是为了________。

7. 链传动采用人工润滑时，润滑油应加在________。

8. 链传动一般应布置在________平面内，尽可能避免布置在______平面或______平面内。

9. 在链传动中，当两链轮的轴线在同一平面时，应将______边布置在上面，______边布置在下面。

10. 链传动中，最适宜的中心距是______。

三、选择题

1. 设计时一般取链节数为______。

A. 奇数　　B. 偶数　　C. 任意

2. 与带传动相比较，链传动的主要特点之一是______。

A. 缓冲减振　　B. 过载保护　　C. 无打滑

3. 多排链的排数不宜过多，这主要是因为排数过多则______。

A. 给安装带来困难　　B. 各排链受力不均严重

C. 链传动轴向尺寸过大　　D. 链的质量过大

4. 链传动属于______。

A. 具有中间柔性体的啮合传动　　B. 具有中间挠性体的啮合传动

C. 具有中间弹性体的啮合传动

5. 在滚子链传动中，尽量避免采用过渡链节的主要原因是______。

A. 制造困难　　B. 价格贵　　C. 链板受附加弯曲应力

6. 链传动工作一段时间后会发生脱链现象的主要原因是______。

A. 链轮轮齿磨损　　B. 链条磨损　　C. 包角过小

7. 在链传动设计中，限制链的列数是为了______。

A. 减轻多边形效应　　B. 避免制造困难　　C. 防止各列受力不均

8. 限制链轮最大齿数的目的是______。

A. 保证链条强度　　B. 降低运动不均匀性　　C. 限制传动比　　D. 防止脱链

9. 不允许小链轮齿数过小的目的是______。

A. 保证链条强度　　B. 降低运动不均匀性　　C. 限制传动比　　D. 防止脱链

10. 当链传动水平布置时，紧边应放在______。

A. 上边　　B. 下边　　C. 上下均可

11. 链传动的张紧轮应装在______。

A. 靠近主动轮的松边上　　B. 靠近主动轮的紧边上

C. 靠近从动轮的松边上　　D. 靠近从动轮的紧边上

12. 滚子链链条的主要参数是______。

A. 链节距　　B. 锁轴的直径　　C. 链板的厚度　　D. 传动比

四、分析计算题

1. 已知一型号为16A的滚子链，主动轮齿数 $z_1=23$，转速 $n_1=960$ r/min，传动比 $i=2.8$，中心距 $a=800$ mm，油浴润滑，中等冲击，电动机为原动机，试求该链传动所能传递的功率。

2. 验算某机械厂滚子链传动的工作能力。已知 $z_1=17$，$z_2=50$，$p=19.05$ mm，$a=670$ mm，主动链轮转速 $n_1=50$ r/min，传递功率 $P=1.1$ kW。该设备由电动机驱动，工作时有中等冲击。

模块四　汽车变速箱的传动设计

知识要求：1. 掌握定轴轮系、周转轮系及复合轮系传动比的计算；
　　　　　2. 分析轮系的功用。
技能要求：1. 定轴轮系传动比的计算；
　　　　　2. 周转轮系传动比的计算；
　　　　　3. 复合轮系及其传动比的计算。

任务情境

前面我们研究了一对齿轮的啮合原理和设计问题，一对齿轮组成的机构是齿轮传动的最简单的形式，但是在机械中，为了将输入轴的一种转速变换为输出轴的多种转速，或者为了获得很大的传动比，常采用一系列互相啮合的齿轮，将输入轴和输出轴连接起来。例如，机床变速箱、汽车牙包、机器人等。下面我们以汽车变速箱为例说明其工作原理。我们知道，发动机的物理特性决定了变速箱的存在，变速箱可以在汽车行驶过程中在发动机和车轮之间产生不同的变速比，换挡可以使得发动机工作在最佳的动力性能状态下。图4-4-1所示的

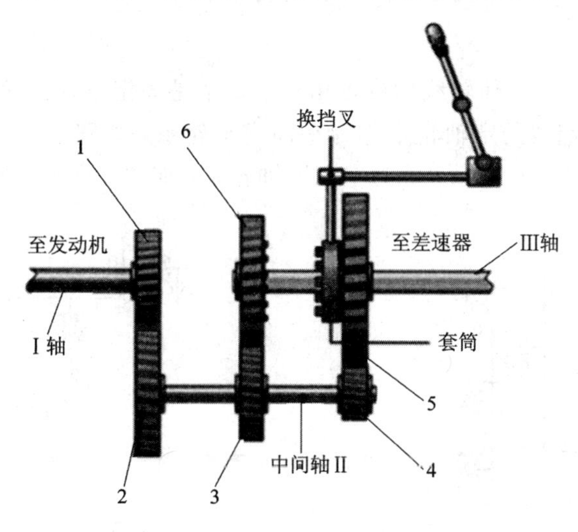

图4-4-1　汽车变速箱

变速箱是一个2挡变速箱，其工作过程为输入轴带动中间轴，中间轴带动齿轮5，齿轮通过套筒和花键轴相连，传递能量至驱动轴上。与此同时，齿轮6也在旋转，但由于没有和套筒啮合，所以它不对花键轴产生影响。当套筒在两个齿轮中间时，变速箱在空挡位置。两个齿轮5、6都在花键轴上自由转动，速度是由中间轴上的齿轮和齿轮5或6间的变速比决定的。

任务提出与任务分析

1. 任务提出

图4-4-1为某汽车变速箱的简单结构示意图，该汽车采用的是手动变速器，已知$z_1=19$，$z_2=38$，$z_3=31$，$z_4=21$，$z_5=39$，$z_6=26$，轴Ⅰ(输入轴)$n_1=1000$ r/min，那么该车能实现几种车速？如何计算？

2. 任务分析

图4-4-1中的手动变速器主要是通过传动系统的轮系结构、差速器来实现速度和方向的变化的。那么在变速器中采用了哪种轮系？轮系又可分为几种类型，并有哪些应用呢？

相关知识

4.4.1 轮系的概念及分类

在现代机械中，为了满足不同的工作要求只用一对齿轮传动往往是不够的，通常用一系列齿轮共同传动。用一系列互相啮合的齿轮将主动轴和从动轴连接起来，这种多齿轮的传动装置称为轮系。

按轮系中各齿轮轴线是否相互平行，可分为平面齿轮系和空间齿轮系；按轮系运转时齿轮的轴线是否固定，又可分为定轴轮系和周转轮系。

1. 定轴轮系

在运转过程中，各轮几何轴线的位置相对于机架是固定不动的轮系称为定轴轮系。由轴线相互平行的齿轮组成的定轴轮系称为平面定轴轮系，如图4-4-2所示；包含蜗轮、蜗杆、锥齿轮等在内的定轴轮系，称为空间定轴轮系，如图4-4-3所示。

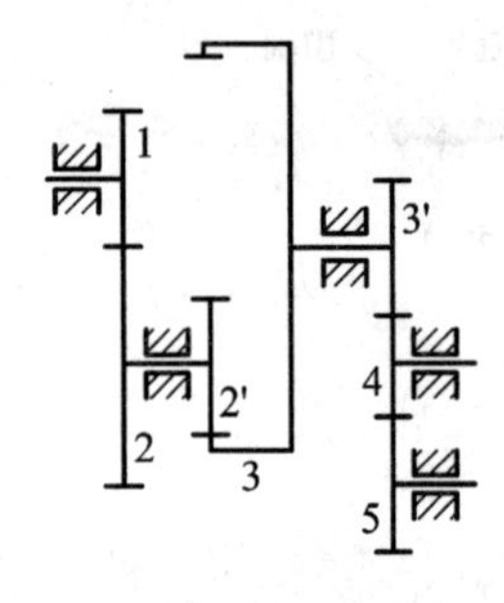

图4-4-2 平面定轴轮系

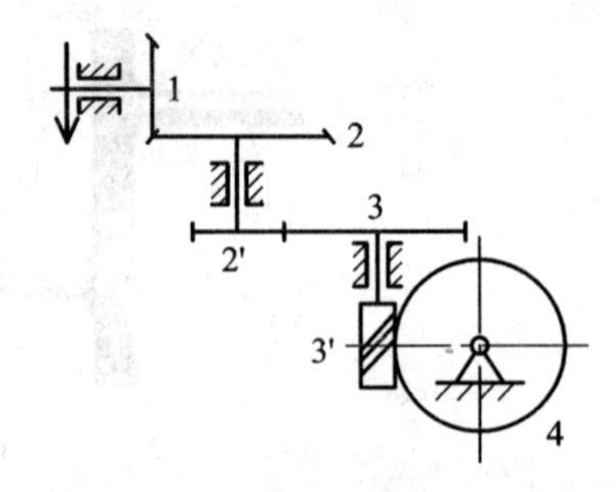

图4-4-3 空间定轴轮系

2. 周转轮系

在传动时至少有一个齿轮的轴线绕其他齿轮的轴线转动的轮系称为周转轮系。如图4-4-4(a)所示，齿轮1和3以及构件H各绕固定的几何轴线转动。齿轮2活套在构件H的小轴上。当构件H回转时，齿轮2一方面绕自己的几何轴线O_2转动(自转)，另一方面又随着构件H绕固定轴线O_1或O_H转动(公转)。这组齿轮构成了一个单一的周转轮系。轴线位置变动的齿轮2称为行星轮；支承行星轮作自转和公转的构件H称为系杆或转臂；轴线位置固定且与行星轮相啮合的齿轮1和3称为中心轮或太阳轮。系杆和中心轮为周转轮系的基本构件。基本构件的几何轴线必须相互重合，否则便不能转动。

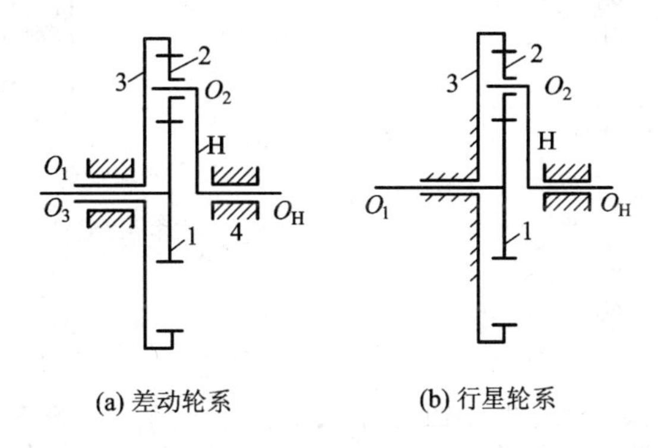

(a) 差动轮系　　(b) 行星轮系

图4-4-4　周转轮系

图4-4-4(a)所示的周转轮系中，两个中心轮都能转动。该机构的活动构件数$n=4$，低副为4个，高副为2个，机构自由度$F=3\times4-2\times4-2=2$。这种周转轮系称为差动轮系。

图4-4-4(b)所示的周转轮系中，只有一个中心轮能够转动。该机构的活动构件$n=3$，低副3个，高副2个，机构自由度$F=3\times3-2\times3-2=1$。这种周转轮系称为行星轮系。

3. 混合轮系

由几个基本周转轮系或由定轴轮系和周转轮系组成的轮系称为混合轮系。如图4-4-5所示的混合轮系包括周转轮系(由齿轮1、2、2′、3转臂H组成)和定轴轮系(由齿轮3′、4、5组成)。

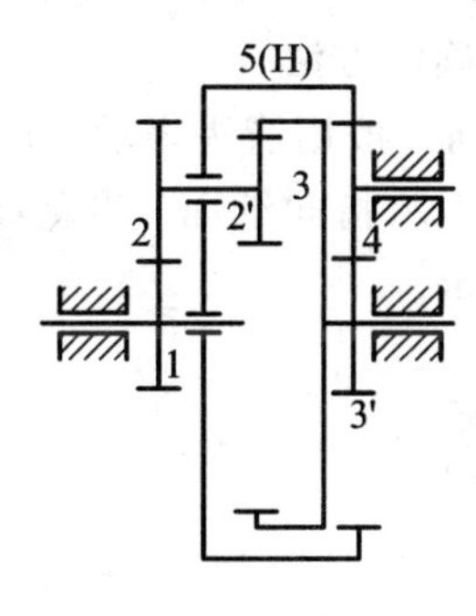

图4-4-5　混合轮系

4.4.2　定轴轮系传动比的计算

1. 平面定轴轮系传动比的计算

1）传动比大小的计算

如图 4-4-6 所示，设Ⅰ为输入轴，Ⅴ为输出轴；各轮的齿数用 z 表示，角速度用 ω 表示。首先计算各对齿轮的传动比：

$$i_{12}=\frac{\omega_1}{\omega_2}=\frac{z_2}{z_1}$$

$$i_{2'3}=\frac{\omega_{2'}}{\omega_3}=\frac{\omega_2}{\omega_3}=\frac{z_3}{z_{2'}}$$

$$i_{3'4}=\frac{\omega_{3'}}{\omega_4}=\frac{\omega_3}{\omega_4}=\frac{z_4}{z_{3'}}$$

$$i_{45}=\frac{\omega_4}{\omega_5}=\frac{z_5}{z_4}$$

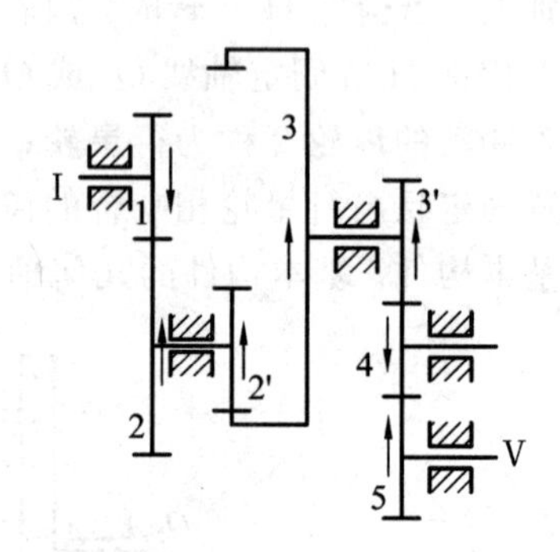

图 4-4-6　定轴轮系传动比计算

所以

$$i_{15}=\frac{\omega_1}{\omega_5}=\frac{\omega_1}{\omega_2}\cdot\frac{\omega_2}{\omega_3}\cdot\frac{\omega_3}{\omega_4}\cdot\frac{\omega_4}{\omega_5}=i_{12}\cdot i_{2'3}\cdot i_{3'4}\cdot i_{45}=\frac{z_2\cdot z_3\cdot z_4\cdot z_5}{z_1\cdot z_{2'}\cdot z_{3'}\cdot z_4}$$

结论：定轴轮系的传动比等于各对齿轮传动比的连乘积，其值等于各对齿轮的从动轮齿数的乘积与主动轮齿数的乘积之比。

设 1、k 分别代表轮系首、末的输入轮和输出轮，m 代表外啮合次数，则定轴轮系传动比的计算公式为

$$i_{1k}=\frac{\omega_1}{\omega_k}=\frac{n_1}{n_k}=(-1)^m\frac{\text{两轴间所有从动轮齿数的乘积}}{\text{两轴间所有主动轮齿数的乘积}}\qquad(4-4-1)$$

在图 4-4-6 中，齿轮 4 既是主动轮又是从动轮，因此在计算中并未用到它的具体齿数值。在轮系中，这种齿轮称为惰轮。惰轮虽然不影响传动比的大小，但若啮合的方式不同，则可以改变齿轮的转向，并会改变齿轮的排列位置和距离。

2）轮系转向的确定

在工程实际中，除了知道轮系传动比的大小以外，在主动轮转向已知的情况下还需要确定从动轮的转向，下面介绍两种确定方法。

(1) 箭头表示。轴或齿轮的转向一般用箭头表示。如图 4-4-7 所示，当轴线垂直于纸面时，图(a)表示背离纸面，图(b)表示指向纸面。当轴线在纸面内时，可用箭头表示轴或齿轮的转动方向，如图 4-4-8 所示。

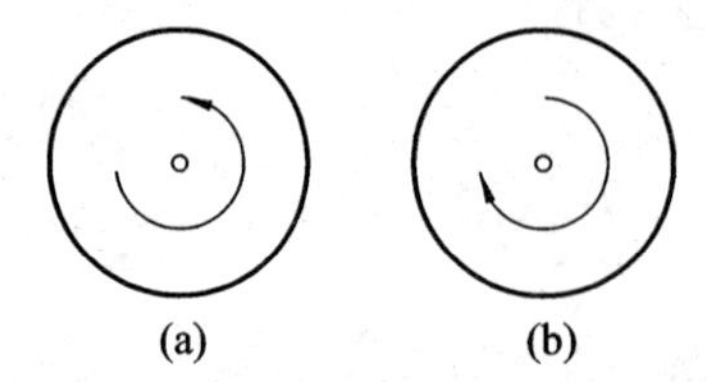

图 4-4-7　轴线与纸面垂直时的转向表示方法

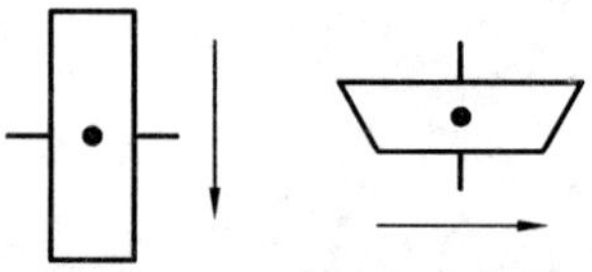

图 4-4-8　轴线在纸面时的转向表示方法

(2) 符号表示。当两轴或齿轮的轴线平行时，可以用“＋”或“－”表示两轴或齿轮的转向相同或相反，并直接标注在传动比的公式中。

符号表示法适用于平面定轴轮系。由于一对内啮合齿轮的转向相同，因此它们的传动比取“＋”。而一对外啮合齿轮的转向相反，因此它们的传动比取“－”。因此，两轴或齿轮的转向相同与否，由它们的外啮合次数而定。外啮合为奇数时，主、从动轮转向相反；外啮合为偶数时，主、从动轮转向相同。

注意：符号表示法不能用于判断轴线不平行的从动轮的转向传动比计算中。

(3) 判断从动轮转向的几个要点。

① 内啮合的圆柱齿轮的转向相同，如图 4－4－9 所示。

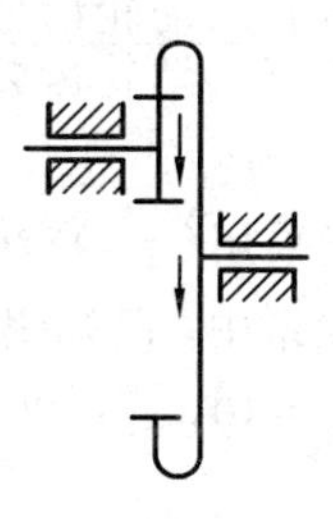

图 4－4－9　圆柱内啮合转动方向

② 外啮合的圆柱齿轮或圆锥齿轮的转动方向要么同时指向啮合点，要么同时背离啮合点。如图 4－4－10 所示为圆柱或圆锥齿轮的几种情况。

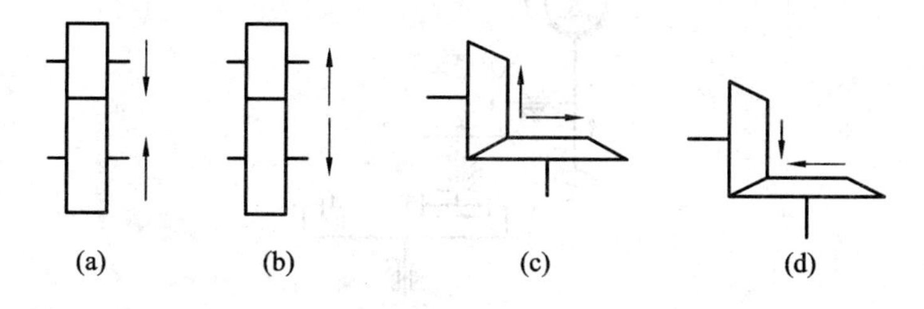

图 4－4－10　圆柱、圆锥齿轮转动方向

③ 蜗轮的转向不仅与蜗杆的转向有关，而且与其螺旋线方向有关。具体判断时，可把蜗杆看做螺杆，蜗轮看做螺母来考察其相对运动。如图 4－4－11 中的右旋蜗杆按图示方向转动时，可借助右手判断如下：拇指伸直，其余四指握拳，令四指弯曲方向与蜗杆转动方向一致，则拇指的指向(向右)即是螺杆相对螺母前进的方向。按照相对运动原理，螺母相对螺杆的运动方向应与此相反，故蜗轮上的啮合点应向左运动，从而使蜗轮逆时针转动。同理，对于左旋蜗杆，则应借助左手按上述方法分析判断。

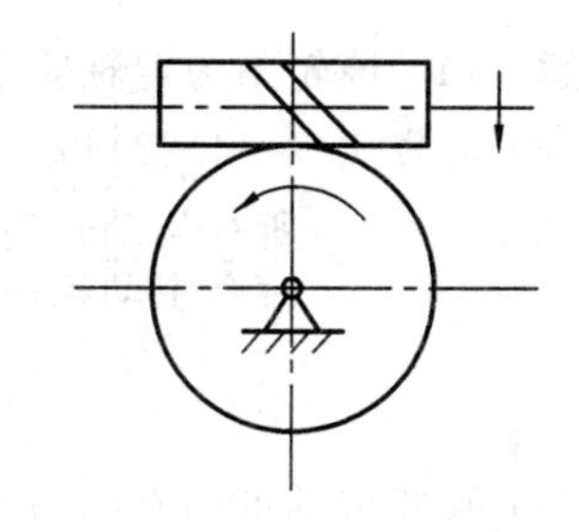

图 4－4－11　蜗杆、蜗轮转向的判断

④ 对于空间定轴轮系，只能用画箭头的方法来确定从动轮的转向。

例 4－4－1　已知图 4－4－6 所示的轮系中各齿轮齿数为 $z_1=22$，$z_2=25$，$z_2'=20$、$z_3=132$，$z_3'=20$，$z_5=28$，$n_1=1450$ r/min，试计算 n_5，并判断其转动方向。

解 因为齿轮1、2′、3′、4为主动轮，齿轮2、3、4、5为从动轮，所以共有3次外啮合。将各轮齿数代入式(4-4-1)得

$$i_{15}=(-1)^3\frac{z_2}{z_1}\frac{z_3}{z_{2'}}\frac{z_4}{z_{3'}}\frac{z_5}{z_4}=-\frac{25\times132\times28}{22\times20\times20}=-10.5$$

所以
$$n_5=n_1\frac{1}{i_{15}}=\frac{1450}{10.5}=138.1\ \text{r/min}$$

轮5的转向与轮1相反(如图4-4-6中所示)。

2. 空间定轴轮系传动比的计算

1) 传动比大小的计算

$$i_{1k}=\frac{\text{所有从动轮齿数的乘积}}{\text{所有主动轮齿数的乘积}}\tag{4-4-2}$$

2) 传动比的方向

注意：只能采用箭头标注法，不能采用$(-1)^m$法判断。

例4-4-2 在图4-4-12所示轮系中，已知蜗杆为单头且右旋，转速$n_1=1440$ r/min，转动方向如图示，其余各轮齿数为：$z_2=40$，$z_2'=20$，$z_3=30$，$z_3'=18$，$z_4=54$。

(1) 说明轮系属于何种类型；

(2) 计算齿轮4的转速n_4；

(3) 在图中标出齿轮4的转动方向。

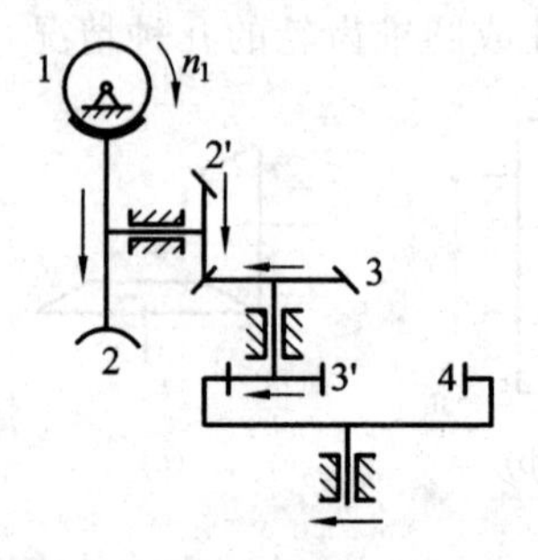

图4-4-12 空间轮系传动比计算

解 (1) 该轮系为定轴轮系。

(2) 由公式(4-4-2)知

$$i_{14}=\frac{\text{所有从动轮齿数的乘积}}{\text{所有主动轮齿数的乘积}}=\frac{z_2\cdot z_3\cdot z_4}{z_1\cdot z_{2'}\cdot z_{3'}}=\frac{40\times30\times54}{1\times20\times18}=180$$

$$n_4=n_1\frac{1}{i_{14}}=\frac{1440}{180}=8\ \text{r/min}$$

(3) 蜗杆传动可用左(右)手定则判断蜗轮的转向为↓。然后用画箭头的方法判定出n_4的转向为←，如图4-4-12所示。

4.4.3 周转轮系传动比的计算

在图4-4-13(a)所示的周转齿轮系中，行星轮z_2既绕本身的轴线自转，又绕O或O_H公转，因此不能直接用定轴轮系传动比计算公式求解行星轮系的传动比，而通常采用反转法来间接求解其传动比。

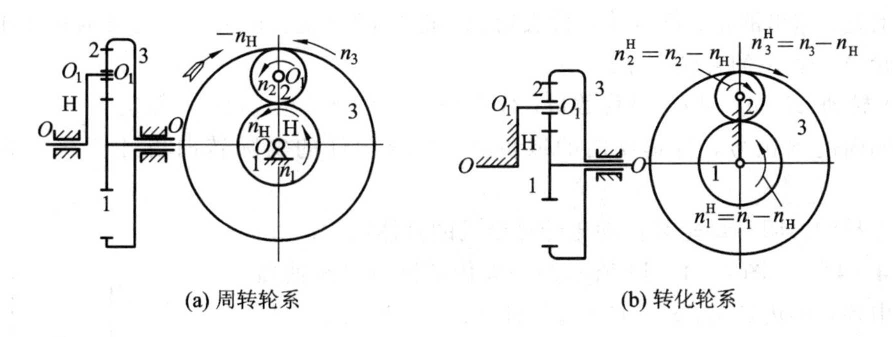

图 4-4-13　周转轮系的转化轮系

假定行星齿轮系各齿轮和行星架 H 的转速分别为 n_1、n_2、n_3、n_H，其转向相同(均沿逆时针方向转动)。现在整个行星齿轮系上加上一个与行星架转速大小相等、方向相反的公共转速($-n_H$)将行星齿轮系转化成一假想的定轴齿轮系，如图 4-4-13(b)所示。再用定轴齿轮系的传动比计算公式求解行星齿轮系的传动比。

由相对运动原理可知，对整个行星齿轮系加上一个公共转速($-n_H$)以后，该齿轮系中各构件之间的相对运动规律并不改变，但转速发生了变化，其各构件的相对转速见表 4-4-1。

表 4-4-1　各构件的相对转速

构件名称	原来的转速	转化轮系中的转速
太阳轮 1	n_1	$n_1^H=n_1-n_H$
行星轮 2	n_2	$n_2^H=n_2-n_H$
太阳轮 3	n_3	$n_3^H=n_3-n_H$
行星架(系杆)H	n_H	$n_H^H=n_H-n_H=0$

既然该齿轮系的反转机构是定轴齿轮系，则在图 4-4-13(b)所示的反转机构中，轮 1 和 3 间的传动比可表达为

$$i_{13}^H=\frac{n_1^H}{n_3^H}=\frac{n_1-n_H}{n_3-n_H}=(-1)^1\frac{z_2z_3}{z_1z_2}=-\frac{z_3}{z_1}$$

式中，i_{13}^H 表示反转机构中轮 1 与轮 3 相对于行星架 H 的传动比。其中“$(-1)^1$”表示在反转机构中有一对外啮合齿轮传动，传动比为负说明轮 1 与轮 3 在反转机构中的转向相反。

将上式推广到一般情况，设轮 A 为计算时的起始主动轮，转速为 n_A，轮 K 为计算时的最末从动轮，转速为 n_K，系杆 H 的转速为 n_H，则有

$$i_{AK}^H=\frac{n_A^H}{n_K^H}=\frac{n_A-n_H}{n_K-n_H}=(\pm)\frac{\text{从动轮齿数的连乘积}}{\text{主动轮齿数的连乘积}} \tag{4-4-3}$$

应用上式时必须注意：

(1) 公式只适应于轮 A、轮 K 和系杆 H 的轴线相互平行或重合的情况。

(2) 等式右边的正负号，按转化轮系中轮 A、轮 K 的转向关系，用定轴轮系传动比的转向判断方法确定。当轮 A、轮 K 转向相同时，等式右边取正号，相反时取负号。需要强

调说明的是：这里的正、负号并不代表轮 A、轮 K 的真正转向关系，只表示系杆相对静止不动时轮 A、轮 K 的转向关系。

(3) 转速 n_A、n_K 和 n_H 是代数量，代入公式时必须带正、负号。假定某一转向为正号，则与其同向的取正号，与其反向的取负号。待求构件的实际转向由计算结果的正负号确定。

以下举例说明行星轮系传动比计算公式的具体应用。

例 4-4-3 图 4-4-14 所示为一大传动比行星减速器。已知其中各轮的齿数为：$z_1=100$、$z_2=101$、$z_{2'}=100$、$z_3=99$。试求传动比 i_{H1}。

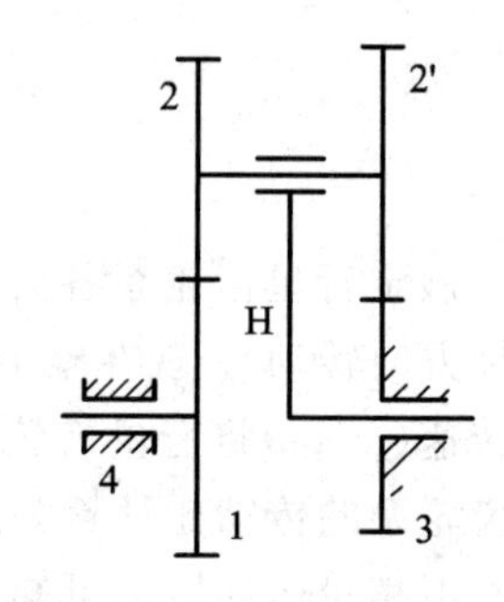

图 4-4-14 行星轮系

解 图 4-4-14 所示的行星轮系中，齿轮 1 为活动中心轮，齿轮 3 为固定中心轮。双联齿轮 2—2′为行星轮，H 为系杆。由式(4-4-3)得

$$\frac{n_1-n_H}{n_3-n_H}=(+)\frac{z_2\cdot z_3}{z_1\cdot z_{2'}}$$

因为在转化轮系中，齿轮 1 至齿轮 3 之间外啮合圆柱齿轮的对数为 2，所以上式右端取正号(正号可以不标)。又因为 $n_3=0$，故

$$\frac{n_1-n_H}{0-n_H}=\frac{101\times 99}{100\times 100}$$

又

$$i_{1H}=\frac{n_1}{n_H}=1-\frac{101\times 99}{100\times 100}=\frac{1}{10000}$$

所以

$$i_{H1}=\frac{n_H}{n_1}=\frac{1}{i_{1H}}=10000$$

即当系杆 H 转 10 000 圈时，齿轮 1 才转 1 圈，且两构件转向相同。本例也说明，行星轮系用少数几个齿轮就能获得很大的传动比。

若将 z_3 由 99 改为 100，则

$$i_{1H}=\frac{n_1}{n_H}=1-\frac{101\times 100}{100\times 100}=-\frac{1}{100}$$

$$i_{H1}=\frac{n_H}{n_1}=-100$$

由此结果可见，同一种结构形式的行星轮系，由于某一齿轮的齿数略有变化(本例中仅差一个齿)，其传动比会发生很大的变化，同时转向也会改变，这与定轴轮系大不相同。

应当指出：这种类型的行星齿轮传动，用于减速时，减速比越大，其机械效率越低。因此，它一般只适用于作辅助装置的传动机构，不宜传递大功率。如将它用作增速传动，传动比较大时可能会发生自锁。

例 4-4-4 图 4-4-15 所示的空间差动轮系中，已知 $z_1=40$，$z_2=40$，$z_3=40$，均为标准齿轮传动。试求 i_{13}^H。

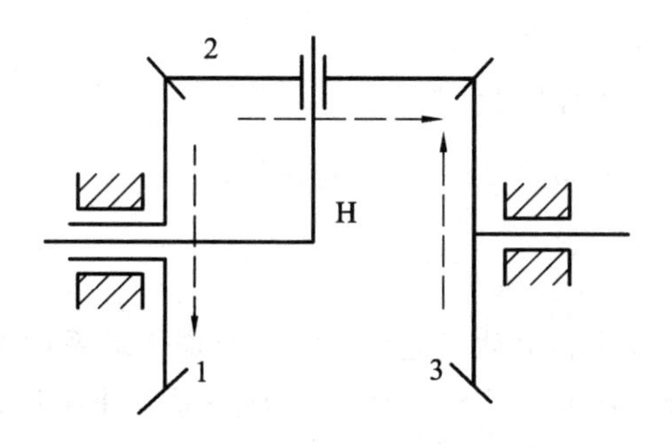

图 4-4-15　空间差动轮系

解　由式(4-4-3)得

$$i_{13}^{H}=\frac{n_1^H}{n_3^H}=\frac{n_1-n_H}{n_3-n_H}=(-)\frac{z_2z_3}{z_1z_2}=-\frac{z_3}{z_1}=-1$$

其"−"号表示轮 1 与轮 3 在反转机构中的转向相反。

4.4.4　复合轮系传动比的计算

复合轮系一般是由定轴轮系与周转轮系或若干个周转轮系复合而构成的。对于复合轮系，既不能转化为单一的定轴轮系，也不能转化为单一的周转轮系，所以不能用一个公式来求解其传动比。求解复合轮系传动比时必须首先将各个基本的行星轮系和定轴轮系部分划分开来，然后分别列出各部分的传动比的计算公式，最后联立求解。

划分轮系的关键是先找出周转轮系。根据行星轮轴线不固定的这个特点找出行星轮，再找出支承行星轮的系杆及与行星轮相啮合的中心轮，这些行星轮、系杆及中心轮就构成了一个基本的周转轮系。同理，再找出其他的周转轮系，剩下的就是定轴轮系部分。

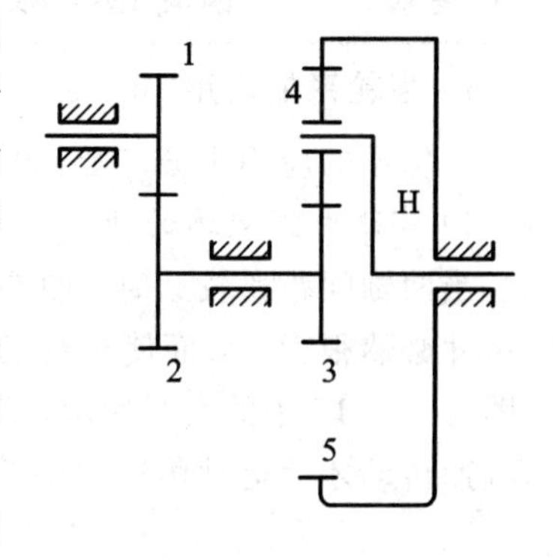

图 4-4-16　复合轮系

例 4-4-5　图 4-4-16 所示的复合轮系中，已知各轮齿数 $z_1=20$，$z_2=30$，$z_3=20$，$z_4=30$，$z_5=80$，轮 1 的转速 $n_1=300$ r/min。求系杆 H 的转速 n_H。

解　首先划分轮系：由图中可知，齿轮 4 的轴线不固定，所以是行星轮，支持它运动的构件 H 就是系杆，与齿轮 4 相啮合的齿轮 3、5 为中心轮，因此，齿轮 3、4、5 及系杆 H 组成了一个行星轮系。剩下的齿轮 1、2 是一个定轴轮系。二者合在一起便构成一个复合轮系。

定轴轮系部分的传动比

$$i_{12}=\frac{n_1}{n_2}=-\frac{z_2}{z_1}$$

行星轮系部分的传动比

$$i_{35}^{H}=\frac{n_3-n_H}{n_5-n_H}=-\frac{z_4z_5}{z_3z_4}$$

因为齿轮 2 及齿轮 3 为双联齿轮，所以有

$$n_2=n_3$$

将以上三式联立求解，可得

$$n_H=-\frac{n_1}{\frac{z_2}{z_1}\left(1+\frac{z_5}{z_3}\right)}=-\frac{300}{\frac{30}{20}\left(1+\frac{80}{20}\right)}=-40\ \text{r/min}$$

n_H 为负值，表明系杆与齿轮 1 的转动方向相反。

探索与实践

图 4-4-1 所示是一简单的手动变速器，变速器是传动系中的重要组成部分之一，通过对该车变速器结构的分析可知，该轮系属于定轴轮系，并通过该轮系实现两种变速(变速比)要求。

(1) 当套筒向右移动，此时齿轮 5 通过套筒和花键轴相连，传递能量至驱动轴上。

$$i_{\mathrm{I-III}}=\frac{n_1}{n_{\mathrm{III}}}=\frac{z_2z_5}{z_1z_4}=\frac{38\times39}{19\times21}=\frac{26}{7}$$

$$n_{\mathrm{III}}=\frac{7}{26}n_{\mathrm{I}}=\frac{7}{26}\times1000=269\ \text{r/min}$$

(2) 当套筒向左移动，此时齿轮 6 通过套筒和花键轴相连，传递能量至驱动轴上。

$$i_{\mathrm{I-III}}=\frac{n_1}{n_{\mathrm{III}}}=\frac{z_2z_6}{z_1z_3}=\frac{38\times26}{19\times31}=\frac{52}{31}$$

$$n_{\mathrm{III}}=\frac{31}{52}n_{\mathrm{I}}=\frac{31}{52}\times1000=596\ \text{r/min}$$

拓展知识——齿轮系与减速器的应用及选用

1. 齿轮系的应用

齿轮系的应用十分广泛，可归纳为以下几个方面。

1) 实现相距较远的两轴之间的传动

当两轴间距离较远时，如果仅用一对齿轮传动，如图 4-4-17 中的虚线所示，则两轮的尺寸必然很大，从而使机构总体尺寸也很大，结构不合理；如果采用一系列齿轮传动，如图 4-4-17 中的实线所示，就可避免上述缺点。如汽车发动机曲轴的转动要通过一系列的减速传动才使运动传递到车轮上，如果只用一对齿轮传动是无法满足要求的。

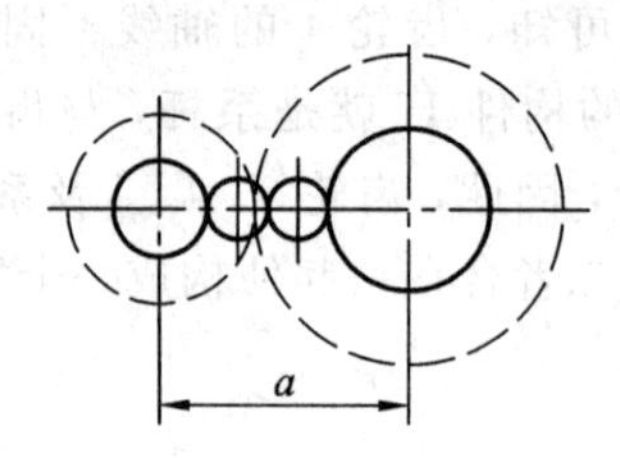

图 4-4-17 实现相距较远的两轴之间传动的定轴轮系

2) 获得大的传动比

采用定轴轮系或周转轮系均可获得大的传动比，尤其是行星轮系能在构件数量较少的情况下获得大的传动比。如例 4-4-3 中的轮系。

3) 实现换向传动

在主动轴转向不变的条件下，利用轮系中的惰轮，可以改变从动轴的转向。图 4-4-18

所示为三星轮换向机构，通过搬动手柄转动三角形构件，使轮 1 与轮 2 或轮 3 啮合，可使轮 4 得到两种不同的转向。

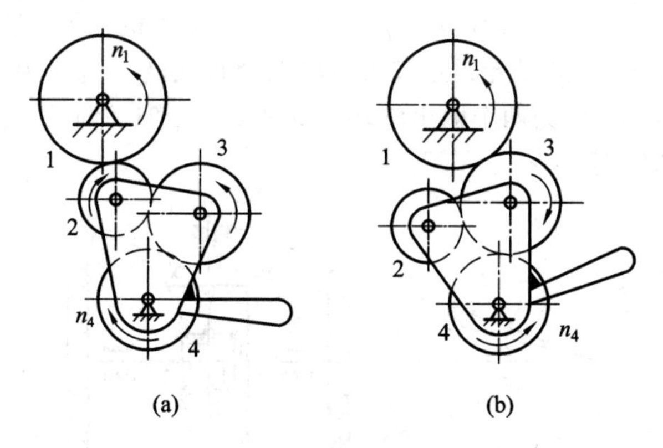

图 4-4-18　三星轮换向机构

4）实现变速传动

在主动轴转速不变的条件下，利用轮系可使从动轴获得多种工作转速。如图 4-4-19 所示的汽车变速箱，Ⅰ为输入轴，Ⅲ为输出轴，通过改变齿轮 4 及齿轮 6 在轴上的位置，可使输出轴Ⅲ得到四种不同的转速。一般机床、起重等设备上也都需要这种变速传动。

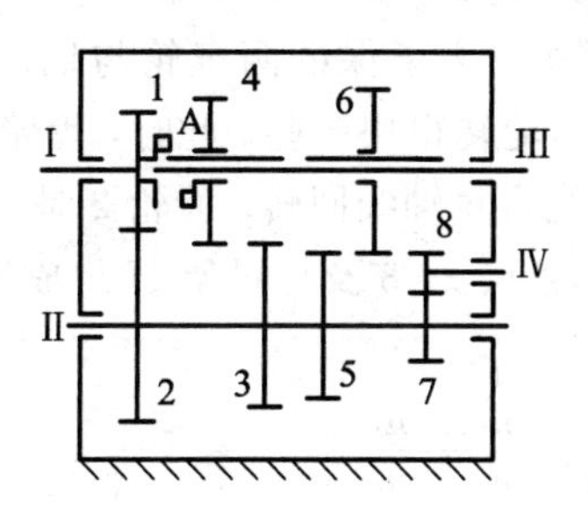

图 4-4-19　汽车的变速箱

5）实现运动的合成与分解

（1）运动的合成。利用周转轮系中差动轮系的特点，可以将两个输入转动合成为一个输出转动。在图 4-4-20 所示的由圆锥齿轮组成的差动轮系中，若轮 1 和轮 2 的齿数满足 $z_1=z_2$，则

$$\frac{n_1-n_{\mathrm{H}}}{n_3-n_{\mathrm{H}}}=-\frac{z_3}{z_1}=-1$$

可得

$$2n_{\mathrm{H}}=n_1+n_3$$

该轮系为差动轮系，有两个自由度。由上式可知，分别输入 n_1 和 n_3，合成为 n_{H}。

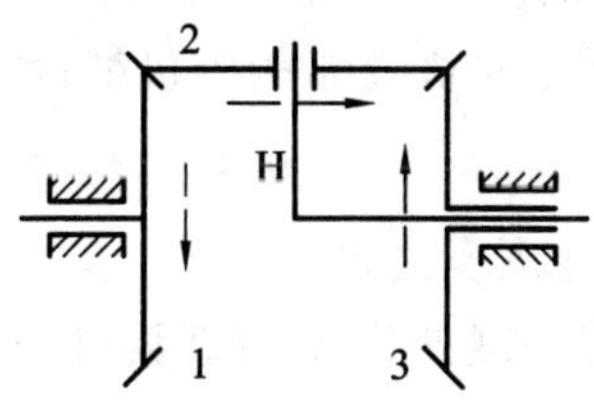

图 4-4-20　差动轮系

若 n_1 和 n_3 转向相同，则 n_H 为两个输入之和的 2 倍；若 n_1 和 n_3 转向相反，则 n_H 为两个输入之差的 2 倍。可见这种轮系可用作机械式加、减法机构，它具有不受电磁干扰的特点，可用于处理敏感信号，其广泛应用于运算机构、机床等机械传动装置中。

(2) 用于运动的分解。差动轮系不仅可以将两个输入转动合成为一个输出转动，而且还可以将一个输入转动分解为两个输出转动。如图 4－4－21 所示的汽车后桥上的差速器，就是用于运动分解的实例。

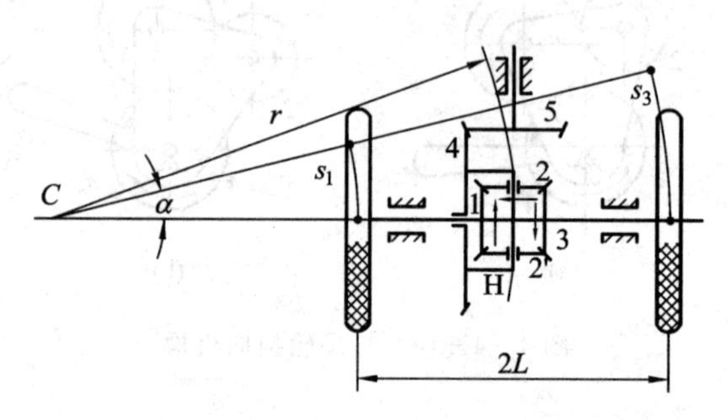

图 4－4－21 汽车后桥差速器

当汽车直线行驶时，左、右两轮转速相同，行星轮 2 及 2′不发生自转，齿轮 1、2、3 如同一个整体，一起随齿轮 4 转动，此时 $n_1=n_3=n_4$。

当汽车转弯时，例如向左转弯，为了保证两车轮与地面之间作纯滚动，以减少轮胎的磨损，就要求左轮转得慢一些，右轮转得快一些。此时，齿轮 1 与齿轮 3 之间发生相对转动，齿轮 2 除随齿轮 4 作公转外，还绕自身轴线回转。齿轮 2 是行星轮，齿轮 4 与行星架 H 固结在一起，齿轮 1、3 是中心轮。齿轮 1、2、3 及行星架 H 组成了差动轮系。根据式(4－4－3)及 $n_H=n_4$ 可得

$$\frac{n_1-n_4}{n_3-n_4}=-\frac{z_3}{z_1}=-1$$

则有

$$n_4=\frac{n_1+n_3}{2}$$

又由图 4－4－21 可见，当汽车绕瞬时回转中心 C 转动时，左、右两车轮滚过的弧长 s_1 及 s_3 应与两车轮到瞬心 C 的距离成正比，即

$$\frac{n_1}{n_3}=\frac{s_1}{s_3}=\frac{\alpha(r-L)}{\alpha(r+L)}=\frac{r-L}{r+L}$$

当从发动机传过来的转速 n_4、轮距 $2L$ 和转弯半径 r 为已知时，即可由以上两式计算出转速 n_1 和 n_3。

由此可见，差速器可将齿轮 4 的一个输入转速 n_4，根据转弯半径 r 的变化，自动分解为左、右两后轮不同的转速 n_1 和 n_3。

差速器广泛应用于车辆、飞机、农机及船舶等机械设备中。

2. 减速器的应用及选用

1) 常用减速器的主要类型、特点和应用

(1) 齿轮减速器。齿轮减速器按减速齿轮的级数可分为单级、二级、三级和多级减速器几种；按轴在空间的相互配置方式可分为立式和卧式减速器两种；按运动简图的特点可

分为展开式、同轴式和分流式减速器等。单级圆柱齿轮减速器的最大传动比一般为8～10，作此限制主要为避免外廓尺寸过大。若要求$i>10$，就应采用二级圆柱齿轮减速器。

二级圆柱齿轮减速器应用于传动比$i=8\sim50$及高、低速级的中心距总和为250～400 mm的情况下。三级圆柱齿轮减速器用于要求传动比较大的场合。圆锥齿轮减速器和二级圆锥一圆柱齿轮减速器，用于需要输入轴与输出轴成90°配置的传动中。因大尺寸的圆锥齿轮较难精确制造，所以圆锥一圆柱齿轮减速器的高速级总是采用圆锥齿轮传动以减小其尺寸，提高制造精度。齿轮减速器的特点是效率高、寿命长、维护简便，因而应用极为广泛。

(2) 蜗杆减速器。蜗杆减速器的特点是在外廓尺寸不大的情况下可以获得很大的传动比，同时工作平稳、噪声较小，但缺点是传动效率较低。蜗杆减速器中应用最广的是单级蜗杆减速器。

单级蜗杆减速器根据蜗杆的位置可分为上置蜗杆、下置蜗杆及侧蜗杆三种，其传动比i的范围一般为10～70。设计时应尽可能选用下置蜗杆的结构，以便于解决润滑和冷却问题。

(3) 蜗杆—齿轮减速器。这种减速器通常将蜗杆传动作为高速级，因为高速时蜗杆的传动效率较高。它适用的传动比i的范围为50～130。

2) 减速器的选用

(1) 减速器传动比的分配。由于单级齿轮减速器的传动比最大不超过10，当总传动比要求超过此值时，应采用二级或多级减速器。此时就应考虑各级传动比的合理分配问题，否则将影响到减速器外形尺寸的大小、承载能力能否充分发挥等。根据使用要求的不同，可按下列原则分配传动比：

① 使各级传动的承载能力接近于相等；

② 使减速器的外廓尺寸和质量最小；

③ 使传动具有最小的转动惯量；

④ 使各级传动中大齿轮的浸油深度大致相等。

(2) 选择减速器类型时应考虑的事项。

① 考虑动力机与工作机的相对轴线位置；

② 考虑传动比的大小；

③ 考虑传递功率的大小；

④ 考虑效率的高低。

归纳总结

1. 定轴轮系在传动中所有齿轮的回转轴线都有固定的位置，可用作较远距离的传动，获得较大的传动比，可改变从动轴的转向，获得多种传动比。

2. 在定轴轮系中，首轮与末轮的转速比等于各从动齿轮齿数的连乘积与各主动齿轮齿数的连乘积之比。

3. 用标注箭头的方法来区分首轮与末轮的转向，要注意箭头方向表示齿轮可见侧的圆周速度方向。当箭头同向时，转向相同；反向时，转向相反。还可采用数齿轮外啮合的对数的方法来确定转向。如果为偶数对外啮合，则首末两轮的转向相同；如果为奇数对外啮合，则首末两轮的转向相反。需要注意的是，当轮系中有锥齿轮或蜗杆蜗轮时，其转向只能用画箭头的方法确定，因各轮的运动不在同一平面内，所以不能用数齿轮外啮合对数的方法确定转向。因为该方法仅适用于外啮合的轴线平行的圆柱齿轮传动。

4. 周转轮系是指转动中有一个或几个齿轮的回转轴线的位置不固定，而是绕着其他齿轮的固定轴线回转。周转轮系具有很大的传动比，并能把一个转动分解为两个转动，或把两个转动合为一个转动。如果周转轮系中有两个构件具有独立的运动规律，则称为差动轮系。如果只有一个构件为主动件，则称为行星轮系。

思考与练习

思考题：

1. 定轴轮系和周转轮系的主要区别是什么？
2. 轮系的主要功用有哪些？
3. 什么是惰轮？惰轮对轮系传动比的计算有什么影响？
4. 选用减速器时需要考虑哪些方面的内容？

练习题：

一、判断题

1. 轮系可分为定轴轮系和周转轮系两种。 (　　)
2. 至少有一个齿轮和它的几何轴线绕另一个齿轮旋转的轮系称为定轴轮系。 (　　)
3. 在周转轮系中，凡是有旋转几何轴线的齿轮，就称为中心轮。 (　　)
4. 定轴轮系可以把旋转运动转变成直线运动。 (　　)
5. 轮系传动比的计算，不但要确定其数值，还要确定输入轴、输出轴之间的相对转向关系。 (　　)
6. 定轴轮系和周转轮系的主要区别在于系杆是否运动。 (　　)

二、填空题

1. 周转轮系由________、________和________三种基本构件组成。
2. 在定轴轮系中，每个齿轮的回转轴线都是________的。
3. 在复合轮系传动比计算中，要区分各个轮系，其关键在于________。
4. 惰轮对________并无影响，但却能改变从动轮的________方向。
5. 差动轮系的主要结构特点是有两个________。

三、选择题

1. 如图 4-4-22 所示的轮系属于(　　)。

A. 定轴轮系　　B. 行星轮系　　C. 差动轮系　　D. 混合轮系

2. 如图 4-4-23 所示的轮系中，齿轮(　　)称为惰轮。

A. 1 和 3′　　B. 2 和 4　　C. 3 和 3′　　D. 3 和 4

3. 在计算如图 4-4-24 所示的轮系传动比 i_{14} 时，在计算结果中(　　)。

A. 应加“+”号　　B. 应加“−”号

C. 不加符号，但应在图上标出从动轮 4 的转向为顺时针

D. 不加符号，但应在图上标出从动轮 4 的转向为逆时针

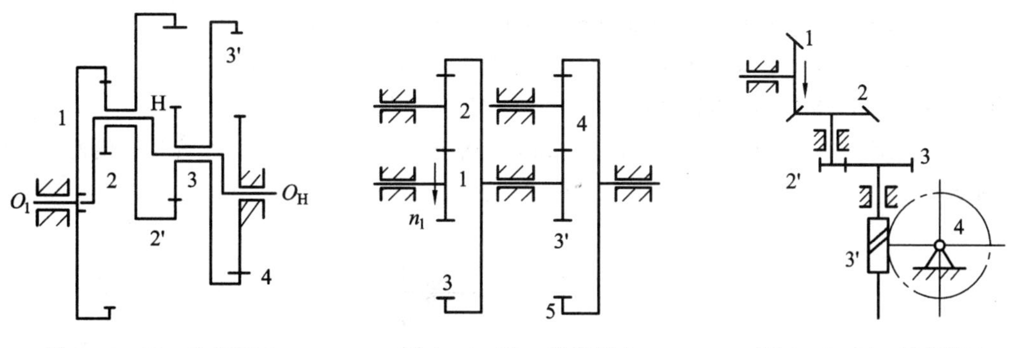

图 4-4-22　选择题 1　　图 4-4-23　选择题 2　　图 4-4-24　选择题 3

四、分析计算题

1. 在图 4-4-25 所示的定轴轮系中，已知各齿轮的齿数分别为 z_1、z_2、z_2'、z_3、z_4、z_4'、z_5、z_5'、z_6，求传动比 i_{16}。

2. 在图 4-4-26 所示的轮系中，已知各齿轮的齿数分别为 $z_1=18$，$z_2=20$，$z_2'=25$，$z_3=30$，$z_3'=2$(右旋)，$z_4=40$，且已知 $n_1=100$ r/min(A 向看为逆时针)，求轮 4 的转速及其转向。

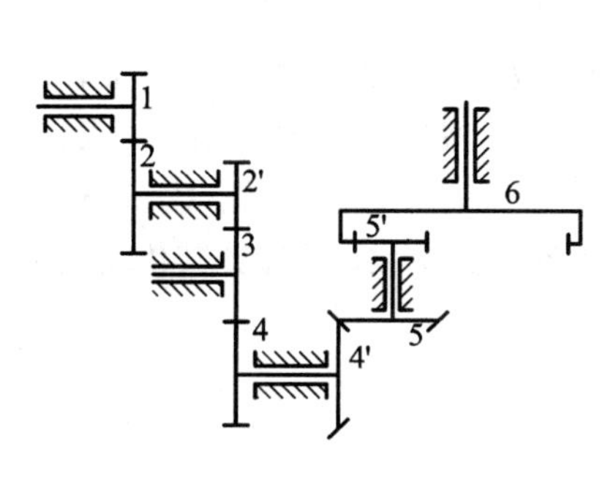

图 4-4-25　分析计算题 1 图

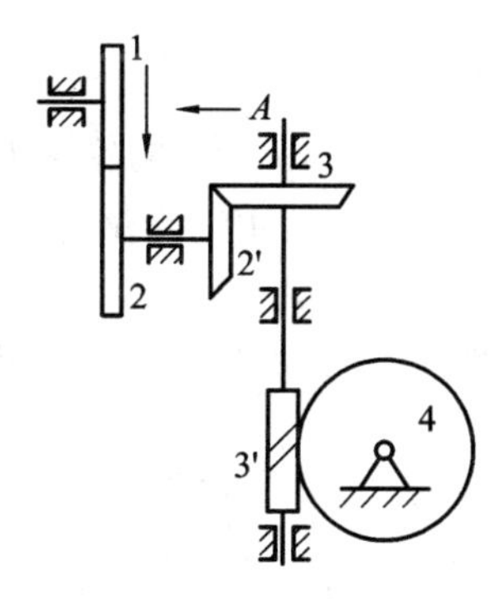

图 4-4-26　分析计算题 2 图

3. 在图 4-4-27 所示的轮系中，已知轮系中各齿轮的齿数分别为 $z_1=20$，$z_2=18$，$z_3=56$。求传动比 i_{1H}。

4. 在图 4-4-28 所示的输送带行星轮系中，已知各齿轮的齿数分别为 $z_1=12$，$z_2=33$，$z_2'=30$，$z_3=78$，$z_4=75$。电动机的转速 $n_1=1450$ r/min。试求输出轴转速 n_4 的大小与方向。

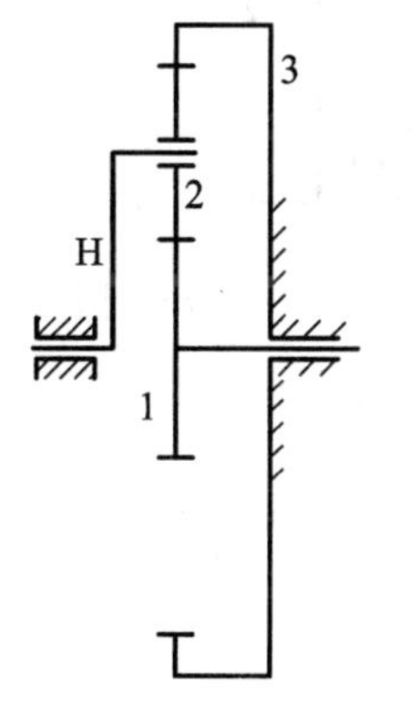

图 4-4-27　分析计算题 3 图

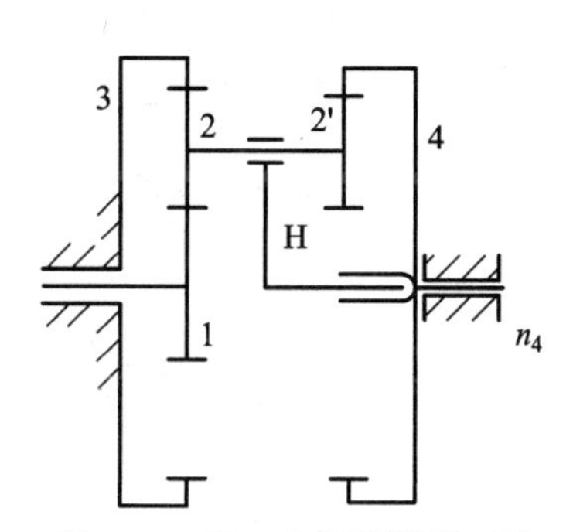

图 4-4-28　分析计算题 4 图

5. 如图 4-4-29 所示是由圆锥齿轮组成的行星轮系。已知 $z_1=60$，$z_2=40$，$z_2'=z_3=20$，$n_1=n_3=120$ r/min。设中心轮 1、3 的转向相反，试求 n_H 的大小与方向。

6. 在图 4-4-30 所示的轮系中，已知 $z_1=15$，$z_2=23$，$z_2'=15$，$z_3=31$，$z_3'=15$，$z_4=33$，$z_4'=2$(右旋)，$z_5=60$，$z_5'=20$($m=4$ mm)，若 $n_1=500$ r/min，求齿条 6 的线速度 v 的大小和方向。

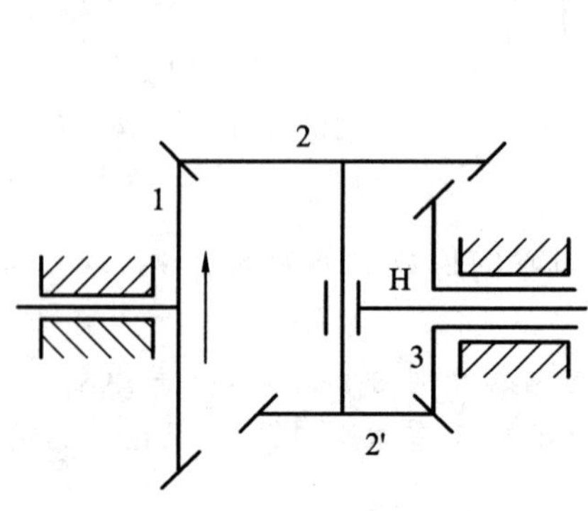

图 4-4-29 分析计算题 5 图

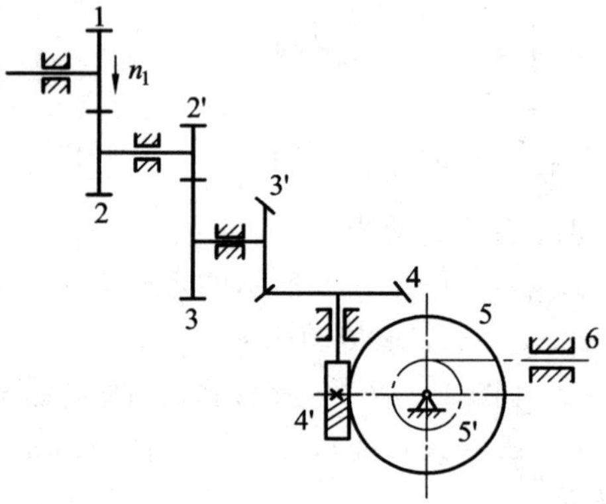

图 4-4-30 分析计算题 6 图

7. 在图 4-4-31 所示的轮系中，已知各齿轮的齿数为 $z_1=2$(右旋)，$z_2=60$，$z_3=100$，$z_4=40$，$z_5=20$，$z_6=40$，当蜗杆 1 以转速 $n_1=900$ r/min 按图示方向转动时，求齿轮 6 转速 n_6 的大小和转向。

8. 在图 4-4-32 所示的混合齿轮系中，若已知各轮的齿数，试计算其传动比 $i_{\text{I}\,\text{II}}$。

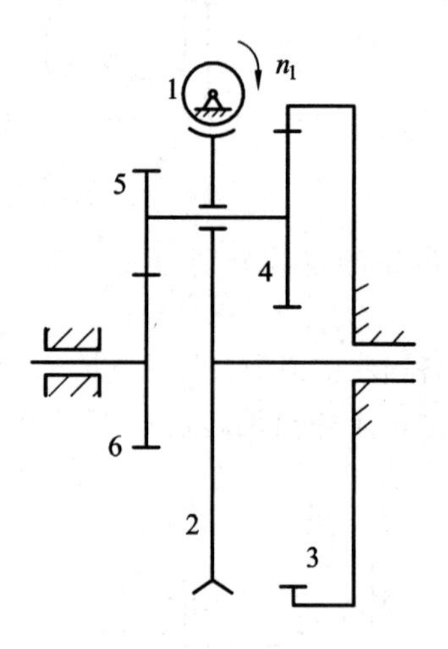

图 4-4-31 分析计算题 7 图

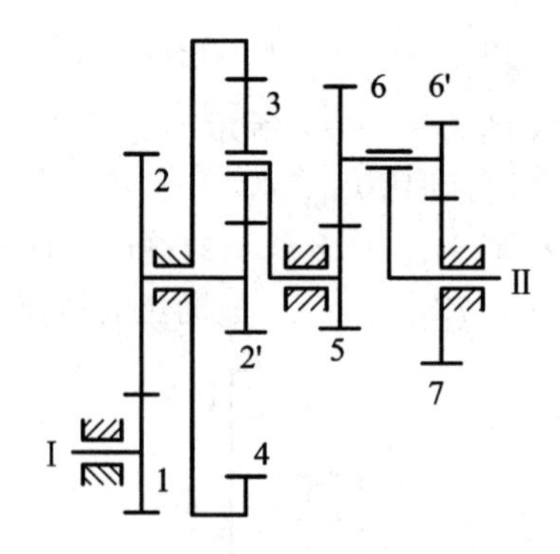

图 4-4-32 分析计算题 8 图

项目五　通用机械零部件

模块一　设计单级齿轮减速器中的输出轴

知识要求：1. 设计轴的结构；
　　　　　2. 分析轴的受力情况；
　　　　　3. 计算轴的强度和刚度。
技能要求：1. 能够分析减速器的组成和工作原理；
　　　　　2. 能够进行轴的设计；
　　　　　3. 能够掌握一些强度和刚度的计算方法。

任务情境

1. 减速器的组成

一级圆柱齿轮减速器的组成如图 5-1-1 所示，其中 1 为下箱体，2 为油塞，3 为吊耳，4 为检查孔盖，5 为通气器，6 为吊环，7 为上箱体，8 为游标尺，9 为启盖螺钉，10 为定位销，11 为输出轴系，12 为输入轴系，13 为输油沟。(各部分的作用详见项目四减速器的机构。)

2. 减速器的工作原理

减速器是指原动机与工作机之间独立的闭式传动装置，用来降低转速并相应地增大转矩。减速器的种类很多，在此仅以一级圆柱齿轮减速器为例来说明其工作原理。其工作原理见项目二中模块一的相关内容。

任务提出与任务分析

1. 任务提出

设计图 5-1-2 所示带式运输机中的单级斜齿轮减速器输出轴。已知：传递功率 $P=23.05$ kW，从动轮的转速 $n=245.6$ r/min，从动齿轮的分度圆直径 $d=319.19$ mm，螺旋角 $\beta=8°6'34''$，轮毂长度 $l=80$ mm，减速器单向运转。

2. 任务分析

在工程实践中，一级圆柱斜齿轮减速器中的输出轴是一种简单而又常见的轴。为了合

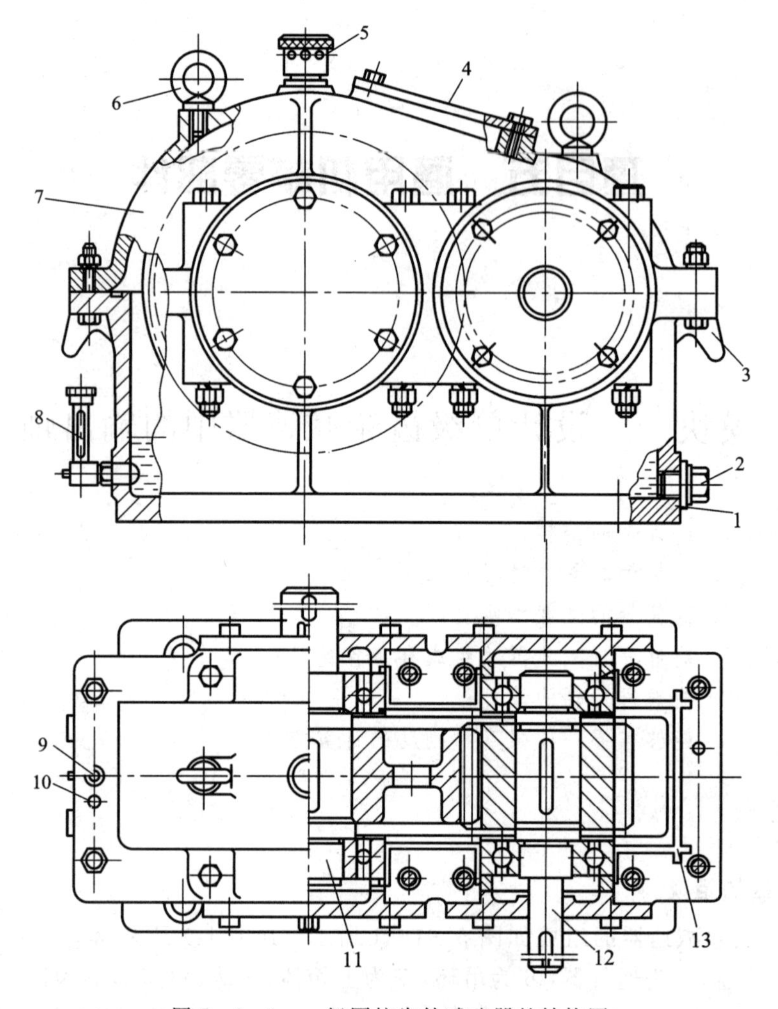

图 5-1-1 一级圆柱齿轮减速器的结构图

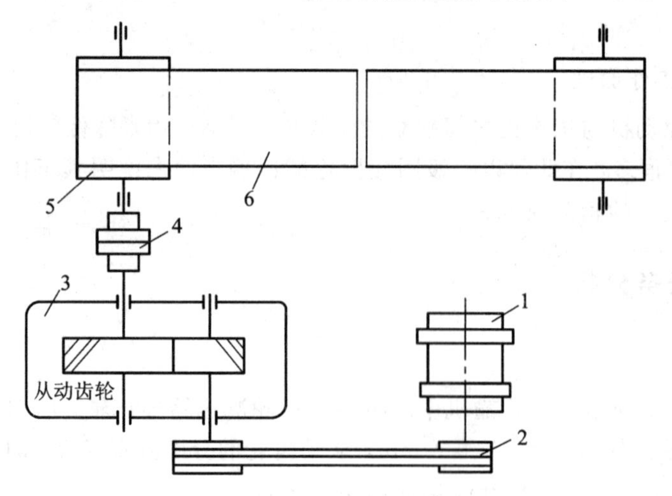

1—电动机；2—带传动；3—减速器；4—联轴器；5—滚筒；6—输送带

图 5-1-2 减速器传动示意图

理地设计出减速器输出轴的尺寸参数和结构，我们必须先了解减速器的结构和工作原理，再选用合适的材料，而且要掌握轴的设计计算方法，并进行强度、刚度的校核分析计算，必要时还要进行轴的疲劳强度校核。

相关知识

5.1.1　减速器中轴的功用、类型及材料

机器上安装的旋转类零件，如带轮、齿轮、蜗轮、联轴器和离合器等都必须用轴来支撑，才能进行运动及动力的传递，因此轴是组成机器的重要零件，其主要功用是支撑回转零件及传递运动和动力。

1. 轴的类型

1）根据受载情况分类

按照承受载荷的不同，轴可分为传动轴、心轴和转轴三种类型。

(1) 传动轴。仅承受扭矩不承受弯矩(或弯矩很小)的轴称为传动轴。如图 5-1-3 所示为小轿车变速箱与后桥之间的传动轴。

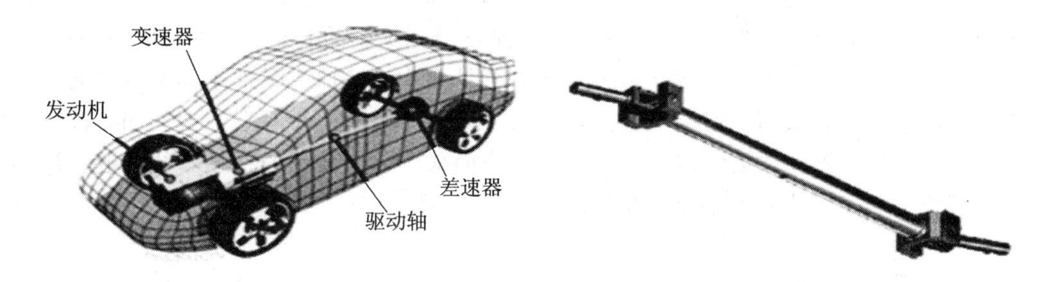

图 5-1-3　汽车传动轴

(2) 心轴。只承受弯矩而不承受扭矩的轴称为心轴。根据工作时心轴是否转动又分为固定心轴(如图 5-1-4(a)所示的自行车前轮轴)和转动心轴(如图 5-1-4(b)所示的火车轮轴)。

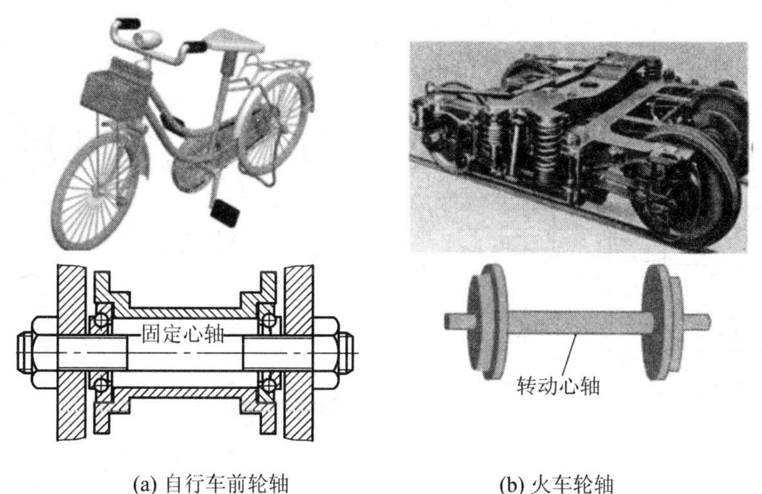

(a) 自行车前轮轴　　(b) 火车轮轴

图 5-1-4　心轴

(3) 转轴。既承受弯矩又承受扭矩的轴称为转轴。转轴是机器中最常见的轴，如机床的主轴和减速器中的齿轮轴(如图 5-1-5 所示)。

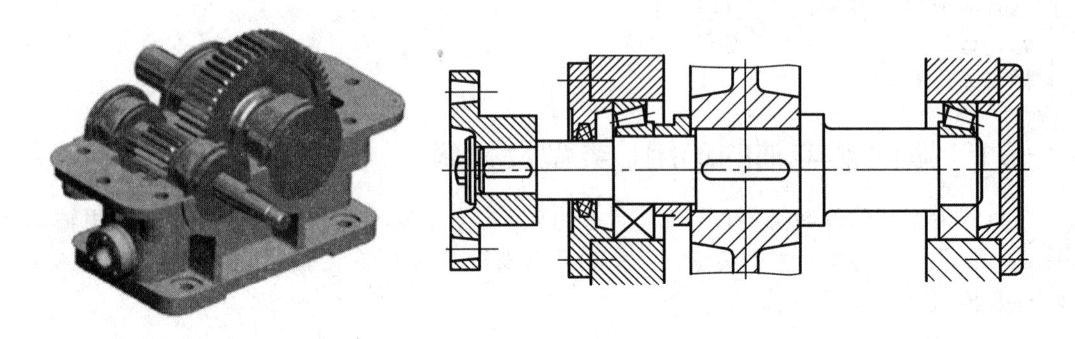

图 5-1-5　转轴(减速器齿轮轴)

2) 根据结构形状分类

根据轴的结构形状不同，可分为曲轴(见图 5-1-6)、直轴(见图 5-1-7)和挠性轴(见图 5-1-8)。曲轴常用于往复式机械中(曲柄压力机、内燃机等)。应用最广泛的是直轴，根据直径有无变化分为光轴(见图 5-1-7(a))和阶梯轴(见图 5-1-7(b))。一般情况下直轴是实心的，但有时为了结构需要、提高刚度及减少轴的质量，也可做成空心轴(见图 5-1-7(c))。光轴形状简单，加工容易，应力不易集中，光轴上零件不易装配和定位。阶梯轴方便轴上零件的装拆、定位与紧固，应用广泛。阶梯轴一般两端细中间粗，符合等强度设计原则。挠性钢丝软轴由多组钢丝分层卷绕而成，具有良好的挠性，可以把转矩和回转运动灵活地传输到不敞开的空间位置。

图 5-1-6　曲轴

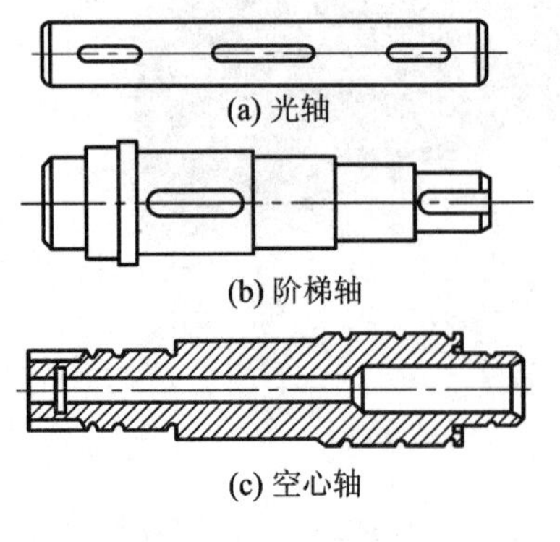

图 5-1-7　直轴

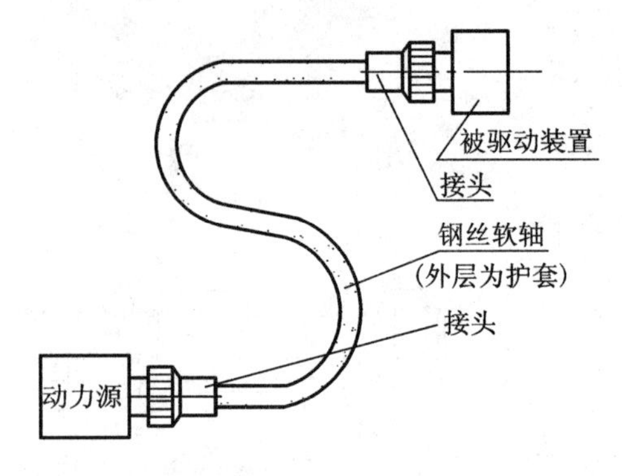

图 5-1-8　挠性轴

2. 轴的材料

从轴的功用中我们知道，轴主要承受弯矩和扭矩，工作时产生的应力多是循环交变应力，因此轴的主要失效形式是疲劳破坏。轴又是起支撑作用的重要零件，所以轴的材料应具有足够的强度、刚度、韧性、耐磨性和耐腐蚀性，对应力集中敏感性小，同时还应考虑制造的工艺性及经济性。

轴的材料主要是碳素钢和合金钢。

(1) 碳素钢对应力集中敏感性较低，价格便宜，经热处理后可改善其综合力学性能，因此应用广泛。常用的碳素钢有 35、40、45 钢等，45 钢应用最多，碳素钢一般应经过调质或正火处理，改善其力学性能。轻载或不重要的轴，也可采用 Q235、Q275 等。

(2) 合金钢具有较高的力学性能，对应力集中比较敏感，淬火性较好，热处理变形小，价格较贵，多用于要求质量轻和耐磨性好的轴。常用的合金钢有 27Cr2Mo1V、38CrMnMo、20Cr、20CrMnTi 等。由于在常温下合金钢和碳素钢的弹性模量相差不大，所以用合金钢代替碳素钢并不能提高轴的刚度。

(3) 球墨铸铁具有良好的吸振性和耐磨性，对应力集中敏感低，价格低廉，适用于制造形状复杂的轴，如凸轮轴和曲轴等。

轴的常用材料及其力学性能见表 5-1-1。

表 5-1-1　轴的常用材料及其力学性能

材料牌号及热处理	毛坯直径/mm	硬　度	强度极限/MPa	屈服极限/MPa	弯曲疲劳极限/MPa	应用说明
Q235			440	240	200	用于不重要或载荷不大的轴
35 正火	≤100	149～187 HBS	520	270	250	有好的塑性和适当的强度,用于一般轴
45 正火	≤100	170～217 HBS	600	300	275	用于较重要的轴,应用最为广泛
45 调质	≤200	217～255 HBS	650	360	300	
40Cr 调质	25	≤207 HBS	1000	800	500	用于载荷较大且无很大冲击的重要轴
	≤100	241～286 HBS	750	550	350	
	100～300	241～266 HBS	700	550	340	
35SiMn 调质	≤100	229～286 HBW	800	520	300	用于中小型轴,可代替40Cr
42SiMn 调质						
40MnB 调质	25	≤207 HBS	1000	800	485	性能接近于 40Cr,用于重要轴
	≤200	241～286 HBS	750	500	355	
35CrMo 调质	≤100	207～269 HBS	750	550	390	用于重载荷的轴
20Cr 渗碳淬火回火	15	56～62 HRC	850	550	375	用于要求强度、韧性及耐磨性均较高的轴
	≤60		650	400	280	

5.1.2 轴的结构设计

轴的结构设计就是确定出轴的合理外形和全部结构尺寸。影响轴外形和结构尺寸的因素有很多，如轴在机器中的安装位置和形式，轴上安装的零件类型、尺寸、数量以及和轴的连接方法，载荷的性质、大小、方向及分布情况，轴的加工工艺等。由于影响轴的结构的因素较多，并且轴的结构形式根据具体情况不同变化较大，因此轴没有标准的结构形式，设计时具有很大的灵活性。但是，不论任何具体情况轴的设计都应满足：轴和轴上零件有准确的定位和固定；轴上零件便于调整和维修；具有良好的制造工艺性；形状尽量简单，减小应力集中；轴的受力合理，有利于提高轴的强度和刚度；节约材料和减轻质量；为便于轴上零件的装拆，一般将轴设计成阶梯轴。

1. 典型轴系结构分析

图 5-1-9 所示为一典型阶梯轴的结构。轴上安装旋转零件的轴段称为轴头，通常轴头上开有键槽；安装轴承的轴段称为轴颈；轴身是连接轴颈和轴头的部分。阶梯轴截面变化的部位称为轴肩和轴环，对轴起轴向定位作用，其中直径尺寸两边都变化的轴段称为轴环。两端轴承盖把轴固定在箱体上。阶梯轴满足轴和轴上零件有准确的工作位置，轴上零件便于装拆，并且各轴段的强度基本接近。

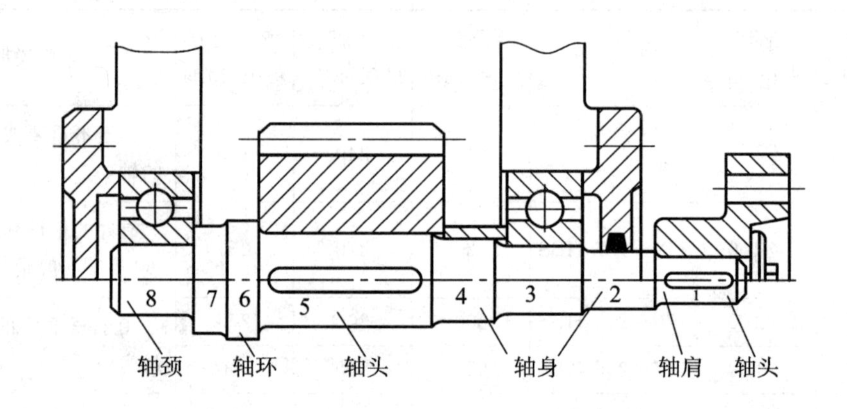

图 5-1-9 轴的结构

2. 轴上零件的定位和固定

轴上零件在轴上的固定或连接方式随零件的作用有所不同，为了保证轴上零件受力时有准确的固定位置，除了零件有移动或空转要求外，都必须进行轴向与周向定位和固定。

1）轴系零件轴向的定位和固定

零件轴向的定位和固定方式一般取决于轴向力的大小。为了防止零件的轴向窜动，通常轴向零件的定位与固定采用以下结构形式：轴肩、轴环、套筒、圆螺母、止退垫圈、弹性挡圈、紧定螺钉与锁紧挡圈、轴端挡圈以及圆锥面与轴端挡圈等。其具体应用见表 5-1-2。

表 5-1-2　轴系零件轴向定位和固定的特点及应用

轴向固定方法及结构简图		特点和应用	设计注意要点
轴肩与轴环	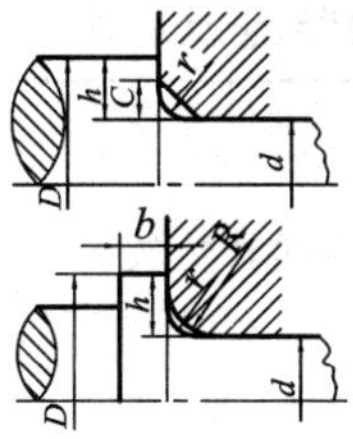	简单可靠，不需附加零件，能承受较大的轴向力。广泛应用于各种轴系零件的固定。 该方法会使轴径增大，阶梯处形成应力集中，且阶梯过多将不利于加工	为保证零件与定位面靠紧，轴上过渡圆角半径 r 应小于零件圆角半径 R 或倒角 C，即 $r<C<h$，$r<R<h$。一般取定位高度 $h=(0.07\sim0.1)d+(1\sim3)$ mm，非定位轴肩，取 $h=(1\sim3)$ mm，轴环宽度 $b=1.4h\geqslant10$ mm
套筒	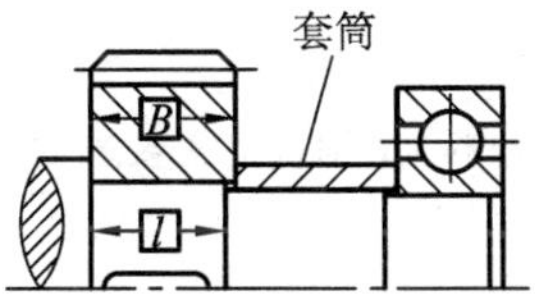	简单可靠，简化了轴的结构且不削弱轴的强度。常用于轴上两个近距离零件间的相对固定；不宜用于高速转轴	套筒内径与轴的配合较松，套筒结构、尺寸可视需要灵活设计
圆螺母	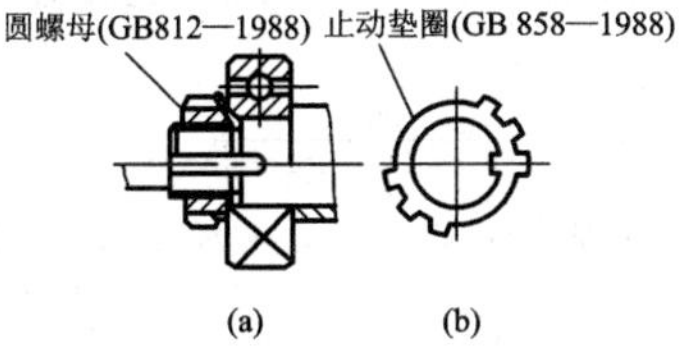	固定可靠，可承受较大的轴向力，但需切制螺纹和退刀槽，会削弱轴的强度。常用于轴上两零件间距较大处，也可用于轴端	为减小对轴强度的削弱，常用细牙螺纹；为防松，须加止动垫圈或使用双螺母
弹性挡圈	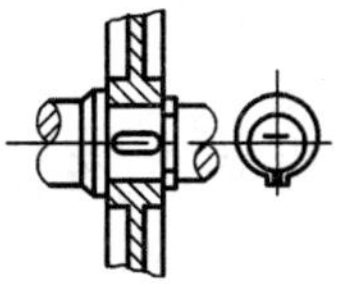	结构紧凑、简单，装拆方便，但受力较小，且轴上切槽将引起应力集中。常用于轴承的固定	轴上车槽尺寸见 GB 894.1—1986
轴端挡圈	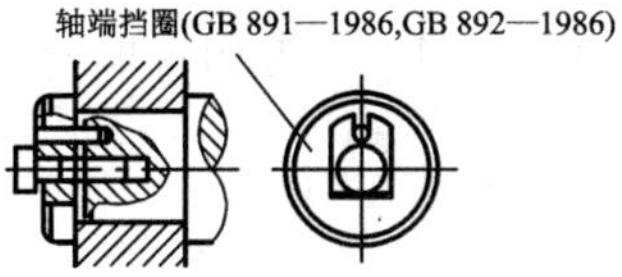	工作可靠，能承受较大的轴向力，应用广泛	只用于轴端；常与轴端挡圈联合使用，实现零件的双向固定
锥面	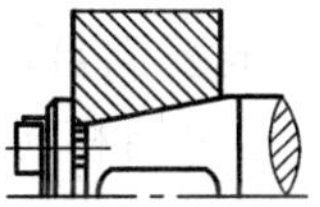	拆装方便，且可兼作周向固定。宜用于高速、冲击及对中性要求高的场合	只用于轴端；常与轴端挡圈联合使用，实现零件的双向固定
紧定螺钉与锁紧挡圈	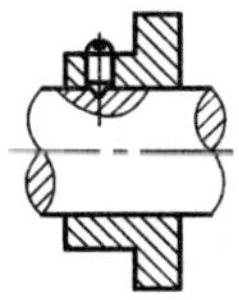	结构简单，可兼作周向固定，传递不大的力或力矩，不宜用于高速转轴	

2）轴系零件的周向定位和固定

周向定位和固定的目的是为了传递运动和转矩，避免轴上零件与轴发生相对转动。常用的周向固定方法有键连接、销连接、过盈配合及成形连接等。力不大时可使用轴向固定中的紧定螺钉连接。其具体应用见表 5-1-3。

表 5-1-3　轴系零件周向定位和固定的特点及应用

周向固定方法	结构简图	特点、应用及注意要点
平键连接		制造简单，装拆方便。用于传递转矩较大、对中性要求一般的场合，应用最为广泛。键槽应设计在同一条母线上
花键连接		承载能力高，定心好，导向性好，但制造较困难，成本较高。用于传递转矩大、对中性要求高或导向性好的场合
销连接		用于固定不太重要、受力不大，但同时需要轴向固定的零件。有圆柱销和圆锥销两种连接
过盈配合		结构简单，定心好，承载能力高，工作可靠，但装配困难，对配合尺寸的精度要求较高
成形连接		也称为无键连接，对轴强度影响不大，可承受较大周向力，制造困难

3. 各轴段直径和长度的确定

零件在轴上的定位和装拆方案确定后，轴的形状便基本确定了。各轴段所需的直径与轴上的载荷大小有关。最初，只能根据轴系简图和一些基本数据，按轴传递的转矩初估轴的最小直径。然后以初估直径为基础，进行轴的结构设计，初步得到各轴段的直径和长度、载荷作用点和支点位置，然后再进行强度校核。下面以图 5-1-9 为例说明直径和长度的确定。

1）确定各轴段的直径

轴段 1 的直径，根据扭转强度初估直径和联轴器的标准选定最小直径 d_{min}；轴段 2 处的直径应按照表 5-1-2 中的公式进行计算；轴段 3 处的直径既要满足定位轴肩高度的要求，又要满足轴承内径的要求，为装配方便，同一轴上轴承尽量采用相同的型号，故轴段 8 和 3 的直径相同；轴段 4 的直径可以和 3 相同，也可以按照非定位轴肩的要求，查表 5-1-2 确定；轴段 5 的直径应按照非定位轴肩确定，左端采用轴环定位；轴段 6 的直径按照定位轴肩确定；轴段 7 的直径要根据所安装轴承的安装尺寸查表确定。

2）确定各轴段的长度

为使套筒、轴端挡圈、圆螺母等能可靠地压紧在轴上零件的端面，轴头的长度通常比轮毂的长度短 2～3 mm；轴颈处的轴段长度应与轴承宽度相匹配；回转件端面与箱体内壁的距离一般取 15～20 mm；靠近箱体内壁的轴承端面距箱体内壁一般取 5～10 mm；其他轴段的长度应根据结构、装拆要求确定。

轴段直径和长度的确定详见“探索与实践”中轴的设计计算。

4. 轴的结构工艺性

轴的结构工艺性是指轴的结构形式应便于加工和装配轴上的零件，并且生产率高，成本低。一般来说，轴的结构越简单工艺性越好。因此，在满足使用要求的前提下，轴的结构形式应尽量简化。

1）轴的加工工艺性

（1）不同轴段的键槽，应布置在轴的同一母线上，以减少在键槽加工时的装夹次数，如图 5－1－10 所示。

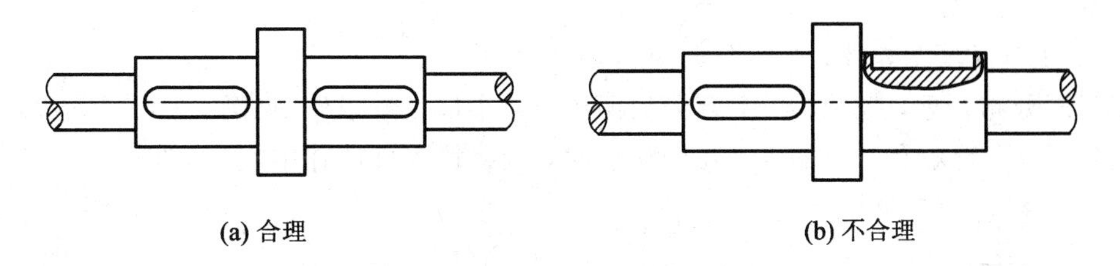

图 5－1－10　轴上键槽的布置

（2）需磨制轴段时，应留砂轮越程槽；需车制螺纹的轴段，应留螺纹退刀槽，如图 5－1－11 所示。

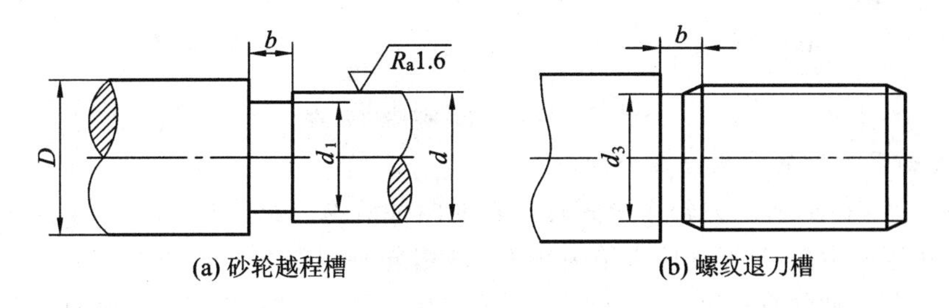

图 5－1－11　砂轮越程槽与螺纹退刀槽

（3）相近直径轴段的过渡圆角、键槽、越程槽、退刀槽尺寸应尽量统一。

2）轴上零件装配工艺性要求

（1）轴的配合直径应圆整为标准值。

（2）轴端应有 $C\times45^\circ$ 的倒角，如图 5－1－12 所示。

（3）与零件过盈配合的轴端应加工出导向锥面，如图 5－1－13 所示。

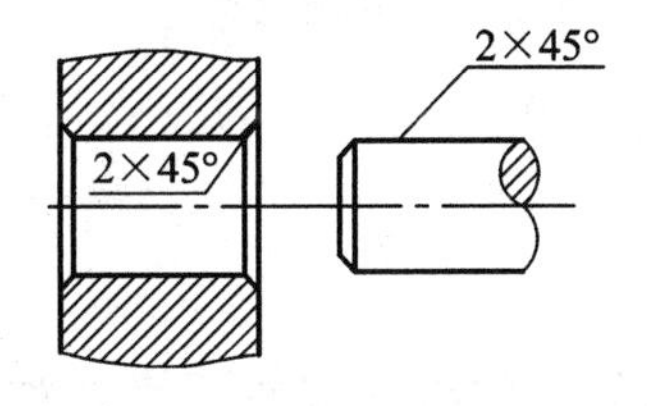

图 5－1－12　倒角

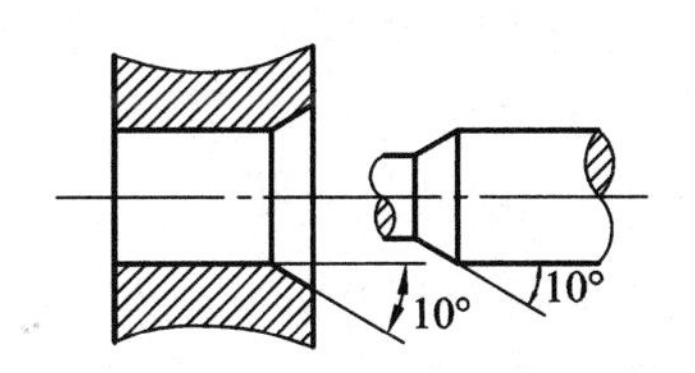

图 5－1－13　导向锥面

（4）装配段不宜过长，见图 5－1－14。

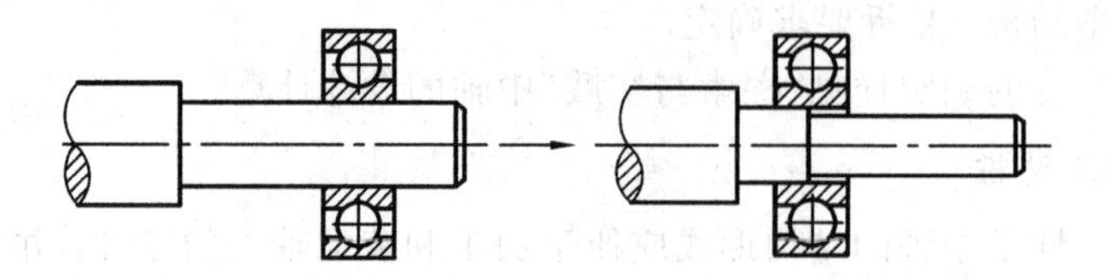

图 5-1-14 装配轴段结构

5. 提高轴的强度措施

轴和轴上零件的结构、工艺以及轴上零件的安装布置等对轴的强度有很大影响，所以应在这些方面进行充分考虑，以便提高轴的承载能力，减小轴的尺寸和机器的质量，降低制造成本。

1) 合理布置轴系零件，改善轴的受力情况

使弯矩分布合理，把轴、毂配合分成两段，减小最大弯矩值(见图 5-1-15(a))，使转矩合理分配；当转矩有一个输入、几个输出时，应将输入件放在中间(见图 5-1-15(b))。

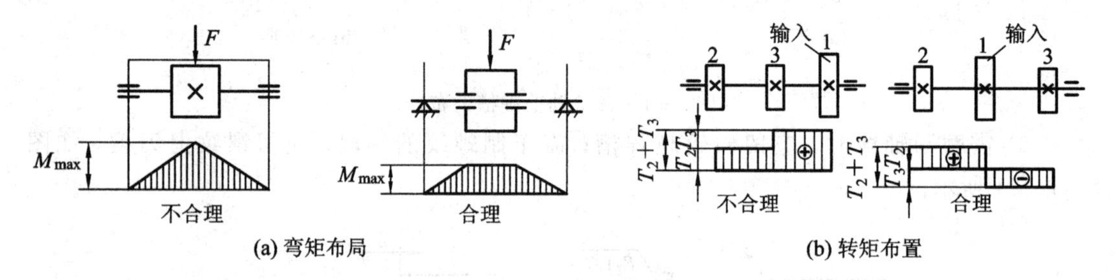

图 5-1-15 轴系零件的布置

2) 改进轴系零件的结构以减小轴的载荷

如图 5-1-16(a)所示为轮系中间轴齿轮的两种结构。双联齿轮的结构中，齿轮 A、B 做成一体，转矩经齿轮 A 直接传递给齿轮 B，故齿轮轴只受弯矩而不传递扭矩，在传递同样功率的载荷时，轴的直径可小于分装齿轮的结构。图 5-1-16(b)所示的卸载带轮结构恰好相反，其轴只受转矩的作用而不受弯矩的作用。

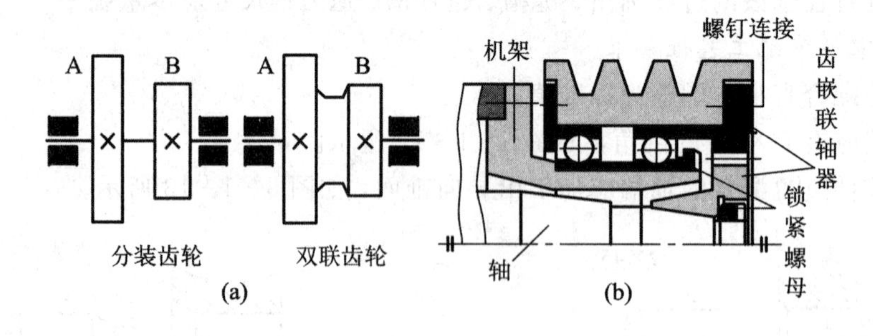

图 5-1-16 轴系零件的不同结构

3) 改进轴的结构以减小应力集中

轴大多在变应力下工作，结构设计时应减小应力集中，以提高轴的疲劳强度，这点尤为重要。轴截面尺寸突变处会造成应力集中，所以对阶梯轴，相邻两段轴径变化不宜过大，在轴径变化处的过渡圆角半径不宜过小。但是对定位轴肩，还必须保证零件得到可靠定

位。当靠轴肩定位的零件圆角半径很小时(如滚动轴承内圈的圆角)，为了增大轴肩处的圆角半径，可采用内凹圆角或肩环，如图 5-1-17 所示。

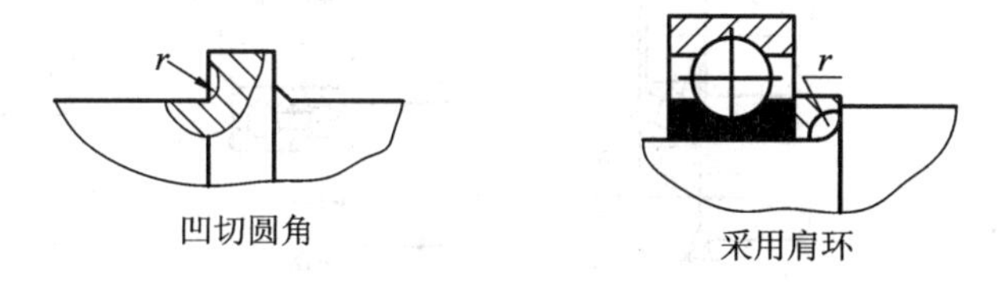

图 5-1-17　轴肩过渡结构

当轴与轮毂为过盈配合时，配合边缘处会产生较大的应力集中(见图 5-1-18(a))。为了减小应力集中，可在轮毂上或轴上开减载槽(见图 5-1-18(b)、(c))，或者增大配合部分的直径(见图 5-1-18(d))。由于配合的过盈量越大，引起的应力集中也越严重，因此在设计中应合理选择零件与轴的配合。

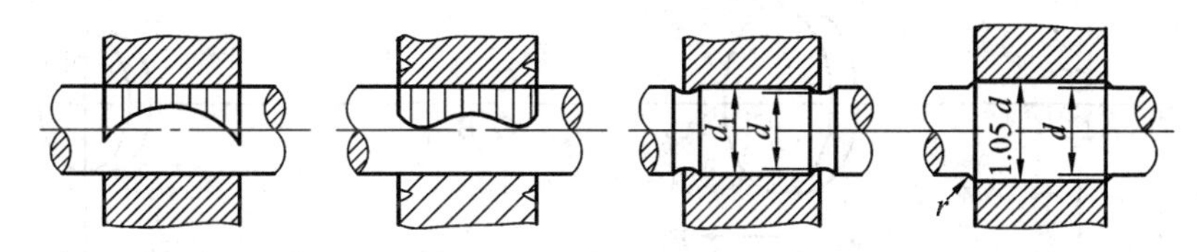

图 5-1-18　轴毂配合处的应力集中及其降低方法

尽量不在轴面上切制螺纹和凹槽，以免引起应力集中。尽量使用盘铣刀，因为用盘铣刀加工键槽比用键槽铣刀加工的键槽在过渡处对轴的截面削弱较为平缓，因此应力集中较小。

4) 改进轴的表面质量以提高轴的疲劳强度

表面粗糙度和表面强化处理会对轴的疲劳强度产生影响。表面愈粗糙，疲劳强度愈低。因此，应合理减小轴表面的加工粗糙度值。

表面强化处理的方法有：表面高频淬火；表面渗碳、氰化、氮化等化学处理；碾压、喷丸等强化处理。通过碾压、喷丸等强化处理时可使轴的表面产生预压应力，从而提高轴的抗疲劳能力。

5.1.3　分析轴的受力情况

从轴的分类中我们知道轴按受载情况可分为三类：传动轴、心轴和转轴。本节仅对转轴进行受力分析。通过对轴的结构进行设计，轴的主要结构尺寸、轴上零件的位置以及外载荷和支反力的作用点位置就已经确定，这时我们就可以建立力学模型，对轴进行受力分析，求出外载荷大小、方向及支反力大小、方向，从而求出各截面的扭矩和弯矩。

1. 作出轴的力学模型(计算简图)

轴所受载荷通常是从轴上零件传递来的，在进行受力分析时，一般把轴上的分布载荷简化为集中力，作用点取在载荷分布段的中点。作用在轴上的扭矩，一般从传动件轮毂宽度的中点算起，通常把轴当做置于铰链支座上的梁，支反力的作用点与轴承的类型和布置方式有关，可按照图 5-1-19 来确定。图中 a、d、e、l 的值可查阅轴承手册。

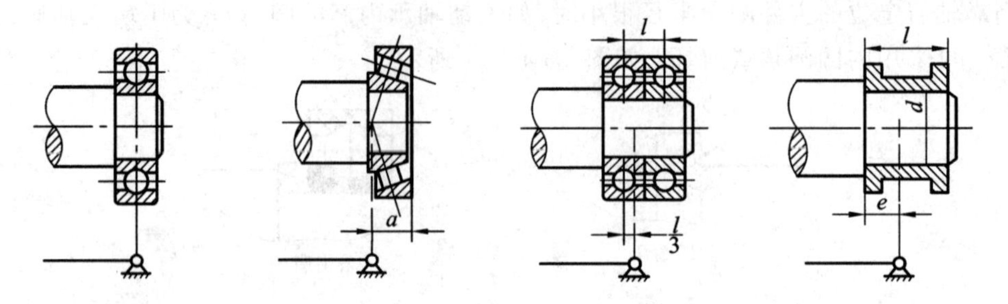

图 5-1-19　轴承的类型和布置方式

如果轴上的载荷不在同一平面内，需求出两个互相垂直平面的支承反力，即水平面支承反力 F_{RH} 和垂直面支承反力 F_{RV}，如图 5-1-20(a)所示

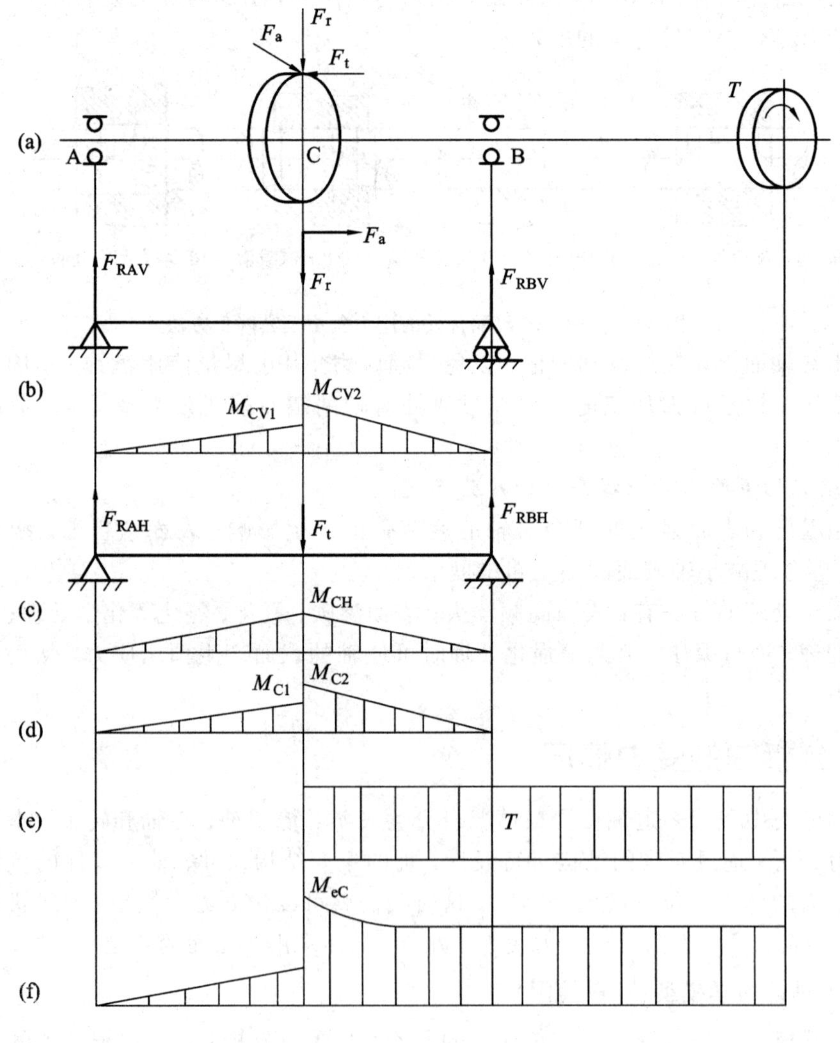

图 5-1-20　轴的受力分析图

2．作出弯矩图

根据受力简图分别作出水平面弯矩 M_H 图(见图 5-1-20(c))和垂直面的弯矩 M_V(见

图 5-1-20(b))，求出合成弯矩 M(见图 5-1-20(d))并作出合成弯矩图。

3. 作出扭矩图

扭矩图如图 5-1-20(e)所示。

5.1.4　轴的强度计算

轴的主要作用是传递运动和力，强度和刚度是其最基本的要求，必要时还要进行轴的振动稳定性计算。轴的强度计算方法有很多种，一般根据轴的受载情况和设计要求采用相应的计算方法。在此主要介绍按扭转强度条件和按弯扭组合强度条件的计算方法。

1. 按扭转强度条件计算

按扭转强度条件计算的方法是按轴的扭矩来计算轴的强度的。对于传动轴，因只受转矩，所以可以采用此方法。在做轴的结构设计时，通常按扭转强度条件初步估算轴的最小直径。不重要的轴也可以作为最后的计算结果。

根据材料力学中轴的扭转可知，轴的扭转强度条件为

$$\tau_T = \frac{T}{W_T} \approx \frac{9549 \times 10^3 \dfrac{P}{n}}{0.2d^3} \leqslant [\tau_T] \qquad (5-1-1)$$

式中：τ_T——扭转切应力(MPa)；

T——轴所受的扭矩(N·mm)；

W_T——轴的抗扭截面系数(mm^3)；

n——轴的转速(r/min)；

P——轴传递的功率(kW)；

d——计算截面处轴的直径(mm)；

$[\tau_T]$——许用扭转切应力(MPa)，见表 5-1-4。

由式(5-1-1)可得轴的设计公式(直径)为

$$d \geqslant \sqrt[3]{\frac{9549 \times 10^3 P}{0.2[\tau_T] \cdot n}} = \sqrt[3]{\frac{9549 \times 10^3}{0.2[\tau_T]}} \cdot \sqrt[3]{\frac{P}{n}} = C\sqrt[3]{\frac{P}{n}} \qquad (5-1-2)$$

式中，C 为由轴的材料和承载情况确定的常数，见表 5-1-4。

表 5-1-4　轴常见材料的$[\tau_T]$及 C 值

轴的材料	Q235A、20	Q275、35	45	40Cr、35SiMn
$[\tau_T]$	15～25	20～35	25～45	35～55
C	149～126	135～112	126～103	112～97

注：表中$[\tau_T]$值是考虑了弯矩影响而降低了的许用扭转切应力；当作用在轴上的弯矩比转矩小或只受转矩时，$[\tau_T]$取较大值，C 取较小值；反之$[\tau_T]$取较小值，C 取较大值。

由式(5-1-2)计算的直径为轴受扭矩段的最小直径。应当指出，若该段轴上开有键槽，应将轴径放大以考虑键槽对轴的强度削弱。当有一个键槽时，增大 4%～5%；若同一截面上开有两个键槽，则增大 7%～10%。然后结合与该段轴相配的零件孔径圆整到标准直径。

2. 按弯扭合成强度条件计算

前面进行了轴的受力情况分析，在结构设计完成后，可以求出轴各截面的弯矩和扭矩，此时可针对某些危险截面作弯扭合成强度校核计算。

对于一般钢制轴，根据材料力学中的第三强度理论，计算应力为

$$\sigma_e = \sqrt{\sigma^2 + 4\tau^2}$$

一般情况下有弯矩产生的弯曲应力 σ 为对称循环变应力；由扭矩产生的扭转切应力 τ 则常常不是对称循环变应力。考虑两者循环特性不同的影响，引入折合系数 α，则计算应力为

$$\sigma_e = \sqrt{\sigma^2 + 4(\alpha\tau)^2} \tag{5-1-3}$$

式(5-1-3)中弯曲应力为对称循环变应力。扭转切应力为静应力时 $\alpha\approx0.3$；扭转切应力为脉动循环变应力时 $\alpha\approx0.6$；扭转切应力为对称循环变应力时 $\alpha\approx1$。

直径为 d 的圆轴，弯曲应力 $\sigma=\dfrac{M}{W}$，扭转切应力 $\tau=\dfrac{T}{W_T}=\dfrac{T}{2W}$，把 σ 和 τ 代入式(5-1-3)，可得轴的弯扭合成强度条件为

$$\sigma_e = \sqrt{\left(\frac{M}{W}\right)^2 + 4\left(\frac{\alpha T}{2W}\right)^2} = \frac{\sqrt{M^2 + (\alpha T)^2}}{W} \leqslant [\sigma_{-1}] \tag{5-1-4}$$

式中：σ_e——轴的计算应力(MPa)；

M——轴所受的弯矩(N·mm)；

T——轴所受的扭矩(N·mm)；

W——轴的抗弯截面系数(mm^3)；

$[\sigma_{-1}]$——对称循环变应力时轴的许用弯曲应力，见表5-1-5。

表5-1-5　轴材料的许用弯曲应力

材料	σ_b	$[\sigma_{+1}]$(静应力)	$[\sigma_0]$(脉动循环)	$[\sigma_{-1}]$(对称循环)
碳素钢	400	130	70	40
	500	170	75	45
	600	200	95	55
	700	230	110	65
合金钢	800	270	130	75
	900	300	140	80
	1000	330	150	90
	1200	400	180	110
铸钢	400	100	50	30
	500	120	70	40

3. 按弯扭合成刚度条件计算

在载荷作用下，轴将产生弯曲或扭转变形。如变形过大，超过允许值时，将会影响轴系零件的正常工作，甚至使机器失去应有的工作能力。例如，装有齿轮的轴，如果变形过大会使齿轮啮合状态恶化，造成载荷在齿面上严重分布不均。因此，在设计有刚度要求的轴时，必须进行刚度的校核计算。轴的刚度有弯曲刚度和扭转刚度两种，下面分别讨论。

1）轴的弯曲刚度校核计算

轴的弯曲刚度用挠度 y 或偏转角 θ 来表示。根据材料力学中的计算公式和方法可得，轴的弯曲刚度条件为

挠度 $$y \leqslant [y] \tag{5-1-5}$$

偏转角 $$\theta \leqslant [\theta] \tag{5-1-6}$$

式中：$[y]$——轴的允许挠度(mm)，见表 5-1-6；

$[\theta]$——轴的允许偏转角(rad)，见表 5-1-6。

2）轴的扭转刚度校核计算

轴的扭转变形用每米长的扭转角 φ 来表示。根据材料力学知识可得，轴的扭转刚度条件为

$$\varphi \leqslant [\varphi] \tag{5-1-7}$$

式中，$[\varphi]$为每米长的许用扭转角，见表 5-1-6。

表 5-1-6　轴的许用变形量

变形		名称	许用变形量
弯曲变形	挠度/mm	一般用途的转轴	$(0.0003 \sim 0.0005)L$
		刚度要求较严的转轴	$0.0002L$
		感应电动机轴	0.1Δ
		安装齿轮的轴	$(0.01 \sim 0.03)m$
		安装蜗轮的轴	$(0.02 \sim 0.05)m$
	转角/rad	安装齿轮处	0.001～0.002
		滑动轴承	0.001
		向心球轴承	0.005
		调心球轴承	0.05
		圆柱滚子轴承	0.0025
		圆锥滚子轴承	0.0016
扭转变形	扭转角/(°/m)	一般传动轴	0.5～1
		精密传动轴	0.25～0.5

注：L 为轴的跨距，单位为 mm；Δ 为电动机定子与转子间的气隙，单位为 mm；m 为模数，齿轮为法面模数，蜗轮为端面模数，单位均为 mm。

探索与实践

图 5-1-3 所示的单级斜齿轮减速器输出轴的设计过程和结果如表 5-1-7 所示。

表 5-1-7 单级斜齿轮减速器输出轴的设计过程和结果

设计项目	设计内容和依据	结 果
1. 选择轴的材料，确定许用应力	因减速器为一般机械，考虑到该轴无特殊结构尺寸要求，故选用45钢调质热处理。查表5-1-1得σ_b=650 MPa，查表5-1-5得$[\sigma_{-1}]$=60 MPa。	σ_b=650 MPa $[\sigma_{-1}]$=60 MPa
2. 初步计算最小轴径	从动轴传递功率P=23.05 kW。由表5-1-4得C=126～103，代入公式(5-1-2)得 $d_{min} \geqslant C\sqrt[3]{\frac{P}{n}}=112\times\sqrt[3]{\frac{23.05}{245.6}}=50.9$ mm 考虑到轴端装联轴器需要开键槽，轴径应增大5%，即 $d=50.9\times(1+0.05)=53.445$ mm 该轴段需安装联轴器，考虑补偿轴的位移，选用弹性柱销联轴器。由n和转矩 $T_c=K\cdot 9550\times\frac{P}{n}=1.5\times 9550\times\frac{23.05}{245.6}=1344.3$ N·m K为工况系数，取1.5。查GB/T 5014—2003选用弹性柱销联轴器LX4，结合d_{min}值，取标准直径d_1=55 mm	选弹性柱销联轴器LX4型。最小轴径d_1=55 mm
3. 轴上零件定位、固定和装配	一级圆柱齿轮减速器，通常将齿轮装在箱体中央，相对两轴承对称布置(见图5-1-21)，齿轮右端用套筒定位和固定，左端使用轴环定位，周向使用平键固定。两轴承分别使用轴肩和套筒定位，周向采用过盈配合固定。联轴器右端使用轴端挡圈固定，左端使用轴肩定位，周向使用平键固定。轴设计成阶梯轴，左轴承从左端装入，齿轮、套筒、右轴承和联轴器从右端装入。采用油润滑	
4. 轴的结构设计	(1) 轴径的确定(见图5-1-21)： d_1=55 mm $d_2=d_1+2h_1=55+2\times(0.07\times 55+1)$ $=55+11.7=62.7$ mm 考虑到在该段轴上密封圈的尺寸，取d_2=65 mm； d_3轴段轴肩为非定位轴肩，按照非定位轴肩尺寸确定d_3： $d_3=d_2+2h_2=65+2\times 2.5=70$ mm 初选轴承型号为7214AC，轴承内径为70 mm，宽度B为24 mm； d_4轴段轴肩为非定位轴肩，按照非定位轴肩尺寸确定d_4： $d_4=d_3+2h_3=70+2\times 2.5=75$ mm $d_5=d_4+2h_4=75+2\times(0.07\times 55+2)=75+14.5$ $=89.5$ mm 取标准直径d_5=90 mm； 为方便轴承的装拆，$d_6=d_a$，查7214AC轴承安装尺寸d_a=79 mm，所以d_6=79 mm； $d_7=d_3$=70 mm，同一轴上的两轴承型号尽量相同	d_1=55 mm d_2=65 mm d_3=70 mm d_4=75 mm d_5=90 mm d_6=79 mm d_7=70 mm 轴承7214AC

续表一

设计项目	设计内容和依据	结　果
4. 轴的结构设计	(2) 轴段长度的确定(见图 5-1-21)： $l_1=82$ mm，LX4 型联轴器的轴孔长为 84 mm，l_1 应比联轴器轴孔短 2～3 mm，以便准确定位； $l_2=56$ mm，该部分轴段应考虑轴承端盖的总厚度(由减速器及轴承端盖的结构设计而定)，端盖拆装、轴承润滑的方便，定出长度； $l_3=B+\Delta_1+\Delta_2+0.5(b_1-b)+(2\sim3)$ $=24+5+15+0.5\times5+2.5=49$ mm 式子中 b_1-b 的值为大小齿轮的宽度差； $l_4=b-(2\sim3)=80-(2\sim3)$ $=77\sim78$ 取 $l_4=78$ mm； $l_5=\frac{1.4(d_5-d_6)}{2}=1.4\times0.5\times(90-75)$ $=10.5$ mm 取 $l_5=11$ mm； $l_6=B+\Delta_1+0.5(b_1-b)-l_5$ $=5+15+0.5\times5-11$ $=11.5$ mm 取 $l_6=12$ mm； $l_7=24$ mm，7214AC 宽度 B 为 24 mm (3) 求受力支点间的距离(见图 5-1-21)： $L_1=\frac{l_1}{2}+l_2+\frac{B}{2}=41+56+12=109$ mm $L_2=\left(l_3-\frac{B}{2}-2\right)+\frac{b}{2}=49-12-2+40=75$ mm $L_3=\frac{b}{2}+l_5+l_6+\frac{B}{2}=40+11+12+12=75$ mm	$l_1=82$ mm $l_2=56$ mm $l_3=49$ mm $l_4=78$ mm $l_5=11$ mm $l_6=12$ mm $l_7=24$ mm $L_1=109$ mm $L_2=75$ mm $L_3=75$ mm
5. 齿轮受力计算	扭矩： $T=9550\frac{P}{n}=9550\times\frac{23.05}{245.6}\text{N}\cdot\text{m}=896.2\ \text{N}\cdot\text{m}$ 圆周力： $F_t=\frac{2000T}{d}=\frac{2000\times896.2}{319.19}\text{N}=5615.4\ \text{N}$ 径向力： $F_r=\frac{F_t\tan\alpha_n}{\cos\beta}=\frac{5615.4\times\tan20^\circ}{\cos8^\circ6'34''}\text{N}=2064.5\ \text{N}$ 圆周力： $F_a=F_t\tan\beta=5615.4\times\tan8^\circ6'34''\text{N}=800\ \text{N}$	$T=896.2\ \text{N}\cdot\text{m}$ $F_t=5615.4$ N $F_r=2064.5$ N $F_a=800$ N

续表二

设计项目	设计内容和依据	结　果
6. 轴的强度计算	(1) 画轴的计算简图，如图 5-1-20(a)所示。 (2) 在水平面和铅垂面分别求出支承反力，如图 5-1-20(b)、(c)所示。 水平面内： $F_{RAH}=F_{RBH}=\frac{F_t}{2}=\frac{5615.4}{2}\text{N}=2807.7\text{ N}$ 铅垂面内： $F_{RAV}=\frac{F_r\cdot L_2-F_a\cdot d/2}{L_2+L_3}=\frac{2064.5\times75-800\times319.19/2}{75+75}=181.1\text{N}$ $F_{RBV}=\frac{F_r\cdot L_2+F_a\cdot d/2}{L_2+L_3}=\frac{2064.5\times75+800\times319.19/2}{75+75}=1883.4\text{N}$ (3) 求出弯矩，绘制弯矩图，如图 5-1-20(b)、(c)所示。 水平面内： $M_{CH}=F_{RAH}\cdot L_2=2807.7\times0.075=210.6\text{ N}\cdot\text{m}$ 铅垂面内： C 截面偏左处的弯矩： $M_{CV1}=F_{RAV}\cdot L_3=181.1\times0.075=13.6\text{ N}\cdot\text{m}$ C 截面偏右处的弯矩： $M_{CV2}=F_{RBV}\cdot L_2=1883.4\times0.075=141.3\text{ N}\cdot\text{m}$ 合成弯矩，如图 5-1-2(d)所示，C 截面偏左处的弯矩： $M_{C1}=\sqrt{M_{CV1}^2+M_{CH}^2}=\sqrt{13.6^2+210.6^2}=211.0\text{ N}\cdot\text{m}$ C 截面偏右处的弯矩： $M_{C2}=\sqrt{M_{CV2}^2+M_{CH}^2}=\sqrt{141.3^2+210.6^2}=253.6\text{ N}\cdot\text{m}$ (4) 绘制扭矩图，如图 5-1-20(e)所示，$T=896.2\text{ N}\cdot\text{m}$。 (5) 校核轴的强度。绘制当量弯矩图，如图 5-1-20(f)所示。轴在截面 C 处的弯矩和扭矩最大，故为轴的危险截面，须校核该截面直径。因该减速器单向传动，扭矩可认为按脉动循环变化，故取 $\alpha=0.6$。又因为 $M_{C2}>M_{C1}$，所以危险截面的最大当量弯矩为 $M_{eC}=\sqrt{M_{C2}^2+(\alpha T)^2}=\sqrt{253.6^2+(0.6\times896.2)^2}=594.5\text{ N}\cdot\text{m}$ 轴的计算应力为 $\sigma_{eC}=\frac{M_{eC}}{W}=\frac{594.5}{0.1\times75^3}\text{ MPa}=14.09\text{ MPa}$ 因为 $\sigma_{eC}=14.09\text{ MPa}<[\sigma_{-1}]=60\text{ MPa}$ 所以轴的强度满足要求	$F_{RAH}=2807.7\text{ N}$ $F_{RBH}=2807.7\text{ N}$ $F_{RAV}=181.1\text{ N}$ $F_{RBV}=1883.4\text{ N}$ $M_{CH}=210.6\text{ N}\cdot\text{m}$ $M_{CV1}=13.6\text{ N}\cdot\text{m}$ $M_{CV2}=141.3\text{ N}\cdot\text{m}$ $M_{C1}=211.0\text{ N}\cdot\text{m}$ $M_{C2}=253.6\text{ N}\cdot\text{m}$ $M_{eC}=594.5\text{ N}\cdot\text{m}$ $\sigma_{eC}=14.09\text{ MPa}$ 轴的强度足够
7. 绘制轴的零件图	查《机械设计手册》，确定轴上圆角和倒角尺寸、标注公差和表面粗糙度等，绘制轴的零件工作图，详见图 5-1-22	

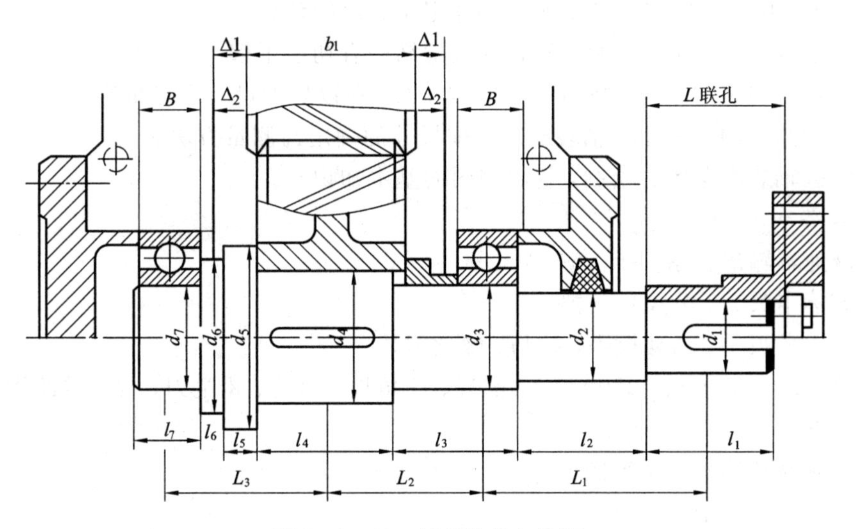

图 5-1-21　轴的结构与装配

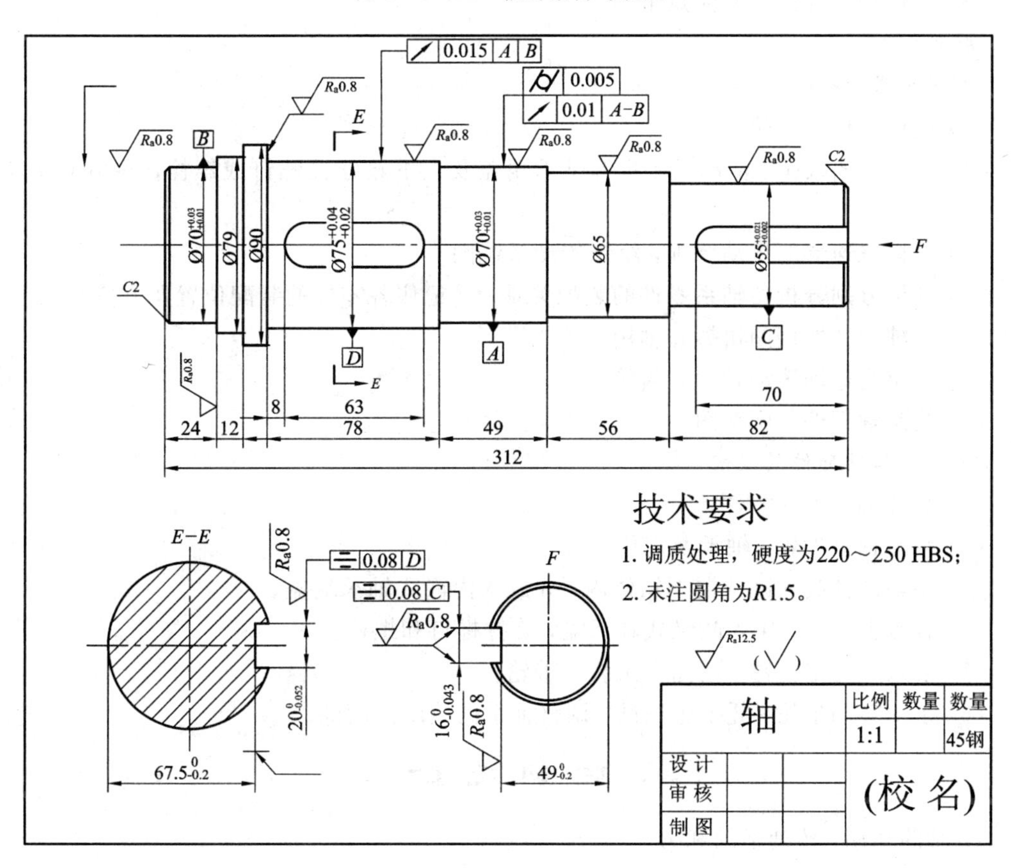

图 5-1-22　轴的零件工作图

技能训练——轴的装配结构分析与装配草图绘制

目的要求：

(1) 通过测量和计算，了解轴的结构工艺性和轴的轴向、周向定位与固定，掌握常用量具测定阶梯轴的方法，加深对轴肩、轴环定位高度的认识。

(2) 通过分析轴系上的零件，对轴的装配结构有初步了解。

(3) 分析轴的装配结构，找出不合理的方面，在以后的设计中尽量避免。

(4) 掌握测量轴段尺寸与轴装配件装配尺寸的确定与测量方法。

(5) 掌握轴装配草图的绘制，复习制图的基本知识。

操作设备和工具：

(1) 减速器输出轴系一个。

(2) 游标卡尺、千分尺各一把。

(3) 内六角扳手、活动扳手、拉马、螺丝刀。

(4) 绘图纸(260 mm×250 mm)、圆规、三角板、铅笔、铅笔刀、橡皮等绘图工具。

训练内容：

(1) 绘制减速器传动系统图。

(2) 绘制轴的装配草图。

(3) 分析轴部件拆装的注意事项。

实施步骤：

1) 减速器的拆卸

(1) 用拉马拆卸带轮。

(2) 用内六角扳手、活动扳手拆卸轴承端盖及上下箱连接螺钉或螺栓，并抬下减速箱上箱盖。

(3) 分析减速器的传动原理，绘制传动系统图。

(4) 分组分别分析各轴系零件的装配关系，并记住各零件的装配位置及方位。

(5) 用轴用弹性挡圈钳拆卸轴用弹性挡圈。

(6) 用拉马拆卸滚动轴承和齿轮。

(7) 绘制轴部件装配草图。

2) 减速箱轴部件的装配

(1) 清洗轴及轴上零件。

(2) 装配轴上齿轮、轴承及定位零件。

(3) 将轴部件装入减速器下箱体内，并放入内嵌式轴承端盖。

(4) 合盖上箱体，压入凸缘式轴承盖，旋拧螺钉和螺栓。

(5) 装入带轮定位键，用锤击法装入带轮。

(6) 手动转动带轮，凭手感测试、调整轴系的装配图间隙。

归纳总结

1. 轴的功用：传递运动和力。

2. 轴的分类，按载荷分为心轴、转轴和传动轴；按轴的形状分为直轴、曲轴和挠性钢丝轴。

3. 轴的常用材料：碳素钢、合金钢和球墨铸铁。

4. 轴的结构设计：轴向定位和固定；周向定位和固定；轴的结构工艺性。

轴向定位和固定：轴肩、轴环、弹性挡圈、轴端挡圈、成形面、锥面、圆螺母和套筒。

轴的周向固定：键、花键、过盈配合和销。

结构工艺性：退刀槽、砂轮越程槽以及轴端倒角。

5. 轴的设计包括轴的结构设计和强度设计计算，二者要结合进行，对于既受弯矩又受转矩的转轴，一般可先按扭矩强度初步估算轴的最小直径，待轴的结构确定后，再按弯扭合成强度对轴的强度进行校核。

思考与练习

思考题：

1. 轴的直径都要符合标准直径系列，轴颈的直径尺寸也一样，而且与轴承内孔的直径没关系。该叙述正确吗？

2. 制造轴的常用材料有几类？若轴的刚度不足，是否可采用高强度合金钢提高轴的刚度？为什么？

3. 轴的结构设计应从哪几方面考虑？

4. 轴系零件的周向固定有哪些方法？采用键固定时应注意什么？

5. 轴系零件的轴向固定方法有哪些？各有什么特点？

6. 在轴的弯扭合成强度校核中，α 表示什么？为什么要引入 α？怎么选择 α？

7. 轴肩或轴环的过渡圆角半径是否应小于轴上零件轮毂的倒角高度？

8. 试指出图中 1～8 标注处画法的错误。

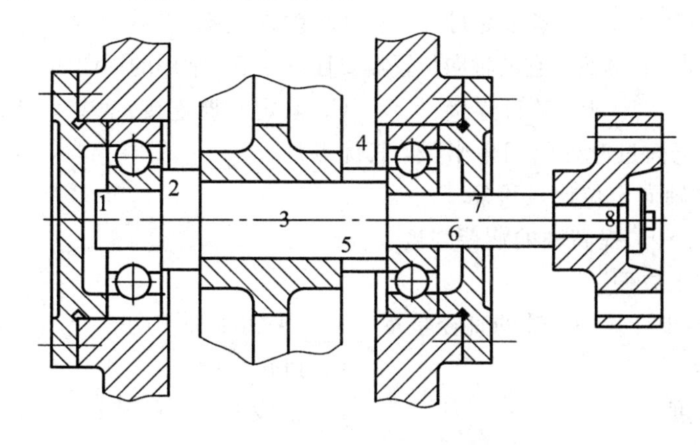

图 5-1-23　思考题 8 图

练习题：

一、判断题

1. 当轴上有多处键槽时，应使各键槽位于轴的同一母线上。　(　　)

2. 用扭转强度估算出轴的最小直径后，如轴上有一个键槽，则还需扩大 7%～10%。　(　　)

3. 由于阶梯轴各轴段的剖面是变化的，因此在各轴段过渡处必然存在应力集中。　(　　)

二、选择题

1. 工作时承受弯矩并传递扭矩的轴，称为______。

A. 心轴　　B. 转轴　　C. 传动轴

2. 自行车车轮的轴是______；自行车链轮的轴是______。

A. 心轴　　B. 转轴　　C. 传动轴

3. 在汽车下部中，由发动机和变速器通过万向联轴器带动后轮差速器的轴是______。

A. 心轴　　B. 转轴　　C. 传动轴

4. 最常用来制造轴的材料是______。

A. 20 钢　　B. 45 钢

C. 40Cr 钢　　D. 38CrMoAlA 钢

5. 减速器轴系的各零件中，______的右端是用轴肩来进行轴向定位的。

A. 齿轮　　B. 左轴承

C. 右轴承　　D. 半联轴器

6. 轴环的用途是______。

A. 作为轴加工时的定位面

B. 提高轴的强度

C. 提高轴的刚度

D. 使轴上零件获得轴向固定

7. 当轴上安装的零件要承受轴向力，采用______来进行轴向定位时，所能承受的轴向力较大。

A. 圆螺母　　B. 紧定螺母　　C. 弹性挡圈

8. 若套装在轴上的零件，它的轴向位置需要任意调节，常用的周向固定方法是______。

A. 键连接　　B. 销钉连接　　C. 紧定螺栓连接　　D. 紧配合连接

9. 增大轴在剖面过渡处的圆角半径，其优点是______。

A. 使零件的轴向定位比较可靠

B. 降低应力集中，提高轴的疲劳强度

C. 使轴的加工方便

10. 在轴的初步计算中，轴的直径是按______来初步确定的。

A. 弯曲强度　　B. 扭转强度

C. 轴段的长度　　D. 轴段上零件的孔径

三、分析计算题

1. 如图 5-1-24 所示齿轮减速器，已知电动机的转速 $n=1470$ r/min，传递的功率为 5.6 kW，材料的许用应力$[\tau]=40$ MPa。试设计减速器输入轴的最小直径。

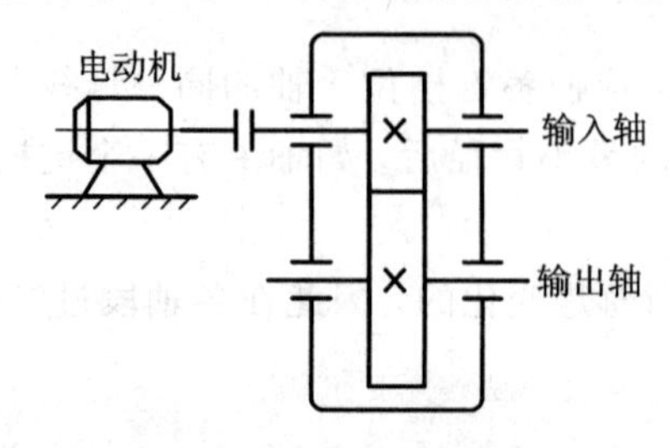

图 5-1-24　分析计算题 1 图

2. 设计一级直齿轮减速箱的输出轴。已知传动功率为2.7 kW，转速为100 r/min，大齿轮分度圆直径为300 mm，齿轮宽度为85 mm，载荷平稳。

3. 已知一转轴在直径$d=55$ mm处受不变的转矩$T=1540$ N·m和弯矩$M=710$ N·m的作用，轴材料为45钢，调质处理。试分析该轴能否满足强度要求。

模块二　减速器中滚动轴承的选用

知识要求：1. 掌握滚动轴承的组成、类型及特点；
2. 熟知滚动轴承的代号；
3. 减速器中滚动轴承的选用依据。

技能要求：1. 掌握滚动轴承代号的表示方法；
2. 合理地进行滚动轴承的选用。

任务情境

减速器中的滚动轴承可用来支承减速器中的轴和轴上零件，在减速器中可以保证轴的旋转精度，减少旋转轴与支承之间的摩擦和磨损，提高轴的传动效率。滚动轴承已经基本标准化了，使用滚动轴承，可使减速器的维修更加方便，同样也可方便轴的设计。

任务提出与任务分析

1. 任务提出

设计任务1：某一减速器的输入轴支承选用深沟球轴承，轴颈直径$d=35$ mm，转速$n=2900$ r/min，径向载荷$F_r=1770$ N，轴向载荷$F_a=720$ N，预期使用寿命为6000 h，试选择轴承的型号。

设计任务2：如图5-2-1所示为一对30206圆锥滚子轴承支承的减速器输入轴，轴的转速$n=1430$ r/min，轴承的径向载荷(即支反力)分别为$F_{r1}=4000$ N，$F_{r2}=4250$ N，轴向外载荷$F_a=350$ N，方向向左，工作温度低于100℃，受中等冲击。试计算两轴承的寿命。

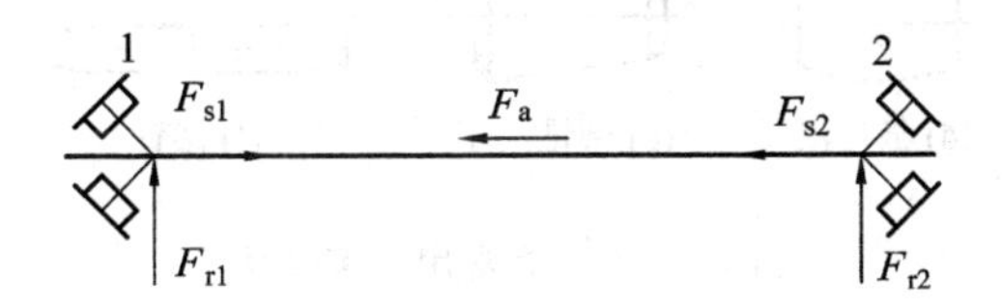

图5-2-1　一级圆锥齿轮减速器

2. 任务分析

在设计中我们经常会根据使用寿命选用轴承，或者根据轴承型号计算轴承的使用寿命。为了能合理地选择滚动轴承，我们必须了解滚动轴的组成、类型、特点、型号确定及载荷的计算方法等。同时还要了解各类轴承的使用范围以及润滑、安装方法等。

相关知识

5.2.1　滚动轴承的组成、类型及特点

滚动轴承是现代机器中广泛应用的部件之一，它是用来支承转动零件的。常用的滚动轴承绝大多数已经标准化了，并由专业工厂大量制造及供应各种常用规格的轴承。

1. 滚动轴承的组成和结构特性

1）滚动轴承的组成

图 5-2-2 所示为滚动轴承的基本结构图，它由内圈 1、外圈 2、滚动体 3 和保持架 4 组成。内圈装在轴颈上，一般情况下属于过盈配合，与轴一起转动。外圈装在机座的轴承孔内，一般不转动。但是也有外圈回转而内圈不动，或者内、外圈同时回转的场合。内、外圈上设置有滚道，当内、外圈之间相对旋转时，滚动体沿着滚道滚动。除此之外，内、外圈上的滚道还可以起限制滚动体侧向位移的作用。

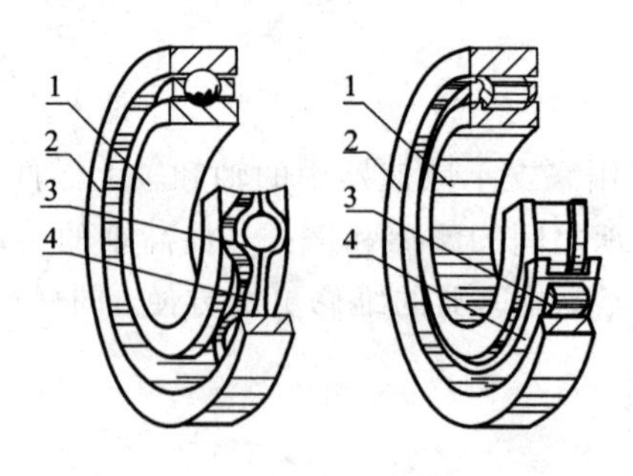

图 5-2-2　滚动轴承的基本结构

如图 5-2-3 所示为常用的滚动体。滚动体是滚动轴承的核心元件，有的滚动轴承除了上述四种基本零件外，还增加有其他特殊零件，如在外圈上加止动环或带密封盖等。

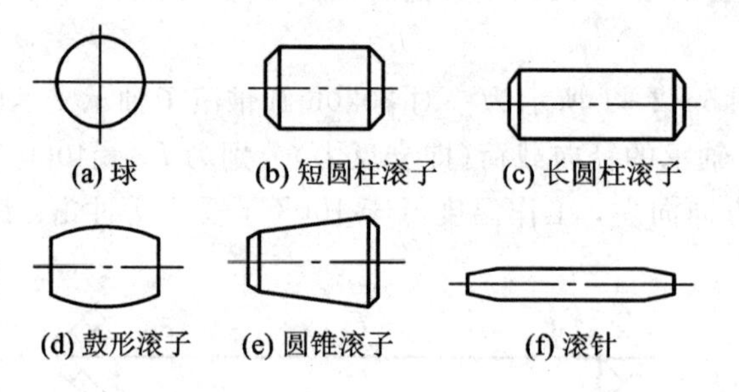

图 5-2-3　常用的滚动体

保持架的主要作用是将滚动体均匀地隔开，避免相互碰撞，减小磨损，减少发热。保持架有冲压和实体两种。冲压保持架一般用低碳钢板冲压制成，它与滚动体间的间隙较大，工作时有噪声。实体保持架常用铜合金、铝合金或塑料经切削加工制成，有较好的隔离和定心作用。

滚动体与内、外圈都要求高的硬度和接触疲劳强度、良好的耐磨性和冲击韧性。通常采用含铬合金钢（GCr15、GCr6、GCr15SiMn、GCr9 等），热处理后硬度可达 61～65HRC。由于一般轴承的这些元件都经过 150℃ 的回火处理，所以通常当轴承的工作温度不高于

120℃时，元件的硬度不会下降。

2）滚动轴承的结构特性

（1）公称接触角。滚动轴承中滚动体与外圈接触处的法线 nn 和垂直于轴承轴心线平面的夹角 α 称为接触角。α 越大，轴承承受轴向载荷的能力越大，如图 5－2－4 所示。

（2）游隙。滚动体与内、外圈滚道之间的最大间隙称为轴承的游隙。如图 5－2－5 所示，将一套圈固定，另一套圈沿径向的最大移动量称为径向游隙，沿轴向的最大移动量称为轴向游隙。游隙的大小对轴承寿命、噪声、温升等有很大影响，应按使用要求进行游隙的选择或调整。

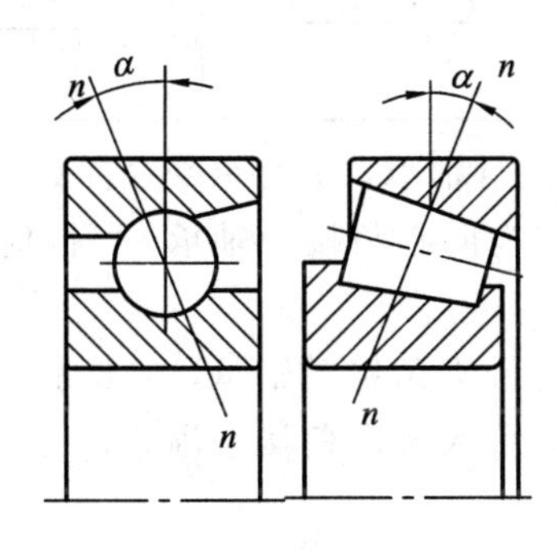

图 5－2－4　接触角

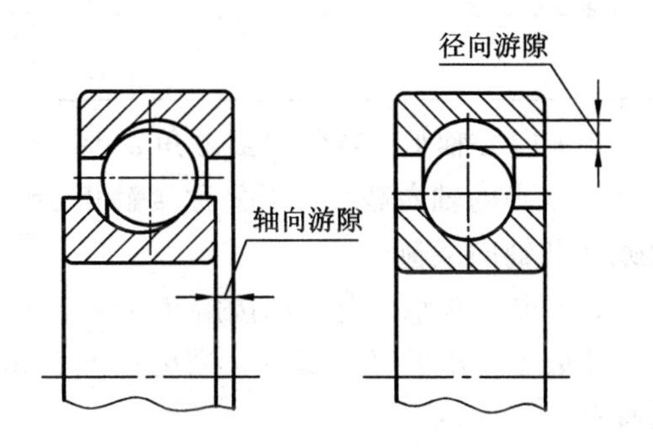

图 5－2－5　滚动轴承的游隙

（3）偏位角。轴承内、外圈轴线相对倾斜时所夹的锐角称为偏位角。能自动适应偏位角的轴承，称为调心轴承，如图 5－2－6 所示。

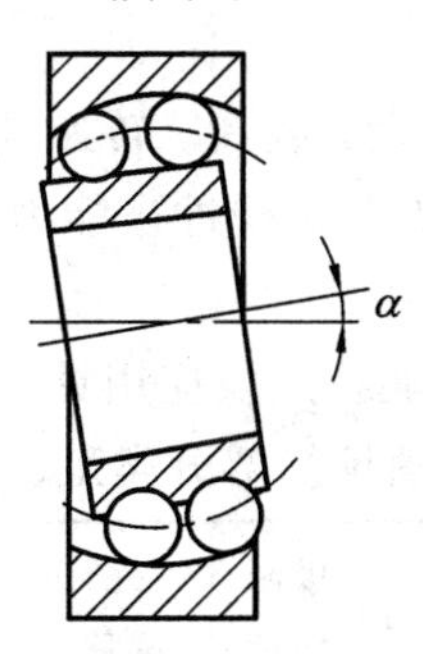

图 5－2－6　轴承偏移角

（4）极限速度。滚动轴承在一定的润滑条件下，允许的最高转速称为极限转速。转速过高会产生高温，使润滑失效而产生破坏。

2. 滚动轴承的主要类型

滚动轴承因结构特点不同可有多种分类方法，各类轴承分别适用于不同载荷、转速及特殊需要的场合。

1）按滚动体的形状分类

（1）球轴承。滚动体的形状为球的轴承称为球轴承。球与滚道之间为点接触，故其承载能力、耐冲击能力较低；但球的制造工艺简单，极限转速较高，价格便宜。

（2）滚子轴承。除了球轴承以外，其他的轴承均称为滚子轴承。滚子与滚道之间为线接触，故其承载能力、耐冲击能力均较高；但制造工艺较球复杂，价格较高。

2）按承受载荷的方向或公称接触角的不同分类

按轴承承受载荷的方向不同分为向心轴承和推力轴承，详见表 5-2-1。

表 5-2-1 各类轴承的公称接触角

轴承类型	向心轴承		推力轴承	
	径向接触	向心角接触	推力角接触	轴向接触
接触角	$\alpha=0°$	$0°<\alpha<45°$	$45°<\alpha<90°$	$\alpha=90°$
图例（以球轴承为例）		α	α	α

（1）向心轴承。当公称接触角 $\alpha=0°$时，称为径向接触轴承，主要承受径向载荷，有些可承受较小的轴向载荷。当公称接触角 $\alpha=0°\sim45°$时称为向心角接触轴承，可同时承受径向载荷和轴向载荷。

（2）推力轴承。当公称接触角 $\alpha=45°\sim90°$时，称为推力角接触轴承，主要承受轴向载荷，可承受较小的径向载荷。当公称接触角 $\alpha=90°$时，称为轴向角接触轴承，只能承受轴向载荷。

3）其他分类方法

（1）按工作时能否调心可分为调心轴承和非调心轴承。调心轴承允许的偏移角大。

（2）按安装轴承时其内、外圈可否分别安装可分为可分离轴承和不可分离轴承。

3. 滚动轴承的特点

滚动轴承具有摩擦力矩小，易启动，载荷、转速及工作温度的适用范围比较广，轴向尺寸小，润滑、维修方便等优点；缺点是承受冲击能力较差，径向尺寸较大，对安装的要求较高。

常用滚动轴承的类型、代号、性能特点及应用见表 5-2-2。

表 5-2-2 常用滚动轴承的部分类型、代号、性能特点及应用

轴承名称、代号	结构简图	承载方向	极限转速	允许偏移角	主要特性和应用
调心球轴承 10000			中	$2°\sim3°$	主要承受径向载荷，同时也能承受少量轴向载荷。因为外滚道表面是以轴承中点为中心的球面，故能调心。适用于刚性较小难于对中的轴
调心滚子轴承 20000C			低	$0.5°\sim2°$	能承受较大的径向载荷和少量轴向载荷。承载能力大，具有调心性能。适用于重载及冲击载荷的场合

续表

轴承名称、代号	结构简图	承载方向	极限转速	允许偏移角	主要特性和应用
圆锥滚子轴承 30000			中	2′	能同时承受较大的径向、轴向联合载荷。因是线接触，故承载能力大，内外圈可分离，装拆方便，一般成对使用。根据接触角不同分为 30000 (α=10°～18°)和 30000B(α=27°～30°)
推力球轴承 51000			低	不允许	只能承受单向轴向载荷。高速时，因滚动体离心力大，球与保持架摩擦发热严重，寿命较低，可用于轴向载荷大、转速不高之处
推力球轴承 52000			低	不允许	能承受双向轴向载荷。高速时，因滚动体离心力大，球与保持架摩擦发热严重，寿命较低，可用于轴向载荷大、转速不高之处
深沟球轴承 60000			高	8′～16′	主要承受径向载荷，也可同时承受小的轴向载荷。当量摩擦系数最小。极限转速高，高速时可用来承受轴向载荷。大批量生产，价格最低
角接触球轴承 70000			较高	2′～10′	能同时承受较大的径向载荷及轴向载荷。能在高转速下工作。α大，承受轴向载荷的能力越大，α角有三种：70000C(α=15°)、70000AC(α=25°)和70000B(α=40°)，一般成对使用
推力圆柱滚子轴承 80000			低	不允许	能承受很大的单向轴向载荷，但不能承受径向载荷。常用于承受轴向较大载荷而又不需要调心的场合
圆柱滚子轴承 N0000			较高	2′～4′	可分离，不能承受轴向载荷，能承受较大的径向载荷。因线性接触内外圈轴线允许的相对偏转很小。除内圈无挡边(NU)结构外，还有外圈单挡边(NF)等形式。常用于大功率电动机、人字齿轮减速器
滚针轴承 (a)NA0000 (b)RNA0000	(a) (b)		低	不允许	内、外圈可分离，只能承受径向载荷。承载能力大，径向尺寸特小。一般无保持架，因滚针间有摩擦，摩擦系数大，极限转速低。适用于径向载荷很大而径向尺寸受限制的地方

5.2.2 滚动轴承的代号

为了适应不同的技术要求，在常用的各类滚动轴承中，每种类型都可以做成几种不同的结构、尺寸、公差等级和技术性能等特征要求。为了统一表征各类轴承的特点，便于组织生产和选用，GB/T 272—1993 规定了轴承代号的表示方法。

滚动轴承代号由前置代号、基本代号和后置代号组成，使用字母和数字等表示。轴承代号的构成详见表 5-2-3。

表 5-2-3　滚动轴承代号的构成

<table>
<tr><td>前置代号</td><td colspan="5">基本代号</td><td colspan="8">后置代号</td></tr>
<tr><td rowspan="3">轴承分部件代号</td><td>五</td><td>四</td><td>三</td><td>二</td><td>一</td><td rowspan="3">内部结构代号</td><td rowspan="3">密封与防尘结构代号</td><td rowspan="3">保持架及其材料代号</td><td rowspan="3">特殊轴承材料代号</td><td rowspan="3">公差等级代号</td><td rowspan="3">游隙代号</td><td rowspan="3">多轴承配置代号</td><td rowspan="3">其他代号</td></tr>
<tr><td rowspan="2">类型代号</td><td colspan="2">尺寸系列代号</td><td colspan="2" rowspan="2">内径代号</td></tr>
<tr><td>宽度系列代号</td><td>直径系列代号</td></tr>
</table>

1. 基本代号

基本代号由类型代号、尺寸系列代号和内径代号组成。

1）类型代号

轴承的类型代号用基本代号右起第五位表示，表示方法见表 5-2-2。

2）尺寸系列代号

尺寸系列代号包括宽度系列代号（或高度系列代号）和直径系列代号。

（1）宽度系列代号（或高度系列代号）。轴承的宽（高）系列（即结构、内径和直径系列都相同的轴承，在宽度方面的变化系列）用右起第四位数字表示。当宽度系列为 0 系列（正常系列）时，大多数轴承在代号中不标出宽度系列代号 0，但是对于调心滚子轴承和圆锥滚子轴承，宽度系列代号 0 不能省略。宽度系列由数字 0～9 表示，如图 5-2-7 所示。

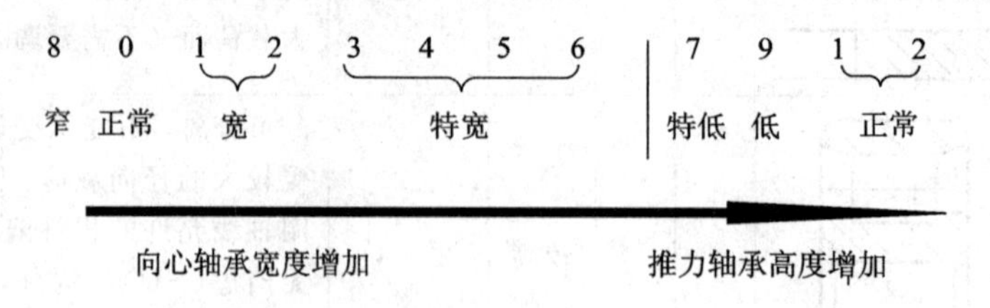

图 5-2-7　滚动轴承宽度系列代号及说明

（2）直径系列代号。轴承的直径系列代号（即结构和内径相同的轴承在外径和宽度方面的变化系列）用基本代号右起第三位数字表示。直径系列代号有 7、8、9、0、1、2、3、4 和 5，对应于相同内径轴承的外径尺寸依次递增，如图 5-2-8 所示。

部分直径系列的对比见图 5-2-9；部分宽度系列的对比见图 5-2-10。

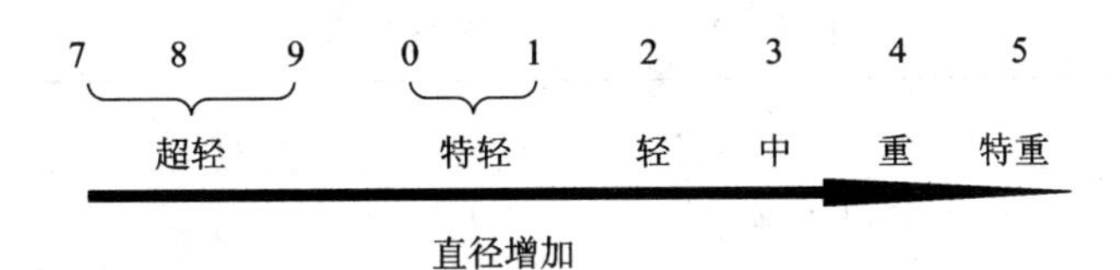

图 5-2-8　滚动轴承直径系列代号及说明

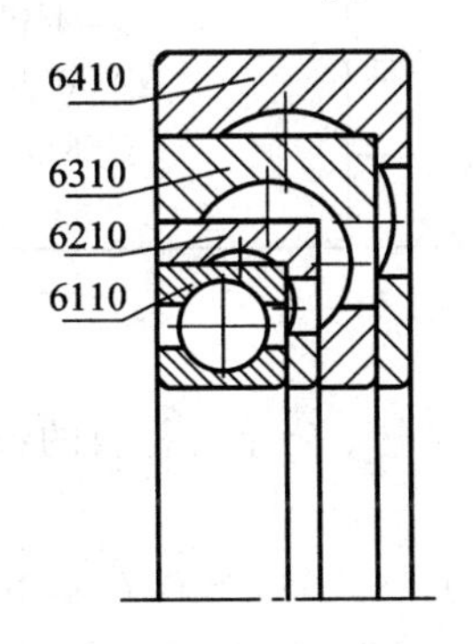

图 5-2-9　不同直径系列的轴承

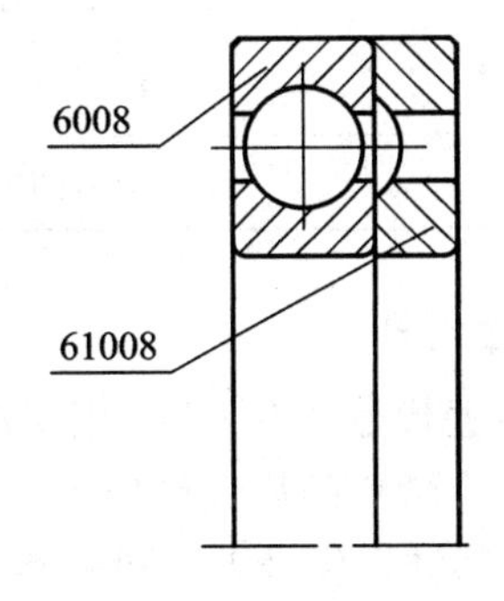

图 5-2-10　不同宽度系列的轴承

3）内径代号

内径代号表示轴承的内径尺寸，使用基本代号右起第一、二位数字表示，见表 5-2-4。

表 5-2-4　滚动轴承常用内径代号

轴承内径/mm		内径代号	示　　例
0.6～10(非整数)		直接用内径毫米数表示，在其与尺寸系列代号之间用“/”分开	深沟球轴承 617/3.5 d=3.5 mm
1～9(整数)		直接用内径毫米数表示，对于深沟球轴承及角接触轴承 7、8、9 直径系列，内径与尺寸系列代号之间用“/”分开	深沟球轴承 63 6 或 619/6 d=6 mm
10～17	10	00	深沟球轴承 63 00 d=10 mm
	12	01	
	15	02	
	17	03	
20～480(22、28、32 除外)		用内径除以 5 的商数表示，若商数为个数，需在商数前面加“0”，如 06	深沟球轴承 62 06 d=30 mm
≥500 及 22、28、32		直接用内径毫米数表示，在其与尺寸系列代号之间用“/”分开	深沟球轴承 62/550 d=550 mm

2. 前置代号

前置代号用于表示轴承的分部件，用字母表示。如用 L 表示可分离轴承的可分离套圈；K 表示轴承的滚动体与保持架组件等。在表 5-2-5 中介绍了几种常用的前置代号，关于滚动轴承的详细代号方法可查阅 GB/T272—1993。

表 5-2-5 前 置 代 号

<table>
<tr><th>代 号</th><th>含 义</th><th>示 例</th></tr>
<tr><td>F</td><td>凸缘外圈的向心球轴承(仅适于 $d \leqslant 10$ mm)</td><td rowspan="5">LNU207、LN207
RNU207、RNA6904
K81107
WS81107
GS81107</td></tr>
<tr><td>R</td><td>不带可分离内圈或外圈的轴承(滚针轴承仅用于 NA 型)</td></tr>
<tr><td>KO(I)W—</td><td>无轴(座)圈推力轴承</td></tr>
<tr><td>WS</td><td>推力圆柱滚子轴承轴圈</td></tr>
<tr><td>GS</td><td>推力圆柱滚子轴承座圈</td></tr>
</table>

3. 后置代号

轴承后置代号共有 8 组，用字母和数字等表示轴承的结构、公差及材料的特殊要求等。下面介绍几个常用的后置代号。

(1) 内部结构代号表示同一类型轴承的不同内部结构，用字母紧跟着基本代号表示。例如：接触角为 15°、25°和 40°的角接触球轴承分别用 C、AC 和 B 表示内部结构的不同；E 表示加强型；D 表示剖分式轴承；ZW 表示滚针保持架组件双列等。

(2) 轴承的公差等级分为 0 级、6x 级、6 级、5 级、4 级和 2 级，共 6 个级别，依次由低级到高级，其代号分别为/P0、/P6x、/P6、/P5、/P4 和/P2。公差等级中，6x 级仅适用于圆锥滚子轴承；0 级为普通级，在轴承代号中不标出。

(3) 常用的轴承径向游隙系列分为 1 组、2 组、0 组、3 组、4 组和 5 组，共 6 个级别，径向游隙依次由小到大。常用的游隙组是 0 组，在轴承代号中不标出，其余的游隙组别在轴承代号中分别用/C1、/C2、/C3、/C4 和/C5 表示。

(4) 多轴承配置代号中用/DB 表示成对背对背安装；/DF 表示成对面对面安装，/DT 表示成对串联安装。

4. 滚动轴承代号举例

下面说明滚动轴承代号 62203、7312AC/P6、30213 的含义。

62203：6—深沟球轴承；22—尺寸系列代号，左起第一个 2 表示宽度系列代号，第二个 2 表示直径系列代号；03—内径系列代号，$d=17$ mm；公差等级和游隙均为 0，省略。

7312AC/P6：7—角接触球轴承；(0)3—尺寸系列代号，宽度系列代号为 0，0 为正常系列可省略，3 表示直径系列代号；12—内径系列代号，$d=60$ mm；AC—内部结构代号，接触角为 25°；P6 表示公差等级为 6 级；游隙为 0。

30213：3—圆锥滚子轴承；02—尺寸系列代号，0 表示宽度系列代号，对于圆锥滚子轴承 0 不能省略，2 表示直径系列代号；13—内径系列代号，$d=65$ mm；公差等级和游隙均为 0，省略。

5.2.3 滚动轴承的类型选择

不同类型滚动轴承具有不同的性能特点。轴承类型的正确选择就是在了解各类轴承特点的基础上，综合考虑轴承的具体工作条件和使用要求进行的。选择时一般要考虑如下几个因素。

1. 载荷条件

轴承承受载荷的大小、方向和性质是选择轴承类型的主要依据。如载荷小而平稳时，可选用球轴承；载荷大又有冲击时，宜选用滚子轴承；如轴承仅受径向载荷时，可选用径向接触球轴承或圆柱滚子轴承；只受轴向载荷时，宜选用推力轴承；轴承同时受径向和轴向载荷时，可选用角接触轴承。轴向载荷越大，应选择接触角越大的轴承，必要时也可选用径向轴承和推力轴承的组合结构。

应该注意推力轴承不能承受径向载荷，圆柱滚子轴承不能承受轴向载荷。

2. 轴承的转速

若轴承的尺寸和精度相同，则球轴承的极限转速比滚子轴承高，所以当转速较高且旋转精度要求较高时，应选用球轴承。

推力轴承的极限转速低。当工作转速较高，而轴向载荷不大时，可选用角接触球轴承或深沟球轴承。

对高速回转的轴承，为减小滚动体施加于外圈滚道的离心力，宜选用外径和滚动体直径较小的轴承。一般应保证轴承在低于极限转速条件下工作。

若工作转速超过轴承的极限转速，可通过提高轴承的公差等级、适当加大其径向游隙等措施来满足要求。

3. 调心性能

轴承内、外圈轴线间的偏移角应控制在极限值之内，否则会增加轴承的附加载荷而缩短其寿命。

对于刚度差或安装精度差的轴系，轴承内、外圈轴线间的偏位角较大，宜选用调心类轴承。如调心球轴承(1 类)、调心滚子轴承(2 类)等。

4. 允许的空间

当轴向尺寸受到限制时，宜选用窄或特窄的轴承。当径向尺寸受到限制时，宜选用滚动体较小的轴承。如要求径向尺寸小而径向载荷又很大时，可选用滚针轴承。

5. 装调性能

便于装调，也是在选择轴承类型时应考虑的一个因素。圆锥滚子轴承(3 类)和圆柱滚子轴承(N 类)的内、外圈可分离，装拆比较方便。在轴承座没有剖分面而必须沿轴向安装和拆卸轴承部件时，应优先选用。

6. 经济性

在满足使用要求的情况下应尽量选用价格低廉的轴承。一般情况下球轴承的价格低于滚子轴承。轴承的精度等级越高，其价格也越高。

在同尺寸和同精度的轴承中深沟球轴承的价格最低。同型号、尺寸，不同公差等级的深沟球轴承的价格比约为 P0∶P6∶P5∶P4∶P2≈1∶1.5∶2∶7∶10。

如无特殊要求，应尽量选用普通级精度的轴承，只有对旋转精度有较高要求时，才选用精度较高的轴承。

除此之外，还可能有其他各种各样的要求，如轴承装置整体设计的要求等。因此设计时要全面分析比较，再选出最合适的轴承。

5.2.4 滚动轴承的计算与尺寸确定

1. 滚动轴承的受力分析、主要失效形式及设计准则

1) 滚动轴承的受力分析

这里以图 5-2-11 所示的深沟球轴承为例来分析滚动轴承的受力情况。当轴承旋转工作并受纯径向载荷作用时，上半圈为非承载区，滚动体不受载荷，下半圈为承载区，但各滚动体承受的载荷不同，滚动体过轴心线时受到的载荷最大，两侧滚动体所受载荷逐渐减小。轴承工作中固定圈、转动圈相对转动，滚动体既自转又随转动圈绕轴承的轴线公转。轴承内、外圈与滚动体的接触点不断发生变化，其表面接触应力随着滚道位置的不同做脉动循环变化，所以轴承元件会受到脉动循环的接触应力。转动圈与滚动体的脉动变化曲线如图 5-2-12(a)所示，固定圈脉动变化曲线如图 5-2-12(b)所示。

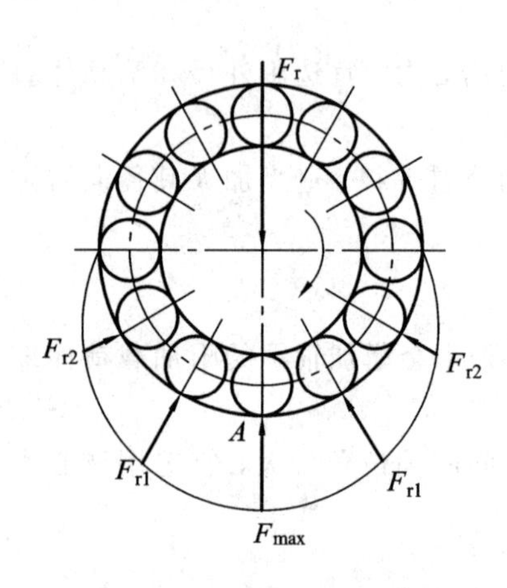

图 5-2-11　轴承受力情况图

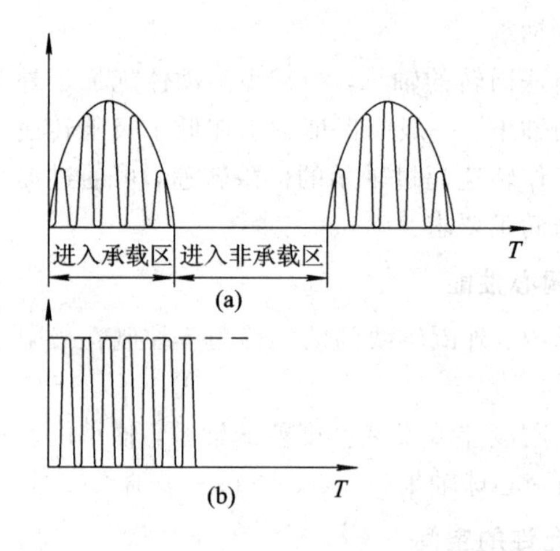

图 5-2-12　轴承元件上的载荷及应力变化

2) 滚动轴承的失效形式

(1) 疲劳点蚀。轴承在安装、润滑、维护良好的条件下工作，运转次数达到一定数值后，各接触表面的材料将会出现局部脱落的疲劳点蚀。它将使轴承在运转时出现比较强烈的振动、噪声和发热现象，并使轴承的旋转精度逐渐下降，直至使轴承失去正常的工作能力。疲劳点蚀是滚动轴承最主要的失效形式，如图 5-2-13 所示。

图 5-2-13　疲劳点蚀

(2) 塑性变形。对于转速很低、低速摆动或在大的静载荷、冲击载荷作用下的轴承，其滚道和滚动体接触处的局部将产生塑性变形，导致轴承摩擦力矩加大，振动和噪声增加，从而使运转精度降低而导致失效，因此应对轴承进行静强度计算。塑性变形破坏如图 5-2-14 所示。

(3) 磨损。由于使用保养不当，润滑不良、密封不可靠及多尘的情况下，滚动体或套圈滚道易产生磨粒磨损，高速时会出现热胶合磨损，轴承过热还将导致滚动体回火。出现磨损时，易造成轴承内、外圈与滚动体间间隙增大、振动加剧及旋转精度降低，从而导致报废。磨损破坏如图 5-2-15 所示。

图 5-2-14　塑性变形

图 5-2-15　磨损

另外，滚动轴承由于配合、安装、拆卸及使用维护不当，还会引起轴承元件破裂、滚动体破碎、保持架损坏等其他形式的失效，也应采取相应的措施加以防止。

3）计算准则

（1）对于一般转速的轴承，即 $10\ r/min < n < n_{lim}$，如果轴承的制造、保管、安装、使用等条件均良好，则轴承的主要失效形式为疲劳点蚀，因此应以额定动载荷为依据进行轴承的寿命计算。

（2）对于高速轴承，除疲劳点蚀外其工作表面的过热也是重要的失效形式，因此除需进行寿命计算外还应校验其极限转速 n_{lim}。

（3）对于低速轴承，即 $n < 10\ r/min$，其失效形式为塑性变形，应进行静强度计算。

2. 滚动轴承的基本额定寿命和基本额定动载荷

在正常条件下工作的轴承，只要轴承类型选择合适，能正确安装与维护，绝大多数轴承都是因为疲劳点蚀而报废的，因此滚动轴承的计算和尺寸选择主要取决于疲劳强度的要求。

1）滚动轴承的寿命

轴承中任一元件首次出现疲劳点蚀前轴承所经历的总转数或恒定转速下的总工作小时数称为轴承的寿命。

应当指出，即使一批相同型号的轴承，在同样的条件下运转，由于材料、加工精度、热处理与装配质量不可能完全相同等原因，其寿命也不完全相同，寿命长短可相差几倍，甚至几十倍。

2）滚动轴承的可靠度

轴承寿命不能以同一批试验中轴承的最长寿命或最短寿命为基准。轴承的可靠度是指一组在同样条件下运转的，近于相同的滚动轴承所期望达到或超过轴承寿命的百分率。对于单个滚动轴承而言，可靠度即为该轴承达到或超过轴承寿命的概率。由如图 5-2-16 所示的试验曲线可知，轴承寿命与轴承的可靠度有一定关系。轴承的寿命标准是指某一可靠度下的寿命。

3）滚动轴承的基本额定寿命

一批相同的轴承，在同样的受力、转速等常规条件下运转，其中有 10％的轴承发生疲劳点蚀破坏（90％的轴承未出现点蚀破坏）时，一个轴承所转过的总转（圈）数或工作的小时数称为轴承的基本额定寿命，用符号 L_{10}（10^6 r）或 L_h（h）表示。

4）滚动轴承的基本额定动载荷

基本额定动载荷是指基本额定寿命为 $L_{10}=10^6$ r 时，轴承所能承受的最大载荷，用字

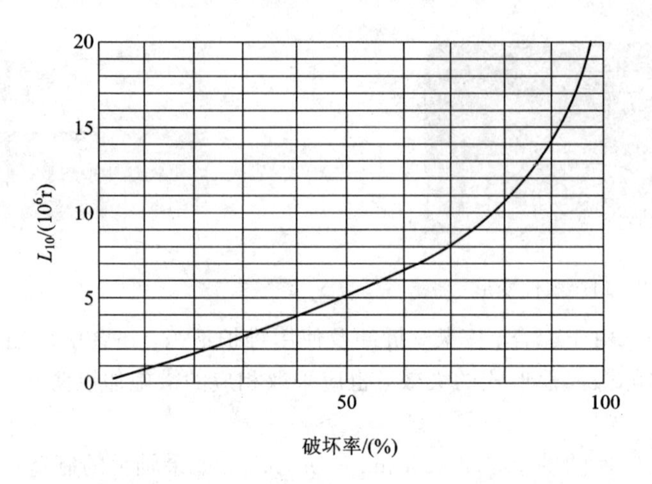

图 5-2-16 轴承可靠度与寿命之间的关系图

母 C 表示。基本额定动载荷对向心轴承，指的是纯径向载荷，并称为径向基本额定动载荷，常用 C_r 表示；对于推力轴承，指的是纯轴向载荷，并称为轴向基本额定动载荷，常用 C_a 表示；对角接触球轴承或圆锥滚子轴承，指的是使套圈间产生纯径向位移的载荷的径向分量。基本额定动载荷越大，其承载能力也越强。

3. 滚动轴承的寿命计算

从滚动轴承的基本额定动载荷中我们知道，当选用的轴承额定动载荷为 C(C_a 或 C_r)时，如果它所受的载荷 P(当量动载荷，为一计算载荷，在后面介绍)恰好为 C，则其基本额定寿命就是 10^6 r。如果所受载荷 $P \neq C$，则轴承的寿命为多少呢？这就是轴承寿命的计算问题。轴承寿命计算还要解决另一类问题，就是当承受的载荷等于 P 时，又有轴承预期使用的时间，如何选择轴承基本额定寿命，从而选择轴承尺寸呢？下面就来解决这两类问题。

如图 5-2-17 所示，通过试验求得 6305 滚动轴承的基本额定寿命 L_{10} 与所受载荷 P 的载荷一寿命曲线。该曲线说明载荷越大寿命越短。

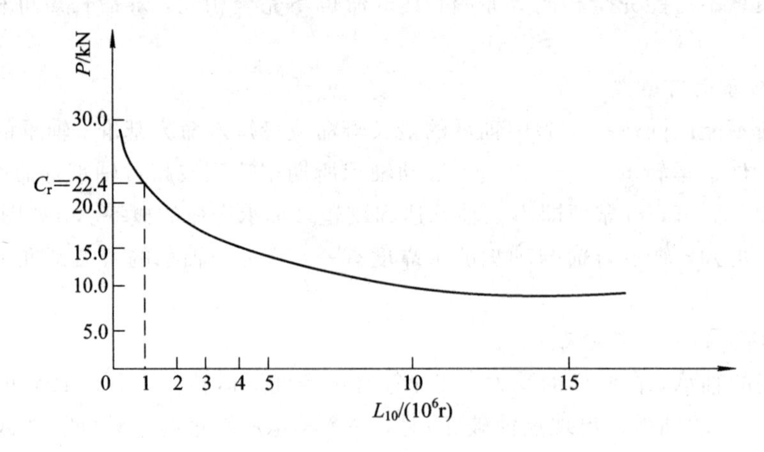

图 5-2-17 轴承的载荷—寿命曲线图

当 $L_{10}=10^6$ r 时，从曲线上可求的基本额定动载荷 $C=22.4$ kN。其他型号的轴承，也有与该曲线完全一样的载荷一寿命曲线。该曲线的方程为

$$P^{\varepsilon}L_{10}=\text{常数} \tag{5-2-1}$$

式中：P——当量动载荷(N)；

L_{10}——基本额定寿命(10^6 r)；

ε——轴承寿命指数，对于球轴承 $\varepsilon=3$，对于滚子轴承 $\varepsilon=10/3$。

已知轴承的基本额定寿命 $L_{10}=1\times10^6$ r，轴承的基本额定动载荷为 C，可得

$$P^{\varepsilon}L_{10}=C^{\varepsilon}\times1 \tag{5-2-2}$$

对于上面提到的两类问题，可有不同的轴承寿命计算公式。

(1) 已知轴承的型号、基本额定动载荷 C 和工作载荷。

由式(5-2-2)可得轴承寿命的计算公式为

$$L_{10}=\left(\frac{C}{P}\right)^{\varepsilon} \tag{5-2-3}$$

若已知轴承的工作转速 n(单位为 r/min)，则可用小时数来表示：

$$L_{h}=\frac{L_{10}}{60n}=\frac{10^6}{60n}\left(\frac{C}{P}\right)^{\varepsilon} \tag{5-2-4}$$

(2) 已知轴承的预期寿命 $L_{h'}$(见表 5-2-6)和工作载荷。

由式(5-2-2)可得轴承预期要求的工作基本动载荷 C'，即：

$$C'=P\sqrt[\varepsilon]{\frac{60nL_{h}'}{10^6}} \tag{5-2-5}$$

当 $C\geqslant C'$ 时，则满足要求。

表 5-2-6　滚动轴承预期寿命推荐值

机器种类		预期寿命 L_h'/h
不经常使用的仪器和设备，如闸门开闭装置等		500
航空发动机		500～2000
间断使用的机器	中断使用不致引起严重后果，如手动机械等	4000～8000
	中断使用会引起严重后果，如升降机、车间吊车等	8000～12000
每天工作8 h的机器	利用率不高的齿轮传动、电动机等	12000～20000
	利用率较高的通风设备、机床等	20000～30000
连续工作24 h的机器	一般可靠性的机器，如纺织机械、泵、电机等	50000～60000
	中断使用后果严重，如矿井水泵、发电站主电机、纤维生产或造纸设备、船舶螺旋桨轴等	>100000

在较高温度(如 125℃)下工作的轴承，应该采用经过高温回火处理的高温轴承。由于在轴承样本中列出的基本额定动载荷值是对一般轴承而言的，如果把一般轴承用于高温场合，会造成轴承基本额定动载荷下降，因此需乘以温度系数 f_t(见表 5-2-7)，即

$$C_t=f_tC \tag{5-2-6}$$

式中：C_t 为高温时轴承的修正额定动载荷；C 为轴承样本所列的同一型号轴承的基本额定动载荷。这时可把式(5-2-3)、(5-2-4)、(5-2-5)变为

$$L_{10}=\left(\frac{f_tC}{P}\right)^{\varepsilon} \tag{5-2-7}$$

$$L_h = \frac{L_{10}}{60n} = \frac{10^6}{60n}\left(\frac{f_t C}{P}\right)^{\varepsilon} \tag{5-2-8}$$

$$C' = \frac{P}{f_t}\sqrt[\varepsilon]{\frac{60nL_h'}{10^6}} \tag{5-2-9}$$

表 5-2-7　温度系数 f_t

轴承工作温度/℃	≤120	125	150	175	200	225	250	300	350
温度系数 f_t	1.00	0.95	0.90	0.85	0.80	0.75	0.70	0.60	0.50

4. 滚动轴承的当量动载荷

滚动轴承的基本额定动载荷是指在特定理想受载条件下的载荷。比如载荷条件为：向心轴承仅承受纯径向载荷，推力轴承仅承受纯轴向载荷。当轴承既受到径向载荷又受到轴向载荷的复合作用时，为了计算轴承寿命时能与基本额定动载荷作等价比较，需将实际工作载荷转化为与确定基本额定动载荷条件一致的当量动载荷，用字母 P 表示。P 的含义是轴承在当量动载荷作用下，轴承寿命与实际载荷作用下的寿命相等。当量动载荷的计算公式为

$$P = f_p(XF_r + YF_a) \tag{5-2-10}$$

式中：P 为当量动载荷，单位 N；f_p 为载荷系数，见表 5-2-8；X 和 Y 分别为径向载荷系数和轴向载荷系数，见表 5-2-9；F_r 和 F_a 分别为径向载荷和轴向载荷。

表 5-2-8　载荷系数 f_p

载荷性质	机器举例	f_p
无冲击或轻微冲击	电动机、汽轮机、通风机、水泵等	1.0～1.2
中等冲击或中等惯性力	车辆、动力机械、起重机、造纸机、冶金机械、选矿机、卷扬机、机床、内燃机等	1.2～1.8
强大冲击力	破碎机、轧钢机、钻探机、振动筛等	1.8～3.0

对于只受径向载荷的向心轴承

$$P = f_p F_r \tag{5-2-11}$$

对于只受轴向载荷的推力轴承

$$P = f_p F_a \tag{5-2-12}$$

表 5-2-9　径向动载荷系数 X 和轴向动载荷系数 Y

轴承类型		F_a/C_{0r}	e	单列轴承				双列轴承或成对安装的单列轴承			
				$F_a/F_r \le e$		$F_a/F_r > e$		$F_a/F_r \le e$		$F_a/F_r > e$	
名称	代号			X	Y	X	Y	X	Y	X	Y
调心球轴承	10000	—	1.5 $\tan\alpha$	—	—	—	—	1	0.42 $\cot\alpha$	0.65	0.65 $\cot\alpha$
调心滚子轴承	20000	—	1.5 $\tan\alpha$	—	—	—	—	1	0.45 $\cot\alpha$	0.67	0.67 $\cot\alpha$
圆锥滚子轴承	30000	—	1.5 $\tan\alpha$	1	0	0.4	0.4 $\cot\alpha$	1	0.45 $\cot\alpha$	0.67	0.67 $\cot\alpha$

续表

轴承类型		F_a/C_{0r}	e	单列轴承				双列轴承或成对安装的单列轴承			
				$F_a/F_r \leqslant e$		$F_a/F_r > e$		$F_a/F_r \leqslant e$		$F_a/F_r > e$	
名称	代号			X	Y	X	Y	X	Y	X	Y
		0.014	0.19				2.30				2.30
		0.028	0.22				1.99				1.99
		0.056	0.26				1.71				1.71
		0.084	0.28				1.55				1.55
深沟球轴承	60000	0.11	0.30	1	0	0.56	1.45	1	0	0.56	1.45
		0.17	0.34				1.31				1.31
		0.28	0.38				1.15				1.15
		0.42	0.42				1.04				1.04
		0.56	0.44				1.00				1.00
		0.015	0.38				1.47		1.65		2.39
		0.029	0.40				1.40		1.57		2.28
		0.058	0.43				1.30		1.46		2.11
		0.087	0.46				1.23		1.38		2.00
	70000C $\alpha=15°$	0.12	0.47	1	0	0.44	1.19	1	1.34	0.72	1.93
角接触球轴承		0.17	0.50				1.12		1.26		1.82
		0.29	0.55				1.02		1.14		1.66
		0.44	0.56				1.00		1.12		1.63
		0.58	0.56				1.00		1.12		1.63
	70000AC $\alpha=25°$	—	0.68	1	0	0.41	0.87	1	0.92	0.67	1.41
	70000B $\alpha=40°$	—	1.14	1	0	0.35	0.57	1	0.55	0.57	0.93

注：C_{0r}为径向基本额定静载荷，可由产品目录查出；下划线标记处的值可按不同型号轴承由产品目录或有关手册查出；对于未列出的Y、e值，可由插值法计算得出。

5. 角接触球轴承和圆锥滚子轴承的载荷计算

1）角接触球轴承和圆锥滚子轴承的内部轴向力

由于角接触球轴承和圆锥滚子轴承存在接触角α的结构特点，在受径向载荷F_R作用时，外圈对滚动体产生的法向反力将分解为F_{r1}、F_{r2}、F_{s1}、F_{s2}。$F_{r1}+F_{r2}$与F_R相平衡，F_{s1}、F_{s2}被保留了下来，它们是由径向载荷在轴承内部产生的，称为派生轴向力，如图5-2-18所示，派生力的大小按照表5-2-10计算，方向由轴承外圈宽边指向窄边。计算所得的F_s值，相当于正常的安装情况，即大致相当于下半圈的滚动体全部受载(轴承实际的工作情况不允许比这更坏)。

表5-2-10　角接触球轴承和圆锥滚子轴承的派生轴向力

轴承类型	角接触球轴承			圆锥滚子轴承
	70000C($\alpha=15°$)	70000AC($\alpha=25°$)	70000B($\alpha=40°$)	
派生轴向力F_s	eF_r	$0.68F_r$	$1.14F_r$	$F_r/(2Y)$

注：表中的e值可查表5-2-9；Y值对应表5-2-9中$F_a/F_r>e$的Y值。

派生轴向力对于轴承自身来说是内力，但对于轴和另一端的轴承来说是外力，计算轴承所受轴向力时要考虑派生力 F_s 的作用，同时还要考虑到安装方式的影响。为了保证这类轴承的正常工作，它们通常是成对使用的，安装方式一般有正装和反装两种。图5-2-18(a)为正装，两轴承外圈窄边相对，轴的实际支点偏向两支点内侧，支承跨距减小。图5-2-18(b)为反装，两轴承外圈宽边相对，轴的实际支点偏向两支点外侧，支承跨距增大。简化计算时可近似认为支点在轴承宽度的中点。轴承反力的径向分力在轴心线上的作用点叫轴承的压力中心。

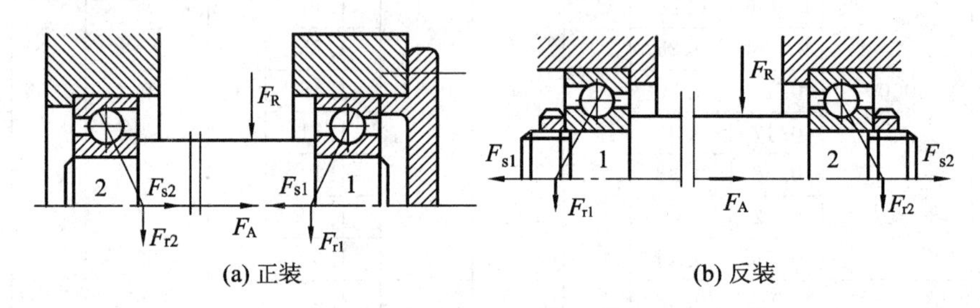

图 5-2-18 角接触球轴承轴向载荷的分析

2) 角接触球轴承和圆锥滚子轴承的轴向载荷计算

如图 5-2-18 所示，把派生轴向力的方向与外加轴向载荷 F_A 的方向一致的轴承标为2，另一端的轴承标为 1。取轴和与其相配合的轴承内圈为分离体，如能达到轴向平衡，应满足 $F_A+F_{s2}=F_{s1}$。如果按照表 5-2-10 中的公式求得的 F_{s1} 和 F_{s2} 不满足上面的关系式，就会出现以下两种情况：

(1) 当 $F_A+F_{s2}>F_{s1}$ 时，则轴有向右窜动的趋势，相当于轴承 1 被“压紧”，轴承 2 被“放松”，但是实际上轴承 1 上的轴承座或端盖必然产生阻止这种窜动的力，所以被“压紧”的轴承 1 所受的总轴向力 F_{a1} 必须与 F_A+F_{s2} 相平衡，即

$$F_{a1}=F_A+F_{s2} \tag{5-2-13}$$

而被“放松”的轴承 2 只受其本身派生的轴向力 F_{s2}，即

$$F_{a2}=F_{s2} \tag{5-2-14}$$

(2) 当 $F_A+F_{s2}<F_{s1}$ 时，同理，被“放松”的轴承 1 只受其本身的轴向派生力 F_{s1}，即

$$F_{a1}=F_{s1} \tag{5-2-15}$$

而被“压紧”的轴承 2 所受的总轴向力为

$$F_{a2}=F_{s2}-F_A \tag{5-2-16}$$

根据上述分析结果，可将角接触球轴承和圆锥滚子轴承的轴向载荷计算方法归纳如下：

(1) 根据对轴承上全部轴向外力及内部派生的轴向力的分析，判明哪端轴承被“压紧”，哪端轴承被“放松”。

(2) 被“放松”端的轴承的实际轴向载荷等于它本身的内部轴向力；被“压紧”端的轴承的实际轴向载荷等于除去其本身内部轴向力以外的其他所有轴向力的代数和。

6. 滚动轴承的静强度计算

进行静强度计算的目的是防止轴承产生过大的塑性变形。对于不转、转速很低或缓慢转动的轴承，设计时必须进行静强度计算。对于非低速转动的轴承，若承受的载荷变化太

大，在按寿命计算选择完轴承型号后，应按静载荷能力进行验算。

GB/T4662—1993 规定，使受载最大的滚动体与滚道接触中心处引起的接触应力达到一定值(对于向心球轴承为 4200 MPa)的载荷，作为轴承静强度的界限，称为基本额定静载荷，用 C_0(向心轴承径向基本额定静载荷用 C_{0r}，推力轴承基本额定静载荷用 C_{0a})表示。其值可查机械手册。实践证明，在上述接触应力作用下所产生的永久接触变形量，除了对那些要求转动灵活性高和振动低的轴承外，一般不会影响其正常工作。

轴承静强度的计算公式为

$$C_0 \geqslant S_0 P_0 \tag{5-2-17}$$

式中：P_0为当量静载荷；S_0为轴承静强度安全系数。S_0的值取决于轴承的使用条件，当要求轴承传动很平稳时，则 S_0应取大于 1，以尽量避免轴承滚动表面的局部变形量过大；当对轴承传动平稳要求不高，又无冲击载荷，或轴承仅作摆动运动时，则 S_0可取 1 或小于 1，以尽量使轴承在保证正常运行条件下发挥最大的静载能力。S_0的选择可参考表 5-2-11。

表 5-2-11　轴承静强度安全系数

旋转条件	载荷条件	S_0	使用条件	S_0
连续旋转的轴承	普通载荷	1～2	高精度旋转场合	1.5～2.5
	冲击载荷	2～3	振动冲击场合	1.2～2.5
不常旋转或作摆动的轴承	普通载荷	0.5	普通旋转精度场合	1.0～1.2
	冲击及不均匀载荷	1～1.5	允许有变形量	0.3～1.0

与当量动载荷一样，当量静载荷 P_0也是一个假想载荷。轴承在工作时，如果同时承受径向载荷与轴向载荷，也需要进行载荷的转化，转化的结果是，在当量静载荷作用下，轴承内承受最大的滚动体与滚道接触处的塑性变形总量与实际载荷作用下的塑性变形总量相同。当量静载荷的计算公式为

$$P_0 = X_0 F_r + Y_0 F_a \tag{5-2-18}$$

式中，X_0、Y_0分别为当量静载荷的径向载荷系数和轴向载荷系数，见表 5-2-12。

表 5-2-12　径向静载荷系数 X_0和轴向静载荷系数 Y_0

轴承类型		单列轴承	
		X_0	Y_0
深沟球轴承		0.6	0.5
角接触球轴承	15°	0.5	0.46
	25°	0.5	0.38
	40°	0.5	0.26
圆锥滚子轴承		0.5	0.22 $\cot\alpha$
推力球轴承		0	1

注：更多的数值可查轴承手册。

5.2.5　滚动轴承的组合设计方法

为了保证轴承在预期寿命内正常工作，除了正确地选择轴承类型和型号以外，还必须进行轴承的组合设计，妥善解决滚动轴承的固定及轴系的固定，轴承组合结构的调整，轴

承的配合、装拆、润滑和密封等问题。

1. 滚动轴承内、外圈的轴向固定

1）内圈固定

图 5-2-19 所示为轴承内圈轴向固定的常用方法。轴承内圈的一端常用轴肩定位固定，另一端则可采用轴用弹性挡圈（见图 5-2-19(a)）、轴端挡圈（见图 5-2-19(b)）、圆螺母和止动垫圈（见图 5-2-19(c)）、开口圆锥紧定套、止动垫圈和圆螺母（见图 5-2-19(d)）等定位形式。

为保证定位可靠，轴肩圆角半径必须小于轴承的倒角和圆角半径。

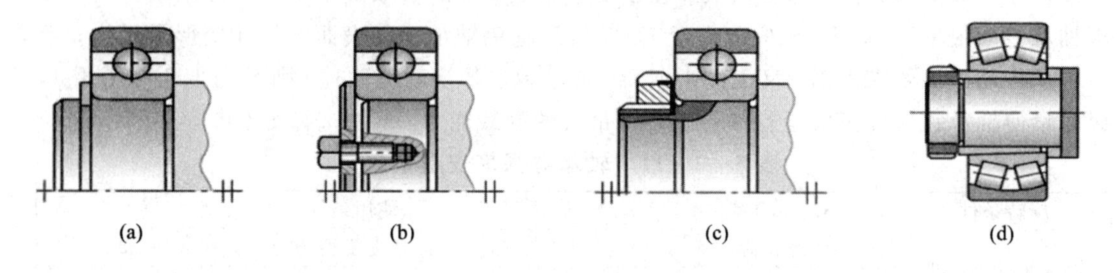

图 5-2-19 轴承内圈的轴向固定

2）外圈固定

图 5-2-20 所示为轴承外圈固定的常用方法。图(a)为利用轴承端盖作单向固定，结构简单、紧固可靠、调整方便，用于高速及很大轴向力时的各类推力轴承、角接触向心轴承、角接触推力轴承和圆锥滚子轴承；图(b)为利用弹簧挡圈与座孔内凸肩实现双向固定，结构简单、装拆方便、轴向尺寸小，适用于转速不高、轴向力不大的场合；图(c)为利用孔内凸肩和轴承端盖作双向固定，结构简单、装拆方便，适用于受力较大的场合；图(d)为利用螺纹环实现轴向固定，用于转速高、轴向载荷大且不便使用轴承端盖紧固的场合。

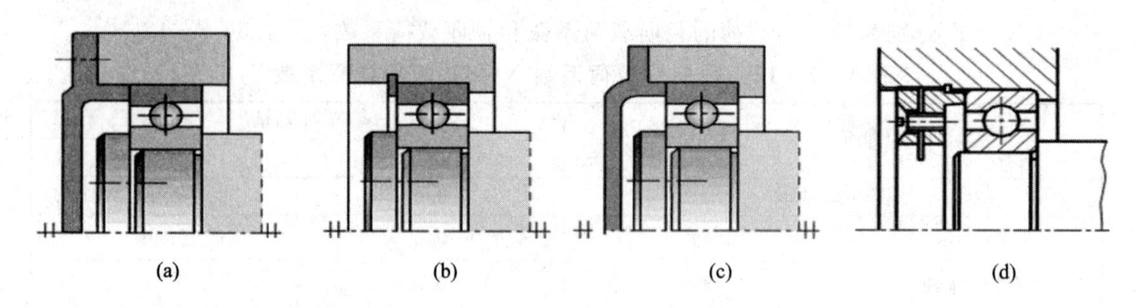

图 5-2-20 轴承外圈的轴向固定

2. 轴系支承结构的基本形式

一般来说，一根轴需要两个支点，每个支点由一个或一个以上的轴承组成。滚动轴承的支承结构应考虑轴在机器中的正确位置，防止轴向窜动及轴受热伸长后出现将轴卡死的现象等。轴系支承结构常用以下三种形式。

1）两端各单向固定

如图 5-2-21(a)所示，轴上两端轴承分别限制一个方向的轴向移动，这种支承结构称为两端各单向固定。考虑到轴受热伸长，对于深沟球轴承可在轴承盖与外圈端面之间留

出热补偿间隙 $c=0.2\sim0.3$ mm，如图 5-2-21(b)所示。间隙量的大小可用一组垫片来调整。这种支承结构简单，安装调整方便，它适用于工作温度变化不大的短轴。

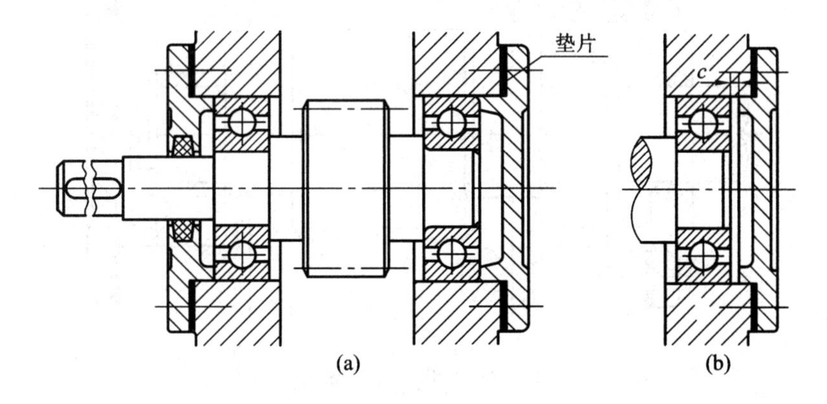

图 5-2-21　两端各单向固定

2）一端双向固定，一端游动

如图 5-2-22(a)所示的支承结构中，一端支承的轴承，内、外圈双向固定，另一端支承的轴承可以轴向游动，这种支承结构称为游动支承。双向固定端的轴承可承受双向轴向载荷。当选用深沟球轴承作为游动支承时，游动端的轴承端面与轴承盖之间留有较大的间隙；当选用圆柱滚子轴承作为游动支承时(见图 5-2-22(b))，依靠轴承本身具有内外圈可分离的特性达到游动的目的。这种支承结构适用于轴的温度变化大和跨距较大的场合。

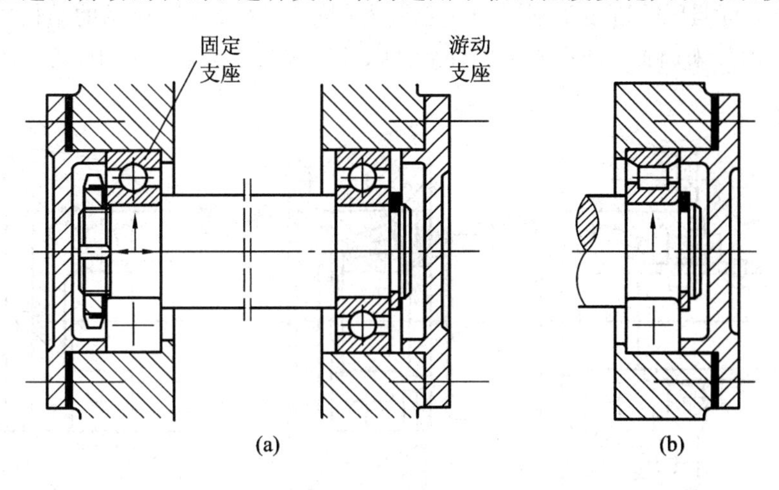

图 5-2-22　一端双向固定，一端游动

3）两端游动

如图 5-2-23 所示为两端均为游动支承的支承结构。两端游动支承结构的轴承分别不对轴作精确的轴向定位。两轴承的内、外圈双向固定，以保证轴能作双向游动。两端采用圆柱滚子轴承支承，适用于人字齿轮主动轴。轴承采用内圈或外圈无挡边的圆柱滚子轴承 N 类作两端游动支承，因这类轴承内部允许相对移动，故不需要留间隙。对这类轴承的内、外圈要作双向固定，以免内、外圈同时移动而造成过大的错位。

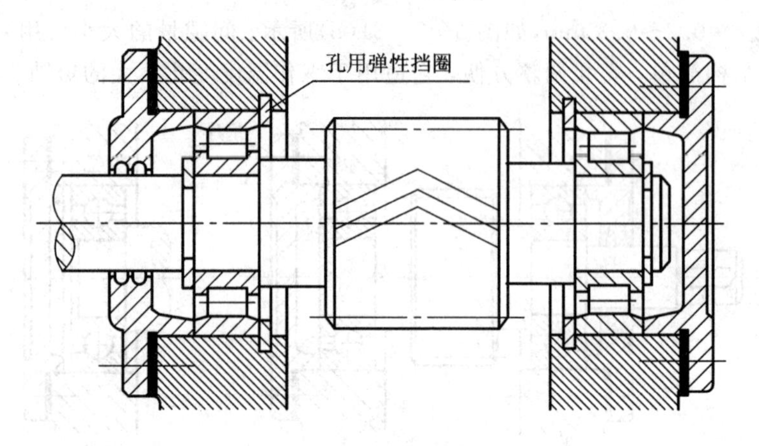

图 5-2-23　两端游动

3. 滚动轴承组合结构的调整

滚动轴承组合结构的调整包括轴承游隙的调整和轴系轴向位置的调整。

1）轴承游隙的调整

轴承游隙的大小对轴承的寿命、效率、旋转精度、温升及噪声等都有很大的影响。需要调整游隙的主要有角接触球轴承组合结构、圆锥滚子轴承组合结构和平面推力球轴承组合结构。图 5-2-24(a)中轴承的游隙靠垫片来调整，简单方便；图 5-2-24(b)中轴承的游隙利用端盖上的螺钉 1 和蝶形零件 3 控制轴承外圈可调压盖的位置来调整，调整后用螺母 2 锁紧防松，可调压盖适用于不同的端盖形式；图 5-2-25(b)所示的结构中，轴承的游隙使用轴上圆螺母来调整，操作不太方便，且螺纹还容易造成应力集中，削弱轴的强度。

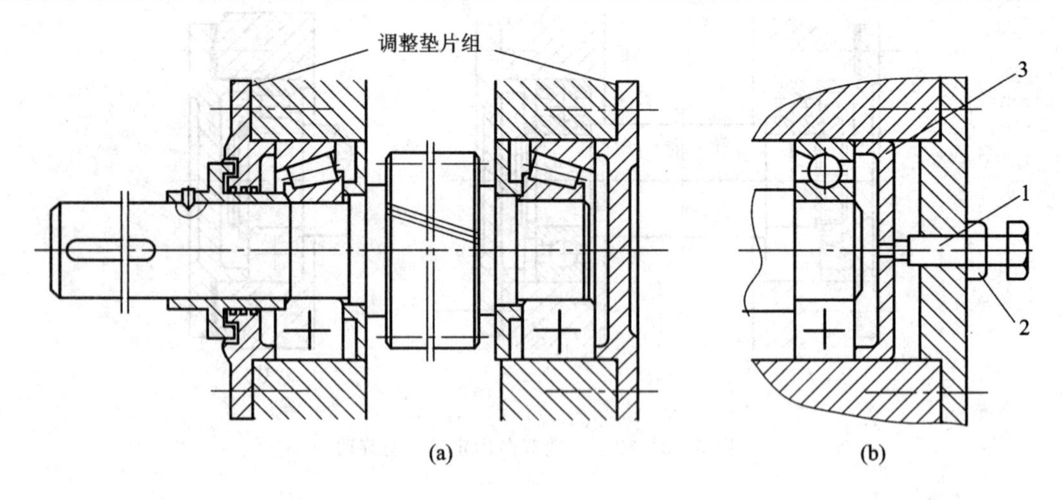

图 5-2-24　轴承游隙的调整

2）轴系轴向位置的调整

某些场合要求轴上安装的零件必须有准确的轴向位置，例如，锥齿轮传动要求两锥齿轮的节锥顶点相重合，蜗杆传动要求蜗轮的中间平面要通过蜗杆的轴线等。这种情况下就需要有轴向位置的调整措施。如图 5-2-25 所示，整个支承轴系放在一个套杯中，套杯的轴向位置(整个轴系的轴向位置)通过增减套杯与机座端面间的垫片的厚度来调节，从而使传动处于最佳的啮合位置。通过前面对轴承派生力进行分析时，我们知道图(a)中的压力中心距离小于图(b)中的压力中心距离，所以图(a)中的悬臂较长，支承刚性较差。

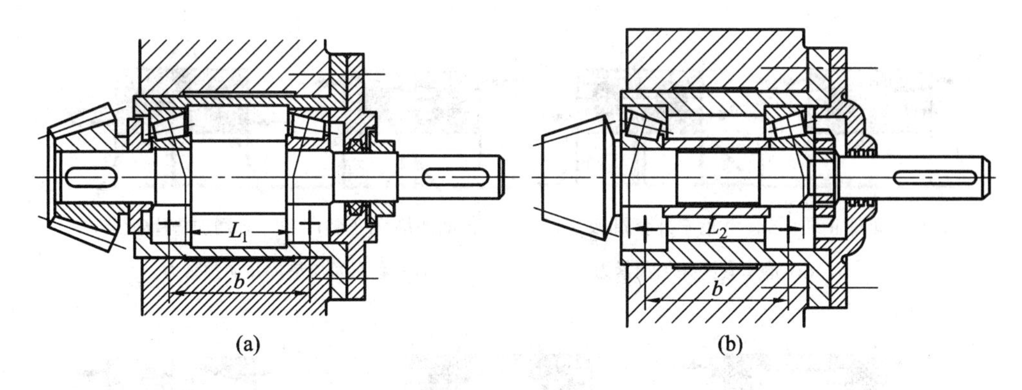

图 5-2-25　轴向位置的调整

4. 滚动轴承组合支座的刚度和同轴度

在支承结构中安装轴承处必须要有足够的刚度才能使滚动体正常滚动，如果刚度不足，轴承座发生变形会使轴承内的滚动体受力不均匀而运动受阻，影响轴承的旋转精度，缩短轴承的寿命。因此，孔壁要有适当的厚度，壁板上轴承座的悬臂应尽可能地缩短，并用加强筋来提高支座的刚性，如图 5-2-26 所示。

同一根轴上的轴承座孔应保证同心，应使两轴承座孔直径相同，以便加工时能一次定位镗孔。如果两轴承外径不同，外径小的轴承可在座孔处安装衬套，如图 5-2-27 所示。当两个座孔分别位于不同机壳上时，应将两个机壳先进行接合面加工再连接成一个整体，最后镗孔。

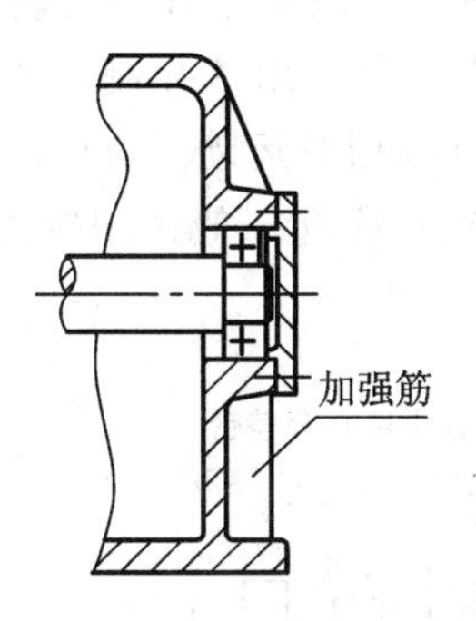

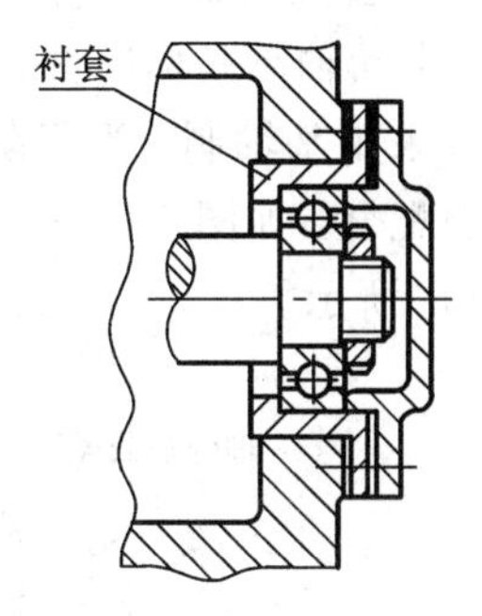

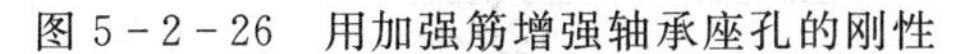

图 5-2-26　用加强筋增强轴承座孔的刚性　　图 5-2-27　使用衬套的轴承座孔

5. 滚动轴承的预紧

滚动轴承在较大间隙的情况下工作时，会使载荷集中作用在处于加载方向的一两个滚动体上，使该滚动体和内、外圈滚道接触处产生很大的集中应力，从而使轴承磨损加快，寿命缩短，还会降低刚度。当把轴承调整到不仅完全消除间隙，而且产生一定的过盈量(或称负间隙)时，即滚动体与内、外圈之间产生一定的预变形，这就是滚动轴承的预紧。预紧的目的是为了提高轴承的旋转精度，增加轴承的组合刚度，同时可减小轴在运转时的振动和噪声。

预紧的方法主要有磨窄套圈并加预紧力、在套圈间加垫片并加预紧力、在两轴承间加入不等厚的套筒控制预紧力等，如图 5-2-28 所示，上述这些方法不仅适用于角接触球轴承，而且还适用于圆锥滚子轴承(见图 5-2-28(d))。

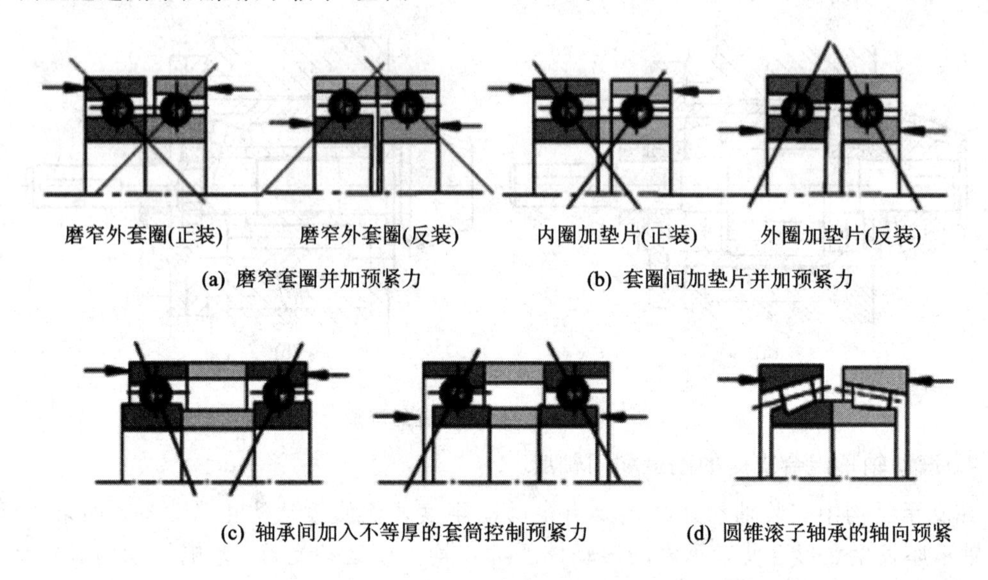

图 5-2-28　滚动轴承的预紧

6. 滚动轴承的配合与装拆

合理选择滚动轴承的配合与装拆方法是影响轴系组件回转精度、轴承的使用寿命及轴承维护难易的重要因素。

1) 滚动轴承的配合

滚动轴承的套圈与轴和轴承座孔之间应选择适当的配合，以保证轴的旋转精度和轴承的轴向固定。滚动轴承是标准件，因此轴承内圈与轴颈的配合采用基孔制，轴承外圈与轴承座孔的配合采用基轴制。为了防止轴颈与内圈在旋转时有相对运动，轴承内圈与轴颈一般选用较紧的配合，如图 5-2-29(a)所示。轴承外圈与轴承座孔一般选用较松的配合，如图 5-2-29(b)所示。

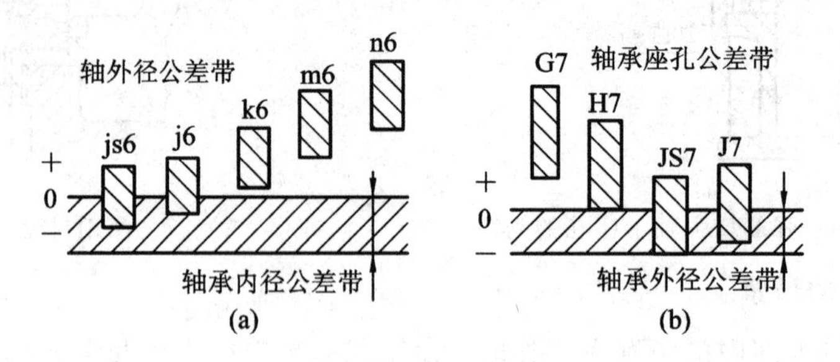

图 5-2-29　滚动轴承与轴及与外壳孔的常用配合

设计时，应根据机器工作载荷的大小及性质、转速的高低、工作温度及内、外圈中哪一个套圈转动等因素选择轴承的配合。具体选用时参考《机械设计手册》。一般情况下可参考以下原则来选用：转动圈比不动圈配合松一些；高速、重载、有冲击、振动时，配合应紧一些，载荷平稳时，配合应松一些；旋转精度要求高时，配合应紧一些；常拆卸的轴承或游动套圈应取较松的配合；与空心轴配合的轴承应取较紧的配合；最后还要考虑温升对配合的影响。

2）滚动轴承的安装与拆卸

安装和拆卸轴承的力应直接加在紧配合的套圈端面，不能通过滚动体传递。轴承的内圈与轴颈配合较紧，对于小尺寸的轴承，一般可用压力直接将轴承的内圈压入轴颈(如图5-2-30所示)。对于尺寸较大的轴承，可先将轴承放在温度为80～100℃的油中加热，使内孔胀大，然后用压力机装在轴颈上。如果需要同时安装轴承的内、外圈，则需要使用特制的专用工具(如图5-2-31所示)，使内、外圈同时加力。

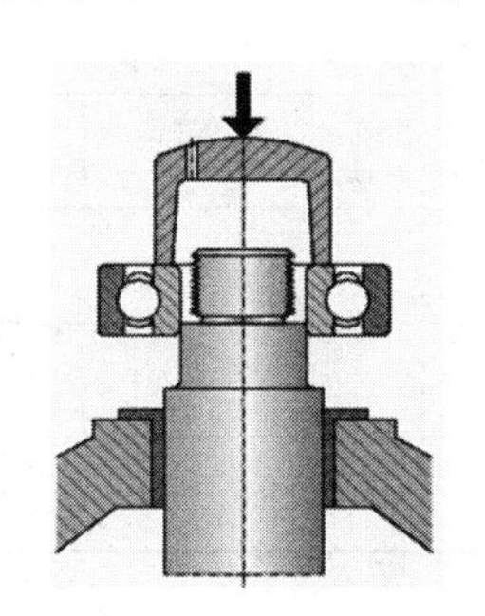

图5-2-30　安装轴承内圈

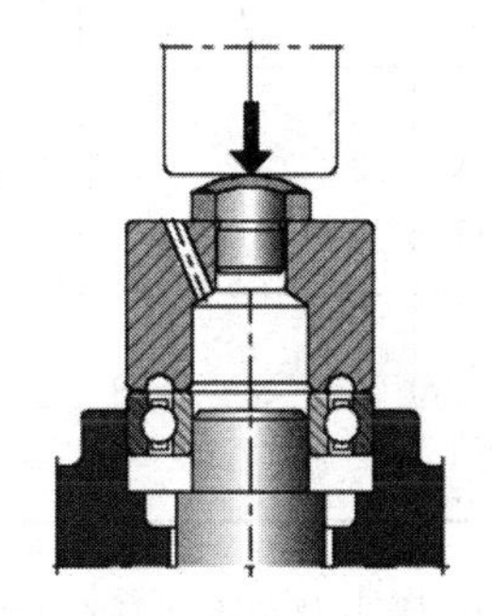

图5-2-31　同时安装轴承内、外圈

轴承的拆卸可根据实际情况按图5-2-32操作。为了使拆卸工具的钩头钩住内圈，设计时轴肩的高度不能大于内圈的高度，可查表确定。内、外圈可分离的轴承，其外圈的拆卸可用压力机、套筒或螺钉顶出。为了便于拆卸，座孔的结构一般采用图5-2-33所示的形式。

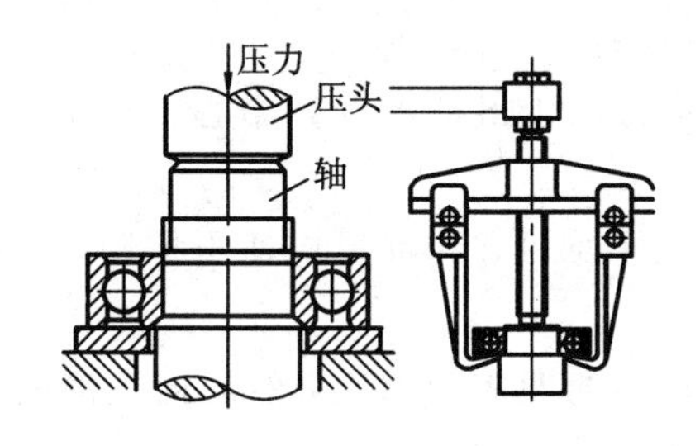

图5-2-32　轴承的拆卸

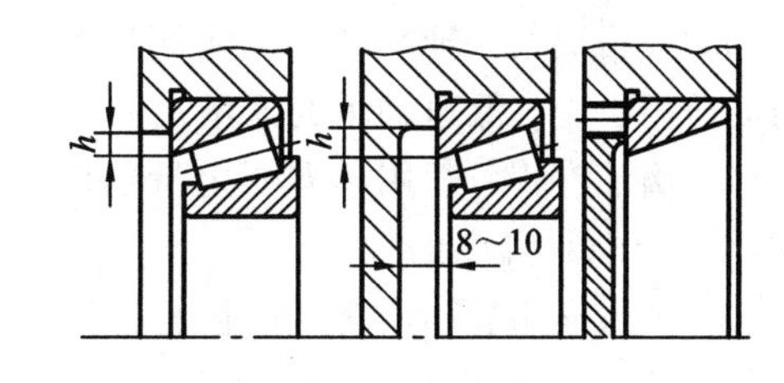

图5-2-33　轴承外圈的拆卸

7. 滚动轴承的润滑与密封

润滑和密封对滚动轴承的使用寿命有重要意义。润滑的主要目的是减小摩擦与磨损。滚动接触部位形成油膜时，还有吸收振动、降低工作温度等作用。密封的目的是防止灰尘、水分等进入轴承，并阻止润滑剂的流失。

1）滚动轴承的润滑

滚动轴承的润滑剂可以是润滑脂、润滑油或固体润滑剂。一般情况下，轴承采用润滑脂润滑，但在轴承附近已经具有润滑油源时(如变速箱内本来就有润滑齿轮的油)，也可采用润滑油润滑。具体选择可按速度因数 dn 值来定。d 代表轴承内径(mm)；n 代表轴承转速(r/min)。表5-2-13列出了各种润滑方式下轴承允许的 dn 值。

表 5-2-13　各种润滑方式下轴承允许的 dn 值界限(表值×10^4)

轴承类型	脂润滑	油润滑			
		油浴	滴油	循环或喷油	油雾
深沟球轴承	16	25	40	60	>60
调心球轴承	16	25	40	50	—
角接触球轴承	16	25	40	60	>60
圆柱滚子轴承	12	25	40	60	>60
圆锥滚子轴承	10	16	23	30	—
调心滚子轴承	8	12	20	25	—
推力球轴承	4	6	12	15	—

脂润滑的优点是润滑膜强度高，能承受较大的载荷，润滑脂不易流失，故便于密封和维护，并且一次充填润滑脂可运转较长时间；缺点是摩擦较大，散热效果差。润滑脂的填充量一般不超过轴承内空隙的1/2～1/3，以免润滑脂太多导致摩擦发热，影响轴承的正常工作。它通常用于转速不高及不便加油的场合。

油润滑的优点是摩擦阻力小，润滑可靠，且具有冷却散热和清洗的作用；缺点是对密封和供油的要求较高。它主要用于高速或工作温度较高的轴承。润滑油的黏度可按轴承的速度因数 dn 和工作温度 t 来确定。常用的油润滑方式有：

(1) 油浴润滑：轴承局部浸入润滑油中，油面不得高于最低滚动体中心。该方法简单易行，适用于中、低速轴承的润滑。

(2) 滴油润滑：适用于需要定量供应润滑油的轴承部件，滴油量应适当控制，过多的油量将引起轴承温度的升高。

(3) 飞溅润滑：利用转动的齿轮把润滑油甩到箱体的四周内壁上，然后通过油槽把油引到轴承中。一般闭式齿轮传动装置中的轴承都采用这种润滑方法。

(4) 喷油润滑：利用油泵将润滑油增压，通过油管或油孔，经喷嘴将润滑油对准轴承内圈与滚动体间的位置喷射，从而润滑轴承。这种方法适用于转速高、载荷大、要求润滑可靠的轴承。

(5) 油雾润滑：油雾润滑需专门的油雾发生器。油雾润滑有益于轴承的冷却，供油量可以精确调节，适用于高速、高温轴承部件的润滑。使用时注意避免油雾外溢，造成污染。

2) 滚动轴承的密封

滚动轴承密封的目的是防止灰尘、水分和杂质等进入轴承，同时也阻止润滑剂的流失。良好的密封可保证机器正常工作，降低噪音，延长有关零件的寿命。密封方式分为接触式密封和非接触式密封两种。当密封要求较高时也可采用两种密封方式的组合，如采用毛毡圈和曲路密封相结合等。

(1) 接触式密封。接触式密封常用的有毛毡圈密封和密封圈密封。图 5－2－34(a)所示为毛毡圈密封，在轴承端盖上的梯形断面槽内装入毛毡圈，使其与轴颈在接触处径向压紧而达到密封，密封处轴颈的线速度 $v \leqslant 4 \sim 5$ m/s；图 5－2－34(b)所示为密封圈密封，密封圈由耐油橡胶或皮革制成，以一定压力紧套在轴上起密封作用，安装时应注意密封圈唇口方向。密封圈唇口朝内，目的是防漏油；唇口朝外，目的是防止灰尘、杂质的侵入。

密封圈的密封效果比毛毡圈好，密封处轴颈的线速度 $v \leqslant 7$ m/s。接触式密封要求轴颈接触处部分的表面粗糙度较高，一般 $R_a \leqslant 0.8 \sim 1.6$ μm。

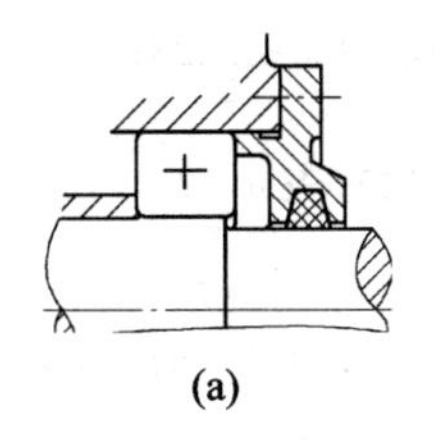
(a)

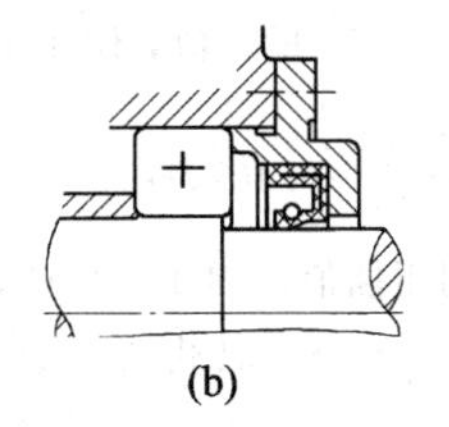
(b)

图 5－2－34　接触式密封

(2) 非接触式密封：非接触式密封常用的有缝隙密封(见图 5－2－35(a))，在轴与轴承盖间留 0.1～0.3 mm 的间隙，这对采用脂润滑的轴承来说，已经具有了密封效果。但有时还在轴承盖孔壁上车出宽 3～4 mm、深 4～5 mm 的沟槽，在槽内填充润滑脂，这样可以提高密封效果。这种密封装置结构简单，由于环境干燥清洁、轴与密封件接触处的圆周速度 $v \leqslant 5 \sim 6$ m/s 的脂润滑或低速油润滑环境中。

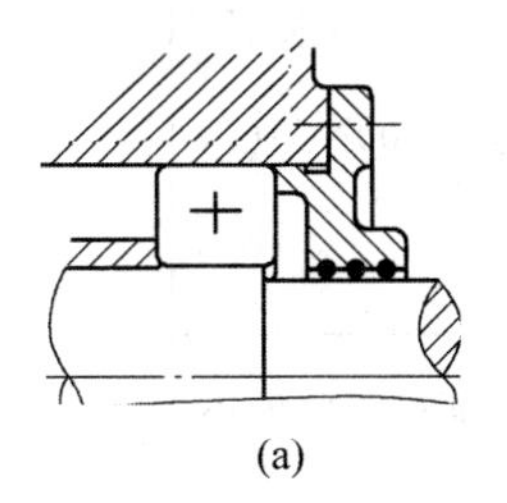
(a)

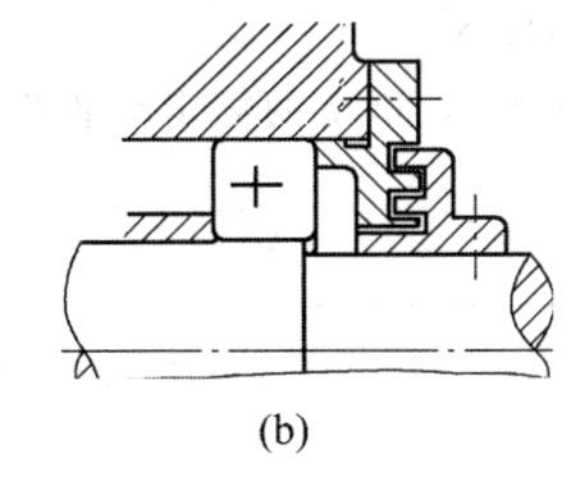
(b)

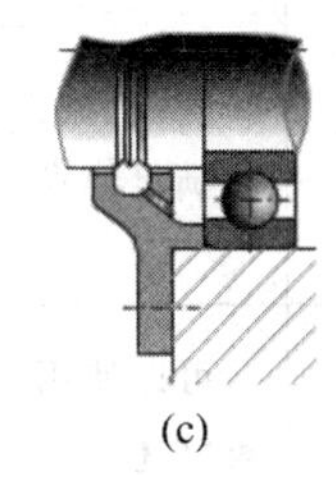
(c)

图 5－2－35　非接触式密封

图 5－2－35(b)所示为曲路密封，这种密封装置是靠通过旋转密封件与静止密封件间的曲折外形，并在曲路中填入润滑脂起密封作用的。曲路密封可用于较为潮湿和污秽环境中工作的轴承，对油、脂润滑都有较好的密封效果，用于轴与密封件接触表面圆周速度 $v \leqslant 30$ m/s 的脂润滑或油润滑中。

图 5－2－35(c)所示为甩油密封，油润滑时，在轴上开出油槽或装入一个环，都可以把欲向外流失的油沿径向甩开，再经过轴承盖的集油腔及与轴承腔相通的油孔流回。

探索与实践

设计任务 1：

设计任务 1 的设计过程和结果如表 5－2－14 所示。

表 5-2-14 设计任务 1 的设计过程和结果

计算项目	计 算 内 容	结 果
1. 初选轴承型号	根据轴承所在处轴颈 $d=35$ mm，初选轴承型号为 6307 或 6407	
2. 对 6307 轴承的校核	查《机械设计手册》可得 6307 的额定静载荷 $C_{0r}=19200$ N； 求 $\frac{F_a}{C_{0r}}=\frac{720}{19200}=0.0375$，查表 5-2-9 发现表中没有对应于 $\frac{F_a}{C_{0r}}=0.0375$ 的 e 值，使用插值法求得 $e=0.228$； $\frac{F_a}{F_r}=\frac{720}{1770}=0.407>e=0.228$，再次查表 5-2-9，得 $X=0.56$，利用插值法得 $Y=1.89$； 查表 5-2-8，取载荷系数 $f_p=1.2$，于是可得当量动载荷为 $P=f_p(XF_r+YF_a)$ $=1.2\times(0.56\times1770+1.89\times720)$ $=2822.4$ N 查表 5-2-7 取温度系数 $f_t=1$，题中 $n=2900$ r/min，$L_h'=6000$ h，可得预期额定动载荷为 $C'=P\sqrt[\varepsilon]{\frac{60nL_h'}{10^6}}=2822.4\times\left(\frac{60\times2900\times6000}{10^6}\right)^{\frac{1}{3}}$ $=26641$ N 查《机械设计手册》，6307 的额定动载荷为 33000N$>C'$，故满足要求	$F_a/C_{0r}=0.0375$ $e=0.228$ $F_a/F_r=0.407$ $X=0.56$ $Y=1.89$ $P=2822.4$ N 33000N$>C'$ 6307 轴承满足使用要求
3. 对 6407 轴承的校核	可以使用与上一步一样的方法进行校核，详细过程此处不再赘述。 最后求出的预期额定动载荷 $C'=30300$N，查《机械设计手册》可得 6407 轴承的基本额定动载荷 $C=56800\text{N}>C'=30300$N，故 6407 轴承也能满足使用要求，但是承载能力太大，造成浪费	$C\geqslant C'=30300$ N 满足要求
4. 分析	轴承是标准件，我们只要会选择合适的轴承即可。在本任务中，分析了两种型号的轴承，都能满足要求。6307 比较好，既满足了要求又没有造成承载能力的浪费	本任务可选 6307 轴承

设计任务 2：

设计任务 2 的设计过程和结果如表 5-2-15 所示。

表 5-2-15　设计任务 2 的设计过程和结果

计算项目	计算内容	结　果
1. 计算内部轴向力 F_{s1}、F_{s2}	查《机械设计手册》，可得 30206 轴承 $C_r=43200$N，$e=0.37$，$Y=1.6$；查表 5-2-10 得 $F_{s1}=\frac{F_{r1}}{2Y}=\frac{4000}{3.2}=1250$ N $F_{s2}=\frac{F_{r2}}{2Y}=\frac{4250}{3.2}\approx1328$ N	$F_{s1}=1250$ N $F_{s2}\approx1328$ N
2. 计算轴向载荷 F_{a1}、F_{a2}	因 $F_a+F_{s2}=350+1328=1678\ N>F_{s1}=1250$ N 所以轴承 1 被“压紧”，轴承 2 被“放松”，有 $F_{a1}=F_a+F_{s2}=350+1328=1678$ $F_{a2}=F_{s2}=1328$ N	$F_{a1}=1678$ N $F_{a2}=1328$ N
3. 计算当量动载荷	$\frac{F_{a1}}{F_{r1}}=\frac{1678}{4000}=0.4195>e=0.37$，查表 5-2-9 可得 $X=0.4$，因 $Y=1.6$，查表 5-2-8，取载荷系数 $f_p=1.4$，可得轴承 1 的当量动载荷为 $P_1=f_p(XF_{r1}+YF_{a1})=1.4\times(0.4\times4000+1.6\times1678)$ $=5998.72$ N $\frac{F_{a2}}{F_{r2}}=\frac{1328}{4250}=0.312<e=0.37$，查表 5-2-9 可得 $X=1$，$Y=0$，查表 5-2-8，取载荷系数 $f_p=1.4$，可得轴承 2 的当量动载荷为 $P_2=f_p(XF_{r2}+YF_{a2})=f_pF_{r2}=5950$ N	$P_1=5998.72$ N $P_2=5950$ N
4. 计算轴承寿命	因 $P_1>P_2$，按轴承 1 的受力大小验算，取 $P=P_1=5998.72$ N，因工作温度低于 100℃，查表 5-2-7 取温度系数 $f_t=1$，圆锥滚子轴承 $\varepsilon=10/3$，故 $L_h=\frac{10^6}{60n}\left(\frac{f_tC}{P}\right)^\varepsilon=\frac{10^6}{60\times1430}\left(\frac{1\times43200}{5998.72}\right)^{\frac{10}{3}}\approx8351$ h $L_h=8351\text{h}>L_h'=6000$ h，轴承满足预期寿命的要求	$L_h=8351$ h

拓展知识——滑动轴承

1. 滑动轴承的特点及应用

工作时轴承和轴颈的支承面间形成直接或间接滑动摩擦的轴承，称为滑动轴承。

1）滑动轴承的特点

滑动轴承包含的零件少，工作面间一般有润滑油膜且为面接触，所以它具有结构简单、易于制造、便于安装，且工作平稳、可靠、噪声小、耐冲击、回转精度高、承载能力大，以及摩擦小、磨损少等独特的优点；缺点是启动摩擦阻力大、维护比较复杂，若润滑不良，会使滑动轴承迅速失效，并且轴向尺寸较大。

2）滑动轴承的应用

从定义中我们知道滑动轴承工作时，轴与轴承孔之间是面接触，是滑动摩擦。滚动轴承绝大多数都已标准化，故得到了广泛的应用；滑动轴承不易买到，需要自己制造，且需要较贵的金属制造，维护比较复杂。但是在以下场合，则主要使用滑动轴承：

(1) 工作转速很高，如汽轮发电机。

(2) 要求对轴的支承位置特别精确，如精密磨床。

(3) 承受巨大的冲击与振动载荷，如轧钢机。

(4) 特重型的载荷，如水轮发电机。

(5) 根据装配要求必须制成剖分式的轴承，如曲轴轴承。

(6) 在特殊条件下工作的轴承，如军舰推进器的轴承。

(7) 径向尺寸受限制时，如多辊轧钢机。

2. 滑动轴承的结构形式、材料和轴瓦结构

1) 滑动轴承的结构形式

(1) 滑动轴承的类型。滑动轴承按其承受载荷的方向分为：径向滑动轴承，它主要承受径向载荷；止推滑动轴承，它只承受轴向载荷；径向止推滑动轴承，它同时承受径向载荷和轴向载荷。

滑动轴承按工作时轴瓦和轴颈表面间呈现的摩擦状态的不同，可分为液体摩擦滑动轴承，其摩擦表面完全被润滑油隔开；非液体摩擦滑动轴承，其摩擦表面不能被润滑油完全隔开。根据工作时相对运动表面间油膜形成原理的不同，液体摩擦滑动轴承又分为液体动压润滑轴承和液体静压润滑轴承，简称动压轴承和静压轴承。

(2) 滑动轴承的典型结构。

① 径向滑动轴承。

• 整体滑动轴承。整体式滑动轴承的结构如图 5-2-36 所示，它主要由轴承座和整体轴瓦组成，轴承座上部有油孔，整体轴瓦内有油沟，分别用以加油和引油，进行润滑。这种轴承结构简单，易于制造，价格低廉，刚度较大，且已经标准化，但轴的装拆不方便，磨损后轴承的径向间隙无法调整，只能更换轴套，因此多用于低速、轻载、间歇工作且不经常拆卸的场合，如手动机械、农业机械等。

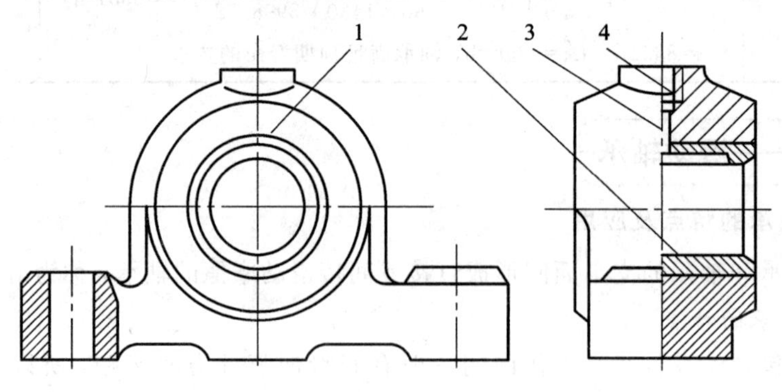

1—轴承座；2—整体轴瓦；3—油孔；4—螺纹孔

图 5-2-36　整体式径向滑动轴承

• 剖分式滑动轴承。剖分式滑动轴承的结构如图 5-2-37 所示，它主要由轴承座 1、轴承盖 2、双头螺柱 3、螺纹孔 4、油孔 5、油槽 6、剖分式轴瓦 7 以及垫片组成。轴承座和轴承盖接合面做成阶梯形定位止口，便于安装时定位对中。此处放有垫片，以便磨损后调整轴承的径向间隙，故装拆方便，应用广泛。

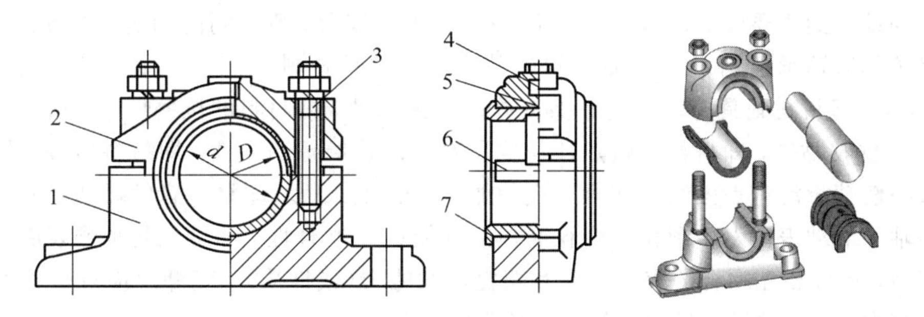

图 5－2－37　剖分式径向滑动轴承

• 调心式径向滑动轴承(宽径比 $B/d>1.5\sim1.75$)。调心式滑动轴承的结构如图 5－2－38 所示，其轴瓦外表面做成球面形状，与轴承支座孔的球状内表面相接触，能自动适应轴在弯曲时产生的偏斜，可以减少局部磨损，适用于轴承支座间跨距较大或轴颈较长的场合。

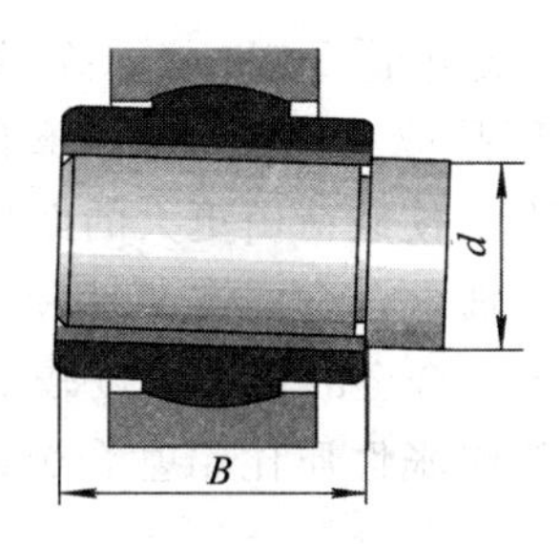

图 5－2－38　调心式径向滑动轴承

② 止推滑动轴承。止推滑动轴承的结构如图 5－2－39 所示，可分为三种形式：空心止推轴承(见图 5－2－39(a))、单环止推轴承(见图 5－2－39(b)、(c))和多环止推轴承(见图 5－2－39(d))。实心止推滑动轴承轴颈端面的中部压强比边缘的大，润滑油不易进入，润滑条件差，应用不多；空心止推滑动轴承轴颈端面的中空部分能存油，压强也比较均匀，承载能力不大；多环止推滑动轴承的压强较均匀，能承受较大载荷。这种结构还可承受双向载荷，但各环承载不等，环数不能太多。图中各部分的直径尺寸可查《机械设计手册》。

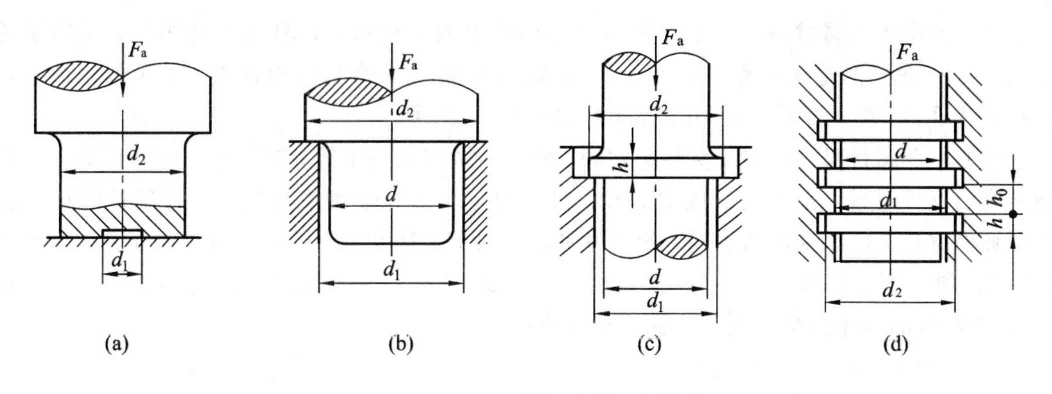

图 5－2－39　止推滑动轴承的结构

2）滑动轴承的材料

滑动轴承的主要失效形式有：磨粒磨损、刮伤、胶合、疲劳剥落和腐蚀等形式。轴瓦和轴承衬统称为轴承材料。根据轴承的失效形式，轴承材料性能应能满足以下主要要求：① 减摩性，即材料副具有较低的摩擦系数；② 耐磨性，即材料的抗磨性能，通常以磨损率表示；③ 抗咬黏性，即材料的耐热性与抗黏附性；④ 摩擦顺应性，即材料通过表层弹塑性变形来补偿轴承滑动表面初始配合不良的能力；⑤ 嵌入性，即材料容纳硬质颗粒嵌入，从而减轻轴承滑动表面发生刮伤或磨粒磨损的性能；⑥ 磨合性，即轴瓦与轴颈表面经短期轻载运行后，形成相互吻合的表面形状和粗糙度的能力（或性质）。此外还应有足够的强度和抗腐蚀能力、良好的导热性、工艺性和经济性。

需要说明的是，几乎没有一种轴承材料能够全面具备上述性能，因而必须针对各种具体情况，仔细进行分析后合理选用。

滑动轴承材料分为三大类：金属材料（如轴承合金、青铜、铝基材料、锌基合金、减摩铸铁等）、多孔质金属材料（粉末冶金材料）和非金属材料（如塑料、橡胶、硬木等）。

（1）金属材料。

① 轴承合金（又称白合金、巴氏合金）。锡、铅、锑、铜的合金统称为轴承合金。它以锡或铅作基体，悬浮锑锡及铜锡的硬晶粒。硬晶粒起耐磨作用，软基体则增加材料的塑性。硬晶粒受重载时可以嵌陷到软基里，使载荷由更大的面积来承担。它的弹性模量和弹性极限都很低。在所有的轴承材料中，轴承合金的嵌藏性和顺应性最好，很容易和轴颈磨合，它与轴颈的抗胶合能力也较好。巴氏合金的机械强度较低，通常将它贴附在软钢、铸铁或青铜的轴瓦上使用。锡基合金的热膨胀性质比铅基合金好，所以前者更适合于高速轴承，但价格较贵。

② 铜合金。铜合金是传统的轴瓦材料，品种很多，可分为青铜和黄铜两类。铸锡锌铅青铜有很好的疲劳强度，广泛用于一般轴承。铸锡磷青铜是很好的一种减摩材料，减摩性和耐磨性都很好，机械强度也较高，适用于重载轴承。铜铅合金具有优良的抗胶合性能，在高温时可以从摩擦表面析出铅，在铜基体上形成一层薄的敷膜，起到润滑的作用。铸造黄铜的减摩性不及青铜，但易于铸造和加工，常用于低速轴承。

③ 铸铁。铸铁有普通灰铸铁、球墨铸铁等。铸铁轴瓦的主要优点是价廉，常用在轻载、低速场合。

（2）多孔质金属材料。多孔质金属是一种粉末冶金材料，它具有多孔组织，采取措施使轴承所有细孔都充满润滑油的称为含油轴承，因此它具有自润滑性能。常用的含油轴承材料有多孔铁（铁－石墨）与多孔青铜（青铜－石墨）两种。

（3）非金属材料。非金属材料有塑料、硬木、橡胶和石墨等，其中塑料用得最多。塑料轴承有自润滑性能，也可用油或水润滑。具有以下优点：摩擦系数较小；有足够的抗压强度和疲劳强度，可承受冲击载荷；耐磨性和跑合性好；塑性好，可以嵌藏外来杂质，防止损伤轴颈。缺点是：导热性差（只有青铜的几百分之一），线膨胀系数大（约为金属的 3～10 倍），吸水吸油后体积会膨胀，受载后有冷流性。

常见的轴承材料及其性能见表 5-2-16。

表 5-2-16　常见轴承材料及其性能

轴承材料		最大许用值			最高温度/℃	轴颈硬度/HBS	性能比较			
		[p]/MPa	[v]/(m/s)	[pv]/(MPa·m/s)			抗胶合性	顺应性、嵌藏性	耐腐蚀性	疲劳强度
锡锑轴承合金	ZSnSb11Cu6 ZSnSb8Cu4	冲击载荷			150	150	1	1	1	5
		25	80	20						
		平稳载荷								
		20	60	15						
铅锑轴承合金	ZPbSb16Sn16Cu2	12	12	10	150	150	1	1	3	5
	ZPbSb15Sn10	20	15	15						
铸造铜合金	CuSn10P1	15	10	15	280	200	5	3	1	1
	CuPb5Sn5Zn5	8	3	15						
	CuPb30	25	12	30	280	300	3	4	4	2
黄铜	ZCuZn16Si4	12	2	10	200	200	5	5	1	1
	ZCuZn38Mn2Pb2	10	1	10						
铸铁	HT150～HT250	2～4	0.5～1	1～4	150	220	4	5	1	1

3）*滑动轴承的轴瓦结构*

轴瓦是轴承与轴颈直接接触的零件，轴瓦与轴颈的工作表面之间具有一定的相对滑动速度，因此其结构设计是否合理对轴承性能影响很大。有时为了节省贵重合金材料或者结构上的需要，常在轴瓦的内表面上浇铸或轧制一层轴承合金，称为轴承衬。轴瓦应具有一定的强度和刚度，在轴承中定位可靠，便于输入润滑剂，容易散热，并且调整方便。为了适应不同的工作要求，轴瓦应在外形结构、定位、油槽开设和配合等方面采用不同的形式。

常用的轴瓦结构有整体式和剖分式两类。

整体式轴承采用整体式轴瓦。整体式轴瓦按材料及制法不同，分为整体轴套和卷制轴套。整体轴套又分为光滑轴套(见图 5-2-40(a))和带纵向油槽轴套两种(见图 5-2-40(b))。卷制轴套采用单层、双层或多层金属卷制而成(见图 5-2-41)。

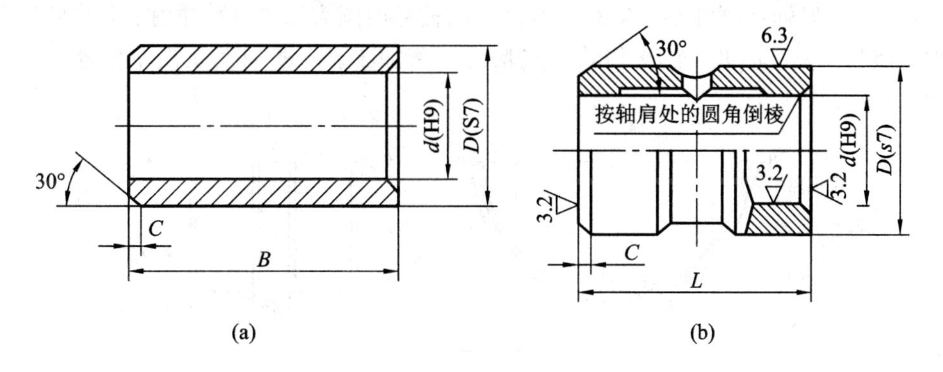

图 5-2-40　整体轴套

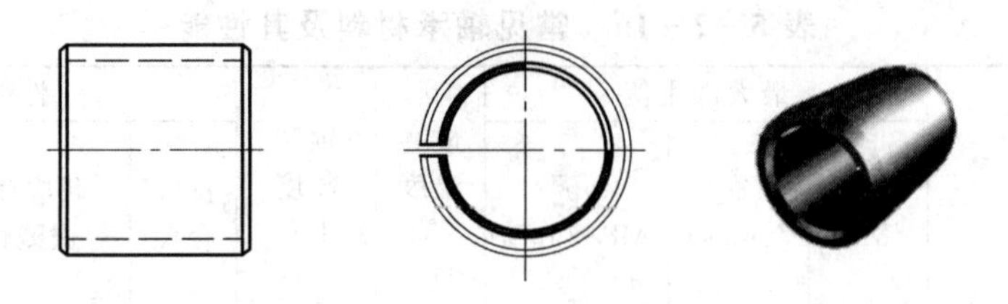

图 5-2-41 卷制轴套

剖分式轴承采用剖分式轴瓦。按有无轴承衬可分为无轴承衬(见图 5-2-42(a))和有轴承衬(见图 5-2-42(b))两种。

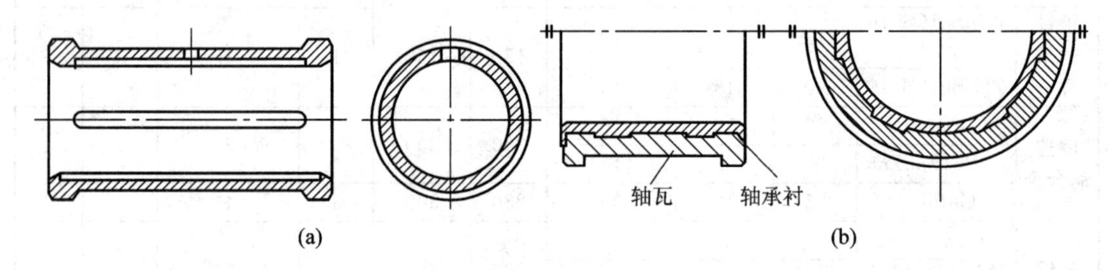

图 5-2-42 剖分式轴瓦

剖分式轴瓦还可以分为厚壁轴瓦和薄壁轴瓦。厚壁轴瓦用铸造方法制造(见图 5-2-42(b)),内表面可附有轴承衬,常将轴承合金用离心铸造法浇注在铸铁、钢或青铜轴瓦的内表面上。为了使轴承合金与轴瓦贴附得好,常常在轴瓦内表面制出各种形式的榫头、凹沟或螺纹(见图 5-2-43)。

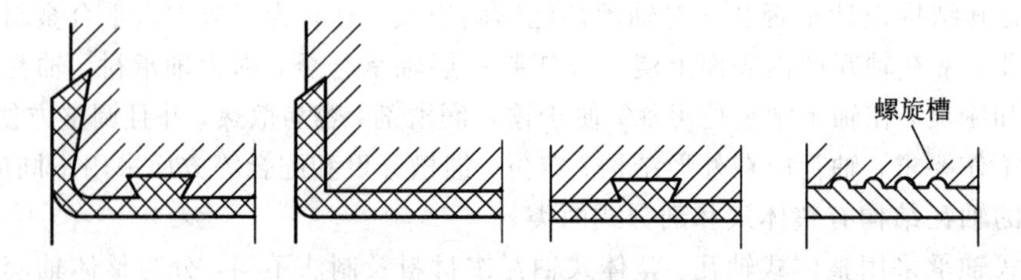

图 5-2-43 轴瓦内壁沟槽

薄壁轴瓦(见图 5-2-44)由于能用双金属板连续轧制等新工艺进行大量生产,故质量稳定,成本低,但轴瓦刚性小,装配时不再修刮轴瓦内圆表面,轴瓦受力后,其形状完全取决于轴承座的形状,因此,轴瓦和轴承座均需精密加工。薄壁轴瓦在汽车发动机、柴油机上应用比较广泛。

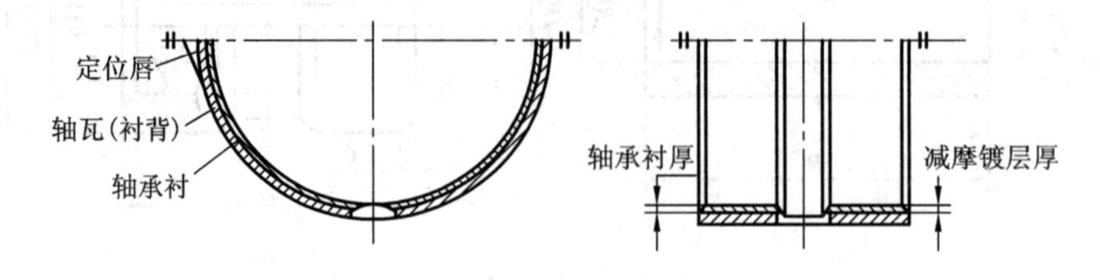

图 5-2-44 剖分式薄壁轴瓦

为了使润滑油能分布到轴承的整个工作表面,一般在轴瓦上开设油孔和油沟。油孔用来供油，油沟用来输送和分布润滑油。当轴承的下轴瓦为承载区时，油孔和油沟一般应布置在非承载区的上轴瓦或压力较小的区域内，以利供油。轴向油沟不应开通，以便在轴瓦的两端留出封油面，防止润滑油从端部大量流失。图 5-2-45 所示为几种常见的油沟形式。

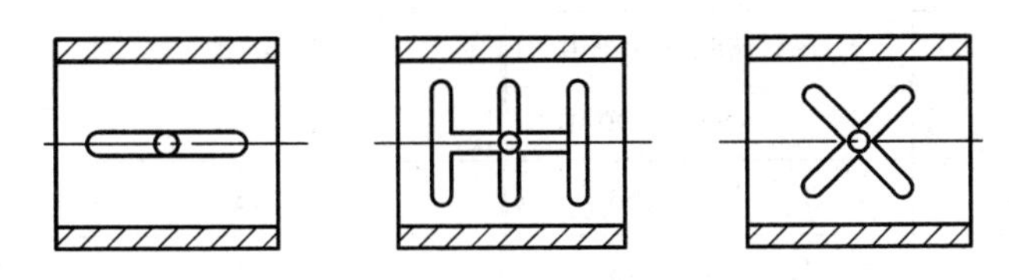

图 5-2-45　常见的油沟形式

3. 滑动轴承的润滑

滑动轴承润滑的目的是为了减小摩擦损耗、减轻磨损、冷却轴承、吸振和防锈等。为了保证轴承能正常工作和延长轴承使用寿命，需要正确地选择润滑剂和润滑方法。

1）润滑剂及其选择

常用的润滑剂有润滑油、润滑脂和固体润滑剂。

（1）润滑脂及其选择。润滑脂是由润滑油添加各种稠化剂和稳定剂稠化而成的膏状润滑剂。其特点是无流动性，可在滑动表面形成一层薄膜。它主要用于要求不高、难以经常供油，或者低速重载以及作摆动运动的轴承中。

润滑脂的选择原则如下：

① 当压力高和滑动速度低时，选择锥入度小一些的品种，反之，选择锥度大一些的品种。

② 所用润滑脂的滴点，一般应较轴承的工作温度高约 20～30℃，以免工作时润滑脂过多地流失。

③ 在有水淋或潮湿的环境下，应选择防水性能强的钙基或铝基润滑脂；在温度较高处应选用钠基或复合钙基润滑脂。

选择润滑脂的牌号时可参考表 5-2-17。

表 5-2-17　滑动轴承润滑脂牌号的选择

轴承压力/MPa	轴颈圆周速度/(m/s)	最高工作温度/℃	选用润滑脂牌号
<1.0	≤1.0	75	钙、锂基脂 L—XAAMHA3，ZL—3
1.0～6.5	0.5～5.0	55	钙、锂基脂 L—XAAMHA2，ZL—2
>6.5	≤0.5	75	钙、锂基脂 L—XAAMHA3，ZL—3
≤6.5	0.5～5.0	120	钙、锂基脂 L—XACMGA2，ZL—2
1.0～6.5	≤0.5	110	钙、钠基脂 ZGN—2
1.0～6.5	≤1.0	50～100	锂基脂 ZL—3
>5.0	≤0.5	60	锂基脂 ZL—2

（2）润滑油及其选择。滑动轴承最常用的是润滑油。对于轻载、高速、低温的应选用黏

度小的润滑油；对于重载、低速、高温的应选用黏度较大的润滑油。

不完全液体润滑轴承润滑油的选择参考表 5-2-18。

表 5-2-18　滑动轴承润滑油的选择(不完全液体润滑，工作温度<60℃)

轴颈圆周速度/(m/s)	平均压力<3 MPa	轴颈圆周速度/(m/s)	平均压力(3～7)MPa
<1.0	L—AN68、100、150	<1.0	L—AN150
0.1～0.3	L—AN68、100	0.1～0.3	L—AN100、150
0.3～2.5	L—AN46、68	0.3～0.6	L—AN100
2.5～5.0	L—AN32、46	0.6～1.2	L—AN68、100
5.0～9.0	L—AN15、22、32	1.2～2.0	L—AN68
>9.0	L—AN7、10、15		

注：表中润滑油是以 40℃时运动黏度为基础的牌号。

(3) 固体润滑剂。固体润滑剂可以在摩擦表面上形成固体膜以减小摩擦阻力，通常只用于一些有特殊要求的场合。常用的固体润滑剂有石墨和二硫化钼。

2) *润滑方式及润滑装置*

为了获得良好的润滑效果，除了正确选择润滑剂外，同时要考虑合适的润滑方法和润滑装置。

(1) 人工加油润滑。人工加油润滑是在轴承上方设置油孔或油杯，需要用油枪将油注入其中。这种供油方式最简单，主要用于低速、轻载场合。润滑脂润滑一般为间断供应，常用旋盖式油杯(见图 5-2-46(a))或黄油枪通过压注油杯(见图 5-2-46(b))向轴承内补充润滑脂。对于油润滑可以使用图 5-2-46(b)、(c)两种方式进行手工注油。

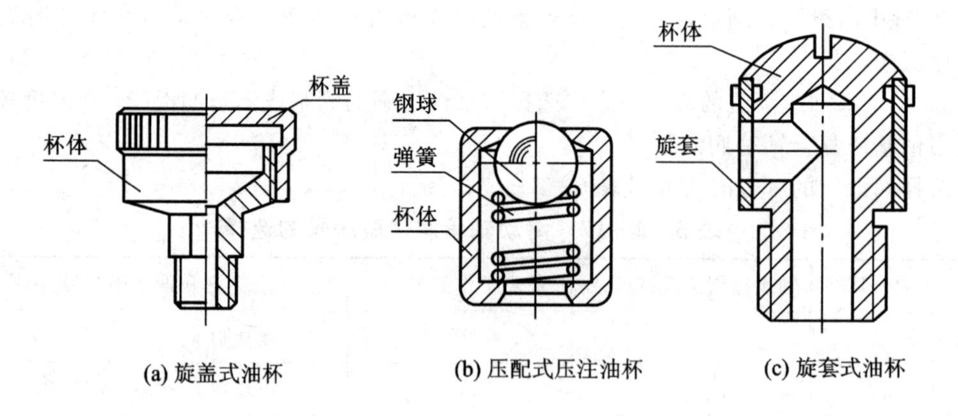

(a) 旋盖式油杯　　(b) 压配式压注油杯　　(c) 旋套式油杯

图 5-2-46　油杯润滑

(2) 滴油润滑。滴油润滑常采用针阀式油杯(见图 5-2-47)和油绳式油杯(见图 5-2-48)两种方式。针阀式油杯将手柄提至垂直位置，针阀上升，油孔打开，可连续注油；手柄放置至水平位置，针阀下降，停止供油，螺帽可调节注油量的大小。油绳式油杯是利用油绳的毛细管作用实现连续供油，但供油量无法调节。

(3) 油环润滑。油环润滑轴颈上套有油环(见图 5-2-49)，并垂入到油池里。当轴旋转时，靠摩擦力带动油环转动，把油带入到轴颈处进行润滑。轴颈转速过大则油被甩掉，转速过小又带不起油，故适用的转速为 60～2000 r/min。这种供油方式结构简单，供油充足，维护方便。

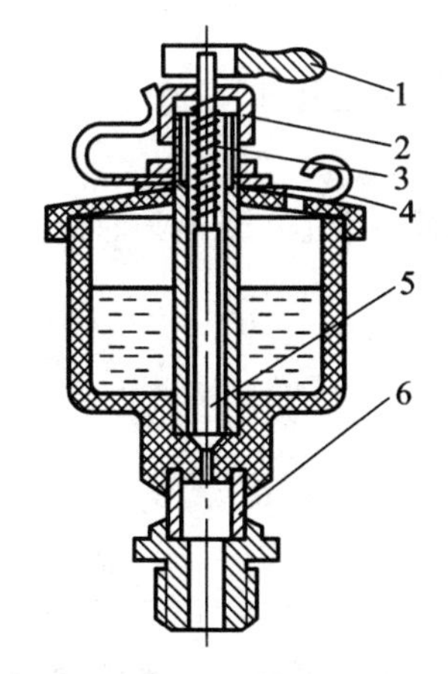

1—手柄；2—调节螺母；3—弹簧；4—油孔盖板；
5—针阀杆；6—观察孔

图 5-2-47　针阀式油杯

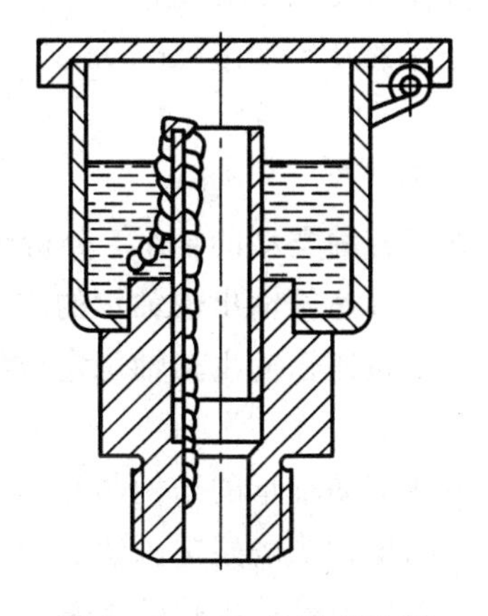

图 5-2-48　油绳式油杯

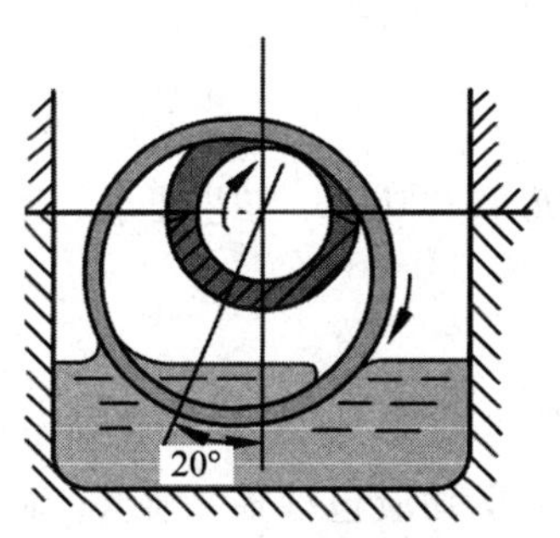

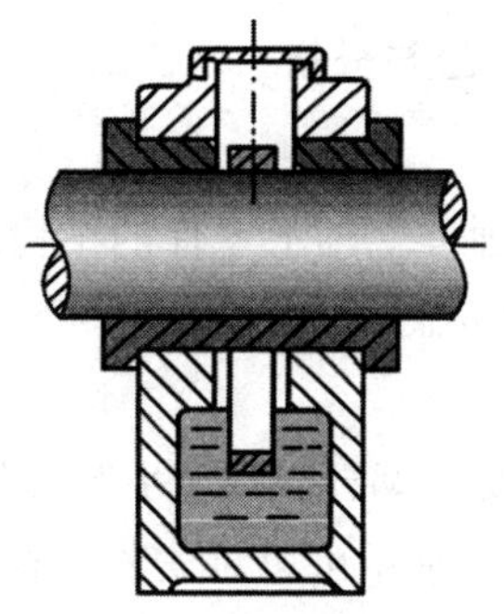

图 5-2-49　油环润滑

（4）飞溅润滑。飞溅润滑是减速器中的齿轮传动利用齿轮高速转动，将油池中的油飞溅成细滴或油雾状，汇集在箱壁内侧，再沿油路进入轴承中进行润滑的。这种润滑方式简单可靠，常用于闭式传动。为控制搅油功率损失和避免因油的严重氧化而降低润滑性，浸油零件的圆周速度不宜超过 12～14 m/s，浸油也不易过深。

（5）压力循环润滑。压力循环润滑是利用油泵的工作压力将润滑油通过输油管送到各润滑点，润滑后回流到油箱，经冷却过滤再重复使用。这种润滑方式工作安全可靠，能保证连续供油，但结构复杂、费用高，常用于大型、重载、高速、精密和自动化机械设备上。

技能训练——滚动轴承与轴系结构的测绘与分析

1. 滚动轴承的结构认识与测绘

目的要求：

（1）熟悉各种轴承的组成结构与轴承的类型、型号标记。

(2) 掌握分析减速箱各轴轴承类型、装配定位结构零件的功能的基本思路与方法。

(3) 掌握绘制减速箱输出轴轴承装配草图的基本技能。

操作设备和工具：

(1) 被测轴承若干个(至少包含3、5、6、7、N类轴承)，减速箱1～2个。

(2) 游标卡尺和千分尺各一把。

(3) 计算器及绘图纸(260 mm×250 mm)、圆规、三角板、铅笔、铅笔刀、橡皮等绘图工具。

训练内容：

(1) 观察各种类型的轴承，分析轴承的特点。

(2) 分析减速箱输出轴轴承的定位。

(3) 绘制减速箱输出轴轴承定位结构装配草图。

训练步骤：

(1) 观察滚动轴承的结构与型号。一般轴承上都标注有轴承的型号，要注意观察，并抄记下来，画出轴承的规定画法和简化画法图形。

(2) 拆卸减速箱输出轴轴承端盖，分析定位零件的功能及装配定位零件。

(3) 画轴承定位装配草图。

2. 轴系结构的测绘与分析

训练目的：

熟悉并掌握轴、轴承、轴上零件的结构形状与功用、工艺要求、尺寸装配关系以及轴、轴上零件的定位固定方式。

操作设备和工具：

(1) 圆柱齿轮轴系、蜗杆轴系、小圆锥齿轮轴系、大圆锥齿轮轴系等，每个学生可任选一种进行分析和测绘。轴系可以是实物或模型，均应包括轴、轴承、轴上零件、端盖、密封件等。

(2) 钢板尺、游标卡尺、内/外卡钳、铅笔、直尺等工具。

训练内容：

(1) 分析轴系结构。

(2) 绘制轴系结构装配图。

实施步骤：

(1) 分析轴系结构并绘制轴系结构装配草图。

① 打开轴系所在机器或模型的箱盖，仔细观察轴系的整体结构，观察轴上共有哪些零件，每一个轴上零件采用的是哪种定位方式。

② 观察分析轴上每一个轴肩的作用，确定出哪些为定位轴肩，哪些为非定位轴肩，并分析非定位轴肩的作用。

③ 观察轴系结构所选用的滚动轴承类型以及每个轴承的轴向定位与固定方式，观察轴系采用的轴承间隙调整方式、轴承的密封装置、润滑方式并判断是否合理。观察轴系的轴承组合、采用的是哪种轴向固定方式，并分析判断所采用的方式是否适合其工作场合。

④ 观察分析每一个轴上零件的结构及作用。

⑤ 观察轴、轴上零件以及与其他相邻零件的装配关系，徒手按比例绘出轴系结构的装配草图。

(2) 测量有关的尺寸。

① 把轴系结构拆开并记住拆卸顺序，用钢板尺与游标卡尺测量出阶梯轴上每个轴段的直径和长度。判断各轴段的直径是否符合国家标准，判断每个定位轴肩、非定位轴肩的高度是否合适。

② 观察轴上的键槽，判断键槽的位置是否便于加工，测出键槽的尺寸，并检测是否符合国家标准规定。

③ 观察轴上是否有砂轮越程槽、退刀槽等，判断越程槽的位置是否合适。测量出具体尺寸，并检测是否符合国家标准规定。

④ 用钢板尺测量出每个轴上零件的轴向长度，并与阶梯上对应的轴段长度相比较，判定每个轴段长度是否合理，是否能够保证每个零件定位与固定可靠。

⑤ 确定轴系结构所用的轴承型号，并测量出(或从手册中查出)有关的尺寸。测量出轴承盖与箱体有关的尺寸。

⑥ 测绘完成后，用棉纱将各个零件、部件擦净，然后按顺序安装、调试，使轴系结构复原后放回原处。

(3) 绘制轴系结构装配图。根据前面绘出的装配草图和测量出的有关尺寸，画出轴系结构的装配图，并把有关尺寸与配合标注到装配图中。

(4) 把轴系结构的测绘与分析的结果填写在表 5－2－19 中。

表 5－2－19　测绘与分析结果

轴系名称			
轴上零件	定位方式		
	固定方式		
轴 承	型 号	(左)	(右)
	定位与固定方式		
	轴承间隙调整方式		
轴承组合	轴向固定方式		
	轴向位置调整方式		
	轴承的润滑方式		
	密封方式		
轴系的装配图			

归纳总结

1. 滚动轴承的各种类型。

(1) 按滚动体的形状分为球轴承和滚子轴承。

(2) 按承受载荷的方向不同分为向心轴承和推力轴承。

2. 理解滚动轴承的代号和含义。代号包括前置代号、基本代号和后置代号。

3. 滚动轴承的失效形式：疲劳点蚀、塑性变形和磨损。

4. 熟练应用寿命计算公式计算滚动轴承的寿命或确定轴承的型号。

$$L_h = \frac{L_{10}}{60n} = \frac{10^6}{60n}\left(\frac{f_t C}{P}\right)^{\varepsilon}$$

$$C' = \frac{P}{f_t}\sqrt[\varepsilon]{\frac{60nL'_h}{10^6}}$$

5. 滚动轴承的选择。主要为类型的选择、精度的选择、尺寸的选择。其中类型的选择应根据轴承的工作载荷(大小、方向和性质)、转速、轴的刚度及其他要求，结合各类轴承的特点进行。轴承的精度一般选用普通级(P0)精度。尺寸的选择应根据轴颈直径，初步选择适当的轴承型号，然后进行轴承的寿命计算或强度计算。

6. 滚动轴承的组合设计。主要包括轴系支承端结构、轴承与相关零件的配合、轴承的润滑与密封、提高轴承系统的刚度。

7. 滑动轴承的结构、类型及应用场合，轴瓦的结构及轴承材料。

8. 滑动轴承的润滑。滑动轴承润滑是为了减少摩擦和磨损，以提高轴承的工作能力和使用寿命，同时起冷却、防尘、防锈和吸振的作用。常用的润滑方式有人工加油润滑、滴油润滑、油环润滑、飞溅润滑和压力循环润滑。

思考与练习

思考题：

1. 选择滚动轴承的原则是什么？

2. 为什么角接触轴承和自动调心轴承常成对使用？

3. 试说明下列各轴承的内径有多大，哪个轴承的公差等级最高，哪个轴承允许的极限转速最高，哪个轴承承受径向载荷的能力最强，哪个轴承不能承受径向载荷。

N307/P4　　6207/P2　　30207　　51307/P6

4. 滚动轴承为什么要预紧？预紧的方法有哪些？

5. 滚动轴承的基本额定动载荷 C 与基本额定静载荷 C_0 在概念上有何不同？分别针对何种失效形式？

6. 何谓滚动轴承的基本额定寿命？何谓当量动载荷？如何计算？

7. 试说明角接触轴承内部轴向力 F_s 产生的原因及其方向的判断方法。

8. 与滚动轴承相比，滑动轴承有哪些特点？在哪些具体情况下，必须使用滑动轴承？

9. 对滑动轴承材料性能的基本要求是什么？常用的轴承材料有哪几类，各有什么特点？

练习题：

一、选择题

1. 一根转轴采用一对滚动轴承支承，其承受载荷为径向力和较大的轴向力，并且有冲击、振动较大，因此宜选择(　　)。

A. 深沟球轴承　　B. 角接触球轴承　　C. 圆锥滚子轴承

2. 下列各种机械设备中，(　　)不采用滑动轴承。

A. 大型蒸汽蜗轮发电机主轴　　B. 轧钢机轧辊支承

C. 精密车床主轴　　D. 汽车车轮支承

3. 滑动轴承中轴瓦上的油沟不应开在(　　)。

A. 油膜非承载区内　　B. 轴瓦剖分面上　　C. 油膜承载区内

4. 若转轴在载荷作用下弯曲较大或轴承座孔不能保证良好的同轴度，则宜选用类型代号为(　　)的滚动轴承。

A. 1 或 2　　B. 3 或 4　　C. N 或 NU　　D. NJ 或 NA

5. 在基本额定动载荷 C 作用下，滚动轴承的基本额定寿命为 10^6 转时，其可靠度为(　　)。

A. 10%　　B. 80%　　C. 90%　　D. 99%

6. 载荷小而平稳，仅承受径向载荷，转速高应选用(　　)。

A. 向心球轴承　　B. 圆锥滚子轴承

C. 向心球面球轴承　　D. 向心短圆柱滚子轴承

7. 对某一滚动轴承来说，当所受当量动载荷增加时，额定动载荷将(　　)。

A. 增加　　B. 减小

C. 不变　　D. 可能减小也可能增加

8. 一批在同样载荷和同样工作条件下运转的型号相同的滚动轴承(　　)。

A. 它们的寿命应该相同　　B. 它们的寿命不相同

C. 90%轴承的寿命应该相同　　D. 它们的最低寿命应该相同

9. 代号为 30310 的单列圆锥滚子轴承的内半径为(　　)。

A. 10 mm　　B. 100 mm　　C. 50 mm　　D. 25 mm

10. 圆锥滚子轴承的(　　)与内圈可以分离，故其便于安装和拆卸。

A. 外圈　　B. 滚动体　　C. 保持架

11. 滚动轴承转动套圈的配合(一般为内圈与转轴轴颈的配合)应采用(　　)。

A. 过盈量较大的配合，以保证内圈与轴颈紧密结合，载荷越重，过盈量越大

B. 具有一般过盈量的配合，以防止套圈在载荷作用下松动，并防止轴承内部游隙消失，导致轴承发热磨损

C. 具有较小过盈量的配合，以便于轴承的安装和拆卸

D. 具有间隙或过盈量很小过渡配合，以保证套圈不致因为过大的变形而影响工作精度

12. 下列滚动轴承中极限转速最高的轴承是(　　)。

A. 6215　　B. N215E　　C. 7215C　　D. 30125

13. 径向尺寸最小的滚动轴承是(　　)。

A. 深沟球轴承　　B. 滚针轴承

C. 圆锥滚子轴承　　D. 双列深沟滚子轴承

14. 在滚动轴承的基本分类中，向心轴承的公称接触角 α 的范围为(　　)。

A. $0°<\alpha\leqslant45$　　B. $0°\leqslant\alpha\leqslant45°$　　C. $45°<\alpha\leqslant90°$　　D. $\alpha=0°$

15. 各类滚动轴承的润滑方式，通常可根据轴承的(　　)来选择。

A. 转速 n　　B. 当量动载荷 P

C. 轴颈圆周速度 v　　D. 内径与转速的乘积 dn

16. 下列各种机械设备中，(　　)目前不采用滑动轴承。

A. 低速大功率柴油机曲轴　　B. 精密机床主轴

C. 传动齿轮箱　　D. 大型锻压机床主轴

二、计算分析题

1. 一个减速箱选用深沟球轴承，已知轴的直径 $d=40$ mm，转速 $n=2500$ r/min，轴承所受径向载荷 $F_r=2000$ N，轴向载荷 $F_a=500$ N，工作温度正常，要求轴承预期寿命 $[L'_h]=5000$ h，试选择轴承型号。

2. 某机械传动装置中，已知轴承型号 6313，轴承所受的径向载荷 $F_r=5400$ N，轴向载荷 $F_a=2600$ N，轴的转速 $n=1250$ r/min，运转中有轻微冲击，预期寿命 $L'_h=5000$h，工作温度小于 100℃。该轴承能否满足工作要求？

3. 轴系由一对相同的圆锥滚子轴承支承，两轴承的当量动载荷分别为 $P_1=4800$ N，$P_2=7344$ N，轴转速 $n=960$ r/min，若要求轴承的预期寿命，则轴承的基本额定动载荷应为多少？

4. 已知 7208AC 轴承的转速 $n=5000$ r/min，当量动载荷 $P=2394$ N，载荷平稳，工作温度正常，径向基本额定动载荷 $C_r=35200$ N，预期寿命 $[L_h]=8000$ h，试校核该轴承的寿命。

5. 如图 2-2-50 所示，轴支承在一对 7209AC 角接触球轴承上，$F_r=3000$ N，内部轴向力 $F_s=0.7F_r$。求：(1) 两轴承各受多大的径向力和轴向力；(2) 哪个轴承寿命低？为什么？

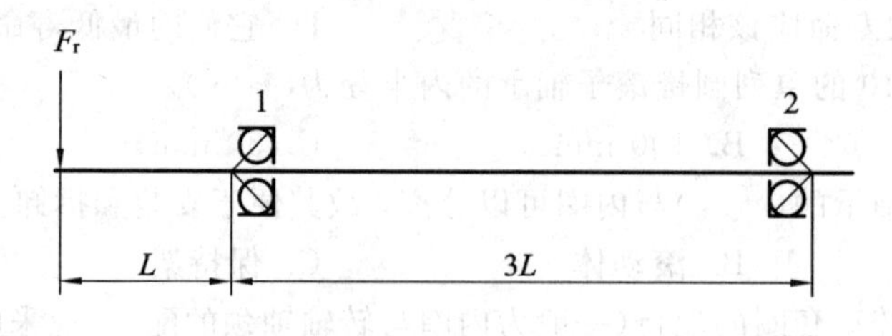

图 5-2-50　计算分析题 5 图

6. 悬臂起重机用的圆锥齿轮减速器主动轴采用一对 30207 圆锥滚子轴承（见图 2-2-51），已知锥齿轮平均模数 $m=3.6$ mm，齿数 $z=20$，转速 $n=1450$ r/min，轮齿上的三个分力 $F_t=1300$ N，$F_r=400$ N，$F_a=250$N，轴承工作时受有中等冲击载荷（可取冲击载荷系数 $f_p=1.5$），要求使用寿命不低于 12000 h，试校验轴承是否合适。

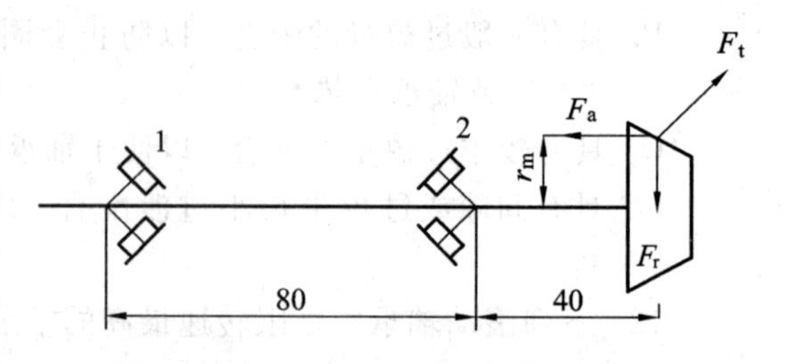

图 5-2-51　计算分析题 6 图

模块三　选用带式输送机中的联轴器

知识要求：1. 掌握联轴器的类型、特点及应用；

2. 掌握联轴器的选用依据。

技能要求：掌握联轴器的选用及应用。

任务情境

如图 5-3-1 所示为带式输送机。带式输送机又称胶带输送机，俗称“皮带输送机”。从简图中我们可以看到，其工作原理是，电动机带动减速器进行减速，减速器的输出轴通过联轴器和带式输送机的主动辊子相连，从而把电动机的动力传递到带式输送机上，依靠带的摩擦力来输送物料。

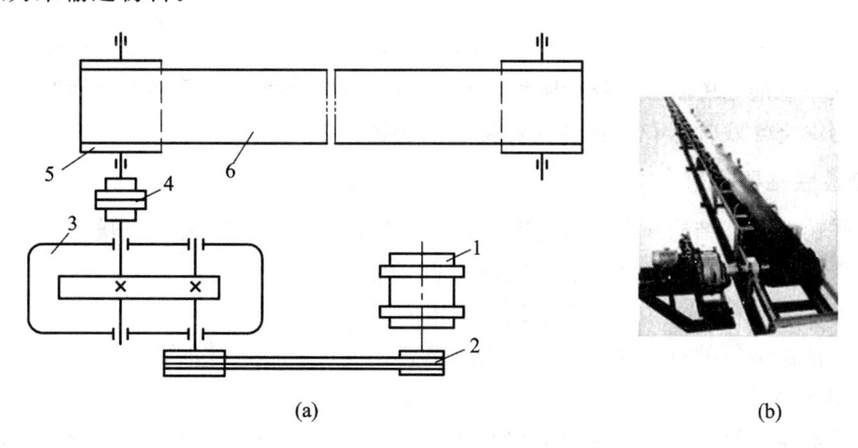

图 5-3-1　带式输送机

任务提出与任务分析

1. 任务提出

选择带式输送机中的联轴器(如图 5-3-1 所示)，已知输出轴功率 $P=9$ kW，转速 $n=370$ r/min，输出轴与联轴器相连处轴的直径 $d=55$ mm。

2. 任务分析

在工程实践中，联轴器是一种非常实用的连接轴与轴的装置，并能传递运动和力。为了能合理地选择出合适的联轴器，我们必须了解联轴器的功用、类型、结构和工作原理。

相关知识

5.3.1　联轴器的类型、特点及应用

联轴器的主要功用是：连接轴与轴，以传递运动和转矩；补偿所连两轴的相对位移；

在某些情况下可以用作安全装置；可以吸振缓冲。联轴器的特点是两轴连接或者分离时必须停机。

联轴器所连接的两轴，由于制造及安装误差、承载后的变形以及温度变化的影响等，往往不能保证严格的对中，而是存在着某种程度的相对位移。这就要求设计联轴器时，要从结构上采取各种不同的措施，使之具有适应一定范围的相对位移的性能，否则就会在轴、联轴器和轴承中引起附加载荷，导致机器在运行时出现剧烈振动，工作情况严重恶化，甚至引起轴折断，轴承或联轴器中的元件损坏。图 5-3-2 中为被连接的两轴可能发生相对位移和偏斜的情况。

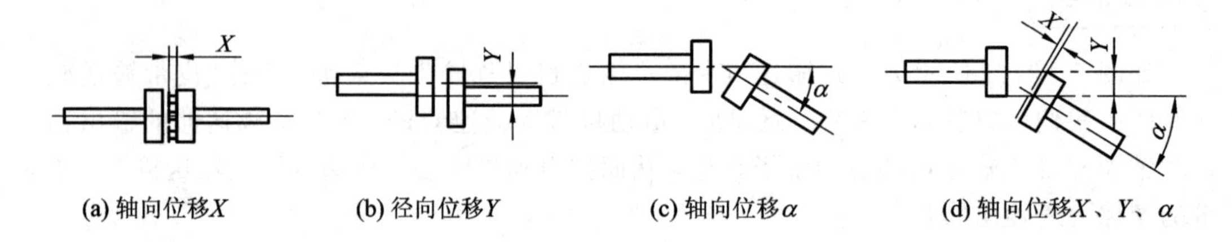

(a) 轴向位移X　　(b) 径向位移Y　　(c) 轴向位移α　　(d) 轴向位移X、Y、α

图 5-3-2　轴的偏移

根据工作性能，联轴器可分为刚性联轴器和挠性联轴器两种类型。挠性联轴器又可分为无弹性元件挠性联轴器和有弹性元件挠性联轴器。

1. 刚性联轴器

刚性联轴器具有结构简单、制造容易、成本低廉等优点。虽然这类联轴器不具有补偿两轴间位移的能力，但是如果装配时能保证两轴精确对中，也会有比较满意的传动性能。刚性联轴器主要用在一些转速不高、载荷平稳的场合。

刚性联轴器常见的有套筒式、凸缘式及夹壳式等，下面分别介绍。

1）套筒联轴器

套筒联轴器是最简单的联轴器，它利用一个公用的圆柱形套筒，与两轴以销、键、螺钉或过盈配合等方式相连接并传递转矩，如图 5-3-3 所示。选用圆锥销连接时传递的转矩一般较小，选用键连接时可以传递较大的转矩。

套筒联轴器的结构简单，制造容易，径向尺寸小，但拆装不方便，需要沿轴向移动较大距离，一般用于光轴或允许轴向移动的轻载传动轴系。这种联轴器没有标准，需要自行设计，例如机床上就经常采用这种联轴器。

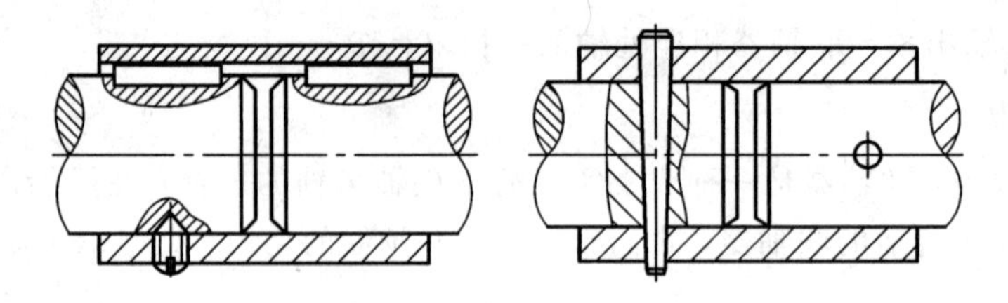

图 5-3-3　套筒联轴器

2）凸缘联轴器

固定式刚性联轴器中应用最广的是凸缘联轴器。它是用螺栓连接两个半联轴器的凸缘以实现两轴连接的，工作时，联轴器和两轴构成一个刚性整体。凸缘联轴器有两种对中方式：一种是用铰制孔螺栓对中，螺栓与孔为有略过盈的紧配合，工作时两半联轴器靠螺栓受剪切与挤压来传递转矩，装拆时不需要作轴向移动，但要配铰制孔，如图 5-3-4(a)所示；另一种利用两个半联轴器上的凸肩和凹槽相互嵌合来对中并利用普通螺栓连接，工作时靠两半联轴器间的摩擦力传递转矩，装拆时需要作轴向移动，如图 5-3-4(b)所示。当尺寸相同时，前者传递的转矩较大。

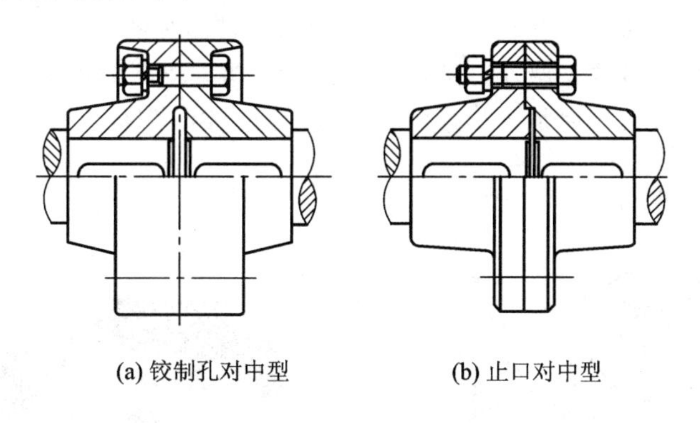

图 5-3-4　凸缘联轴器

凸缘联轴器材料可用灰铸铁或碳钢，重载时或圆周速度大于 30 m/s 时应用铸钢或锻钢。

由于凸缘联轴器属于刚性联轴器，对所联两轴间的相对位移缺乏补偿能力，故对两轴对中性的要求很高。当两轴有相对位移存在时，就会在机件内引起附加载荷，使工作情况恶化，这是它的主要缺点。但由于构造简单、成本低、可传递较大转矩，故当转速低、无冲击、轴的刚性大、对中性较好时可采用凸缘联轴器。

3）夹壳联轴器

夹壳联轴器由两个半圆筒形的夹壳及连接它们的螺栓所组成，如图 5-3-5 所示。夹壳联轴器是靠夹壳与轴之间的摩擦力来传递转矩的，由于是剖分结构，所以装拆方便，主要用于低速、工作平稳的场合。

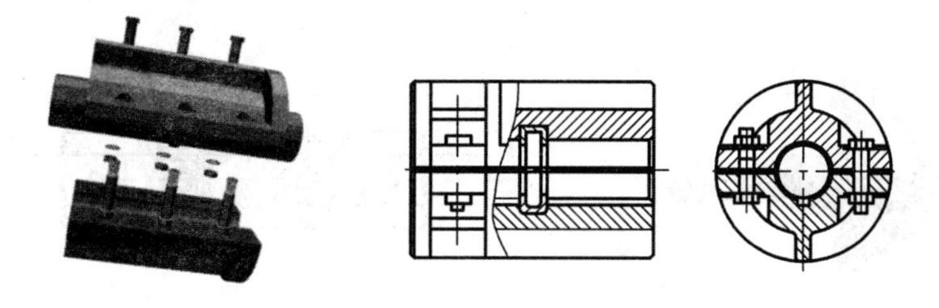

图 5-3-5　夹壳联轴器

2. 挠性联轴器

1）无弹性元件的挠性联轴器

无弹性元件的挠性联轴器具有挠性，所以可补偿两轴的相对位移。但又因无弹性元件，故不能缓冲减振。下面介绍常用的三种。

(1) 十字滑块联轴器。如图 5-3-6 所示，十字滑块联轴器由两个端面带槽的半联轴器 1 和 3 以及一个两面具有凸榫的浮动盘 2 所组成。浮动盘的两凸榫互相垂直并分别嵌在两半联轴器的凹槽中，凸榫可在半联轴器的凹槽中滑动。利用其相对滑动来补偿两轴之间的偏移。

十字滑块联轴器允许的径向位移 $y \leqslant 0.04d$，角位移 $\alpha \leqslant 0.5°$。它的结构简单，径向尺寸小，适用于工作平稳的场合。当在两轴间有相对位移时工作，十字滑块将会产生很大的离心力，从而增大动载荷及磨损，并给轴带来附加动载荷，一般用于 $n < 250$ r/min 的场合。

(2) 滑块联轴器。如图 5-3-7 所示，这种联轴器与十字滑块联轴器相似，只是两边半联轴器上的沟槽很宽，并把原来的中间盘改为两面不带凸牙的方形滑块，且通常用夹布胶木制成。由于中间滑块的质量减小，又具有弹性，故具有较高的极限转速。中间滑块也可以使用尼龙制成，并在配制时加入少量的石墨或二硫化钼，以便在使用时可以自行润滑。

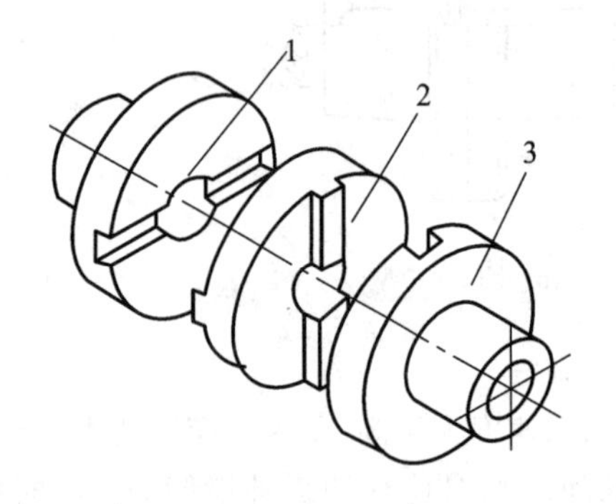

图 5-3-6　十字滑块联轴器

图 5-3-7　滑块联轴器

(3) 十字轴万向节联轴器。十字轴万向节联轴器如图 5-3-8 所示，它由两个叉形接头 1、3 和十字轴 2 组成。它利用中间连接件十字轴连接的两叉形半联轴器均能绕十字轴的轴线转动，从而使联轴器的两轴线能成任意角度 α，一般 α 最大可达 35°～45°。但 α 角越大，传动效率越低。万向联轴器单个使用时，当主动轴以等角速度转动时，从动轴作变角速度回转，从而在传动中引起附加动载荷。为避免这种现象，可以采用两个万向联轴器成对使用，使两次速度变化的影响相互抵消，达到主动轴和从动轴同步转动。

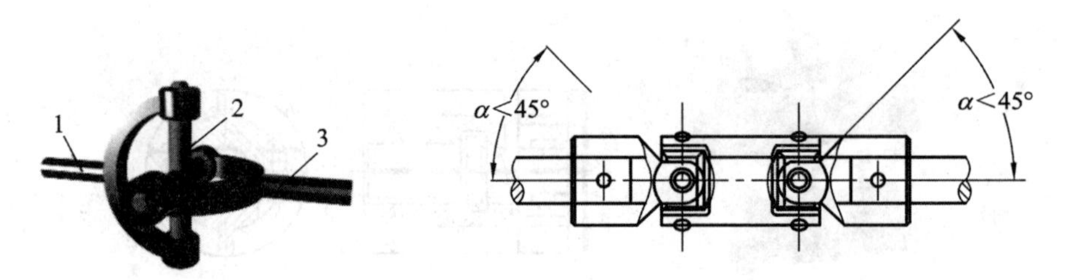

图 5-3-8　十字轴万向节联轴器

2) 有弹性元件的挠性联轴器

有弹性元件的联轴器因装有弹性元件，不仅可以补偿两轴间的相对位移，而且具有缓冲减振能力。下面介绍常用的三种。

(1) 弹性套柱销联轴器。如图 5-3-9 所示为弹性套柱销联轴器，其结构与凸缘联轴器相似，只是用带有弹性套的柱销 1 代替了连接螺栓，利用弹性套 2 的弹性变形来补偿两轴的相对位移。弹性套的材料采用橡胶。弹性套柱销联轴器重量轻、结构简单、装拆方便、成本较低，但弹性套易磨损、寿命较短，常用来连接载荷较平稳，需正反转或频繁启动，传递中小转矩的高、中速轴。弹性套柱销联轴器已经标准化了，详见 GB/T 4323—2002。

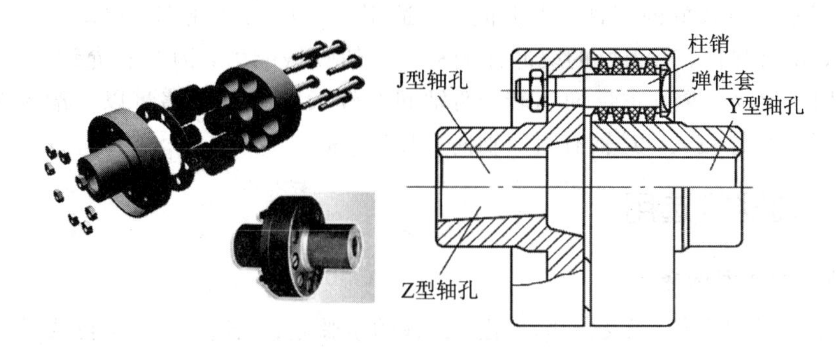

图 5-3-9　弹性套柱销联轴器

（2）弹性柱销联轴器。如图 5-3-10 所示为弹性柱销联轴器，其结构与弹性套柱销联轴器结构也相似，只是用尼龙制成的柱销置于两个半联轴器凸缘的孔中。这种尼龙制成的柱销形状一端为柱形，另一端制成腰鼓形，以增大角度位移的补偿能力。为防止柱销脱落，柱销两端装有挡板，用螺钉固定。弹性柱销联轴器结构简单，能补偿两轴间的相对位移，并具有一定的缓冲、吸振能力，更换柱销方便，因此应用比较广泛，主要应用在正反向变化频繁、启动频繁、对缓冲要求不高的高速轴。由于尼龙对温度敏感，使用时受温度限制，一般在－12～＋70℃之间使用。弹性柱销联轴器已经标准化了，详见 GB/T 5014—2003。

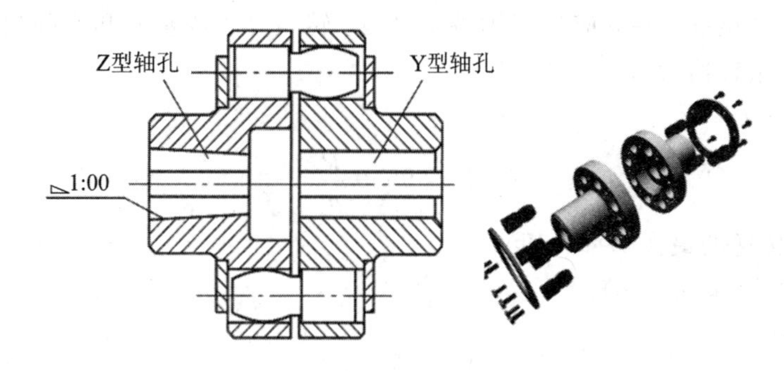

图 5-3-10　弹性柱销联轴器

3）轮胎联轴器

轮胎联轴器如图 5-3-11 所示，它是用橡胶或橡胶织物制成轮胎状的弹性元件 1，两端用压板 2 及螺钉 3 分别压在两个半联轴器 4 上。

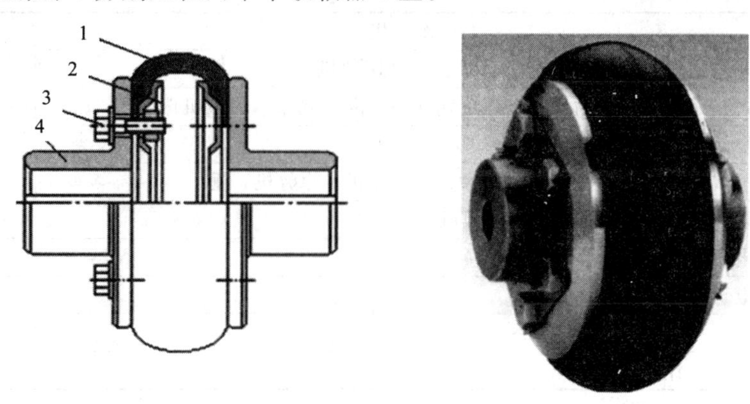

图 5-3-11　轮胎联轴器

轮胎式联轴器有较好的缓冲、吸振能力，适用于正反向变化多、启动频繁的高速轴。其结构简单，富有弹性，有很好的缓冲性能和一定的吸振能力，因此它允许的相对位移较大，特别适用于启动频繁、正反向运转、两轴间有较大的相对位移量以及潮湿多尘之处。它的缺点是径向尺寸较大，对轴有附加轴向力作用。

5.3.2 联轴器的选用

1. 联轴器的类型选择

联轴器的种类很多，大多数已标准化。选择的步骤是：先选择类型，再选择型号，必要时校核薄弱零件的强度。

联轴器的类型应该根据工作条件和使用要求来选择。对于低速、刚性大的短轴，或当两轴对中准确、工作时两轴线不会发生相对位移时，可选择刚性固定式联轴器；对于低速、刚性小的长轴，或当两轴的轴线有相对偏移，或基础与机架的刚性较差，工作时不能保证两轴线精确对中时，可选择无弹性元件的挠性联轴器；当有一定轴向位移和角偏移时，可选择弹性套柱联销联轴器；当有较大轴向位移和角偏移时，可选择弹性柱销联轴器；当有一定轴向位移和较大角偏移时，可选择轮胎式联轴器。

2. 联轴器型号的选择

当联轴器的类型确定后，应根据轴端直径 d、转矩 T、转速 n 和空间尺寸等要求在标准中选择适当的联轴器型号。

1）名义转矩 T

$$T = 9550\frac{P}{n} \tag{5-3-1}$$

式中：P——轴传递的最大功率(kW)；

n——轴的转速(r/min)。

2）计算转矩 T_c

$$T_c = KT \tag{5-3-2}$$

式中：T_c——计算转矩(N·m)；

K——工况系数，由表 5-3-1 查取。

表 5-3-1 工况系数 K

原动机	工 作 机	K
电动机	带式输送机、鼓风机、连续运动的金属切削机床	1.25～1.5
	链式输送机、刮板输送机、螺旋输送机、离心式泵、木工机床	1.5～2.0
	往复运动的金属切削机床	1.5～2.5
	往复式泵、往复式压缩机、球磨机、破碎机、冲剪机、锤	2.0～3.0
	起重机、升降机、轧钢机、压延机	3.0～4.0
蜗轮机	发电机、离心泵、鼓风机	1.2～1.5
往复式发动机	发电机	1.5～2.0
	离心泵	3～4
	往复式工作机，如压缩机、泵	4～5

3）选择联轴器的型号

根据轴端直径 d、转速 n、计算转矩 T_c 等参数，查《机械设计手册》，选择适当的型号。所选型号必须满足：① 计算转矩 T_c 不超过联轴器的公称转矩[T]，即 $T_c \leqslant T_n$。② 转速 n 不超过联轴器的许用转速[n]，即 $n \leqslant [n]$。③ 轴端直径不超过联轴器的孔径范围。

探索与实践

如图 5-3-1 所示，联轴器的设计过程和结果如表 5-3-2 所示。

表 5-3-2　设计过程和结果

设计项目	设计内容和依据	结　果
1. 选择联轴器的类型	考虑到安装时的精度原因以及为了缓冲吸振，选用 LX 联轴器(GB/T5014—2003)	LX 型
2. 计算转矩 T_c	（1）名义转矩 T，由式(5-3-1)计算：$T=9550\dfrac{P}{n}=9550\times\dfrac{9}{370}\approx232\ \text{N}\cdot\text{m}$ （2）计算转矩 T_c，查表 5-3-1，取 $K=1.3$，由式(5-3-2)计算：$T_c=KT=1.3\times232\approx302\ \text{N}\cdot\text{m}$	$T_c\approx302\ \text{N}\cdot\text{m}$
3. 选择联轴器的型号	从 GB/T5014—2003 中查得 LX4(LT8)联轴器的许用转矩为 2500 N·m$>T_c$，许用最大转速为 3870 r/min$>n$，轴径在 40～63 mm 之间，从计算和题中已知条件可以看出 LX4 型弹性柱销联轴器满足使用要求	选择 LX4 型弹性柱销联轴器

拓展知识——离合器和制动器的功用及类型

1. 离合器的功用和类型

1）离合器的功用及工作特点

离合器的主要功能是连接两根轴，使之一起转动并传递转矩。离合器还可以作为启动或过载时控制传递转矩大小的安全保护装置。

离合器的工作特点是，在工作中主、从动部分可随时分离和接合，不需要停车。

对离合器的要求有：① 分离、接合迅速，平稳无冲击，分离彻底，动作准确可靠；② 结构简单，重量轻，惯性小，外形尺寸小，工作安全，效率高；③ 接合元件耐磨性好，使用寿命长，散热条件好；④ 操纵方便省力，制造容易，调整维修方便。

2）离合器的类型及应用

离合器按控制方式不同可分为操纵离合器和自动控制离合器两类。操纵离合器必须通过操纵才具有接合或分离的功能。根据不同的操纵方法，操纵离合器可分为机械离合器、电磁离合器、液压离合器和气压离合器四种。自动控制离合器工作时，在主动部分或从动部分的某些参数(如转速、转矩等)发生变化时，能自行接合或分离。自动控制离合器可分为超越离合器、离心离合器和安全离合器三种。

离合器按工作原理不同可分为嵌合式离合器和摩擦式离合器两类。嵌合式离合器利用牙齿的啮合来传递转矩，能保证两轴同步运转，但是接合的功能只能在停车或低速时进行；摩擦离合器利用工作表面的摩擦力来传递转矩，能在任何转速下离合，并能防止过载(过载时打滑)，但不能保证两轴完全同步运转，它适用于转速较高的场合。下面介绍几种常用的离合器及其应用。

(1) 牙嵌离合器。牙嵌离合器是一种嵌合式离合器，如图 5－3－12 所示。半联轴器 1 用平键与主动轴连接，另一半联轴器 2 用导向平键(或花键)与从动轴连接，并用滑环 3 操纵离合器分离和接合。滑环的移动方式可用杠杆、液压、气动或电磁吸力等操纵机构控制。对中环 4 用来保证两轴线同心。

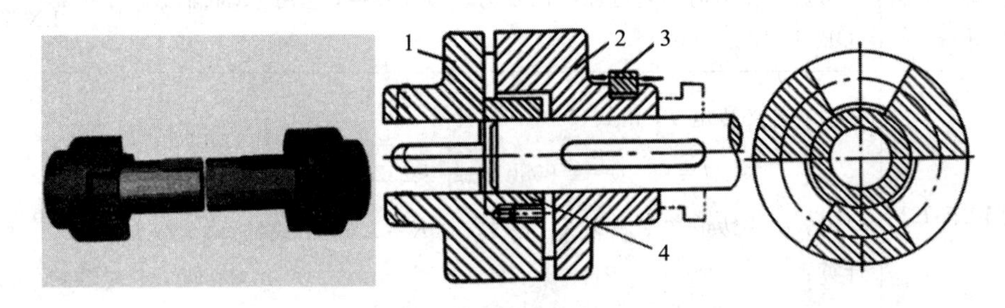

图 5－3－12　牙嵌离合器

常用的离合器的牙型有矩形、梯形、锯齿形和三角形，如图 5－3－13 所示。三角形牙接合和分离容易，但齿强度弱，多用于传递小转矩。矩形牙制造容易，无轴向分力，但接合时较困难，磨损后无法补偿，冲击也较大，故应用较少。梯形牙强度高，传递转矩大，能自动补偿牙面磨损后造成的间隙，接合面间有轴向分力，容易分离，因而应用最为广泛。锯齿形牙只能单向工作，反转时由于有较大的轴向分力，会迫使离合器自行分离。

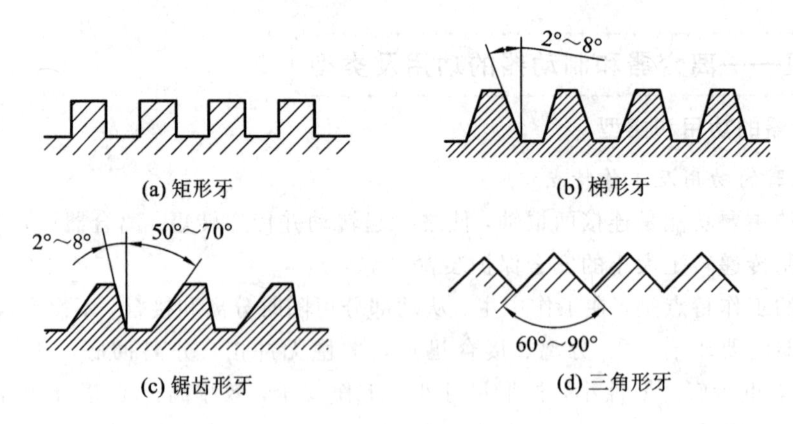

图 5－3－13　牙嵌离合器的牙形

牙嵌离合器的主要失效形式是牙面的磨损和牙根的折断，因此要求牙面有较高的硬度，牙根有良好的韧性，常用的材料为低碳钢渗碳淬火到硬度 54～60 HRC，也可用中碳钢表面淬火。牙嵌离合器的结构简单，尺寸小，接合时两半离合器间没有相对滑动，但只能在低速或停车时接合，以免冲击折断牙齿。

（2）圆盘摩擦离合器。摩擦离合器依靠两接触面间的摩擦力来传递运动和动力。按结构形式不同，可分为圆盘式、圆锥式、块式和带式等类型，最常用的是圆盘摩擦离合器。

圆盘摩擦离合器分为单片式和多片式两种。

图 5-3-14 所示为单片式摩擦离合器。圆盘 1 紧固在主动轴上，圆盘 2 可以沿导向平键在从动轴上移动，移动滑环 3 可使两圆盘接合或分离。在轴向压力 F_Q 作用下，两圆盘工作表面产生摩擦力，从而传递转矩。单片式摩擦离合器多用于传递转矩较小的轻型机械。

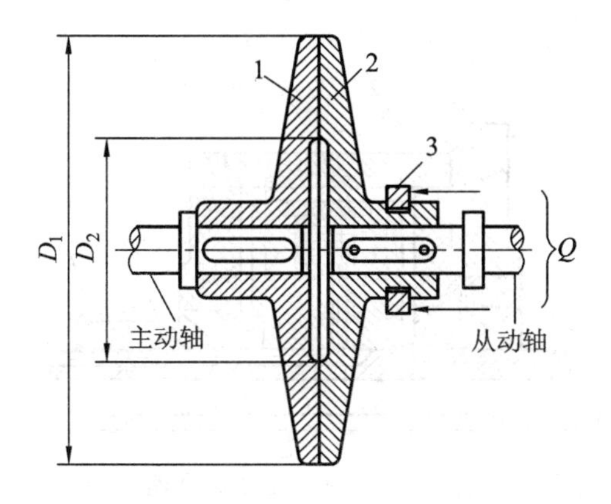

图 5-3-14　单片式摩擦离合器

为了提高摩擦离合器传递转矩的能力，通常采用多片式摩擦离合器。如图 5-3-15(a)所示，它有两组交错排列的摩擦片，外摩擦盘 4(见图 5-3-15(b))以其外齿插入主动轴 1 上的外鼓轮 2 内缘的纵向槽中，盘的孔壁则不与任何零件接触，故盘 4 可与轴 1 一起转动，并可在轴向力推动下沿轴向移动；另一组内摩擦盘 5(见图 5-3-15(c))以其孔壁凹槽与从动轴 9 上的套筒 10 的凸齿相配合，而盘的外缘不与任何零件接触，故盘 3 可与轴 9 一起转动，也可在轴向力推动下作轴向移动。另外，在套筒 10 上开有三个纵向槽，其中安置可绕销轴转动的曲臂压杆 7；当滑环 8 向左移动时，曲臂压杆 7 通过压板 3 将所有内、外摩擦盘紧压在调节螺母 6 上，离合器即进入接合状态。螺母 6 可调节摩擦盘之间的压力。内摩擦盘也可做成碟形(见图 5-3-15(d))，当承压时，可被压平而与外盘贴紧；松脱时，由于内盘的弹力作用可以迅速与外盘分离。多片式摩擦离合器由于摩擦面增多，传递转矩的能力提高，径向尺寸相对减小，但结构较为复杂。

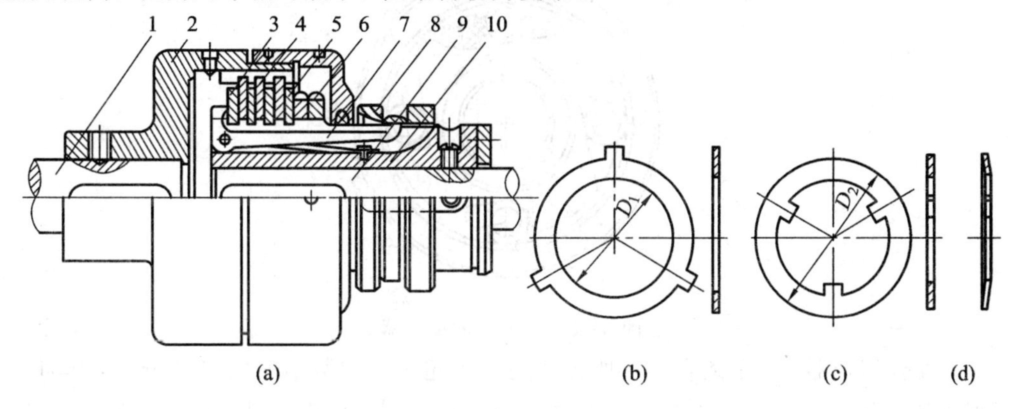

图 5-3-15　多片式摩擦离合器及摩擦片

(3) 磁粉离合器。如图 5-3-16 所示，主动轴 7 与铁芯 5 固联，在铁芯的套筒槽内绕有环形绕组 4，绕组的线端则与电源相通的接触环 6 处的正负极相连，外鼓轮 2 与从动齿轮 1 相连接。外鼓轮 4 与铁芯 1 之间留有 0.5～2 mm 的间隙，在间隙中填充磁导率高的铁粉和石墨(或油)的混合物。当线圈 4 通电时，形成一个经轮心、间隙、外鼓轮 2 又回到轮心的闭合磁通，使铁粉磁化呈凝胶状态。这时，从外鼓轮 4 即和主动铁芯 5 一同回转，依靠磁粉的接合力和磁粉与工作面间的摩擦力来传递转矩。当断电时，铁粉又恢复自由，离合器即分离。

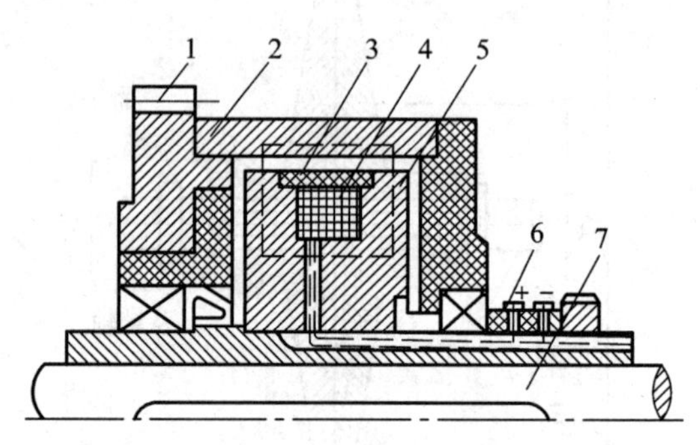

图 5-3-16　磁粉离合器

磁粉离合器接合平稳，动作迅速，有过载保护作用，并可远距离操纵，但外轮廓尺寸较大。

(4) 定向离合器。定向离合器只能传递单向转矩，反向时能自动分离。锯齿形牙嵌离合器就是一种定向离合器，它只能单方向传递转矩，反向时会自动分离。图 5-3-17 所示为摩擦式定向离合器，它主要是由星轮 1、外圈 2、滚柱 3 和弹簧顶杆 4 组成。弹簧的作用是将滚柱压向星轮的楔形槽内，使滚柱与星轮、外圈相接触。设离合器以图示转向转动，当外圈的转速大于内圈时，由于摩擦力的作用使滚柱滑出楔形槽，这时离合器呈分离状态；当外圈转速小于内圈或外圈反转时，由于摩擦力和弹簧的共同作用，使滚柱滑入楔形槽内，这时离合器呈闭合状态。因此这种离合器也称为超越离合器。

定向离合器广泛用于汽车、拖拉机和机床设备中。

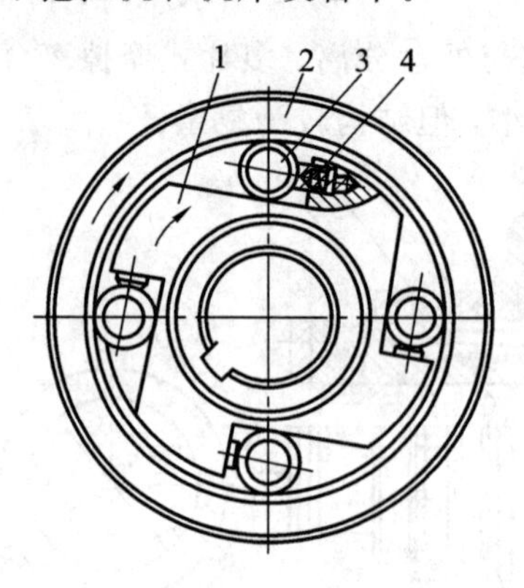

图 5-3-17　定向离合器

(5) 安全离合器。安全离合器在所传递的转矩超过一定数值时将自动分离，因此具有过载保护的作用。图 5-3-18 所示为摩擦式安全离合器，它和一般摩擦离合器基本相同。

不同之处在于没有操纵机构，而用弹簧将摩擦片压紧，当过载时，摩擦片间将打滑，从而限制了离合器传递的最大转矩。可以通过调节螺母来调节传递的最大转矩。

图 5-3-19 所示为牙嵌式安全离合器，与牙嵌离合器很相似，它比牙嵌离合器的牙倾角大。当传递转矩超过限定值时，接合牙上的轴向力将克服弹簧推力和摩擦阻力而使离合器分离。可以通过螺母调节弹簧推力的大小来控制传递转矩的大小。

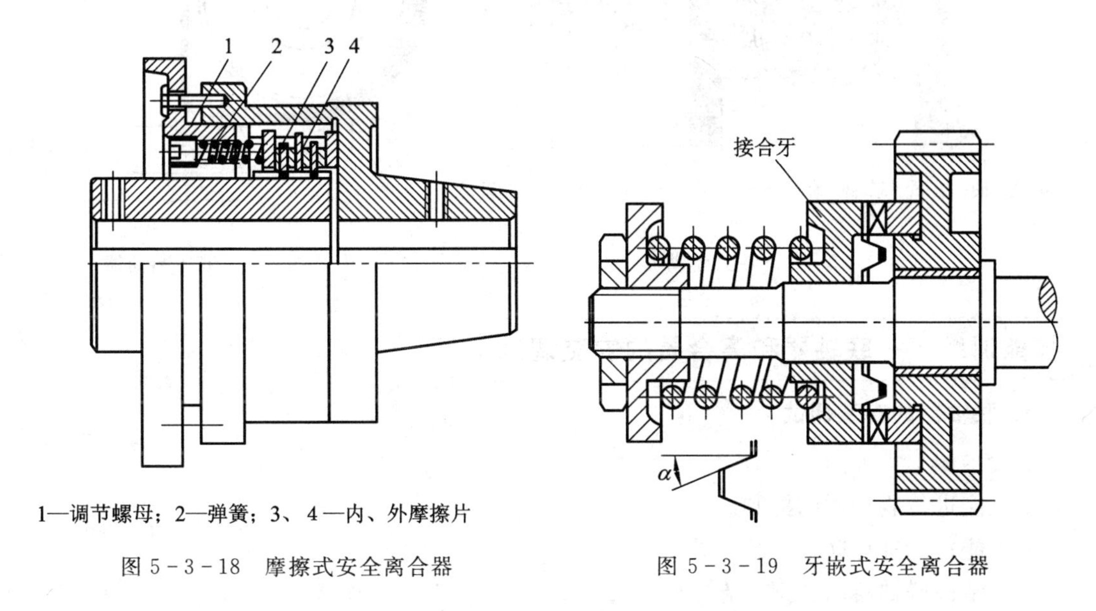

1—调节螺母；2—弹簧；3、4—内、外摩擦片

图 5-3-18　摩擦式安全离合器

图 5-3-19　牙嵌式安全离合器

2. 制动器的功用和类型

制动器是用于机构或机器减速或停止的装置，有时也可作为调节或限制机构或机器的运动速度，它是保证机构或机器正常工作的重要部件。为了减小制动力矩和制动器的尺寸，通常将制动器配置在机器的高速轴上。

制动器按摩擦副元件的结构形式可分为块式、带式、蹄式和盘式四种；按制动系统的驱动方式可分为手动式、电磁铁式、液压式、液压—电磁式、气压式等几种；按工作状态又可分为常闭式和常开式两种。常闭式制动器经常处于紧闸状态，机械设备工作时在松闸，常用于提升机构中；常开式制动器经常处于松闸状态，需要时才抱闸制动，大多数车辆中的制动器即为常开式制动器。下面介绍几种常用的制动器。

1）块式制动器

块式制动器有许多不同形式，多为常闭式，一般用于起重运输设备。图 5-3-20 所示为带式制动器，靠制动瓦 5 与制动轮 6 间的摩擦力来制动。通电时，由电磁线圈 1 的吸力吸住衔铁 2，再通过一套杠杆使制动瓦 5 松开，机器便能自由运转。当需要制动时，则切断电流，电磁线圈释放衔铁 2，依靠弹簧力并通过杠杆使制动瓦 5 抱紧制动轮 6。

2）带式制动器

图 5-3-21 所示为带式制动器。当杠杆上作用外力 F 后收紧钢闸带而抱住制动轮，靠带和轮间的摩擦力达到制动的目的。带式制动器结构简单、径向尺寸小，但制动力矩不大。为了增加摩擦的作用，钢带上常常衬有石棉、橡胶或帆布。

除此之外，常用的制动器还有内涨蹄式制动器和盘式制动器等。

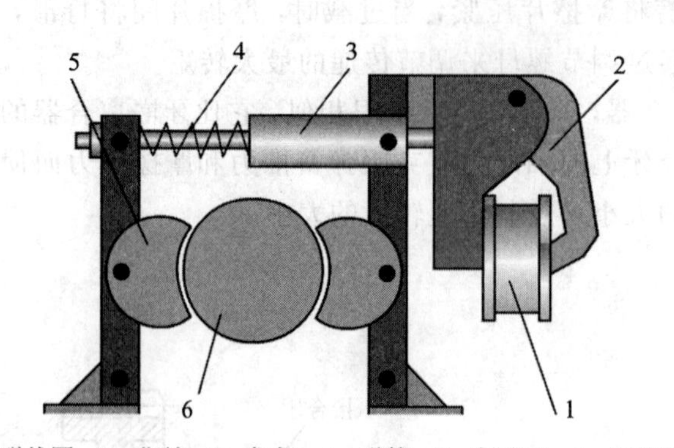

1—电磁线圈；2—衔铁；3—杠杆；4—弹簧；5—制动瓦；6—制动轮

图 5-3-20　块式制动器

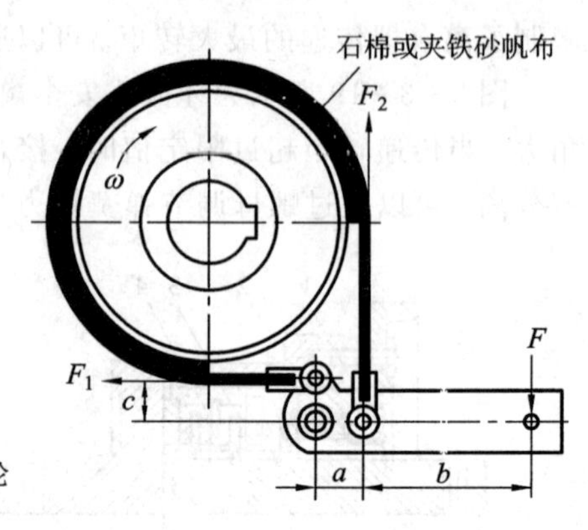

图 5-3-21　带式制动器

技能训练——联轴器和离合器的安装调试

1. 联轴器的安装调试

训练目的：

(1) 能进行联轴器的拆卸。

(2) 能正确进行联轴器的安装。

(3) 掌握联轴器的类型、结构和组成。

(4) 掌握工具的使用方法。

(5) 能进行安全文明操作。

操作设备和工具：

(1) 带有联轴器的设备一套。

(2) 扳手、手锤、铜棒。

(3) 游标卡尺、千分尺、外径百分表、刀口直尺。

(4) 机械油、红丹粉。

训练内容和要求：

(1) 凸缘联轴器的拆装。

(2) 操作要求：

① 在联轴器拆卸前，要对联轴器各零部件之间互相配合的位置作一些记号，以作安装时的参考。

② 联轴器螺母、螺栓、垫圈等必须保证其各自的规格、大小一致，以免影响联轴器的动平衡。

③ 拆下联轴器时，不可直接用锤子敲击而应垫以铜棒，且应打联轴器轮毂处而不能打联轴器外缘，因为此处极易被打坏。

④ 拆卸后对联轴器的全部零件进行清洗、清理。用机油将零部件清洗干净，清洗后的零部件用压缩空气吹干。对于要在短时间内准备运行的联轴器，可在干燥后的零部件表面涂些透平油或机油，以防止生锈。对于需要过较长时间才使用的联轴器，应涂防锈油保养。

训练步骤：

(1) 看懂装配图，了解装配关系、技术要求和配合性质。

(2) 用游标卡尺、内径百分表，检查轴和配合件的配合尺寸。若配合尺寸不合格，应经过磨、刮、铰削加工修复至合格。

(3) 按照平键的尺寸，用锉刀修整轴槽和轮毂槽的尺寸。去除键槽上的锐边，以防装配时造成过大的过盈。

(4) 测量两被连接轴的轴心线到各自安装平面间的距离，以便后面的组件选取。

(5) 将两个半联轴器通过键分别安装在对应的轴上。

(6) 将其中一轴所装的组件(可选取大而重、轴心线距离安装基准较远的，一般选取主机)先固定在基准平面上。

(7) 通过调整垫铁使两半联轴器的轴心线高低保持一致，其精度必须进行检测，以达到规定要求。

(8) 以固定的轴组件为基准，利用刀口直尺或塞尺校正另一被连接的半联轴器(如图5-3-22所示)，使两个半联轴器在水平面上中心一致，必要时也可用百分尺进行校正(如图5-2-23所示)。

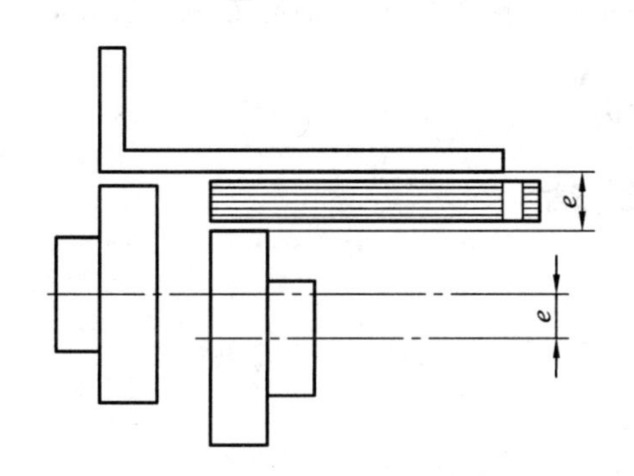

图5-3-22　用刀口直尺或塞尺校正联轴器

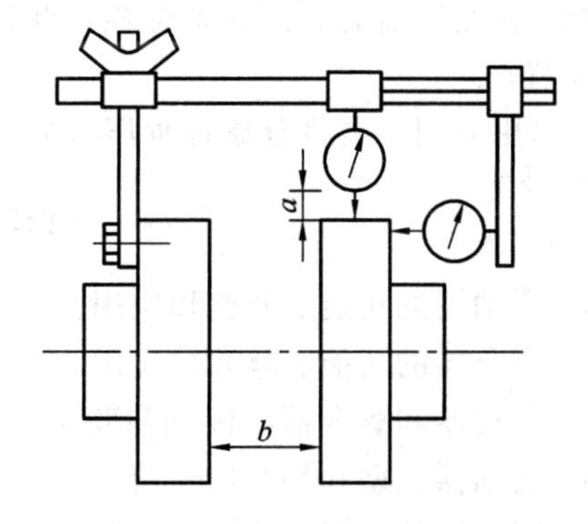

图5-3-23　用百分尺校正联轴器

(9) 均匀连接两个半联轴器，依次均匀地旋紧螺母。

(10) 检查两个半联轴器的连接平面是否有间隙，可用塞尺对四周进行检查，要求塞尺不能塞进接合面中。

(11) 逐步均匀旋紧轴组件的安装螺母，并检查两轴的转动松紧是否一致，不能出现卡滞现象，否则要重新调整。

2. 离合器的安装调试

训练目的：

(1) 了解离合器的功用与构造。

(2) 掌握离合器的安装顺序。

(3) 掌握工具的使用方法。

(4) 能进行安全文明操作。

操作设备和工具：

(1) 离合器一台。

(2) 离合器安装作业台、压力机一台。

(3) 常用工具、量具各一套，专用工具一套。

训练内容和要求：

(1) 离合器的装配。

(2) 装配要求：

① 分离叉两端衬套必须同心。

② 安装离合器压盘总成时，需用导向定位器或变速器输入轴确定中心位置，使从动盘与压盘同心，便于安装输入轴。

③ 离合器从动盘有减振弹簧保持架的一面应朝向压盘。

训练步骤：

(1) 将从动盘装在发动机飞轮上，用定芯棒定位。从动盘上减振弹簧突出的一面朝外。

(2) 装上压板组件，用扭力扳手间隔拧紧螺栓。

(3) 用专用工具将分离叉轴套压入变速器壳上。

(4) 将分离叉轴的左端装上回位弹簧，先穿入变速器壳左边的孔中，再将分离叉轴的右端装入右边的衬套孔中，然后再装入左边的分离叉轴衬套和分离叉轴衬套座，将衬垫及导向套涂上密封胶，装到变速器壳前面，旋紧螺栓。

(5) 在变速器的后面旋紧螺栓，将分离叉轴锁住；检查分离叉轴应能灵活转动，但不能左右移动。

(6) 用专用工具将分离轴承压入分离轴承座内。

归纳总结

1. 联轴器的功能、分类和应用。
2. 离合器的功能、分类和应用。
3. 联轴器和离合器的区别与联系。
4. 联轴器类型和型号的选择。
5. 制动器的功用、类型和应用。

思考与练习

思考题：

1. 联轴器和离合器的相同点和不同点是什么？
2. 常用的联轴器有哪些类型，各有何特点？列举你所知道的应用实例。
3. 联轴器的选择原则有哪些？如何确定其类型及尺寸？
4. 凸缘联轴器两种对中方法的特点各是什么？
5. 无弹性元件的挠性联轴器和有弹性元件的挠性联轴器补偿位移的方式有何不同？
6. 离合器的类型有哪些？它们的特点是什么？适用于哪些场合？
7. 牙嵌式离合器与牙嵌式安全离合器有何区别？
8. 常用的制动器有哪几类？制动器的功能是什么？

练习题：

一、选择题

1. 在载荷平稳且对中准确的情况下，若希望寿命较长，则宜选用(　　)联轴器。

A. 刚性　B. 无弹性元件挠性　C. 非金属弹性元件挠性

2. 联轴器的主要作用是(　　)。

A. 缓和冲击和振动　B. 补偿两轴的同轴度误差

C. 传递力矩　D. 防止过载

3. 对于轴线相交的两轴间宜选用(　　)联轴器。

A. 滑块　B. 弹性柱销　C. 万向　D. 套筒

4. 在有中等冲击载荷和轴的刚性较差的场合宜用(　　)。

A. 凸缘联轴器　B. 滑块联轴器　C. 弹性套柱销联轴器

5. 齿式联轴器(又称齿轮联轴器或齿形联轴器)属于(　　)。

A. 固定式刚性联轴器　B. 可移式刚性联轴器　C. 弹性联轴器

6. 使用(　　)时，只能在低速或停车后离合，否则会产生严重冲击，甚至损坏离合器。

A. 摩擦离合器　B. 牙嵌离合器

C. 安全离合器　D. 超越(定向)离合器

7. 对于轴向径向位移较大，转速较低，无冲击的两轴间宜选用(　　)联轴器。

A. 弹性套柱销　B. 万向

C. 十字滑块　D. 径向簧片

8. (　　)联轴器必须成对使用才能保证主动轴与从动轴角速度随时相等。

A. 凸缘　B. 齿轮　C. 万向　D. 十字滑块

9. 下列四种联轴器中，(　　)可允许两轴线间有较大夹角。

A. 弹性柱销联轴器　B. 齿式联轴器

C. 弹性套筒联轴器　D. 万向联轴器

10. 在载荷不平稳、有较大冲击和振动的场合下，一般亦选用(　　)联轴器。

A. 刚性固定式　B. 刚性可移式　C. 弹性　D. 安全

11. 某机器的两轴，要求在任何转速下都能接合，应选择(　　)。

A. 摩擦离合器　B. 牙嵌离合器

C. 安全离合器　D. 离心式离合器

12. 有过载保护作用的机械部件是(　　)。

A. 弹性套柱销联轴器　B. 万向联轴器

C. 牙嵌离合器　D. 圆盘摩擦离合器

13. 联轴器和离合器的主要作用是(　　)。

A. 连接两轴，使其旋转并传递转矩　B. 补偿两轴的综合位移

C. 防止机器发生过载　D. 缓和冲击和振动

14. 为了保证安全，制动器一般安装在(　　)轴上。

A. 高速　B. 低速　C. 中速　D. 任何

15. 一般情况下，为了连接电动机轴和减速器轴，如果要求有弹性而且尺寸较小，下列联轴器中最适宜采用(　　)。

A. 凸缘联轴器　B. 夹壳式联轴器

C. 轮胎联轴器　D. 弹性柱销联轴器

二、分析计算题

1. 有一带式输送机用联轴器与电动机相连接。已知传递功率 P=15 kW，电动机转速 n=1460 r/min，电动机轴的直径 d=42 mm。两轴同轴度好，输送机工作时启动频繁并有轻微冲击。试选择联轴器的类型与型号。

2. 电动机经减速器驱动水泥搅拌机工作。已知电动机的功率 P = 11 kW，转速 n=970 r/min，电动机轴的直径和减速器输入轴的直径均为 42 mm。试选择电动机与减速器之间的联轴器。

3. 由交流电动机通过联轴器直接带动一台直流发电机运转。已知该直流发电机所需的最大功率为 P=20 kW，转速 n=3000 r/min，外伸轴轴径为 50 mm，交流电动机伸出轴的轴径为 48 mm。试选择联轴器的类型和型号。

项目六　机械传动系统设计

知识要求：掌握各种传动装置的工作特性、参数及选择。

技能要求：掌握各种传动方案的设计及参数的选择。

任务提出与任务分析

1. 任务提出

要求设计一专用自动钻床，用于加工零件上的三个 8 mm 的孔，如图 6-1-1 所示，并能自动送料。

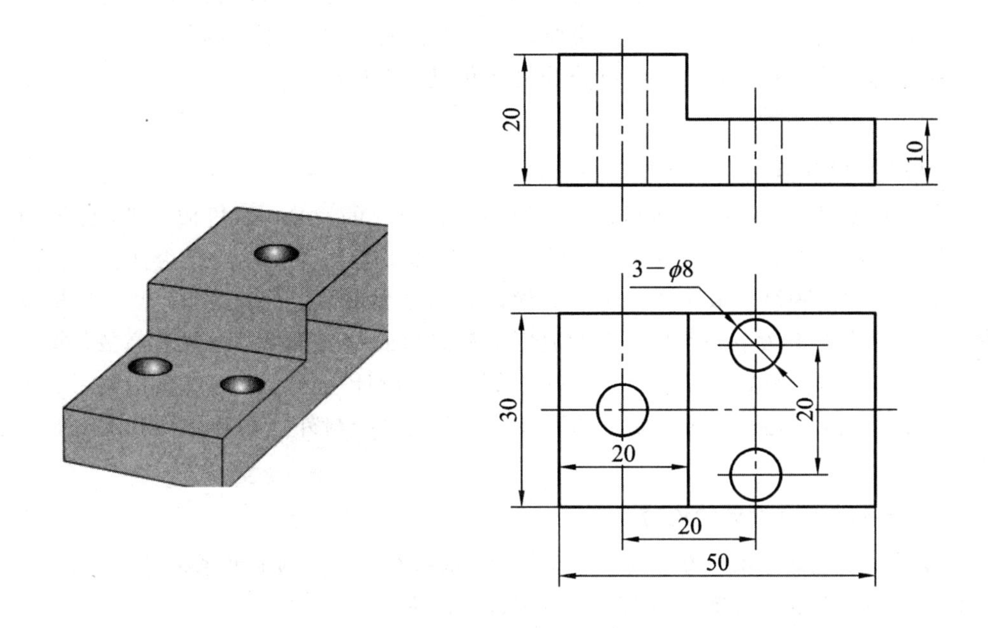

图 6-1-1　零件图

2. 任务分析

此机构要求设计的是一专用自动钻床，要求对该机构的机械传动系统进行方案设计，确定机械传动系统的组成，绘制系统方案示意图。因此，我们必须掌握有关机械系统方案设计的知识，如确定机构的工作原理、原动机的选择、运动参数的选择及机构选型等才能设计出灵活、高效的传动系统。

相关知识

6.1.1 机械系统方案设计概述

1. 传动系统的功用

一般机器是由原动机、传动系统和工作机三部分组成的。原动机是完成工作任务的动力来源，最常用的是电动机。工作机是直接完成生产任务的执行装置，可以通过选择合适的机构或其组合来实现。传动系统则是把原动机的运动和动力转化为符合执行机构需要的中间传动装置。

原动机的运动和动力与工作机所要求的差距主要表现在：

(1) 工作机所需的速度、转矩与原动机提供的不一致。

(2) 原动机的输出轴通常只作匀速单方向回转运动，而工作机所要求的运动形式往往是多种多样的。

(3) 很多工作机在工作中需要变速，如果采用调整原动机速度的方法来实现往往很不经济，甚至难以实现。

(4) 某些情况下，需要一个原动机带动若干个装置并输出不同的运动形式和转速。

因此，只有利用传动系统才能解决原动机与工作机之间的供求矛盾。

根据工作原理不同，传动系统可分为机械传动、液压或气压传动、电力传动三类。本项目主要讨论机械传动系统。

2. 机械系统方案设计的目的

机械系统总体方案设计是机械设计过程中极其重要的一步，对机械的性能、尺寸、外形、质量及生产成本具有重大的影响，机械产品功能是否齐全、性能是否优良、经济效益是否显著，在很大程度上取决于总体方案设计的构思和方案拟订时的设计思想。机械系统方案设计的任务是开发新产品和改造老产品，最终目的是为市场提供优质高效、物美价廉的机械产品，以取得较好的经济效益。机械系统方案设计应尽可能考虑人机关系、环境条件以及与加工装配、运行管理系统等的联系，使机械系统与外部系统协调和适应，以求设计更加完善。

3. 机械系统方案设计的内容

一般机械系统都是由驱动系统、传动系统、执行系统、控制辅助系统等几部分组成的，因此这几部分系统的设计就是机械总体方案设计的内容。

(1) 执行系统的方案设计：主要包括执行系统的功能原理设计、运动规律设计、执行机构的形式设计、执行系统的协调设计和执行系统的方案评价与决策。

(2) 原动机类型的选择和传动系统的方案设计：其中传动系统的方案设计主要包括传动类型和传动路线的选择以及传动链中机构顺序的安排和各级传动比的分配。

(3) 控制系统的方案设计：在本书中不做详细介绍。

(4) 其他辅助系统的设计：主要包括润滑系统、冷却系统、故障监测系统、安全保护系统和照明系统等的设计。

通常情况下，传动机构是指转速变换机构，而执行机构是指运动形式和运动规律的变换机构。有时，传动系统、执行系统及控制系统的界限并不能清晰地划分，因此必须围绕机械产品整机来进行创新设计和优化。

4. 常用机械传动的类型及主要特性

机械传动系统可以由一个或多个传动机构组成，掌握各种传动机构的性能和特点是机械传动系统设计的重要基础。

根据传力原理，机械传动可分为摩擦传动、啮合传动和推压传动三种；根据结构形式，机械传动又可分为直接接触传动和中间传动件的传动。常用机械传动形式及其主要性能见表 6-1-1。

表 6-1-1　常用机械传动形式及其主要性能

传动类型			传动效率	单级传动比	圆周速度(m/s)	外廓尺寸	相对成本	主要性能特点
啮合传动	直接接触	齿轮传动	0.92～0.96(开式) 0.96～0.99(闭式)	≤3～5(开式) ≤7～10(闭式)	≤5 ≤200	中小	中	瞬时传动比恒定，功率和速度适应范围广，效率高，寿命长
		蜗杆传动	0.4～0.45(自锁) 0.7～0.92(不自锁)	8～80	15～50	小	高	传动比大，传动平稳，结构紧凑，可实现自锁，但效率低
		螺旋传动	0.3～0.6(滑动螺旋) ≥0.9(滚动螺旋)	—	高、中、低	小	中	传动平稳，能自锁，增力效果好
	有中间件	链传动	0.9～0.93(开式) 0.95～0.97(闭式)	≤5(8)	5～25	大	中	平均传动比准确，可在高温下工作，传动距离大，高速时有冲击和振动
		齿形带传动	0.95～0.98	≤10	50(80)	中	低	传动平稳，能保证恒定传动比
摩擦传动	直接接触	摩擦轮传动	0.85～0.95	≤5～7	≤15～25	大	低	过载打滑，传动平稳，可在运转中调节传动比
	有中间件	带传动	0.94～0.96(平带) 0.92～0.97(V带)	≤5～7	5～25 (30)	大	低	过载打滑，传动平稳，能缓冲吸振，传动距离大，不能保证恒定传动比
推压传动	直接接触	凸轮机构	低	—	中、低	小	高	从动件可实现各种运动，高副接触磨损较大
	有中间件	连杆机构	高	—	中	小	低	结构简单，易制造，耐冲击，能传递较大的载荷，可远距离传动

5. 常用机械传动的类型及主要特性

1）实现运动形式的变换

原动件的运动形式都是匀速回转运动，而工作机构所要求的运动形式却是多种多样的。传动机构可以将匀速回转运动转变为移动、摆动、间歇运动和平面复杂运动等各种各样的运动形式。表 6－1－2 为实现各种运动形式变换的常用机构。

表 6－1－2　实现各种运动形式变换的常用机构

<table>
<tr><th colspan="5">运动形式变换</th><th rowspan="2">基本机构</th><th rowspan="2">其他机构</th></tr>
<tr><th>原动运动</th><th colspan="4">从动运动</th></tr>
<tr><td rowspan="14">连续回转</td><td rowspan="6">连续回转</td><td rowspan="4">变向</td><td rowspan="2">平行轴</td><td>同向</td><td>圆柱齿轮机构(内啮合)
带传动机构
链传动机构</td><td>双曲柄机构
回转导杆机构</td></tr>
<tr><td>反向</td><td>圆柱齿轮机构(外啮合)</td><td>圆柱摩擦轮机构
交叉带(或绳、线)传动机构
反平行四杆机构(两长杆交叉)</td></tr>
<tr><td colspan="2">相交轴</td><td>锥齿轮机构</td><td>圆锥摩擦轮机构</td></tr>
<tr><td colspan="2">交错轴</td><td>蜗杆传动机构
交错轴斜齿轮机构</td><td>双曲柱面摩擦轮机构
半交叉带(或绳、线)传动机构</td></tr>
<tr><td rowspan="2">变速</td><td colspan="2">减速
增速</td><td>齿轮机构
蜗杆传动机构
带传动机构
链传动机构</td><td>摩擦轮机构
绳、线传动机构</td></tr>
<tr><td colspan="2">变速</td><td>齿轮机构
无级变速机构</td><td>塔轮传动机构
塔轮链传动机构</td></tr>
<tr><td colspan="4">间歇回转</td><td>槽轮机构</td><td>非完全齿轮机构</td></tr>
<tr><td rowspan="2">摆动</td><td colspan="3">无急回性质</td><td>摆动从动件凸轮机构</td><td>曲柄摇杆机构
(行程速度变化系数 $K=1$)</td></tr>
<tr><td colspan="3">有急回性质</td><td>曲柄摇杆机构
摆动导杆机构</td><td>摆动从动件凸轮机构</td></tr>
<tr><td rowspan="3">移动</td><td colspan="3">连续移动</td><td>螺旋机构
齿轮齿条机构</td><td>带、绳、线及链传动机构中挠性件的运动</td></tr>
<tr><td rowspan="2">往复移动</td><td colspan="2">无急回</td><td>对心曲柄滑块机构
移动从动件凸轮机构</td><td>正弦机构
不完全齿轮(上下)齿条机构</td></tr>
<tr><td colspan="2">有急回</td><td>偏置曲柄滑块机构
移动从动件凸轮机构</td><td></td></tr>
<tr><td colspan="4">间歇移动</td><td>不完全齿轮齿条机构</td><td>移动从动件凸轮机构</td></tr>
<tr><td colspan="4">平面复杂运动
特定运动轨迹</td><td>连杆机构(连杆运动是连杆上特定点的运动轨迹)</td><td></td></tr>
<tr><td rowspan="3">摆动</td><td colspan="4">摆动</td><td>双摇杆机构</td><td>摩擦轮机构
齿轮机构</td></tr>
<tr><td colspan="4">移动</td><td>摇杆滑块机构
摇块机构</td><td>齿轮齿条机构</td></tr>
<tr><td colspan="4">间歇回转</td><td>棘轮机构</td><td>—</td></tr>
</table>

2）实现运动转速(或速度)的变化

一般情况下，原动件转速很高，而工作机构则较低，并且在不同的工作情况下要求获得不同的运动转速(或速度)。

当需要获得较大的恒定传动比时，可将多级齿轮传动、带传动、蜗杆传动和链传动等组合起来满足速度变化的需要。

当工作机构的运转速度需要进行调节时，齿轮变速器传动机构则是一种经济的实现方案。当然也可以采用机械无级调速变速器，或者采用电动机的变频调速方案来实现。

3）实现运动的合成与分解

可采用各种差动轮系进行运动的合成与分解。

4）获得较大的机械效益

根据一定功率下减速增矩的原理，通过减速传动机构可以实现用较小的驱动转矩产生较大的输出转矩，即获得较大的机械效益。

6.1.2　机械传动系统方案设计的一般步骤

任何机械产品都是由若干个零部件及装置组成的一个特定系统，即机械产品由确定的质量、刚度及阻尼的若干个物质所组成，彼此间有机联系，并能完成特定的功能，故亦称之为机械系统。机械设计课程中所讲授的各种机械零件则是组成机械系统的基本要素，它们为组成各种不同功能的机械系统而有机地联系着。

1. 机械传动系统方案设计的一般步骤

机器的执行系统方案设计和原动机的预选型完成后，即可进行传动系统的方案设计。设计的一般过程如下：

（1）确定传动系统的总传动比。

（2）选择传动的类型、拟订总体布置方案并绘制传动系统的运动简图。

（3）分配传动比，即根据传动布置方案，将总传动比向各级传动进行合理分配。

（4）计算传动系统的性能参数，包括各级传动的功率、转速、效率、转矩等性能参数。

（5）通过强度设计和几何计算，确定各级传动的基本参数和主要几何尺寸，如齿轮传动的中心距、齿数、模数、齿宽等。

2. 机械传动系统方案设计的基本要求

传动方案的设计是一项复杂的工作，需要综合运用多种知识和实践经验，进行多方案分析比较，才能设计出较为合理的方案。通常设计方案应满足以下基本要求：

（1）传动系统应满足机器的功能要求，而且性能优良。

（2）传动效率高。

（3）结构简单紧凑、占用空间小。

（4）便于操作、安全可靠。

（5）可制造性好，加工成本低。

（6）维修性好。

（7）不污染环境。

在现代机械设计中，随着各种新技术的应用，机械传动系统不断简化已经成为一种趋势。例如，利用伺服电机、步进电机、微型低速电机以及电动机调频技术等，在一定条件下可简化或完全替代机械传动系统，从而使复杂传动系统的效率低、可靠性差、外廓尺寸大等矛盾得到缓解或避免。此外，随着机械自动化和智能化的要求愈来愈高，单纯的机械传动有时已不能满足要求，因此应注意机、电、液、气传动的结合，充分发挥各种技术的优势，使设计方案更加合理和完善。

6.1.3 机械传动系统的特性和参数

机械传动是用各种形式的机构来传递运动和动力，其性能指标有两类：一是运动特性，通常用转速、传动比、变速范围等参数来表示；二是动力特性，通常用功率、转矩、效率等参数来表示。

1. 传动系统的运动参数

传动系统的运动参数包括各级传动比的分配、各级转速以及传动零件的线速度计算。

1）传动比

串联传动装置总传动比为

$$i = \frac{n_m}{n_w} \tag{6-1-1}$$

式中：n_m——原动机输出轴转速(r/min)；

n_w——工作机输入轴转速(r/min)。

总传动比为各级传动比 i_1、i_2、i_3、…、i_n的连乘积，即

$$i = i_1 i_2 i_3 \cdots i_n \tag{6-1-2}$$

2）转速和线速度

由传动比的计算公式可得从动轴转速为

$$n_2 = \frac{n_1}{i_{12}} \tag{6-1-3}$$

式中，n_1为主动轴转速，单位为 r/min。

在选择润滑方式和选取齿轮精度时，需要计算传动零件的线速度 v(m/s)，其计算公式为

$$v = \frac{\pi d n}{60 \times 1000} \tag{6-1-4}$$

式中：d——传动零件计算直径(mm)；

n——传动零件转速(r/min)。

2. 传动系统的动力参数

传动系统的动力参数主要包括各轴的功率和转矩的计算。

1）传动系统的总效率

常用的单路传动系统的总效率为各部分效率的乘积，即

$$\eta_{总} = \eta_1 \eta_2 \cdots \eta_n \tag{6-1-5}$$

式中，η_1、η_2、…、η_n为每一传动机构、每对轴承、联轴器等的传动效率。

传动机构的效率见表 6-1-1，一对滚动轴承或联轴器的效率可近似取为 $\eta=0.98\sim0.99$。

2）功率计算

传动系统中，对各零件进行工作能力计算时，均以其输入功率为计算功率。这里以图

6-1-2 所示的二级圆柱齿轮传动系统为例，介绍各轴功率的计算方法。现已知传动系统的输入功率 $P_{入}$(或输出功率 $P_{出}$)(单位为 kW)、齿轮啮合效率 $\eta_{齿}$、轴承效率 $\eta_{承}$。设 P_{I}、P_{II}、P_{III} 分别为Ⅰ、Ⅱ、Ⅲ轴的输入功率(单位为 kW)，则有

$$\left.\begin{aligned} P_{\mathrm{I}} &= P_{入} \\ P_{\mathrm{II}} &= P_{入}\,\eta_{承}\,\eta_{齿} \\ P_{\mathrm{III}} &= P_{入}\,\eta_{承}^{2}\,\eta_{齿}^{2} \\ P_{出} &= P_{入}\,\eta_{承}^{3}\,\eta_{齿}^{2} \end{aligned}\right\} \qquad (6-1-6)$$

$$\left.\begin{aligned} P_{\mathrm{I}} &= \frac{P_{出}}{\eta_{承}^{3}\,\eta_{齿}^{2}} \\ P_{\mathrm{II}} &= \frac{P_{出}}{\eta_{承}^{2}\,\eta_{齿}} \\ P_{\mathrm{III}} &= \frac{P_{出}}{\eta_{承}} \end{aligned}\right\} \qquad (6-1-7)$$

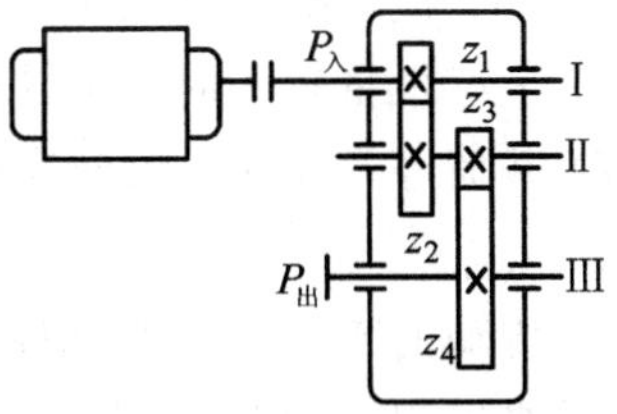

图 6-1-2　齿轮传动系统

上述两式都可用来计算各轴的功率，在一般情况下，电动机额定功率略大于负载功率，故用式(6-1-7)计算较为合理。

3) 转矩 T

当已知各轴的输入功率 P 和转速 n 时，即可求出轴的转矩 T(N·m)，即

$$T = 9550\,\frac{P}{n} \qquad (6-1-8)$$

若将上式代入式(6-1-6)中可得各轴的转矩：

$$\left.\begin{aligned} T_{\mathrm{I}} &= 9550\,\frac{P_{1}}{n_{1}} \\ T_{\mathrm{II}} &= 9550\,\frac{P_{\mathrm{II}}}{n_{\mathrm{II}}} = T_{\mathrm{I}}\,i_{\mathrm{I}}\,\eta_{齿}\,\eta_{承} \\ T_{\mathrm{III}} &= 9550\,\frac{P_{\mathrm{III}}}{n_{\mathrm{III}}} = T_{\mathrm{II}}\,i_{\mathrm{II}}\,\eta_{齿}\,\eta_{承} = T_{\mathrm{I}}\,i_{\mathrm{I}}\,i_{\mathrm{II}}\,\eta_{齿}^{2}\,\eta_{承}^{2} \end{aligned}\right. \qquad (6-1-9)$$

式中，i_{I}、i_{II} 为高、低速级齿轮的传动比。

6.1.4　机械传动系统的方案设计

1. 传动类型的选择

为了获得理想的传动方案，传动机构类型的选择非常重要，需根据传动效率、轮廓尺寸、质量要求、运动性能、成本及生产条件等主要性能指标，结合各种传动机构的性能特点，合理地选择传动机构的类型。选择的原则如下：

(1) 小功率宜选用结构简单、价格便宜、标准化程度高的传动，大功率宜优先选用传动效率高的传动，功率小于 100 kW 时，各种传动类型都可用。但功率较大时，宜采用齿轮传动；中小功率，宜采用结构简单而可靠的传动类型，以降低成本，如带传动。

(2) 速度低、传动比大时，可选用单级蜗杆传动、多级齿轮传动、带—齿轮传动、带—齿轮—链传动等多种方案，需要综合分析比较，选择合适的传动方案。

(3) 布局传动结构时，平行轴传动宜采用圆柱齿轮传动、带传动或链传动；相交轴传动，可采用锥齿轮或圆锥摩擦轮传动；交错轴传动，可采用蜗杆传动或交错轴斜齿轮传动。

两轴相距较远可采用带和链传动，反之采用齿轮传动。

(4) 工作环境恶劣、粉尘较多时，应尽量采用闭式传动或链传动，以延长使用寿命。

(5) 工作中可能出现过载的设备，宜在传动系统中设置一级摩擦传动，以便起到过载保护的作用。但摩擦有静电发生，在易燃、易爆场合不易采用。

(6) 生产批量较大时，应尽量选用标准的传动装置，以降低成本，缩短制造周期。

(7) 载荷经常变化、频繁换向的传动，宜在传动系统中设置一级具有缓冲、吸振功能的传动。

(8) 传动的噪声要求严格控制时，应优先选用带传动、蜗杆传动、摩擦传动或螺旋传动。如需要采用其他传动机构，应从制造和装配精度、结构等方面采取措施，力求降低噪声。

2. 传动顺序的布置

传动系统中有多个传动机构时，要合理布置各机构的顺序。传动顺序布置的一般原则如下：

(1) 承载能力较小的带传动宜布置在高速级，使之与原动机相连，齿轮或其他传动布置在其后。

(2) 链传动平稳性差，且有冲击、振动，不适于高速传动，一般布置在低速级。

(3) 根据工作条件选用开式或闭式齿轮传动。闭式一般布置在高速级，开式布置在低速级。

(4) 传递大功率时，一般采用圆柱齿轮。

(5) 在传动系统中，若有改变运动形式的机构，如连杆机构、凸轮机构等，一般布置在传动系统的最后一级。

3. 总传动比的分配

合理分配各级传动比，可使传动装置得到较小的外廓尺寸或较轻的质量，以实现降低成本和使结构紧凑的目的，也可以使传动零件获得较低的圆周速度以减小齿轮传动载荷和降低传递精度等级的要求，还可以得到较好的齿轮润滑条件。但这几方面的要求不可能同时满足，因此在分配传动比时，应根据设计要求考虑不同的分配方式。

具体分配传动比时，主要考虑如下几点：

(1) 各级传动比都在各自的合理范围内，以保证符合各种传动形式的工作特点和结构紧凑的要求。

(2) 分配各传动形式的传动比时，应注意使各传动尺寸协调，结构匀称合理。例如，带传动和单级齿轮减速器组成的传动系统，一般应使带传动的传动比小于齿轮的传动比，以免大带轮半径大于减速器输入轴中心高度而与机架相碰。

(3) 要考虑传动零件结构上不会造成相互干涉碰撞。

(4) 应使传动装置的总体尺寸紧凑，质量最小。

(5) 为使各级大齿轮浸油深度合理(低速级大齿轮浸油稍深)，减速器内各级大齿轮直径应相近，以便各级齿轮得到充分浸油润滑，避免某级大齿轮浸油过深而增加搅油损失。

根据以上情况，对各类减速器给出了一些传动比分配的参考数据。

(1) 展开式二级圆柱齿轮减速器，考虑润滑条件，应使两个大齿轮直径相近，低速级大齿轮略大些，推荐高速级传动比 $i_1 \approx (1.3 \sim 1.4) i_2$；对同轴线式则取 $i_1 \approx i_2 = \sqrt{i}$（$i$ 为减速器总传动比）。这些关系只适用于两级齿轮的配对材料相同、齿宽系数选取同样数值的情况。当要求获得最小外形尺寸或最小质量时，可参看有关资料中传动比分配的计算公式。

（2）对于圆锥—圆柱齿轮减速器，可取圆锥齿轮传动比为 $i_1 \approx 0.25i$，并应使 $i_1 \leqslant 3$。

（3）蜗杆—齿轮减速器，可取齿轮传动比为 $i_2 \approx (0.03 \sim 0.06) i$。

（4）齿轮—蜗杆减速器，可取齿轮传动比 $i_1 \leqslant 2 \sim 2.5$。

（5）二级蜗杆减速器为了结构紧凑，应使 $a_2 = 2a_1$，这时可取 $i_1 \approx i_2 = \sqrt{i}$。

4. 机械系统方案设计应遵循的基本原则

一台较复杂的机械在运转中常包括多个工艺动作，相互协调配合以完成预定的工艺目的。工艺目的及工艺动作确定之后，机械系统的设计主要包括动力机的类型、功率和额定转速的选择，运动变换机构的选择以及协调各工艺动作的机械运动循环图的拟订。这些工作在很大程度上决定了所设计机构的性能、造价，因而是设计工作中关键的一环。机械系统设计又是一项繁难的工作，它不但要求设计者有多方面的知识，还要有广博的见识和丰富的经验。由于机构种类的繁多、功用各异，因此机械系统的设计难以找出共同的模式，这里讨论的仅是设计过程中的一般性原则。

1）采用简短的运动链

拟定机械的传动系统或执行机构时，尽可能采用简单、紧凑的运动链。

2）有较高的机械效率

传动系统的机械效率主要取决于组成机械的各基本机构的效率和它们之间的连接方式。

3）合理安排传动顺序

机械的传动系统和执行机构一般均由若干基本机构和组合机构组成，它们的结构特点和传动作用各不相同，应按一定规律合理地安排传动顺序。

4）合理分配传动比

运动链的总传动比应合理地分配给各级传动机构，既要充分利用各种传动机构的优点，又要有利于尺寸控制以得到结构紧凑的机械。传动比的具体分配方法可参照表 6-1-3。

表 6-1-3　传动比的合理分配

传动机构种类	平带	V 带	摩擦轮	齿轮	蜗杆	链
圆周速度/(m/s)	5～25	5～30	15～25	15～120	15～35	15～40
减速比	≤5	≤8～15	7～10	≤4～8	≤80	≤6～10
最大功率/kW	200	750～1200	150～250	50000	550	3750

5）保证机械安全运转

设计机械的传动系统和执行机构，必须充分重视机构的安全运转，防止发生人身事故或损坏机械构件的现象出现。一般在传动系统或执行机构中设有安全装置、防过载装置、自动停机等装置。

6.1.5　机械传动系统的设计顺序

机械传动系统是将原动机的运动和动力传递给执行机构的中间装置，机械传动系统的方案设计是机械系统方案设计的重要部分。完成了执行系统的方案设计和原动机的预选型后，即可根据执行机构所需要的运动和动力条件及原动机的类型和性能参数，进行传动系统的方案设计了。通常其设计过程及内容主要包括以下几个方面：① 确定传动系统总传动比；② 选择传动类型；③ 拟定传动链布置方案；④ 分配传动系统中的各级传动比；⑤ 确定各级传动机构的基本参数和主要几何尺寸，计算传动系统的各项运动学和动力学参数；⑥ 绘制传动系统运动简图。

探索与实践

专用自动钻床的设计方法及步骤如下：

1. 确定工作原理

由于设计要求为钻孔，故工作原理就是利用钻头与工件间的相对回转和进给移动切除孔中的材料。钻孔加工的运动方案有三种：一种是钻头既作回转切削，同时又作轴向进给运动，而放置工件的工作台则静止不动；另一种是钻头只作回转切削运动，而工作台连同工件作轴向进给运动；第三种是工件作回转运动，钻头作轴向进给运动。一般钻床多采用第一种方案，但对于现在要设计的专用三轴钻床来说，因工件很小，工作台很轻，移动工作台比同时移动三根钻轴要简单，故采用第二种运动方案较合理。

2. 执行构件运动设计

工艺动作过程是：送料杆从工件料仓里推出一待加工工件，并将已加工好的工件从工作台上的夹具中顶出，使待加工工件被夹具(图中未画)定位并夹紧在工作台上，送料杆退回；工作台带着工件向上快速靠近回转着的钻头，然后慢速钻孔，钻孔结束后，又带着工件快速退回，等待更换工件并完成下一工作循环。

3. 原动机的选择

根据对机床的工作要求确定原动机的类型为交流异步感应电动机。又考虑到钻头的转速较高，所以选用同步转速为 1500 r/min 的电动机，其额定转速为 1440 r/min。

另外，为了减少原动机的数量，将三个执行构件的运动链并联，用同一个电动机驱动。

4. 计算运动链的总传动比

切削运动链的总传动比为进给运动链的总传动比与送料运动链的总传动比相等。

5. 机构选型

1) 切削运动链的设计

在设计切削运动链时应满足下列各功能：

(1) 钻头作连续回转运动，运动链总传动比为 2.88，即无需运动形式的变换，但要求减速。

(2) 三个钻头应同向回转，且各钻头之间的距离很小。即要求具有运动分解功能，其尺寸受到严格限制。

(3) 电动机轴一般为水平方向放置，与钻头回转轴线方向不一致，即要求具有改变运动轴线方向的功能。

(4) 电动机与钻头之间有较大的传动距离，即要求运动链能作远距离传动。

2）进给运动链的设计

对于进给运动链应满足下列各功能：

（1）工作台作往复直线运动，且运动规律较为复杂，但行程不大。

（2）进给运动链应实现很大的减速比，但进给力不需太大。

（3）进给运动的方向和位置与电动机不一致，故应实现回转轴线方向和空间位置的变化。

3）送料运动链设计

对送料运动链的功能要求与进给运动链基本相同，只是其往复运动的方向为水平方向，且运动行程较大。又因其减速比与进给运动链相同，故可由进给运动链中的蜗轮轴带动。由于送料运动规律较为复杂，故宜采用凸轮机构，又因其行程大，所以要采用连杆机构等进行行程放大。

6. 机构的组合

将切削运动链、进给运动链和送料运动链进行组合即可形成三头自动钻床的机械传动系统方案，其三头自动钻床的机械传动系统方案机构简图如图 6－1－3 所示。三钻头钻床的机械传动系统机构组合如图 6－1－4 所示。

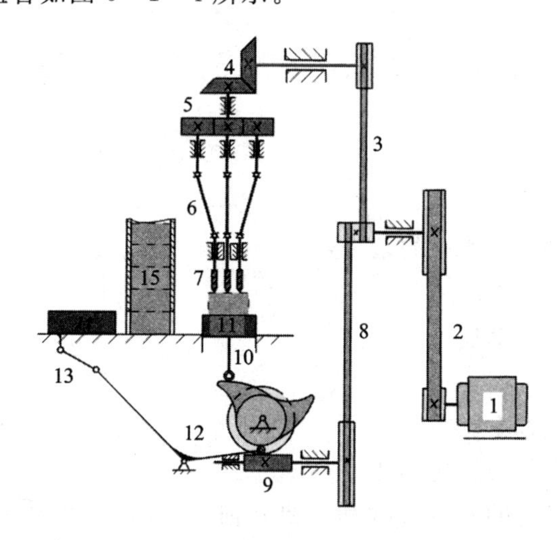

图 6－1－3　三钻头自动钻床的机械传动系统方案机构简图

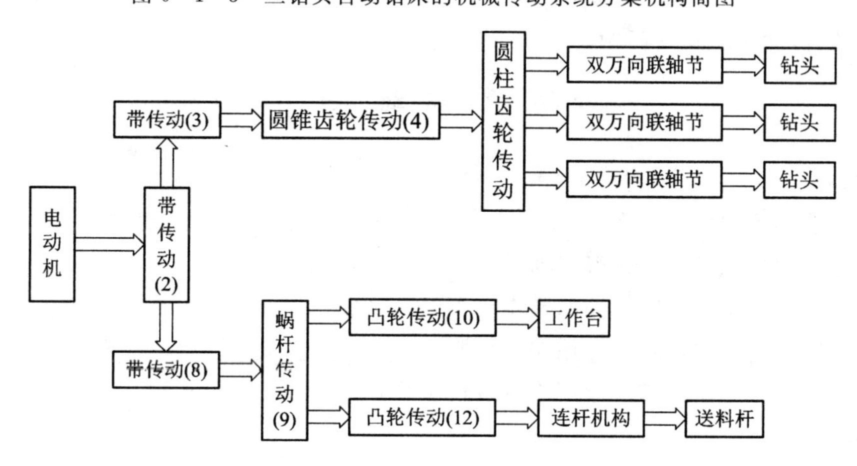

图 6－1－4　三钻头钻床的机械传动系统机构组合示意框图

归纳总结

1. 传动系统的功用是把原动机的运动和动力转化为符合执行机构需要的中间传动装置。

2. 常用机械传动的类型及主要特性：

(1) 实现运动形式的变换。

(2) 实现运动转速(或速度)的变化。

(3) 实现运动的合成与分解。

(4) 获得较大的机械效益。

3. 机械传动系统的特性和参数：

(1) 传动比。

(2) 转速和线速度。

(3) 传动系统的总效率。

(4) 功率计算。

(5) 转矩 T。

4. 机械传动系统的方案设计：

(1) 传动类型的选择。

(2) 传动顺序的布置。

(3) 总传动比的分配。

(4) 机械系统方案设计应遵循的基本要点。

5. 机械传动系统的设计顺序：

(1) 确定传动系统总传动比。

(2) 选择传动类型。

(3) 拟定传动链布置方案。

(4) 分配传动系统中的各级传动比。

(5) 确定各级传动机构的基本参数和主要几何尺寸，计算传动系统的各项运动学和动力学参数。

(6) 绘制传动系统运动简图。

思考与练习

思考题：

1. 传动系统的功用是什么？

2. 机械传动系统设计的一般步骤是什么？

3. 机械系统方案设计应遵循的基本要点是什么？

4. 布置传动机构顺序时应遵循哪些原则？

5. 传动链的总传动比如何分配给各级传动机构？

练习题：

1. 分析以下减速传动方案布局是否合理，如有不合理之处，请指出并画出合理的布局方案。

（1）电动机——链传动——直齿圆柱齿轮——斜齿圆柱齿轮——执行机构；

（2）电动机——开式直齿轮——闭式直齿轮——带传动——执行机构；

（3）电动机——蜗杆传动——直齿圆锥齿轮——执行机构。

2. 在如图 6-1-5 所示的带式运输机中，已知运输带的牵引力 $F=2100$ N，运输带的速度 $v=1.5$ m/s，卷筒直径 $D=400$ mm，每天三班制工作，传动不逆转，载荷平稳，启动载荷是名义载荷的 1.25 倍，全部采用滚动轴承，传动装置寿命为 5 年。要求：

（1）为该传动装置选取 Y 系列三相异步电动机；

（2）计算传动装置的总传动比；

（3）初步确定各级传动比（运输带的速度允许有±5%的误差）；

（4）计算各轴的输入功率和转速。

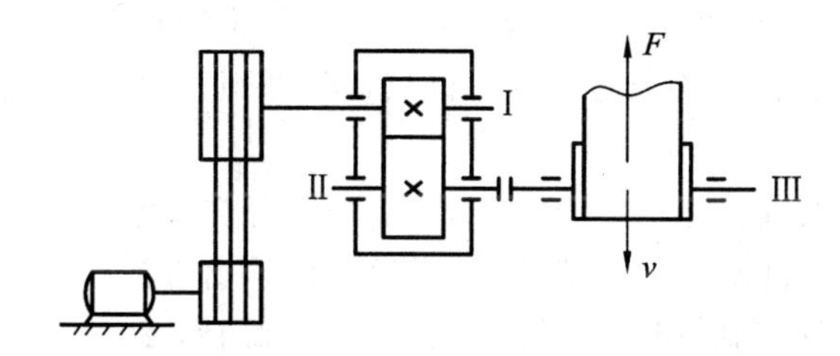

图 6-1-5　练习题 2 图

参考文献

[1] 周玉丰. 机械设计基础[M]. 北京：机械工业出版社，2009.
[2] 濮良贵，纪名刚. 机械设计[M]. 北京：高等教育出版社，2001.
[3] 徐刚涛. 机械设计基础[M]. 北京：高等教育出版社，2007.
[4] 李威，穆玺清. 机械设计基础[M]. 北京：机械工业出版社，2009.
[5] 胥宏，同长虹. 机械设计基础[M]. 北京：机械工业出版社，2008.
[6] 陈立德. 机械设计基础[M]. 2 版. 北京：高等教育出版社，2008.
[7] 胡家秀. 机械设计基础[M]. 北京：机械工业出版社，2009.
[8] 隋明阳. 机械设计基础[M]. 北京：机械工业出版社，2009.
[9] 吴宗泽. 机械零件设计手册[M]. 北京：机械工业出版社，2004.
[10] 人力资源和社会保障部教材办公室. 机械设计基础. 北京：中国劳动社会保障出版社，2009.
[11] 郭谆钦，金莹. 机械设计基础[M]. 青岛：中国海洋大学出版社，2011.
[12] 马学军，廖建刚. 机械设计基础[M]. 北京：科学出版社，2009.
[13] 黄义俊. 机械设计基础[M]. 杭州：浙江大学出版社，2009.
[14] 周志平，欧阳中和. 机械设计基础与实践[M]. 北京：冶金工业出版社，2008.
[15] 姜波. 机械基础[M]. 北京：中国劳动社会保障出版社，2005.
[16] 徐春艳. 机械设计基础[M]. 北京：北京理工大学出版社，2006.
[17] 濮良贵，纪明刚. 机械设计[M]. 6 版. 北京：机械工业出版社，2003.
[18] 徐灏. 机械设计手册[M]. 北京：机械工业出版社，2001.
[19] 王少怀. 机械设计师手册[M]. 北京：电子工业出版社，2006.
[20] 吴宗泽. 机械零件设计手册. 北京：机械工业出版社，2004.
[21] 邓昭铭. 机械设计基础[M]. 北京：高等教育出版社，1993.
[22] 柴鹏飞. 机械设计基础[M]. 北京：机械工业出版社，2004.
[23] 张尚伟. 汽车发动机结构与维修[M]. 北京：北京大学出版社，2010.
[24] 柴鹏飞，王晨光. 机械设计课程设计指导书[M]. 北京：机械工业出版社，2010.